Tiranía Antropocéntrica

La Grieta

Gazir Sued

Tiranía Antropocéntrica
Historia de la crueldad, matanzas y experimentaciones
con primates no-humanos en Puerto Rico
(1936-2012)

La Grieta

® ©Gazir Sued 2012

La Grieta
Calle Lirio #495 Mansiones de Río Piedras
San Juan, Puerto Rico - 00926
Tel. 787-226-0212

Correo electrónico: gazirsued@yahoo.com
gazirsued@gmail.com
http://www.facebook.com/gazir

ISBN 978-0-9763039-7-8

ÍNDICE

Prólogo

Parte I

Historia de la crueldad
contra primates no-humanos en Puerto Rico
(1936 a 1947)

Parte II

Historia de la crueldad
contra primates no-humanos en Puerto Rico
(1948 a 1969)

Parte III

Historia de la crueldad
contra primates no-humanos en Puerto Rico
(1970 a 1989)

Parte IV

**Historia de la crueldad
contra primates no-humanos en Puerto Rico
(1990 a 2012)**

Ilustración 1[1]

---

[1] Madre rhesus y cría nativas, cautivas para experimentaciones en el cayo Santiago. Fotografía por Gazir Sued (2011)

Prólogo

Tiranía Antropocéntrica

No existe sobre el planeta que habitamos especie animal más dañina y peligrosa que la nuestra; ninguna más cruel y despiadada que la especie humana, así para consigo misma; así para con cualquiera otra. Arrogante y egoísta, presuntuosa y engreída, impone su poderío para sí, irreflexivamente y sin remordimientos por las atrocidades consumadas en el nombre abstracto e ilusorio de su bienestar propio; de la salud y de la seguridad; del progreso y de la ciencia. Más acá de estas grandes ilusiones, de las ficciones y las mentiras que las mueven y que las animan, se revelan sus efectos reales en la vida social cotidiana, en las violencias concretas -psicológicas o físicas- entre nosotros mismos y para con la fauna que subsiste bajo *nuestros* dominios...

Quien más o quien menos lo sabe o lo intuye, o tal vez lo presiente así: algo de lo peor de nuestra sociedad, de lo que más nos aqueja, nos perturba y nos duele, está ligado a como nos relacionamos con las demás especies animales. Algo de las intolerancias y prejuicios culturales, de las prácticas discrimina-torias y de las injusticias sociales, guarda vínculos profundos con la percepción que tenemos de ellas y con el trato que a consecuencia les damos -aunque a veces pase de maneras sutiles e imperceptibles, quizás por creer que la superioridad tiránica de la raza humana es algo natural; por ignorancia, por hábitos de crianza o por vicios culturales e institucionales; por imaginarla voluntad divina o porque así lo dicta la ley...

Pese a todo, pienso que la complicidad de la gente inteligente y sensible de nuestra especie debe ser para con la vida y la posibilidad de coexistencia entre las diversas especies animales, de las que somos parte. Sepamos que no se trata de una utopía irrealizable sino de una posibilidad por la que debemos apostar e invertir una parte sustancial de nuestros esfuerzos intelectuales, deseos y pasiones -singulares y colectivas-. A esta gran causa, compartida todavía entre sombras en Puerto Rico, pero animada y en movimiento creciente en esta Tierra que llamamos *nuestra*, he dedicado esta obra de investigación histórica, crítica y reflexiva. Inconclusa, por supuesto, pero esta condición se debe menos a las fuerzas brutas que se han obstinado por entorpecerla e impedirla, que a lo que todavía *nos* falta por hacer...

De la crueldad contra animales[1]

A finales de febrero de 1902, bajo la administración del primer gobernador civil estadounidense designado en Puerto Rico, el entonces Secretario de Porto Rico, Charles Hartzell, presentó un proyecto legislativo a los efectos de prohibir la crueldad contra los animales en la Isla. El proyecto de ley se integraría al Código Penal[2] regente a principios de marzo del mismo año, tras la aprobación de la mayoría de la Asamblea Legislativa y la firma del gobernador William H. Hunt. La cobertura del *New York Times* atribuyó esta iniciativa legislativa al "sentimiento humanitario de los americanos".[3] Según la reseña, ésta ley se tramitó por presión de *americanos* residentes en la isla que se quejaban del maltrato generalizado a los animales: "Desde un punto de vista humanitario, el puertorriqueño es esencialmente cruel. Las consideraciones para los animales parecen estar más allá de su comprensión." Aunque la acusación resulte irremediablemente hiriente al sentimiento nacional, han transcurridos más de cien años y, para *nuestra* vergüenza colectiva, la historia pareciera darle la razón...

El artículo lo dramatiza: un cerdo arrastrado vivo por la calle, atado y con la cabeza bocabajo, golpeándose la nariz constantemente, "y los chillidos de dolor parecían deleitar a la muchedumbre omnipresente"; Asimismo, "ver a un perro herido es un placer para el puertorriqueño promedio"; y cuando un caballo, azotado y atormentado inmisericordemente, cae por la fatiga, el "espectador nativo" se mofa...

---

[1] La versión original de "La crueldad contra animales" fue publicada en varios medios a partir de febrero de 2012, y ha sido editada para efectos introductorios de este trabajo.

[2] Código Penal de Puerto Rico (1902); http://derechoupr.com

[3] "Humane Bill for Porto Rico: Legislation for the Suppression of Cruelty to Animals and Cock Fighting is Promised"; *The New York Times* (Foreign Correspondence); San Juan, P.R.; 26 de febrero de 1902.

14

Aunque existía una sociedad para la prevención de la crueldad contra animales bajo el régimen español, el gobierno no intervenía rigurosamente. La ley aprobada convertiría la práctica de la crueldad contra animales en crimen, objeto de intervención policial y de severas penalidades.[4] El Código Penal de 1902 la tipificaba como delito y penaba a todo el que maliciosa y cruelmente matase, estropease ó hiriese algún animal, lo golpease, torturase o lastimase. Además de regular estrictamente el trato a los animales, detallado en el texto de la ley, prohibiría las peleas de gallo, de perros, de toros, etc.

Durante todo el siglo XX, y aún todavía en el siglo XXI, aunque la crueldad contra animales no-humanos permanece prohibida y penada formalmente por Ley, ésta contradice sus principios y permite macabras excepciones. Así, en nombre de un concepto falseado e idealizado de la Ciencia, propicia y condona la crueldad de matadores y torturadores. Las experimentaciones invasivas y matanzas de primates rhesus y patas, de iguanas verdes y guaraguaos; de cerdos y cabras silvestres; de gatos y perros realengos, lo evidencia...

La marcada ingenuidad del cuerpo legislativo puertorriqueño está enraizada en una brutal ignorancia sobre cuestiones científicas complejas. La deficiencia en éstas áreas del saber y la pereza intelectual de los hacedores de leyes los lleva a creer por fe las razones de presumidos "expertos" o "profesionales"; y la suerte de los animales es rendida a intereses personales o corporativos, disimulados u ocultos tras una imagen adulterada de la Ciencia.

Así, la Ley prohíbe que "cualquier persona" torture o maltrate cruelmente a cualquier animal, o le cause daño o sufrimiento *innecesario*; pero ignora sus propios fundamentos cuando se trata de "experimentos con animales vivos". La Ley *cree* que existen "causas razonables" o "necesidades" para "envenenar" o administrar "agentes infecciosos", aunque ocasionen "daño corporal grave", sufrimiento o muerte al animal, víctima de torturas experimentales.

El problema político de fondo, al margen de la ética contra la crueldad, es que la autoridad investida por Ley -para regular y

---

[4] Los oficiales de la ley el orden que no interviniesen como ordenaba la ley serían expulsados de la fuerza policial.

fiscalizar las experimentaciones con animales vivos- es la misma que las financia y las realiza. Tal sucede con el *Caribbean Primate Research Center* (CPRC), adscrito a la Universidad de Puerto Rico y financiado por corporaciones biomédicas estadounidenses. Las experimentaciones invasivas con primates son, cuando poco, de dudoso valor científico, pero representan un negocio lucrativo para quien es, a la vez, juez y parte en el juicio de su propio haber...

Ilustración 1[5]

---

[5] Cría de la especie patas, nacida en Puerto Rico y capturada por el DRNA. Esta especie es objeto de una política y práctica genocida por orden del Gobierno de Puerto Rico. Fotografía por Gazir Sued (2011)

16

En Puerto Rico, "cualquier persona" que cause daño corporal o sufrimiento a un animal, incurre en delito grave y será penada por Ley; con excepción de las autorizadas por ésta para hacerlo. Encabezan la lista: cazadores por placer; matadores del DRNA y torturadores del CPRC-UPR.

Si es verdad que la Ley representa la *voluntad del Pueblo*, no cabe duda, entonces, que "el puertorriqueño es esencialmente cruel". Las experimentaciones invasivas en laboratorios bio-médicos y las matanzas contra las nuevas especies nativas, ejecutadas por agencias de gobierno y celebradas por la prensa del país, refuerzan el infamante argumento. La carga del reproche moral pesa sobre la vergüenza compartida, y todavía más cuando la Ley, prejuiciada e indolente, reivindica como derecho la crueldad contra animales...

Matanzas[6]

El trato cruel y despiadado a los animales es legal y está institucionalizado en Puerto Rico; las agencias de gobierno lo avalan y lo incitan, lo financian y lo realizan. Las matanzas de cientos de primates rhesus y patas lo evidencia. Estas especies, que integran la nueva fauna puertorriqueña y enriquecen la bio-diversidad de la Isla, están en peligro de extinción...

Desde los años setenta y a la sombra de la industria biomédica estadounidense, Puerto Rico se convirtió en el principal suplidor de la demanda de éstos primates, "ideales" como objeto experimental por sus similitudes fisiológicas y psicosociales con la especie humana. Durante este periodo, por avaricia y mediocridad administrativa de las autoridades responsables, algunos escaparon y migraron a la zona suroeste de la Isla.

Estigmatizadas como especies "invasivas" y "peligrosas", el Gobierno de Puerto Rico ordenó su exterminio. Cerca de dos millones de dólares, del erario público, destinó a la macabra

---

[6] La versión original de "Matanzas" fue publicada en varios medios y revistas entre noviembre de 2011 y febrero de 2012. Esta ha sido editada para efectos introductorios.

empresa. El Gobierno incluso legisló para "conceder permisos especiales de caza no deportiva" a sus matadores...

Depurado de tecnicismos y artimañas retóricas, el proyecto gubernamental para "controlar" estas especies se reduce a la orden de utilizar "técnicas mortíferas" para sacrificarlas. Según el ex-secretario del DRNA, "las autoridades determinaron que balearlos era un final más humanitario que una inyección letal". Capturadas las criaturas, una a una son asesinadas a balazos calibre 22.

Los primates rhesus y patas, nacidos aquí, son víctimas de gatilleros del Estado y de aficionados al placer sádico de matar (cacería deportiva), autorizados por la ley. Según informes del DRNA, entre 2008 y 2010 el monto registrado de la masacre fue de 1,432 rhesus y patas. A mediados de 2011 el conteo ascendía a 1,639. En el último informe, de febrero de 2012, la cifra mortal se eleva a 2,153.

Ambas especies, sin embargo, se destacan por su formidable predisposición para adaptarse y coexistir sociable-mente entre los seres humanos. Los rhesus y patas son descendientes de los primeros fugitivos del cruel cautiverio de las corporaciones biomédicas locales y federales. Los que hoy habitan en la Isla nacieron aquí. Igual que la mayor parte de nuestras fauna nativa, son especies descendientes de inmigrantes. No son especies "exóticas invasoras", ni una "plaga que amenaza la vida humana y silvestre", ni "afectan la calidad de vida de los ciudadanos", como insisten los discursos neuróticos, paranoides e hipocondriacos que animan las matanzas. Por el contrario, estas especies hacen de nuestra Isla un espacio de vida más interesante y agradable. Principios de tolerancia, comprensión y disfrute común de nuestra diversidad ecológica (que por su propia naturaleza mutante el cambio le es condición invariable), deben regular cualquier política de "control" de especies.

Aprender a coexistir, inteligente y sensiblemente, con las diferentes especies que habitan esta tierra, ese es el gran desafío ético que enfrenta la ciudadanía, los gobiernos y la ciencia...

Ilustración 2[7]

Mitología biomédica, ética y ciencia[8]

Las experimentaciones con primates no-humanos en cautiverio levantan serias reservas éticas, sospechas y cuestionamientos, principalmente sobre las condiciones de maltrato físico y emocional a las que se someten estas especies (confinadas, hostigadas y torturadas) en laboratorios "científicos". La industria biomédica, sus promotores y beneficiarios, encubren sistemáticamente ésta práctica y restringen, de manera casi absoluta, el acceso a información de primera mano. La ciudadanía queda a merced de la propaganda corporativa, hecha a la medida de sus propios intereses. Así, el drama de la violencia y la crueldad contra

---

[7] Joven nativo de la especie patas, capturado por el DRNA y confinado en Cambalache, Arecibo. Fotografía (auto-retrato) por Gazir Sued (2011).

[8] La versión original de "Mitología biomédica, ética y ciencia" fue publicada en varios medios desde enero de 2012, y se ha editado para el texto introductorio.

19

animales en cautiverio pasa virtualmente desapercibido en Puerto Rico...

Los favorecedores de la experimentación con primates no-humanos alegan que, por encima de consideraciones éticas sobre el bienestar de los animales, deben valorarse los "avances" que *posibilitan* a la industria biomédica y a la ciencia en general, ya sobre los grandes desafíos que representan enfermedades y condiciones como el SIDA, la hepatitis o el cáncer, o con respecto a las amenazas latentes del fantasma del bioterrorismo (Ébola, Ántrax, etc.). Esta premisa, no obstante, carece de base científica, es especulativa y falaz.

Desde inicios del siglo XX la industria biomédica experimenta con primates no-humanos, como si se tratase de modelos equivalentes a *nuestra* especie, suplentes o reemplazos (por razones morales, cálculos económicos o presiones políticas y legales). La ilusión que anima esta creencia mítica e idealiza ingenuamente su utilidad para la ciencia, se origina en las *semejanzas* anatómicas y fisiológicas. Esta creencia, alucinante por demás, se reanimó a partir del descubrimiento de las similitudes genéticas, ratificando el alegato a favor de la experimentación y la falsa creencia de que son imprescindibles para el progreso de las ciencias de la salud; la prevención, el diagnóstico y el tratamiento de las enfermedades humanas.

Estudios realizados sobre la pertinencia y la utilidad experimental de chimpancés en laboratorios biomédicos revelan el carácter ilusorio de esta creencia y develan la relativa insignificancia de sus prácticas dentro del marco de las propias expectativas biomédicas. Aunque la similitud genética entre el chimpancé y el humano se estima superior al 96%, no hay evidencia significativa de su valor experimental ni de contribuciones reales al desarrollo de tratamientos de enfermedades humanas.

Este análisis adquiere mayor relevancia en el caso de la especie *Rhesus* en Puerto Rico, cuya similitud genética con el humano (93%) es inferior a la del chimpancé. Esta marcada diferencia entre especies -que determina la secuela de fracasos experimentales y clínicos- es ignorada y omitida sistemáticamente por los promotores de sus usos experimentales en la Isla, encabezados por el *Caribbean Primate Research Center* (CPRC), adscrito y apadrinado sin condiciones por el Recinto de Ciencias Médicas de la Universidad de Puerto Rico.

Ilustración 3[9]

Sea con referencia a la relativa similitud genética o a las marcadas semejanzas fisiológicas, las corporaciones biomédicas -e individuos favorecidos por ellas- perpetúan la ilusión de aplicabilidad mecánica sobre el ser humano y sus enfermedades. Esta ficción cientificista sirve de plataforma para legitimar intereses comerciales, como los de Bioculture o del CPRC, pero como propaganda corporativa, no como ciencia...

Además de que existen tecnologías experimentales alternativas, más seguras y efectivas, la experimentación invasiva con estos primates no es una necesidad científica, ni responde a interés nacional alguno, ni contribuye al bienestar de la humanidad.

Confrontada la mitología biomédica con la realidad objetiva, y desmentido e impugnado el negocio fraudulento de experimentar con primates a nombre de la humanidad y la ciencia,

---

[9] Joven rhesus nativo y en cautiverio para experimentaciones invasivas del CPRC, en Sábana Seca. Fotografía por Gazir Sued (2012)

las matanzas de gorilas en el Congo o de delfines en Japón no se diferencian de las matanzas de chimpancés o rhesus en laboratorios de Estados Unidos y Puerto Rico.

No existe fundamento científico para perpetuar la experimentación invasiva con primates cautivos y, sin embargo, existen profundas razones éticas para oponerse.

Mezquinos intereses han convertido el trato cruel con animales en un prestigioso y lucrativo negocio. Así será mientras lo consintamos...

Voluntad de saber[10]

A raíz de las matanzas de primates no-humanos, de las especies rhesus y patas, por orden del Gobierno y ejecutadas por el Departamento de Recursos Naturales desde 2007, inicié una investigación sobre la historia de estas especies en Puerto Rico. Rastreando sus orígenes en la Isla, averigüé que los rhesus fueron introducidos a finales de la década de los 30, con fines de establecer en territorio bajo dominio estadounidense un criadero de primates experimentales baratos, para suplir la demanda de la industria biomédica en Estados Unidos. Establecido y fracasado el "scientific monkey business", pronto pasó a ser administrado bajo jurisdicción de la Universidad de Puerto Rico. Durante la década de los 70 fue creado el Caribbean Primate Research Center (CPRC), del recinto de Ciencias Médicas de la UPR, que asumiría la responsabilidad formal sobre el negocio en relativa quiebra.

La primera orden de los nuevos gerentes del CPRC fue exterminar cientos de rhesus cautivos en el cayo Santiago, para hacer más llevadera la carga económica de las colonias. Otros cientos fueron sacrificados con el fin de preparar una colección de huesos para "estudios" primatológicos. Hoy, como en el pasado, siguen enjaulándolos y sometiéndolos a crueles experimentaciones invasivas en la antigua base militar de Sabana Seca y en instalaciones "secretas" bajo el protectorado de la UPR en el recinto de Ciencias Médicas. Todavía los "excedentes" en cayo Santiago son sacrificados; y cuando les resultan inservibles para experimentos (después de inocularles venenos mortales y

---

[10] Una versión editada de "Voluntad de saber" circuló en varios medios de comunicación del país desde abril desde 2012. Esta versión ha sido ajustada para efectos introductorios.

22

someterlos a infinidad de torturas físicas y psicológicas), para evitarles sufrimiento "innecesario", ordena la ley que sean ejecutados...

Ilustración 4[11]

Las autoridades regentes me prohibieron acceso a las instalaciones del CPRC-UPR. Tras agotar los recursos institucionales, en 2011 radiqué una demanda por derecho propio (y en condición de indigente) ante el Tribunal de Justicia de Puerto Rico, exigiendo acceso e información pertinente a mi

---

[11] Cría rhesus nativa, capturada por el DRNA y en cautiverio provisional en el Centro de Confinamiento de Especies, en Cambalache, Arecibo. Fotografía por Gazir Sued (2011)

investigación.[12] Enfrenté a los representantes legales de la UPR y del CPRC, contratados como mercenarios corporativos, semejantes a los abogados de las grandes mafias del crimen organizado. Valiéndose de artimañas y mentiras, *convencieron* al Tribunal de Justicia que desestimara mi demanda. En su sentencia, firmada el 30 de marzo de 2012, la jueza Giselle Romero García se limitó a copiar al pie de la letra las argumentaciones frívolas y falsas de los abogados contratados por la UPR.

El Tribunal de Justicia de Puerto Rico pasó así a convertirse en pieza servil del esquema de encubrimiento corporativo del CPRC, del que la UPR ya había confesado complicidad formal. Por mi parte, la investigación continúa; se multiplican las dudas y acrecienta la voluntad de saber. Me pregunto, ¿qué será lo que no quieren que sepamos?

Ilustración 5

---

[12] Caso Civil Núm. KPE12-0199; Gazir Sued (Demandante) vs. Edmundo Kraiselburd (Director de Caribbean Primate Research Center; Janis González (Deputy Director del CPRC); Rafael Rodríguez Mercado (Rector del Recinto de Ciencias Médicas, de la UPR); Miguel A. Muñoz (Presidente de la Universidad de Puerto Rico) (Demandados); Centro Judicial de San Juan; 18 de enero de 2012.

Ilustración 6[13]

---

[13] Madre y cría rhesus nativas, en cautiverio para experimentaciones del CPRC en el cayo Santiago. Fotografía por Gazir Sued (2011)

Parte I

Historia de la crueldad
contra primates no-humanos en Puerto Rico
(1936 a 1947)

"...animal traffic is a world-wide racket."[1]
C. R. Carpenter

Hasta entrada la década de los 30, el comercio de primates no-humanos (chimpancés, rhesus, gibones, etc.) para experimentación en laboratorios de la industria biomédica estadounidense se hacía directamente entre traficantes en los países de origen (India, Afganistán, Tailandia, China, etc.) y los compradores bajo jurisdicción federal. El negocio de la trata intercontinental de estas especies se tramitaba en los márgenes de la ley y en ocasiones fuera de ellos; entre empresarios privados o representantes de instituciones estatales y las organizaciones suplidoras, encargadas de las capturas y ventas. Para entonces, las regulaciones legales del mercado de primates no-humanos eran mínimas, y las restricciones y prohibiciones apenas incidían sobre las gestiones comerciales, convenidas indistintamente entre organizaciones legales o entre mafias traficantes a escala global. El comercio regular de estas especies estaba sujeto a los acuerdos puntuales entre las partes involucradas en el contrabando de animales, a saber, entre los suplidores asiáticos y los compradores estadounidenses, para quienes, a pesar de ser objetos ocasionales de chantajes, extorsiones y fraudes, el negocio les resultaba económicamente viable y conveniente.

Pero ya para los últimos años de la década, además de la relativa incertidumbre e inseguridad sobre las condiciones propias del trasiego intercontinental de animales, el "scientific monkey business" (desde los trámites de captura, mantenimiento y transporte hasta los costes de sobornos) comenzaba a resultar

---

[1] Carpenter, C. R.; "History of the Monkey Colony of Cayo Santiago" (conferencia presentada en la Escuela de Medicina de la Universidad de Puerto Rico, agosto de 1959) transcrita en Rawlins, R. G. y Kessler, M.J.; "The History of the Cayo Santiago Colony"; *The Cayo Santiago Macaques: History, Behavior & Biology*; 1986.

excesivamente costoso a los importadores estadounidenses. Además, la relativa ausencia de control de calidad y las recurrentes pérdidas económicas por la inmensa cantidad de especímenes que morían durante las tortuosas travesías, empezaban a inquietar a empresarios, auspiciadores e inversionistas en las prácticas experimentales de las corporaciones biomédicas estadounidenses.[2]

Antes de finalizar la década, la demanda de primates experimentales había crecido y asimismo las inquietudes de ese sector del complejo biomédico-industrial que era dependiente de su disponibilidad. Además, la inminencia de una nueva guerra entre las potencias imperiales europeas acrecentaba las inquietudes de los traficantes estadounidenses, particularmente sobre la suerte de sus intereses comerciales con India, todavía bajo control político británico, que era la principal suplidora de primates no-humanos.

Es en este escenario de época que empresarios de la industria biomédica estadounidense considerarían la viabilidad de acuartelar colonias de primates (breeding colonies) para experimentación en los "trópicos americanos", incluyendo especies de chimpancés, rhesus, gibones, "and other interesting Old World primates...".[3] La primera tentativa para estos fines, aunque marginalmente, se realizaría en Puerto Rico...

La relativa falta de regulación legal del comercio inter-continental de animales, aunque desfavorecía en algunos aspectos los intereses de empresarios privados y de las corporaciones biomédicas en los Estados Unidos, también posibilitaba dar rienda

---

[2] La industria biomédica o el complejo biomédico-industrial estadounidense está constituido predominantemente por agencias reguladas y adscritas al gobierno federal (integradas en los National Institutes of Health) y poderosas empresas privadas, que inciden directamente sobre las orientaciones económico-políticas de las investigaciones y sus prácticas experimentales, costos operativos y su relación precisa dentro de las competencias relativas al gran mercado global de la salud y las enfermedades humanas. El complejo biomédico industrial estadounidense incluye a las farmacéuticas y a la industria cosmética, a diversas ramas militares y a las instituciones universitarias (estatales o privadas), subordinadas económica-mente o que operan en contubernio con cualquiera de éstas instancias.

[3] Carpenter, C. R.; "History of the Monkey Colony of Cayo Santiago" (1959); op.cit., p.14.

suelta a los usos irrestrictos sobre las especies adquiridas para usos experimentales. Entre 1936 y 1938, más de 40,000 primates rhesus fueron importados desde India para laboratorios en Estados Unidos.[4] Esta cifra *representa* la "magnitud" del comercio de esta especie y su relativa "importancia" para un sector del complejo biomédico-industrial estadounidense. Según Clarence R. Carpenter, uno de los principales precursores del "scientific monkey business" de la época, esta cifra *evidencia* que la especie rhesus ya era "essential to the work of American investigators".[5] No obstante, de esta cifra no puede inferirse su pertinencia real para la medicina moderna, y ni siquiera su relevancia para el desarrollo de las ciencias de la salud humana. Y es que el negocio del trasiego de animales para experi-mentos pertenece a una lógica diferente a la razón que lo legitima y anima, al margen del deseo de bienestar de la especie humana...

Asumido que el valor de uso científico de la especie rhesus está implícito en la magnitud del comercio y en la elevada demanda, las preocupaciones inmediatas serían, pues, de orden económico más que científico.[6] Las condiciones relativamente inestables del comercio internacional de primates no-humanos, presionada por una supuesta demanda creciente de suministro masivo y disponibi-lidad permanente, reforzaban las especulaciones alarmantes de los empresarios interesados en establecer criaderos en territorios bajo dominio estadounidense. No obstante, pese a las relativas dificultades del comercio de estas especies, todavía entonces resultaba más costo-efectivo importarlos desde el continente asiático, principalmente desde

---

[4] 1936: 12,992; 1937: 12,421; 1938: 15,851. Total 41,264. (Carpenter, C. R., "Rhesus Monkeys *(Macaca mulatta)* for American Laboratories; *Science*, Vol.92, No.2387; September 27, 1940; pp.284-286.) Carpenter comenta que los reportes previos eran exagerados, estimando el comercio de primates rhesus entre 30,000 y 50,000 al año.

[5] Carpenter, C. R., "Rhesus Monkeys (…) for American Laboratories; (1940); op.cit., p.284.

[6] Desde la propaganda corporativa del "scientific monkey business", no es sobre la base de referencias a la utilidad real para la salud o las ciencias biomédicas que se establece la importancia de los primates rhesus para la experimentación, sino a partir de la cuantiosa demanda de los investigadores estadounidenses.

India, que invertir recursos y capitales para reproducción en territorios americanos.

El concepto de "breeding colony" venía considerándose en los Estados Unidos hacía una veintena de años.[7] El consumo ascendente de animales para usos experimentales y la progresiva desestabilización de las condiciones políticas en las regiones suplidoras, reanimó la idea de crear centros de reproducción bajo jurisdicción federal. El criadero en la Unión Soviética, establecido con éxito desde 1927, serviría de modelo para los centros de reproducción en miras en los Estados Unidos.[8]

Paralelo a la importación masiva de primates no-humanos para usos experimentales, aunque en menor escala, algunas especies eran reproducidas en laboratorios, y los *estudios* se hacían en condiciones de cautiverio.[9] A la fecha ya se habían hecho *estudios* sobre los ciclos reproductivos[10], pero no existían criaderos (husbandry) en territorio estadounidense, "so one of the first

_____

[7] Desde antes de los años 20 se registran intenciones de crear centros de estudios de primates no-humanos en los Estados Unidos. Para la fecha, por ejemplo, Robert Yerkes ya proponía la creación de establecimientos para tales fines. A los efectos, estableció el primer laboratorio de estudios primatológicos en 1930 (Primate Laboratory of the Yale Institute of Psychobiology, en Orange Park, Florida) La instalación contó con los auspicios iniciales de la fundación Rockefeller y la Carnegie, y los primeros especímenes, 17 chimpancés, fueron adquiridos de un criadero en Cuba, propiedad de Rosalía Abreu. (Johnsen, Dennis O; "History of the Use of Nonhuman Primates in Biomedical Research"; en Abee, Christian R., Mansfield, Keith, Tardif, Suzette y Morris Timothy (Editores); *Nonhuman Primates in Biomedical Research: Biology and Management*; American College of Laboratory (Animal Medicine Series); Academic Press, 2012; pp.1-12)

[8] En Sukhumi, Rusia, se estableció la primera "pirmate breeding station" en 1927. (Ídem)

[9] A diferencia de los patrones reproductivos en sus hábitats naturales, donde los apareamientos responden a temporadas determinadas, en condiciones de cautiverio la especie rhesus mantiene relaciones sexuales durante todo el año. Los gibones, por el contrario, raras veces se reproducen en cautiverio.

[10] Dr. Carl Hartman, de la *Universidad* John Hopkins ya había realizado estudios sobre el ciclo reproductivo en condiciones de cautiverio. Hartman sería consultado posteriormente por la fundación Markle, que financiaría la propuesta para el establecimiento del primer criaderos de primates no-humanos en Puerto Rico, y se opondría...

objectives was to establish a successful breeding colony"[11], en sus dominios.

En 1937, un grupo de empresarios estadounidenses, interesados en el negocio de primates, incursionó en la región asiática de mayor trasiego de animales y confirmó la viabilidad de traficar suficientes especímenes para establecer el negocio de crianza en los Estados Unidos, incluyendo sus territorios coloniales. La empresa expedicionaria, en apariencia animada por intereses académico-científicos[12], serviría de referencia para el primer criadero de primates bajo jurisdicción estadounidense, que pronto se establecería en Puerto Rico. La expedición -según relata Matt Kessler[13]-:

> "...showed that it was logistically possible to ship wild-trapped nonhuman primates all the way back to San Juan and have them arrive alive."[14]

Génesis de la trata de primates no-humanos en Puerto Rico

El inicio de la trata de primates para usos experimentales en la Isla se originó bajo el auspicio formal de la Escuela de

---

[11] Carpenter, C. R.; "History of the Monkey Colony of Cayo Santiago" (1959); op.cit., p.15.

[12] Las referencias bibliográficas refieren este viaje como *Asiatic Primate Expedition*. Los principales integrantes del grupo fueron, Harold Coolidge, del Museum of Comparative Zoology, de la Universidad de Harvard; Adolph H. Schultz, del Departamento de Anatomía de la Universidad John Hopkins y Clarence R. Carpenter, que para entonces era "assistant professor and lecturer" en Bard College. (Montgomery, Georgina M.; "Carpenter, Clarence Ray"; *Complete Dictionary of Scientific Biography*. 2008.)

[13] Matt J. Kessler, siendo veterinario de laboratorio, sería contratado por el CPRC en 1977. Empleado corporativo del CPRC desde entonces, sería coautor y propagandista, con Richard Rawlins, de la historia oficial del "scientific monkey business" en Puerto Rico. Kessler sería designado director del CPRC en los años 70.

[14] Kessler, Matt J.; "Establishment of the Cayo Santiago Colony"; *Puerto Rico Health Sciences Journal*; Universidad de Puerto Rico, Recinto de Ciencias Médicas; Abril-1989; Vol.8, Núm. 1; pp.15-17.

Medicina Tropical (EMT) de la Universidad de Puerto Rico[15], que operaba como sucursal de la Universidad de Columbia, aunque financiada por el gobierno local. El primer proyecto para la instalación de una colonia de primates en la Isla data de finales de 1936, y consistía en "tratar de establecer una crianza de monos rhesus (Macaca mulatta) en una isla desierta cerca de la costa de Puerto Rico."[16] Según informe oficial del director de la EMT, George W. Bachman[17], a finales de octubre de 1937, había llegado un primer cargamento de ocho gibones, capturados y traficados por Clarence R. Carpenter, desde Tailandia.[18] Según Bachman, los gibones estaban "destined for breeding purposes in the free range colony of primates on the Island of Santiago."[19] Según el relato de Carpenter, principal gestor del proyecto, había sido Bachman quien interesaba adquirir primates de la especie Gibón "for certain special kinds of medical experimentations."[20] A los efectos, se involucró "intensamente" en el proyecto e invirtió sumas considerables de dinero a nombre de la institución. Asignada a tales fines una partida del presupuesto institucional de la EMT,

---

[15] En términos administrativos, aunque por ley pertenecía al sistema de la UPR, operaba de manera relativamente autónoma, por virtud de los auspicios de otras instituciones financieras, como la Columbia University.

[16] Bachman, George W; "Report of the Director"; School of Tropical Medicine (Under the Auspices of Columbia University, New York); San Juan, Puerto Rico; 1938-1939. En la versión traducida al español, op.cit., pp.82-84.

[17] George W. Bachman, director de la School of Tropical Medicine, y miembro representante de la Columbia University en la Junta de Síndicos, desde 1931 a 1942.

[18] En 1937, Carpenter participó de un *estudio* sobre la especie Gibón en Tailandia, como parte del grupo expedicionario en el "Asiatic Primate Expedition".

[19] Bachman, George W; "Report of the Director"; School of Tropical Medicine (Under the Auspices of Columbia University, New York); San Juan, Puerto Rico; 1937-1938. La versión traducida al español del informe de Bachman (pp. 41-42) traduce equívocamente el término "free range" como "libertad".

[20] Carpenter, C. R.; "History of the Monkey Colony of Cayo Santiago" (1959); op.cit., p.14.

financió la construcción de un "special animal house" para primates.

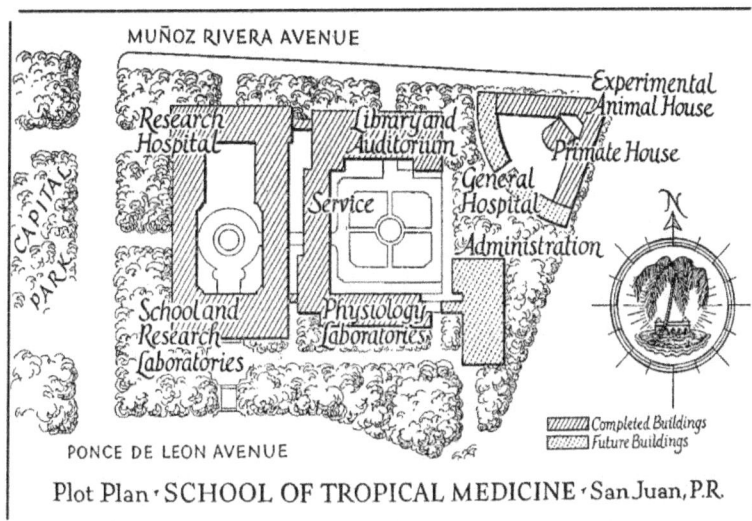

MUÑOZ RIVERA AVENUE

Research Hospital
Library and Auditorium
Service
General Hospital
Administration
School and Research Laboratories
Physiology Laboratories
Experimental Animal House
Primate House

CAPITAL PARK

N

Completed Buildings
Future Buildings

PONCE DE LEON AVENUE

Plot Plan · SCHOOL OF TROPICAL MEDICINE · San Juan, P.R.

Ilustración 1

Involucrados en el proyecto, los profesores Phillip E. Smith[21] y Earle T. Engle[22], de la Universidad de Columbia en New York, interesaban adquirir otra especie de primates experimentales para estudios en anatomía, endocrinología, fisiología y comportamiento sexual.[23] A los efectos, Smith y Engle:

[21] Philip E. Smith, director (chairman) del Departamento de Anatomía, Columbia University College of Physicians and Surgeons, New York.

[22] Earle T. Engle, investigador del Departamento de Anatomía, del Columbia University College of Physicians and Surgeons, New York. Engle, que visitó la Isla durante dos, antes de mediados de 1939, sería miembro del "Advisory Committee of the Santiago Primate Colonies". (Bachman, G.W.; "Report of the Director"; School of Tropical Medicine (1938-1939); op.cit.)

[23] Carpenter, C. R.; "History of the Monkey Colony of Cayo Santiago" (1959); op.cit., p.15.

33

"...wanted healthy animals for use in the laboratory and therefore they were most interested in the rhesus monkeys."[24]

Paralelo al interés empresarial en establecer un "scientific monkey business" en la Isla, Carpenter[25] *interesaba* realizar investiga-ciones de orden primatológico:

"...the social behavior, the way the population organizes itself, the kinds of social behavior that occurs."[26]

Más allá de los intereses inmediatos de éstos *académicos* particulares, no existe registro de experimentaciones programadas a la fecha fuera de la retórica idealizada en la que Carpenter enmarca el negocio de venta de primates para usos en laboratorios estadounidenses e internacionales. La única referencia sobre experimentación invasiva con primates en la EMT, durante este periodo, había iniciado hacía cuatro años y continuaba inconclusa:

"The object of this experiment is to produce a gradually developing cirrhosis of the liver for detailed observations of changes occurring in the hepatosplenic complex, and comparison with Banti's disease of man."[27]

---

[24] Op.cit., p.14.

[25] Clarence Ray Carpenter, según el informe anual del director de la EMT (1937-1938), había sido miembro de la facultad del Bard College, y a la fecha pertenecía al College of Physicians and Surgeons de la Universidad de Columbia y de la Escuela de Medicina Tropical. No obstante, nunca fue reconocido como facultad o investigador en el listado oficial de la EMT, ni mencionado como visitante invitado o reconocido de algún modo. Tampoco dictó conferencia alguna, como era propio durante los programas académicos formales desde la inauguración del la EMT.

[26] Carpenter, C. R.; "History of the Monkey Colony of Cayo Santiago" (1959); op.cit., p.17.

[27] Los estudios en "experimental schistosomiasis in monkeys", eran realizados por cuenta del Department of Surgery of the College of Physicians and
34

En lo que respecta a las *investigaciones* primatológicas, éstas no interesaban a las corporaciones biomédicas, aunque ciertamente el carácter académico de las mismas proveería pronto un subterfugio para la imagen del "scientific monkey business"; una fachada "científica" con la que encubrir las crueldades a las que no cesarían de ser sometidos los primates enjaulados en laboratorios o en los criaderos sin jaulas...

Las posibilidades de reiniciarse una guerra a escala mundial y el temor a que ésta pudiera obstruir el trasiego intercontinental de animales abonó al proyecto de instalar criaderos de primates experimentales ("breeding colonies") dentro de la jurisdicción estadounidense, a nivel continental y en sus posesiones territoriales.

> "Remember that this was a 1938-39, and it was a critical time. Chamberlain and Hitler were having discussions and we were expecting war. We anticipated that the import of rhesus monkeys from India would be cut off completely and we hoped to have at least a seed bed of animal specimens for research in the Western Hemisphere."[28]

Trocados los intereses *investigativos* por intereses económicos, este grupo de empresarios-científicos estadounidenses se planteó la posibilidad de establecer un negocio de crianza y suplido, "a free-ranging (...) breeding colony of rhesus monkeys"[29]

Surgeons de Columbia University, y el Department of Medical Zoology and Pathology de la EMT. (Bachman, G.W.; "Report of the Director"; School of Tropical Medicine; (1937-1938); op.cit.)

[28] Carpenter, C. R.; "History of the Monkey Colony of Cayo Santiago" (1959); op.cit., p.15.

[29] Ídem. El término "free range" no puede traducirse literalmente al español, y se presta para crear una impresión equívoca de su significado y sentido. No puede interpretarse como sinónimo de libertad absoluta o "libre albedrío", como se trataría de espacios no controlados o regulados por voluntad humana. Tampoco refiere al hábitat natural de la especie. Más bien indica que el animal no está enjaulado, al menos no en todo momento. Aunque remite por contraste a la condición en cautiverio propia de los laboratorios, la condición de libertad

y otros primates. Para efectos de financiar la empresa -según la versión de Bachman- fueron los profesores Philip E. Smith y Earl T. Engle, del College of Physicians and Surgeons de la UC, quienes lograron que la fundación John and Mary R. Markle y la fundación Macy subvencionasen el proyecto.[30] A inicios de 1938 la fundación Markle había concedió un *grant* de $60,000 por tres años.[31] La concesión inicial ($26,200) "...provides funds for the support of the work of this primate station and for the purchase of additional specimens."[32]

Para Carpenter, sin embargo, esta concesión era "...a ridiculously small amount of money." No obstante, sería por la inversión del capital privado estadounidense, no del gobierno federal o del insular, que se gestaría la fase inicial del primer "scientific monkey business" en Puerto Rico. Esta realidad pondría en tela de juicio la alegada "necesidad nacional" de

---

es relativa, y se procura diferencialmente entre especies, condicionadas por los usos a los que son sometidas. Para el USDA, por ejemplo, denota un método de "farming husbandry", donde los animales son desenjaulados durante determinados periodos de tiempo y en un espacio restringido por verjas, alambres, etc. Para efectos de las colonias de reproducción de primates no-humanos, el término "free-range" debe equipararse con la palabra "unfenced", y no como significante de una libertad irrestricta, ni como referente del hábitat natural. Para los ideólogos del "scientific monkey business" en Puerto Rico, a partir de la década de los 70, el término sería mal traducido al español -aunque premeditadamente- como "libre albedrío"...

[30] Bachman, G.W; "Report of the Director"; School of Tropical Medicine (1938-1939); op.cit., p.83.

[31] La Markle Foundation se estableció en 1927, "...to promote the advancement and diffusion of knowledge among the people of the United States and to promote the general good of mankind." Entre 1936 y 1945 los auspicios de la corporación se concentraron principalmente en las investigaciones médicas (medical research). El *grant* concedido al grupo de Bachman y Carpenter fue uno más entre 627 otorgados durante este periodo. (http://www.rockarch.org) No obstante, no sabemos cuáles fueron los términos ni cuál la relación específica con la investigación *médica*. Con el financiamiento de esta empresa privada se establecería el primer "scientific monkey business" en Puerto Rico.

[32] Bachman, G.W.; "Report of the Director"; School of Tropical Medicine; (1937-1938)

invertir capital público en el negocio experimental de primates no-humanos...

Según el relato de Carpenter: "The establishment (...) of a successfully producing free-ranging (...) colony was the major objective."[33] De acuerdo a las clasificaciones taxonómicas de la época, había registro de más de 500 especies de primates en el mundo. Era "inconcebible" que todas resultasen "equally suitable" para la gran variedad de experimentaciones posibles, por lo que:

"Another objective was to explore the suitability of animals for different kinds of experimentation."[34]

Aunque sería el capital privado el principal inversionista en esta nueva modalidad del "scientific monkey business", al menos en su fase inicial, la imagen que habría de representarlo ante la mirada y opinión pública la producirían los intelectuales académicos de prestigiosas universidades estadounidenses. Robert M. Yerkes, mentor de Carpenter, sería una de las principales figuras que, durante este periodo, lo promocionaría.[35] A mediados de 1939, la prensa local reseñó sus declaraciones, presentadas durante el congreso de la Sociedad Americana para el Avance de la Ciencia, en abril del mismo año.[36] Según el reportaje, Yerkes habría evidenciado las "líneas paralelas que en el orden de lo físico y mental existen entre los antropoides y los seres humanos". El discurso de Yerkes -según cita la prensa- coincidía con la propaganda ideológica de la industria experimental biomédica de la época:

---

[33] Carpenter, C.R.; "History of the Monkey Colony of Cayo Santiago" (1959); op.cit., p.15.

[34] Op.cit., p.16.

[35] El 8 de enero de 1930, Yerkes (Director of the Laboratories of Primate Biology of Yale University), presentó una conferencia, ("Morphine Addiction in the Chimpanzee"), en la Escuela de Medicina Tropical. En el informe oficial de Bachman, se le distingue como uno de los "outstanding men of science" que visitó ese año la EMT.

[36] "Los antropólogos encuentran características personales en los antropoides"; *La Democracia*, mayo, 1939.

"Los estudios experimentales en las líneas fisiológicas y biológicas de los monos y antropoides ayudarán a la humanidad para prevenir y curar algunas de sus propias enfermedades, y aún los problemas sociales."[37]

Compartidos estos principios míticos por su discípulo Carpenter y sus socios en la empresa comercial de primates experimentales, restaba eliminar la oposición de la competencia...

El Dr. Carl Hartman, de la Universidad John Hopkins, fue consultado por la corporación Markle sobre la propuesta para establecer el criadero de primates en la Isla. Según relata Carpenter, éste advirtió que los "rhesus monkeys would not breed in Puerto Rico."[38] La oposición de Hartman no guarda ninguna relación con las condiciones de posibilidad de establecerla realmente, sino con particulares intereses económicos. En los continentes e islas americanas han existido colonias de primates desde las invasiones europeas[39]; las condiciones para el asentamiento y reproducción de nuevas especias son relativamente similares a las regiones de origen y, además, a la fecha del

---

[37] Ídem.

[38] Carpenter, C.R.; "History of the Monkey Colony of Cayo Santiago" (1959); op.cit., p.15

[39] Aunque la evidencia es especulativa, en varias de las Antillas Mayores (Cuba, Jamaica y Santo Domingo) han aparecido restos de especies de primates que los antropólogos han catalogado como autóctonas. (Ver Rimoli, Renato; *Una nueva especie de monos de la Hispaniola*; Cuadernos del CENDIA; Universidad Autónoma de Santo Domingo; Vol. CCXLII, No.1; 1977) Es probable, no obstante, que los hallazgos no correspondan a poblaciones "autóctonas" propiamente, sino a importaciones o emigraciones acontecidas en siglos anteriores. Actualmente existen diversas especies de primates no-humanos en algunas islas del Caribe y en las Américas continentales.

proyecto, ya Carpenter había trabajado en una isla de Panamá[40] con primates americanos.[41] Según Carpenter:

"There is no reason why some specimens cannot be breed near centers of adequate food supplies in southern and southwestern United States."[42]

De lo que se trataba, probablemente, era de una relación de competencia por retener los fondos para el financiamiento de los respectivos negocios con primates experimentales, no de un conocimiento profundo sobre la naturaleza reproductiva de la especie.[43]

Antes de obtener el presupuesto de la fundación Markle, Bachman ya había explorado las posibilidades de instalar el criadero de primates en diversos islotes de Puerto Rico, y seleccionó el cayo Santiago como "the best possible place."[44] Hasta la fecha, los empresarios del "scientific monkey business"

---

[40] Bajo tutela de Yerkes, entre 1931 y 1933, Carpenter "estudió" (observed and described) relaciones y comportamientos de primates Alouatta (Howlers) en una isla (Barro Colorado) de Panamá. (Montgomery, Georgina M.; "Carpenter, Clarence Ray"; *Complete Dictionary of Scientific Biography*. 2008)

[41] *Alouatta* o Howler monkeys es un género de primates *nativos* de la zona ecuatorial de América (desde el sur de México hasta el norte de Argentina): "Threats to howler monkeys include human predation, habitat destruction and being captured for captivity as pets or zoo animals." (http://en.wikipedia.org)

[42] Carpenter, C. R., "Rhesus Monkeys (…) for American Laboratories" (1940); op.cit., p.285.

[43] Hartman, que criaba la mayor parte de sus primates en cautiverio, sabía, o debía saber, que de establecerse el negocio de colonias reproductivas, la partida de presupuesto asignado para la reproducción y crianza de primates en cautiverio sería afectada dramáticamente, si no eliminada. Los costos de criaderos masivos y economías afines le representaba a Hartman una amenaza de disminución sustantiva en sus ingresos, no con relación al orden puntual de la investigación científica sino con respecto al capital que podría disponer para sí.

[44] Carpenter, C. R.; "History of the Monkey Colony of Cayo Santiago" (1959); op.cit., p.15.

compartían la impresión de que estas especies de primates rehuían los cuerpos de agua; y nada más económico e ideal, para garantizar el cautiverio previsto, que aprisionarlos en estrechas porciones de tierra y contenerlos entre inmensos muros naturales, hechos de distancia y mar; sin regulaciones ni restricciones legales, ni condiciones de uso por parte del gobierno insular; ni siquiera presiones morales de organizaciones civiles celadoras del bienestar de los animales...

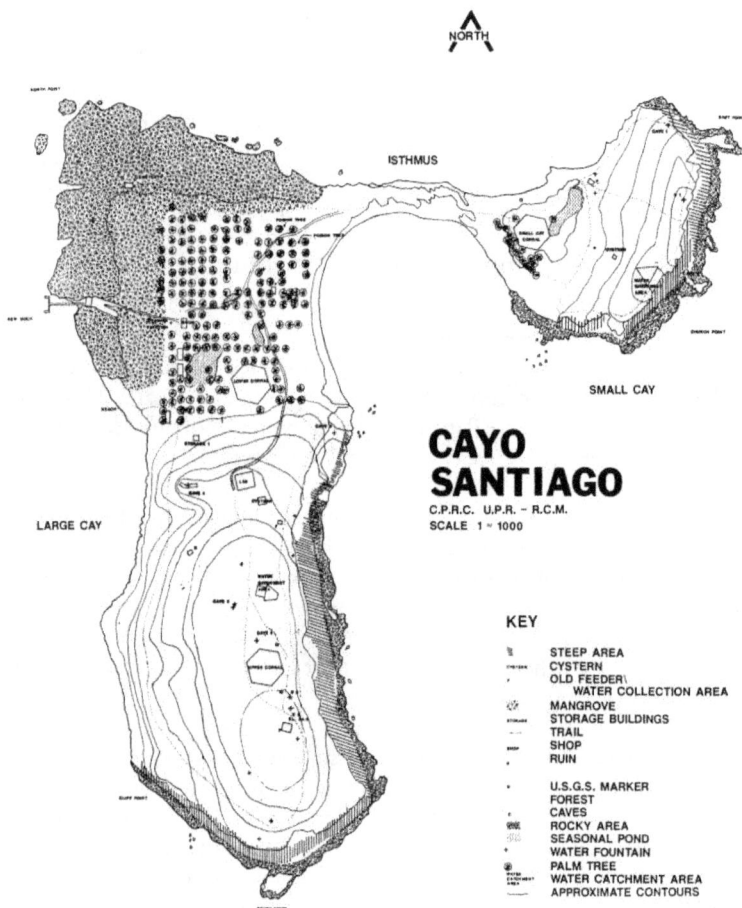

Ilustración 2

Mapa de cayo Santiago[45]

---

[45] Hasta 1937 el cayo Santiago había sido propiedad de Adalberto Roig, residente en Humacao, que lo usaba principalmente para pasto de cabras. Por

El objetivo principal del negocio que habría de establecerse en Puerto Rico -en palabras de uno de los principales publicistas corporativos del CPRC, Richard Rawlins[46]:

"...was to be the first of a series of facilities that would ensure a controlled and regular supply of monkeys for institutions on the mainland."[47]

La cobertura en la prensa exaltaría la imagen del nuevo negocio como "...the first free-range primate colony in the Americas."[48]

"Main reason for the colony is to breed thousands of healthy animals of known ancestry at low cost for medical experiments..."[49]

---

interés de Bachman sería comprado por el gobierno insular (Windle, William F.; "The Cayo Santiago Primate Colony"; *Science*, Vol. 209; September 26, 1980; p.1487) y traspasado a la Universidad de Puerto Rico. (Rawlins, Richard G. y Kessler, Matt J.; "The History of the Cayo Santiago Colony"; op.cit., p.22) Según la oficina legal del Recinto de Ciencias Médicas de la UPR -relata Kessler- el gobierno de Puerto Rico expropió el cayo, por $5,000.00 a nombre de la UPR. Según Roig, presidente del Roig Commercial Bank, en Humacao, el cayo había sido obsequio de la familia Pou, de España. (Kessler, Matt J.; "Establishment of the Cayo Santiago Colony" (1989); op.cit., p.15) La reforestación del cayo Santiago estuvo a cargo de E. W. Hadley y asociados, del Servicio Insular de Forestación Federal, y el Civilian Conservation Corps. (Bachman, G.W.; "Report of the Director"; School of Tropical Medicine; (1937-1938); op.cit., p.42 y (1938-1939); op.cit., p.84) (Mapa de cayo Santiago (1977), en PRHSJ; Vol.8, Núm.1; 1989)

[46] Richard Rawlins sería designado "Scientist in Charge" de cayo Santiago en 1977. Como funcionario corporativo del Caribbean Primate Research Center, Rawlins construiría uno de los más abarcadores relatos históricos oficiales, que a su vez cumpliría la función ideológica de legitimar el "scientific monkey business" en Puerto Rico y procurarle una imagen cónsona y armonizadora de las ambiciones económicas del negocio de primates experimentales y las aspiraciones de prestigio *científico* de sus promotores y beneficiarios.

[47] Rawlins, Richard; "Forty Years of Rhesus Research"; *New Scientist*, 12 de abril de 1979; pp.108-110.

[48] "First American Monkey Colony Starts on Puerto Rico Islet"; *Life*, 2 de enero de 1939; Vol.6, No.1; pp.26-27.

41

Para entonces, el precio de cada rhesus para experimentación en laboratorios fluctuaba entre $8 y $25.

Los gibones no habían sido llevados de inmediato al cayo Santiago, como previsto, según el informe de Bachman. Ocho meses después, para verano de 1938:

> "Unforeseen difficulties have delayed the transferring of the first eight apes to the Island of Santiago, where they may be free to range at will in a more natural habitat; however, their present home of newly equipped cages offers them ample space for exercise and here they have grown and thrived."[50]

No obstante, éstos habían sido adquiridos para que se reprodujeran, y a la fecha no se tenía noticia de ningún nacimiento de esta especie en cautiverio...

El contrabando internacional de primates

En el verano de 1938, Carpenter ya se había embarcado nuevamente para comprar el "breeding stock" restante.

> "...collecting a breeding stock for the Santiago Primate Colony of the School of Medicine, Puerto Rico and Columbia University."[51]

El plan -según informe oficial de Bachman- era traer 300 rhesus y 30 gibones adicionales.[52] Relata Carpenter:

---

[49] Ídem.

[50] Bachman, G.W; "Report of the Director"; School of Tropical Medicine (1937-1938); op.cit.

[51] Carpenter, C.R., "Rhesus Monkeys (…) for American Laboratories"; *Science*, (1940); op.cit. 284. Puerto Rico no era el destino exclusivo de los rhesus comprados en India durante esta empresa. Algunos serían embarcados por encargo de Smith y Engle a la Universidad de Columbia. (Windle, W.F.; "The Cayo Santiago Primate Colony"; *Science*, (1980); op.cit., p.1487)

42

"The right kind and numbers of breeding specimens could not be bought on the market. I had to go to India to collect them."[53]

Entre los meses de julio y septiembre de 1938, ya había establecido vínculos en Calcuta con "professional collectors"[54], a quienes compraría los cargamentos de rhesus y otras especies[55], capturados en diferentes regiones de la India. Establecidos los contactos con los traficantes de animales ("animal dealers"): "...began the bussines, a very nervy bussines..."[56] Según Carpenter:

"...animal traffic is a world-wide racket. It´s a racketeering proposition with few exceptions"[57]

Los compradores -relata Carpenter- solían ser objeto de estafa por parte de los contrabandistas asiáticos, que cobraban muy por encima del costo de compra en las zonas donde se capturaban las especies y donde éstas "...are bought for practically nothing."[58] Los precios de cada *unidad* del cargamento tenían que negociarse con "very powerful animal dealers", encargados de lidiar con los organismos de regulación estatal y con las organizaciones *protectoras* de animales ("animal unions"); los

---

[52] Bachman, G.W; "Report of the Director"; School of Tropical Medicine (1937-1938); op.cit.

[53] Carpenter, C.R.; "History of the Monkey Colony of Cayo Santiago" (1959); op.cit., p.16.

[54] Windle, W.F.; "The Cayo Santiago Primate Colony"; *Science*, (1980); op.cit., p.1487.

[55] También había una familia de la especie *macaca nemestrina* (pigtail macaque).

[56] Carpenter, C.R.; "History of the Monkey Colony of Cayo Santiago" (1959); op.cit., p.17.

[57] Ídem.

[58] Ídem.

mahometanos, a cargo de las capturas ("animal trappers"), y los hindúes, a cargo del mantenimiento posterior, previo al embarque.

> "As you know monkeys are "sacred" animals in India. Therefore, the Hindus will not trap them because this is rough, cruel business."[59]

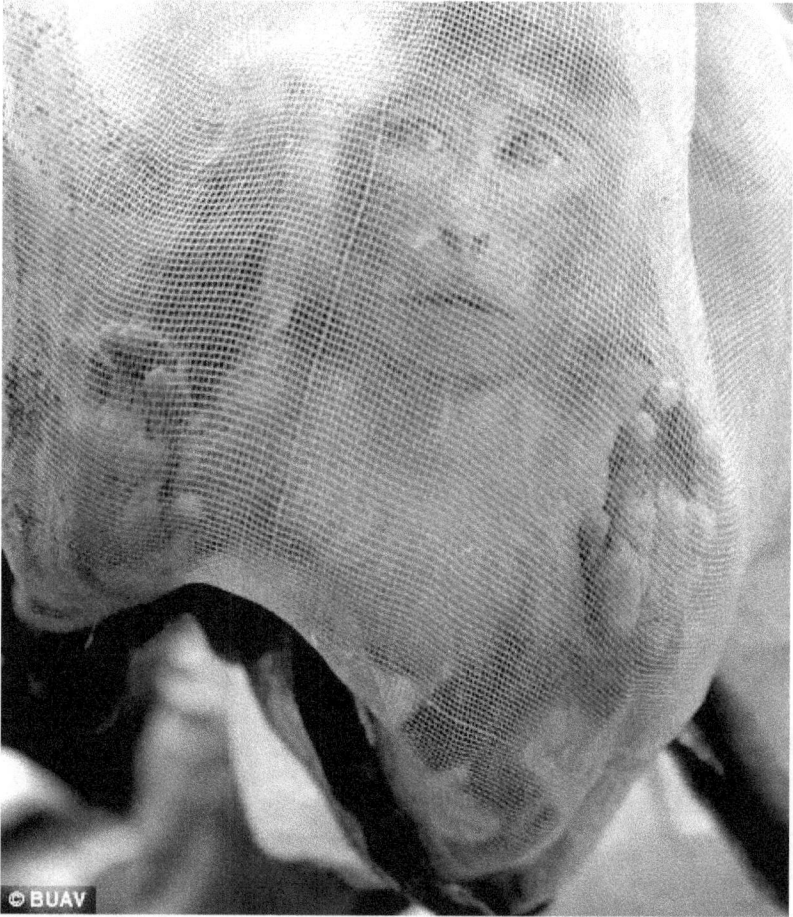

Ilustración 3[60]

---

[59] Op.cit., p.18.

[60] Rhesus atrapado para venta en el mercado de animales experimentales. Fotografía tomada de http://animalconnectionblog.blogspot.com.

44

El análisis de las condiciones coyunturales del mercado intercontinental de primates no estaba razonado exclusivamente sobre consideraciones de orden económico. Además del cálculo económico, determinadas consideraciones políticas incidieron sobre los proyectos de criaderos de reproducción en las jurisdicciones estadounidenses. El principal inconveniente que enfrentaban los traficantes estadounidenses era, pues, de naturaleza política. Antes de iniciar los años 40, una serie de embargos legales habían sido impuestos por el gobierno de India, limitando el tráfico comercial de rhesus. Además de las restricciones legales, por consideraciones culturales y religiosas la mayor parte de la población india no consentía la crueldad contra los primates no-humanos. Un reportaje de la revista *Life*, publicado a inicios de 1939, apunta al respecto:

> "Because Mahatma Gandhi is preaching against the exportation of the sacred rhesus monkey from India, this may well be one of the last shipments to this country."[61]

Según describe el estado de situación el principal traficante estadounidense, Clarence R. Carpenter:

> "Monkeys in India are considered quasi-sacred by Hindus and Buddhists. These people resent their capture and export under the prevailing deplorable conditions and they are told that the monkeys are used for the ´rejuvenation of decadent Western'."[62]

Acentuada la supremacía de los intereses de empresarios, traficantes y mercaderes estadounidense sobre los valores culturales indios, Carpenter insinúa que, además, las reservas y restricciones sobre el comercio de estos animales representa una contraposición entre religión y ciencia, esta última encarnada por la civilización occidental. Al margen de esta postura ideológica,

---

[61] "First American Monkey Colony…"; *Life* (1939); op.cit., pp.26-27.

[62] Carpenter, C.R., "Rhesus Monkeys (…) for American Laboratories"; (1940); op.cit., p.285.

45

que caracterizaba a las potencias imperiales de Occidente, sí existe una relación de aparente antagonismo entre la demanda de primates no-humanos para consumo de las corporaciones biomédicas estadounidenses y la cultura jurídica de la India, explícitamente sensible a la trata perniciosa de estas especies. La filosofía y la ética contra la crueldad de los animales que caracteriza a las religiones dominantes y de mayor influencia cultural y política en la India, el hinduismo y el budismo, contrasta con la ética protestante o católica hegemónicas entre las religiones dominantes en occidente, principalmente con la cristiandad en los Estados Unidos y sus territorios coloniales.[63]

La cultura dominante en India resiente las prácticas de captura y exportación, más que por motivaciones religiosas, porque las condiciones del negocio en general son crueles y "deplorables", según admite el propio Carpenter. Para evadir los obstáculos legales en los que se materializaba la ética india que protegía estas especies, los traficantes estadounidenses tenían que negociar con las mafias asiáticas que operaban en las afueras de la capital. En esas regiones -según Carpenter-:

"The center of the trapping operations (...) where Rhesus monkeys are ubiquitous, are found by the hundreds of thousands and are even considered as pests."[64]

Carpenter alega que el mercado irrestricto de rhesus no afecta a la especie porque existe en superabundancia, al extremo

[63] Ciertamente, la ética de trato sensible a los animales no humanos se instruye en Occidente al margen de los textos u ortodoxias de las religiones dominantes. La brutalidad heredada de las tradiciones religiosas europeas, representadas en todas las variantes del cristianismo, anima las prácticas de explotación de especies como uno de los ejes del desarrollo de la civilización occidental. El imaginario antropocéntrico occidental, que regula y sostiene "la ciencia" como motor civilizatorio, tiene como trasfondo ideológico los mitos fundacionales de la cristiandad. Génesis 1:26 -Y dijo Dios: Hagamos al hombre a nuestra imagen, conforme a nuestra semejanza; y señoree (ejerza dominio) en los peces del mar, y en las aves de los cielos, y en las bestias, y en toda la tierra, y en toda serpiente que se anda arrastrando sobre la tierra. (Sagradas Escrituras,1569)

[64] Carpenter, C.R., "Rhesus Monkeys (...) for American Laboratories"; (1940); op.cit., p.285.

de ser considerada en algunas regiones como plaga. Tal pareciera que los traficantes favorecen las condiciones de vida en India, toda vez que se deshacen de un número significativo de éstos. No obstante, ni siquiera en las zonas de mayor concentración el exterminio era considerado como una opción razonable de control poblacional. Para controlar el impacto de estas poblaciones en los distritos agrícolas, el gobierno de India practicaba una política cónsona con las demandas éticas de la cultura del país; los capturaba y relocalizaba en las zonas forestales para proteger los cultivos de frutas y granos. A la mentalidad de los traficantes estadounidenses le era indiferente estas consideraciones éticas, y el ánimo lucrativo que movía su cruel empresa sólo miraba las ventajas que convenían para establecer criaderos en los "trópicos americanos".

Ilustración 4[65]

Al margen de las dificultades mencionadas, propias a la naturaleza del tráfico intercontinental de éstas especies, a los empresarios estadounidenses les resultaba económicamente viable

---

[65] Joven rhesus en cautiverio para la venta. Fotografía por Luke Duggleby (2008); en: http://www.lukeduggleby.com

el negocio en India, y fuera de los tropiezos habituales no reconocían ningún problema en la compra masiva para suplir la demanda de la industria biomédica estadounidense. Relata Carpenter:

> "Since the monkeys are very numerous, since they are prolific breeders and since, in the main, only juvenile animals are trapped for export, there is no question of extinction from trapping or even of serious limitation of the supply."[66]

Pero además de las regulaciones legales en India y las confabulaciones con las mafias locales a cargo de la captura, a los traficantes estadounidenses les representaba un problema singular la oposición de los grupos protectores de animales, indios y estadounidenses.

> "The Society for the Prevention of Cruelty to Animals, both in America and India strives to prohibit this primate traffic."[67]

Según Carpenter, además de las regulaciones sobre el comercio de rhesus, los esfuerzos organizados en ambos hemisferios para prohibir el tráfico de primates no-humanos, podrían afectar adversamente las "investigaciones científicas" en los Estados Unidos. Debido a la presión de los grupos de oposición a la crueldad contra animales, en 1937 el gobierno de India, todavía bajo dominación colonial del imperio británico[68], adoptó una legislación que regulaba las temporadas del trasiego[69],

---

[66] Ídem.

[67] Ídem.

[68] India seguiría siendo territorio colonial del imperio británico hasta 1947, cuando obtendría su independencia.

[69] La legislación de 1937 prohíbe la exportación de primates por mar o tierra, entre el primero de abril y el 31 de agosto de cada año.

prohibiendo la exportación[70] durante los meses en que prevalecen las altas temperaturas, porque "...many monkeys suffocate during rail shipment to coast ports."[71]

El trayecto desde India hasta los puertos de New York y Boston tomaba cuarenta días, y la preocupación de los traficantes estadounidenses por las condiciones de transporte no era humanitaria sino económica: interesaban minimizar las pérdidas, daños o muertes, de la mercancía. Condición que se agravaba en los trámites ilegales con las mafias locales, porque "No shipping company wanted to transport the animals."[72] Las especies capturadas en las zonas distantes del puerto eran empaquetadas para transporte (en tren o avión) en jaulas de bambú:

> "During these journeys a high percentage[73] are either killed in fights, severely wounded or die from suffocation or the lack of water."[74]

Los sobrevivientes que llegaban al puerto eran puestos en depósitos insalubres, y se exponían a contagio de enfermedades por contacto con humanos enfermos, "...ussually found around these depots." Según describe Rawlins:

> "The ones that were freighted suffered terribly, and many died from rampant tuberculosis and diarrhea."[75]

---

[70] Existía, no obstante, una política de excepción en el orden de la ley que privilegiaba los cargamentos de primates para experimentación encargados para la Escuela de Medicina Tropical de Londres. Esta situación, sin duda, debió haberle sido motivo de envidia a los contrabandistas estadounidenses, que habrían de arreglárselas al margen de la ley cuando ésta no les favorecía.

[71] Carpenter, C. R., "Rhesus Monkeys (…) for American Laboratories"; (1940); op.cit., p.285.

[72] Carpenter, C.R.; "History of the Monkey Colony of Cayo Santiago" (1959); op.cit., p.18.

[73] Carpenter, C. R., "Rhesus Monkeys (…) for American Laboratories"; (1940); op.cit., p.285.

[74] Ídem.

En éstas condiciones serían embarcadas las especies con destino a Estados Unidos y, posteriormente, a Puerto Rico. Aunque los operadores de embarcaciones prohibían en principio el transporte de animales, el negocio de contrabando le era rentable a los comerciantes estadounidenses. Relata Carpenter-:

> "At present shipping space is in great demand and invariably officers of ships must receive heavy gratuities to get them to tolerate the nuisance of shipments of monkeys."[76]

Posibilitado por la ambición de los traficantes de animales y la disposición a violar las regulaciones legales por parte de las autoridades de transporte, el trasiego a los territorios estadounidenses todavía no se daba bajo el manto legitimador de la Ciencia sino como un negocio más dentro del "world-wide racket" de animales. La corruptibilidad de las autoridades era condición de posibilidad:

> "You could tell them that you represent science and research, the College of Physicians and Surgeons and the Markle Foundation, but to no effect. (...) I learned that the arrangements had to be made with the captain of the ship. The captain expected an amount of extra money over and above the shipping charges, which were already very high."[77]

---

[75] Rawlins, Richard; "Forty Years of Rhesus Research"; (1979); op.cit., pp.108-110.

[76] Carpenter, C. R., "Rhesus Monkeys (...) for American Laboratories"; (1940); op.cit., p.285.

[77] Carpenter, C.R.; "History of the Monkey Colony of Cayo Santiago" (1959); op.cit., p.18.

Los costos eran deliberadamente encarecidos -según Carpenter- "in order to discourage shipment of these primates."[78] Los arreglos *especiales* para el transporte de los cargamentos, sin embargo, tampoco ofrecían facilidades *apropiadas*, lo que permitía negociar por debajo de la mesa precios de embarque menos costosos. La consecuencia irremediable era que entre un 6 a un 40% de los especímenes moría durante la travesía.[79]

Tal fue la suerte de los gibones encargados por el director de la Escuela de Medicina Tropical, en San Juan, "for certain special kinds of medical experimentations."[80] El grueso del cargamento -de más de una veintena de gibones y otros primates de diversas especies de India, incluyendo un orangután de Sumatra- ni siquiera sobrevivió la travesía hasta el puerto de India. Con excepción del orangután y varios gibones jóvenes:

"All the rest died in the Red Sea from the lack of food, high temperature, and poor care."[81]

Aún advertidas las condiciones precarias del transporte y los riesgos a los que serían sometidas estas especies, los traficantes estadounidenses no escatimaron en concertar el negocio, aún a sabiendas de que en años anteriores, y contando con "personal especializado", "They die from heat exposure."[82]

En estas condiciones, más de 500 ejemplares de la especie rhesus fueron embarcados con destino a New York, Boston y, finalmente, a Puerto Rico.[83] Aunque no es posible confirmar el

---

[78] Carpenter, C.R., "Rhesus Monkeys (…) for American Laboratories"; (1940); op.cit., p.285.

[79] Ídem.

[80] Carpenter, C.R.; "History of the Monkey Colony of Cayo Santiago" (1959); op.cit., p.14.

[81] Op.cit., p.17.

[82] Ídem.

[83] 100 hembras con sus crías; 15 machos viejos; 200 hembras jóvenes, que se reproducirían al año; 150 machos jóvenes; y 50 machos adultos aproximada-

número exacto de animales embarcados durante esta empresa, tomando como referencia las cuantiosas muertes acaecidas en los viajes que le precedieron, era previsible que un número indeterminado estaría expuesto a una suerte fatal durante la travesía. Pero la posibilidad de pérdidas de mercancía no desanimó a los traficantes estadounidenses. Para Carpenter, la cantidad del cargamento que pereciera durante el trayecto no era objeto de preocupación mayor pues, para el funcionamiento inaugural del negocio, bastaban los que llegaran. Tampoco tenía expectativas de suplir la totalidad de la demanda, al menos no de inmediato o a corto plazo:

> "It should be noted that a small percentage of the Rhesus monkeys necessary for American laboratories could be supplied by breeding colonies such as Santiago Primate Colony in Puerto Rico."[84]

Además, aunque los costos de transporte y las facilidades para adquirir materiales le hicieron considerar otras opciones en Estados Unidos -según relata- en ninguna otra parte contaba con las ventajas que ofrecía la Isla, y la incondicionalidad y "entusiasmo" de los interesados en la empresa.[85] Entre las ventajas que ofrecía la Isla -y que no menciona- se destacan: la falta de regulación legal sobre el trato de animales; la virtual indiferencia del gobierno insular al respecto; y la inexistencia de grupos organizados para la prevención de la crueldad. Además, la condición colonial de la Isla favorecía privilegiadamente los intereses comerciales de empresarios estadounidenses y, durante este periodo, más aún las iniciativas vinculadas a las corporaciones universitarias y la industria biomédica...

---

mente. (Carpenter, C. R.; "History of the Monkey Colony of Cayo Santiago" (1959); op.cit., p.17.)

[84] Carpenter, C.R., "Rhesus Monkeys (...) for American Laboratories" (1940); op.cit. p.285.

[85] Carpenter, C.R.; "History of the Monkey Colony of Cayo Santiago" (1959); op.cit., p.19.

Pero al margen de la impresión de incondicionalidad, proyectada en el relato histórico de Carpenter, mientras concertaba el contrabando de primates para experimentación en la Isla, la relación de subordinación política de la Escuela de Medicina Tropical de la UPR con la Universidad de Columbia atravesaba por una situación crítica...

En jaque auspicio de UC a la Escuela de Medicina Tropical

Aunque la Escuela de Medicina Tropical (EMT) fue creada por orden legislativa insular[86] como parte de la Universidad de Puerto Rico (UPR), a la fecha de su inauguración, en 1926, ya estaba formalmente subordinada a la Universidad de Columbia (UC), de New York.[87] Establecido el "convenio de cooperación" que habría de regular la relaciones entre ambas instituciones, la UC retendría la autoridad máxima para establecer la política institucional y la exclusividad de los nombramientos de la facultad.[88] La UPR se limitaría a legitimar las determinaciones administrativas y fiscales dictadas por la UC y, como institución estatal, correría con los gastos de la empresa.[89]

---

[86] Asamblea Legislativa de Puerto Rico, Resolución Conjunta Núm. 3, de 23 de junio de 1924. La legislación fue aprobada por el gobernador Towner, 21 de julio de 1925. Previo a la ley de 1924, por orden de ley (ley núm. 5, 3 de mayo de 1923) cinco miembros de la Asamblea Legislativa fueron encomendados a extender una invitación a la Universidad de Columbia, a los efectos de que auspiciara la ceración de la EMT en Puerto Rico.

[87] La ley de 1924 fue enmendada por presión de la UC, que exigía representación en la Junta de Síndicos rectora de la EMT. En 1925 la suplantó la ley 50, reestructurando el cuerpo rector de la EMT, con tres miembros nombrados por la Universidad de Puerto Rico, y dos por la Universidad de Columbia.

[88] Lambert, R. A. (Director desde 1926 a 1928); "Escuela de Medicina Tropical de la Universidad de Puerto Rico, Bajo los auspicios de la Universidad de Columbia"; Oficina Sanitaria Panamericana; pp.925-926.

[89] Con excepción del sueldo del director de la escuela, que lo pagaría la UC.

A principios de 1937 el presidente de la UC[90], "inspeccionó" la EMT.[91] Un año después, las condiciones originales del pacto de "cooperación" serían alteradas por la Asamblea Legislativa, *eliminando* del cuerpo directivo de la EMT a los representantes de la UC. La reacción inmediata de Bachman fue cubierta por la prensa neoyorquina, dramatizando la situación.[92] El efecto de la presión política de la UC sobre el gobierno local fue reseñado:

> "Cooperation of Columbia University with the University of Puerto Rico in the School of Tropical Medicine, threatened by recent legislation eliminating Columbia's representation on the board of trustees, is to be continued..."[93]

A inicios de agosto de 1938, el gobernador Blantom Winship convocó a sesión especial a la Legislatura de Puerto Rico para que "corrigiera" la legislación que eliminaba la relación de "management and support" de la Universidad de Columbia con la Escuela de Medicina Tropical de la UPR.[94] Reforzando la presión política del gobernador Winship a favor de los intereses corporativos de la Universidad de Columbia en Puerto Rico,

---

[90] Nicholas Murray Butler, presidente de la Universidad de Columbia.

[91] Special Cable to *The New York Times*, 16 de febrero de 1937.

[92] "A conference on the basis for continued cooperation of Columbia University with the University of Puerto Rico in the support and direction of the School of Tropical Medicine here was given as the explanation for the airplane departure today of Dr. George W. Bachman, director of the school, for New York, following a summons from Columbia." ("Puerto Rico School Loses Columbia Aid: Legislation Changing Board Is Explained as Mistake"; Wireless to *The New York Times*; 18 de julio de 1938)

[93] La reseña remite a un mensaje enviado al gobernador Blanton Winship por el director (chairman) de la Junta de Síndicos (board of trustees) de la UC, Frederick Coykendall. (Special Cable to *The New York Times*, 22 de julio de 1938)

[94] Special Cable to *The New York Times*, 08 de agosto de 1938.

54

Harold L. Ickes, Secretario de Interior del gobierno de los Estados Unidos:

> "...ordered that all work on the School of Tropical Medicine and the University of Puerto Rico be stopped at noon tomorrow and not be resumed until the Legislature passes a bill giving Columbia University a part in the direction of the School of Tropical Medicine."[95]

En declaraciones públicas, el presidente del Senado, Rafael Martínez Nadal, admitió que se trató de un "error involuntario"[96] y favoreció incondicionalmente una sesión extraordinaria de la Asamblea Legislativa, para reconsiderar el caso de la Escuela de Medicina Tropical "...y redactar un proyecto de ley de acuerdo con los compromisos contraídos previamente con la Universidad de Columbia."[97]

> "...no por temor a lo que plantean en los Estados Unidos de nosotros; (...) no por temor a que perdamos los treinta mil dólares que da la Universidad de Columbia, sino simplemente,

---

[95] "Puerto Rican Work Halts; Ickes Demands That Legislature Pass School Measure"; Special Cable to *The New York Times*, 20 de agosto de 1938.

[96] "Martínez Nadal explica el caso de 'Medicina Tropical'"; *El Mundo*, sábado, 17 de julio de 1938. Para entonces, centenas de resoluciones previamente aprobadas por la Legislatura de Puerto Rico habían sido "prácticamente anuladas" por sentencia de la Corte de Circuito de Boston. Ante esta situación, el cuerpo legislativo insular acordó "convalidar" las resoluciones que no habían sido anuladas, por medio de "nuevos proyectos de ley", creyendo que todas las resoluciones eran "copia fiel y exacta". Según Martínez Nadal, "...prestando nuestra cooperación al Ejecutivo Insular, apadrinamos con nuestros nombres en el Senado todas estas legislaciones." La legislatura aprobó en bloque cientos de medidas legislativas sin revisar los textos, y no se percató de que la ley originaria de la EMT de 1924 había sido suplantada en 1925 con arreglo a los intereses y condiciones de la UC.

[97] "El Director de Medicina Tropical llamado por Columbia"; *El Mundo*, domingo, 17 de julio de 1938.

porque esta no fue la intención de la Legislatura..."[98]

La Legislatura de Puerto Rico se disculpó ante el gobernador insular por el "desgraciado incidente", enmendó su "error involuntario" y restableció el "status quo" de la organización de la Escuela de Medicina Tropical, devolviendo la posición de autoridad de la Universidad de Columbia sobre la EMT-UPR sin mayores revuelos...

Asentamiento en cayo Santiago

A la fecha en que Carpenter negociaba el trasiego de primates en India, mientras la Universidad de Columbia campeaba por retener su posición política privilegiada sobre la EMT, Bachman contrató a Michael I. Tomilin[99], para hacerse cargo de la futura colonia en cayo Santiago.[100] Tomilin era "curador"[101] de

---

[98] "Martínez Nadal explica el caso de 'Medicina Tropical'"; *El Mundo*, sábado, 16 de julio de 1938.

[99] Michael I. Tomilin, oriundo de Siberia, militó en el ejército zarista en Rusia (White Army) durante la revolución bolchevique. Tras el triunfo de la revolución, se exilió a Estados Unidos. Estudió biología, en Stamford University, donde se especializó en experimentos con ratas blancas. Posteriormente, trabajo como cuidador de una familia de Chimpancés, para Robert M. Yerkes, y luego de un gorila anciano en el zoológico de Filadelfia...

[100] Rawlins, R.; "Forty Years of Rhesus Research"; (1979); op.cit., p.108.

[101] El *curador* es quien supervisa la adquisición y mantenimiento de los animales. Según el informe oficial de Bachman, Tomilin fue puesto a cargo del "valioso contingente de animales, y de los trabajos de investigación que hayan de realizarse..." (Bachman, G.W; "Report of the Director"; School of Tropical Medicine (1938-1939); op.cit., p.83) El título de su cargo variaría con el tiempo. En los informes de la EMT, durante el tiempo que fue empleado desde la contratación de Bachman, su posición era de "encargado" o "resident caretaker" del cayo Santiago, hasta que las autoridades corporativas del CPRC le *concederían* póstumamente el rango del primer "Scientist-In-Charge". (Rawlins, Richard G.; "Perspectives on the History of Colony Management and the Study of Population Biology at Cayo Santiago"; *Puerto Rico Health Sciences Journal*; Universidad de Puerto Rico, Recinto de Ciencias Médicas; Abril-1989; Vol.8, Núm. 1; p.33)

primates del zoológico de Filadelfia -según el *Milwaukee Journal* - y era el más apto para este "scientific monkey business".[102] El grueso del artículo, publicado a finales de julio de 1938, sirvió de propaganda al negocio emergente, y se limitó a reseñar notas biográficas y a repetir la retórica de los promotores del "scientific monkey business":

> "(Tomilin) ...left his job (...) to take over the monkey island assignment for the University of Puerto Rico, whose famous School of Tropical Medicine wants a steady supply of rhesus monkeys for its study of tropical diseases...
>
> The aim of the school, which is under the wing of Columbia university, is to establish a colony of rhesus monkeys and gibbons which can run free and live in natural, wild conditions, while under scientific observation.
>
> Embryological studies which may be of important human significance will be carried out on the primates before they are utilized for research in such tropical diseases as malaria, schistosomiasis and other parasite infections."[103]

Más allá de la función publicitaria de la reseña, el título del artículo, "Zoo Curator to Live on Island With 50 Monkeys for Medical Experiments", levanta dudas sobre la naturaleza del proyecto, según relatado por Carpenter, principal traficante y responsable político de la primera colonia de primates no-humanos en Puerto Rico.[104] La experiencia profesional de Michael Tomilin se limitaba al cuido de una familia de chimpancés en cautiverio y, posteriormente, de un anciano gorila en el zoológico

---

[102] Spencer, Steven M.; "Zoo Curator To Live On Island With 50 Monkeys For Medical Experiments"; *Milwaukee Journal,* July 27, 1938; en http://news.google.com.

[103] Ídem.

[104] Según Carpenter, él fue el principal responsable durante los primeros dos años. (Carpenter, C. R.; "History of the Monkey Colony of Cayo Santiago" (1959); op.cit., p.20.)

de Filadelfia. La noticia presentaba un escenario en el que éste habría de convivir aislado con cincuenta primates no-humanos. Para la prensa era suficientemente dramática la noticia:

"On this island, 20 miles from Puerto Rico[105], will be only Tomilin, who is 42; his wife, two servants and 50 apes and monkeys."[106]

Lo que al parecer no esperaba Tomilin a su llegada a la Isla, era la magnitud del cargamento de primates del que habría de ser responsabilizado...

La empresa dirigida por Carpenter resultó más costosa de lo previsto y la mayor parte del cargamento de gibones sobrevivientes fue vendido al zoológico de Brookfield, en Chicago[107], por $1000, "to help cover the deficit."[108] Asimismo, cincuenta hembras adultas, del cargamento de rhesus, fueron vendidas a Carl Hartman[109], del laboratorio Carnegie en Baltimore, New York, "to relieve the financial deficit."[110]

---

[105] Más que un error en la información suministrada para la reseña, podría suponerse que la referencia a la distancia de la Isla en la que habría de convivir Tomilin con los "50 Monkeys" anuncia la expansión en miras del "scientific monkey business". La distancia del cayo Santiago con respecto al pueblo de Humacao es de .6 millas, mientras que la de la isla de Desecheo, es de 21 kilómetros, no 20 millas.

[106] Spencer, Steven M.; "Zoo Curator To Live On Island With 50 Monkeys..."(1938); op.cit.

[107] Carpenter, C.R.; "History of the Monkey Colony of Cayo Santiago" (1959); op.cit., p.19.

[108] Windle, William F.; "The Cayo Santiago Primate Colony"; *Science*, (1980); op.cit., p.1487. El orangután fue vendido también.

[109] Carpenter, C.R.; "History of the Monkey Colony of Cayo Santiago" (1959); op.cit., p.19.

[110] Windle, William F.; "The Cayo Santiago Primate Colony"; *Science*, (1980); op.cit., p.1488.

"Funds received from the sale of excess specimens collected by the expedition made it possible to finance the very expensive work of collecting within the limits of the budget allotments."[111]

Llega el cargamento de rhesus a Puerto Rico

Carpenter arribó a San Juan a finales de 1938, con un cargamento de 450 rhesus, luego de vender 50 hembras para subsanar su endeudamiento.[112] Para finales del mes de noviembre, un cable del diario *The New York Times* anunciaba el curso de la empresa:

"Approximately 500 macaques completed a 14,000-mile journey from the jungles of India today destined for Santiago Island. There the first free-range primate colony in the Americas is being established off the coast of Puerto Rico jointly by the School of Tropical Medicine and Harvard and Columbia Universities (...) Experiment will be used to study Tropical Disease."[113]

Durante los dos meses que duró la travesía desde India, las especies estuvieron confinadas en estrechas jaulas de madera.

---

[111] Bachman, G.W; "Report of the Director"; School of Tropical Medicine (1938-1939); op.cit., p.33.

[112] Existen varias versiones con respecto al número de rhesus que fueron finalmente desembarcados en el cayo Santiago. Según, Rawlins y Kessler, el primer cargamento llegó el 14 de noviembre de 1938, y el segundo, durante la segunda semana de diciembre, y desembarcó en el cayo Santiago un total de: 409 rhesus macacos; 14 gibones y 3 pig-tail macaques (Maccaca nemestrina) (Rawlins, Richard G. y Kessler, Matt J.; "The History of the Cayo Santiago Colony"; op.cit., p.22) En su informe oficial, Bachman menciona 409 rhesus y 14 gibones. (Bachman, G.W; "Report of the Director"; School of Tropical Medicine (1938-1939); op.cit., p.83) Según el propio Carpenter, no obstante, el cargamento original constaba de más de 500 rhesus. (Carpenter, C.R.; "History of the Monkey Colony of Cayo Santiago" (1959); op.cit., p.17)

[113] Special Cable; *The New York Times*, 22 de noviembre de 1938; p.25.

Según la cobertura mediática estadounidense, esta empresa representaba:

"…the largest shipment of animals ever to have completed the 14,000-mi trip from India to U.S. territory."[114]

Más allá del relato anecdótico de Carpenter y las cifras estimadas de la prensa, no existe registro que permita confirmar la cantidad precisa de animales que habrían de desembarcar en la Isla, ni siquiera de los que realmente fueron embarcados en India. Lo que resulta extraño es que, a diferencia de todas las empresas que le antecedieron, en las que los niveles de mortandad por las terribles condiciones de la travesía y el cautiverio fueron considerables, en esta ocasión pareciera que ni un sólo animal murió antes del desembarco. Entre los meses de diciembre de 1938 y enero de 1939, el cargamento sería desenjaulado en el cayo Santiago…

La *experiencia* inglesa: un precedente mortuorio

Antes de finalizar la década de los 20 existían publicaciones contundentes sobre la organización social de los primates no-humanos, las relaciones y distribución de poder, estructuras jerárquicas, hábitos y conductas pisco-sociales, etc. En 1925, Solly Zuckerman había realizado un *estudio* sobre "…the sadistic sociality of the totalitarian monkeys of the Old World", en el zoológico de Londres.[115] Cerca de cien primates babuinos

---

[114] "First American Monkey Colony…"; *Life* (1939); op.cit., pp.26-27. La cifra inicial de más de 500 rhesus no tiene justificación práctica dentro de la supuesta demanda de primates experimentales por la comunidad científica estadounidense. En realidad, ningún centro de experimentación biomédica en los Estados Unidos había encargado abastos ni existe constancia alguna de que fueran a interesarse alguna vez. El elevado número responde al cálculo especulado por empresarios capitalistas con títulos de científicos, y responde al interés comercial de establecer el "scientific monkey business" en la Isla, no a las necesidades reales de los "American investigators"…

[115] "Riots days in Monkey Hill"; *New Scientist;* 24 de enero de 1957 (reproducida 21 de enero de 1982); p.180

("baboon"), la mayoría machos, fueron *sueltos* en el lugar determinado. Dos años después quedaban 56:

> "Most of the death were apparently due to pathological conditions, but some animals succumbed to wounds received in fights."[116]

Ilustración 5[117]

En 1927 fueron integradas al grupo sobreviviente 30 hembras adultas. Dos meses después, la mitad habría muerto violentamente:

> "All the odd males attempted to grab them with the result that the females were torn to pieces."[118]

---

[116] Ídem.

[117] Babuino en el zoológico de New York. Fotografía por Gazir Sued (2009)

[118] Ídem.

En 1930, la población cautiva en el zoológico se había reducido a 34 machos adultos y 5 hembras, que serían removidas posteriormente. Según *interpretó* Zuckerman:

"Of the 33 females who died, 30 were killed in fights in which they were the prices sought by males."[119]

Aunque estas atrocidades, provocadas por la sádica *curiosidad* de Zuckerman y a nombre de la Ciencia, eran conocidas en los Estados Unidos, las críticas reseñadas se limitaron a tratar cuestiones metodológicas, y las matanzas reales fueron trocadas en objeto de elucubraciones académicas. Por ejemplo, Yerkes criticó el estudio de Zuckerman con primates cautivos en el "Monkey Hill" del zoológico de Londres, "...due to the artificiality of the behaviors observed there."[120]

Carpenter, por su parte, conocía los estudios de Zuckerman y, aunque coincidía con las impresiones de Yerkes, alega que consideró el precedente. Además, para Carpenter: "...the normal behavior of these animals (rhesus) may not differ markedly from that described by Zuckerman."[121]

Tomando en cuenta que los rhesus capturados provenían de regiones diferentes y de una multiplicidad de grupos previamente organizados, anticipó que en el cayo Santiago podía pasar lo mismo que en el "Monkey Hill", si no calculaba ciertas previsiones. Advertida la marcada desproporción entre hembras y machos como causal de matanzas entre las especies de primates procedentes del "Viejo Mundo"[122], Carpenter previó recolectar cinco hembras por cada macho[123]:

---

[119] Ídem.

[120] Montgomery, Georgina M.; "Carpenter, Clarence Ray"; *Complete Dictionary of Scientific Biography*. 2008.

[121] "Riots days in Monkey Hill"; *New Scientist*; (1957); op.cit., p.180.

[122] Así como los babuinos "estudiados" por Zuckerman, los rhesus comparten su origen en el "Viejo Mundo", y los sabedores ya habían *evidenciado* el carácter violento de ambas especies, que compartían, además, una "fascistic existence", a diferencia de la existencia "pacífica" que supuestamente caracteriza a las

"...assuming that this would give you a kind of balance in the population organization that would prevent the kind of fighting and killing that occurred in many colonies..."[124]

No obstante, antes de llegar a la Isla, ya había vendido 50 hembras. La tesis de la importancia de la distribución por razón de género para evitar peleas, descuartizamientos y matanzas no parece haber tenido mayor peso que la "necesidad" económica que aquejaba a Carpenter...

Primeras matanzas: génesis de la colonia rhesus en cayo Santiago

Delegada la responsabilidad del cargamento en Michael Tomilin[125], bajo supervisión de Carpenter, unos 450 rhesus fueron soltados en cayo Santiago, entre diciembre de 1938 y enero de 1939.[126] Abiertas las jaulas -reseña el artículo-: "Some timorous

---

especies del "Nuevo Mundo". Según Zuckerman: "Although sex is the basis of the social organization of primates, there is a remarkable contrast in its apparent importance between the New World and Old World monkeys." Además: "In sharp contrast to this sort of fascistic existence is the peaceful, almost communistic organization of the howler and red spider monkeys of the New World, which have been studied by Carpenter." ("Riots days in Monkey Hill"; *New Scientist;* 24 de enero de 1957; op.cit., p.180)

[123] La proporción de 5 hembras por cada macho, para una población de 500, sería aproximadamente de 415 hembras y 83 machos. Vendidas las 50 hembras, quedarían 365. Esta cifra ni siquiera coincide con la estimada por Carpenter. Según él, el cargamento original (excluyendo las crías) era de 300 hembras y 215 machos. (Carpenter, C. R.; "History of the Monkey Colony of Cayo Santiago" (1959); op.cit., p.17.) Vendidas las 50 hembras, quedaría un saldo casi nivelado entre ambos géneros, 250 hembras y 215 machos.

[124] Carpenter, C.R.; "History of the Monkey Colony of Cayo Santiago" (1959); op.cit., p.17.

[125] Op.cit., p.19.

[126] Rawlins, Richard "Forty Years of Rhesus Research"; *New Scientist* (1979); op.cit., 108.

monkeys refused to leave their cages…"[127] Como era previsible, las peleas y matanzas por control territorial y dominio entre grupos marcaron dramáticamente el inicio del primer "scientific monkey business" en Puerto Rico. Durante los meses subsiguientes no fue posible llevar siquiera registro de la cantidad de muertes, ni de atender debidamente a las criaturas heridas. Según relata Carpenter -responsable de tan atroces condiciones-:

> "There was a tremendous amount of fighting, killing, and a number of males were driven out to sea. I don´t know how many were lost by drowning…"[128]

Además, consecuencia de este drama mortal -provocado a sabiendas por los propios "científicos"- despuntó la tasa de mortandad entre los infantes.

> "..many of the infants that were brought from India were killed."[129]

Carpenter concluyó que el abandono de las madres a sus crías es indicador de que la "organización social" tiene valor para la "supervivencia biológica":

> "The females give them protection to a certain extent, but group organization was necessary for survival of the young."[130]

A los *especialistas* de la época, las matanzas para imponer estructuras sociales jerárquicas, basadas en el control y la dominación de los machos sobre las hembras, les era instintivo y

---

[127] "First American Monkey Colony…"; *Life* (1939); op.cit., pp.26-27.

[128] Carpenter, C.R.; "History of the Monkey Colony of Cayo Santiago" (1959); op.cit., p.21.

[129] Ídem.

[130] Ídem.

propio de la naturaleza de esta especie. Por recurso de malabarismos retóricos, asociaban las masacres reales entre miembros de una misma especie con la lucha abstracta e imaginaria por la "supervivencia biológica". Al margen de las especulaciones teóricas, lo cierto es que el cargamento de rhesus fue sometido a tales condiciones por voluntad de los empresarios del "scientific monkey business"; y las peleas y matanzas tuvieron menos que ver con la naturaleza violenta de la especie que con el carácter sádico y la codicia voraz de los empresarios "científicos" que, a sabiendas, las provocaron...

Ilustración 6[131]

Primeras fugas migratorias

Durante el primer año la actividad sexual disminuyó significativamente y los ciclos menstruales estaban alterados, "...disturbed by stress of capture and transportation."[132] No fue

---

[131] Rhesus y cría en cayo Santiago. Fotografía por Gazir Sued (2011)

[132] Windle, William F.; "The Cayo Santiago Primate Colony"; (1980) op.cit., 1488. La primera cría nació a los seis meses de ser soltados en cayo Santiago.

sino hasta inicios del mes de enero de 1940 que se inició el censo de la población de rhesus cautiva en el cayo Santiago.[133] Para el primero de marzo del mismo año la población de rhesus se había reducido a 350, y antes de finalizar el año, un número adicional había sido vendido.[134] Fue durante este periodo de *asentamiento* que se registran las primeras migraciones de rhesus indios a la Isla Grande:

> "At first, turmoil reigned and a few swam across the channel to the main land."[135]

Aunque no hay registro del número de fugas que llegó a concretarse efectivamente, una parte de los intentos fueron malogrados por los celadores del negocio. Según Rawlins y Kessler, el sujeto a cargo de los primates en el cayo Santiago tenía entre sus encargos capturar los rhesus que escapaban a nado.[136] Según Emilio Morayta:

> "The New York Times reported that one of the Cayo Santiago monkeys left the island by swimming the distance, about 1 kilometer, from Cayo to the mainland in search of "a better environment."[137]

A mediados del mes de enero de 1939, la revista *Life* publicó una fotografía de un joven rhesus que había nadado cerca

---

Estabilizada la actividad reproductiva, entre 1940 y 1941 nacieron 91, y entre 1941 y 1942, 103.

[133] Special Cable, *The New York Times*; 16 de enero de 1940; p.20

[134] Windle, William F.; "The Cayo Santiago Primate Colony"; (1980); op.cit., p.1488.

[135] Ídem.

[136] Rawlins, R.G. y Kessler, M. J.; "The History of the Cayo Santiago Colony"; (1986); op.cit., p.26.

[137] Morayta, Emilio (1969); según citado en Rawlins, R.G. y Kessler, M.J.; "The History of the Cayo Santiago Colony"; op.cit., p.26.

de un cuarto de milla hacia las afueras del cayo.[138] El fugitivo, "exhausto", fue capturado mar adentro y devuelto al cautiverio. El artículo lo califica como el "exhausted misogynist". Pero no fue por inventiva editorial o imaginación de la corresponsal que se tildaría como misógino al joven rhesus, y se trivializaría el hecho de su acto desesperado, al lanzarse a nado para escapar del cayo. El *primatólogo* Tomilin, "…explained that the chatter of innumerable female monkeys had impelled this neurotic bachelor to seek escape from the din of Santiago."[139] La editorial se limitó a repetir las sandeces del especialista corporativo y nada más. El mismo día, según nota editorial:

> "…the New York *Times* reported that the same monkey made a second break for freedom. This time he got across a half mile of water to the Puerto Rico mainland…"[140]

Exhausto, fue capturado y devuelto a su cautiverio...

---

[138] La fotografía, que ocupaba la página entera, cumplía una función comercial para la revista, e indirectamente para la imagen corporativa del recién inaugurado "scientific monkey business" en Puerto Rico. Más que la fotografía de Hansel Mieth, corresponsal de la revista, la imagen capturada y celebrada como fotografía de la semana fue trivializada por los editores. Al pie de la foto se tituló: "A misogynist seeks solitude in the Caribbean off Puerto Rico".

[139] La referencia a Tomilin aparece como parte de un comentario editorial de la fotografía de Mieth; *Life*, 16 de enero de 1939; Vol.6, No.3; p16.

[140] Nota Editorial; *Life*, 6 de febrero de 1939; Vol.6, No.6; p2.

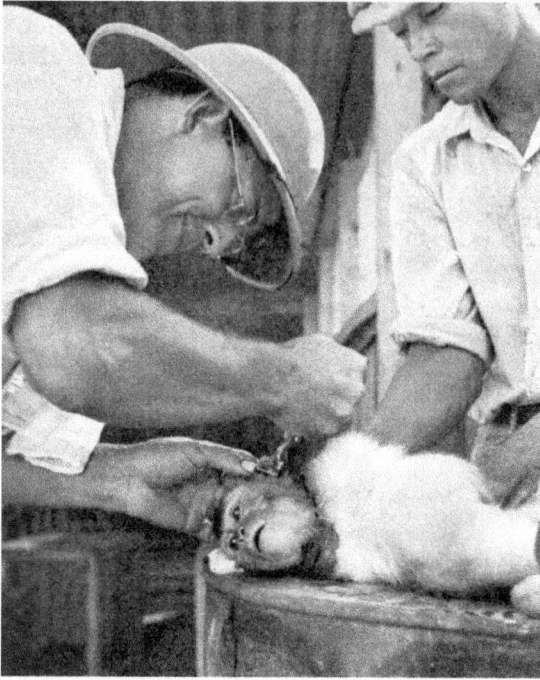

Ilustración 7[141]

La fachada académica: un subterfugio de la crueldad

Dieciocho meses después de soltarlos en el cayo Santiago, los rhesus sobrevivientes se habían organizado en varios grupos. Según Rawlins:

> "There was a lot of fighting, and many monkeys died, but when the dust settled there were six social groups."[142]

---

[141] La ilustración 7 es una fotografía de Hansel Mieth, publicada en "First American Monkey Colony Starts on Puerto Rico Islet"; Revista *Life*; Vol. 6, No. 1; 2 de enero de 1939; pp.26-27. A cada rhesus le fue tatuado un número en el pecho y marcado con un corte en la oreja. (Bachman, G.W.; "Report of the Director"; School of Tropical Medicine (1939-1940); op.cit., p.86)

[142] Rawlins, Richard; "Forty Years of Rhesus Research"; *New Scientist* (1979); op.cit., 108.

Ignorando por completo los detalles que pudieran afectar la imagen de la Escuela de Medicina Tropical y, por defecto, la de su matriz auspiciadora, la Universidad de Columbia, Bachman presentó un cuadro ideal de las condiciones en el cayo Santiago. En el informe de 1937-1938, el síndico de la UC destacó que a pesar de las dificultades en fundar la colonia, ya se habían iniciado estudios preliminares, entre ellos los relacionados a "diversos aspectos de la vida comunal, costumbres y conducta de estos animales en el proceso de adaptación."[143] De tal suerte que:

> "Se están considerando cuidadosamente las posibilidades de importación de monos desde la India para surtir a los laboratorios estadounidenses."[144]

Con el negocio de crianza de primates no-humanos como prioridad en mente, el informe oficial de la EMT se desembarazaría de la responsabilidad moral sobre los traumas y atrocidades a los que sometieron a los rhesus en el cayo Santiago, omitiéndolo premeditadamente del informe y ocultando las brutalidades, propias del negocio, con eufemismos cientificistas, tales como el de "procesos de adaptación" por no decir masacres. La fachada académica del "scientific monkey business" serviría de subterfugio para su crueldad...

Hacia mediados de 1939, algunas gestiones menores se habían realizado para financiar proyectos de "investigación científica" en cayo Santiago. El objeto del primer proyecto fue "estudiar la forma en que estos animales de dividen en grupos (tribus, clanes), predominan unos sobre otros (lucha por el dominio), y se reparten la posesión de la colonia (asentamiento territorial). La primera subvención para realizar el *estudio* sobre "psicología de la conducta" sería para Carpenter.[145]

---

[143] Bachman, G.W; "Report of the Director"; School of Tropical Medicine (1938-1939); op.cit., pp.83-84.

[144] Ídem.

[145] Durante los primeros seis meses de 1940 -relata Bachman- Carpenter, que ahora pertenecía a la Pennsylvania State College, "...completed his study of the grouping, dominance, and territoriality of the colony..." (Bachman, G.W.;

La literatura que hasta entonces trataba tópicos relativos a las "observaciones" sobre el comportamiento de animales en sus hábitats naturales estaba saturada de anécdotas, exageraciones y falsas suposiciones, basadas en especulaciones sin fundamentos científicos. Durante la época, todavía el grueso de las publicaciones sobre "trabajo de campo" era juzgado desde esta concepción *negativa* como relatos literarios de las aventuras de expedicionarios y naturistas aficionados, no como investigaciones serias realizadas por "científicos". La "investigación de campo" ("fieldwork") con primates no-humanos todavía no era valorada fuera de estrechos círculos académicos, mientras que, durante las primeras décadas del siglo XX, "...the scientific value of the laboratory for animal behavior studies went virtually unquestioned..."[146]

Entre finales de los años 20 y principios de los 30, Robert Yerkes auspició varios *estudios* de campo sobre el comportamiento social de primates. Bajo su tutela, entre 1931 y 1933, Carpenter realizó "estudiós" (observed and described) con primates oriundos de la zona ecuatorial americana, y en 1937 durante una expedición en la región asiática. Para la fecha, los *estudios* sobre "psicología de la conducta" de especies cautivas, en laboratorios o zoológicos, le eran considerados artificiales e insuficientes, principalmente porque la intervención del investigador viciaba los resultados.[147] En aparente contraste, a Carpenter se le atribuye poner en práctica "nuevas técnicas" de "investigación científica", consistentes en la sistematización de "observaciones y descripciones" realizadas en "undisturbed natural habitats", durante determinados periodos de

---

"Report of the Director"; School of Tropical Medicine (1939-1940); op.cit., p.38) El título de la publicación aparece, sin embargo, en el informe correspondiente al año fiscal anterior (1938-1939): Carpenter, C.R.; "Behavior and Social Relations of Free-Ranging Primates"; *Scientific Monthly* 48 (1939); pp.319-325.

[146] Montgomery, Georgina M.; "Carpenter, Clarence Ray"; *Complete Dictionary of Scientific Biography*. 2008.

[147] Los "estudios" de Solly Zuckerman, realizados entre 1925 y 1927, sobre primates cautivos en el zoológico de Londres, fue objeto de críticas severas por parte de los partidarios de los "estudios de campo", como Yerkes, que consideraba que los estudios en cautiverio condicionaban el comportamiento de las especies y producían conductas artificiales que los invalidaban.

tiempo y absteniéndose de intervenir con las especies *observadas*. Con el tiempo, tales atribuciones serían desmentidas...

Según la propaganda corporativa del "scientific monkey business", ya como relato biográfico o histórico, Carpenter, frustrado por las *limitaciones* inherentes al "field research", decidió establecer la colonia de primates en Puerto Rico.

> "Frustrations experienced when conducting fieldwork and an ever increasing demand for monkeys as laboratory specimens led Carpenter to formulate plans for an island population of both gibbons and rhesus macaques which could be observed over long periods of time and which would provide healthy animals for biomedical work."[148]

El establecimiento del criadero en el cayo Santiago sería puesto como *evidencia* del alza dramática en la demanda de primates para experimentaciones biomédicas, y como previsión ante las restricciones del gobierno indio impuestas al comercio de exportación y las presiones de los grupos que celaban los derechos de los animales. Esta versión mítica seguiría siendo el telón de fondo de la propaganda comercial del negocio con primates:

> "These primates were to serve a dual purpose by providing the opportunity to observe natural primate behavior while establishing a regenerating supply of rhesus monkeys for biomedical experiments."[149]

Raptados de su hábitat natural y confinados en una finca privada, los rhesus serían convertidos en objetos de estudios psicológicos, para satisfacer caprichos y obsesiones con títulos de autoridad científica...

---

[148] Rawlins, Richard (scientist in charge, Caribbean Primate Research Center); "Forty Years of Rhesus Research"; *New Scientist*, 12 April, 1979; pp.108-110.

[149] Montgomery, Georgina M.; "Carpenter, Clarence Ray"; *Complete Dictionary of Scientific Biography*. 2008.

La creencia en que a mayor número de *repeticiones* registradas mayor sería la *precisión* descriptiva, animaba la obsesión por conferir rango de *ciencia* a lo que se hacía. Hasta aquí, en principio, Carpenter comparte con la ideología positivista del siglo XIX la misma impresión, superflua y trivial, sobre lo que constituye un "saber científico". Pero la diferencia entre ambas modalidades de *estudio* (laboratorios y campo) no era teórica sino metodológica.[150] Si bien las condiciones de cautiverio en laboratorios permiten acumular infinidad de observaciones sobre las especies, las realizadas en el *hábitat natural* ("free ranging") posibilitaban otras tantas. Para el interés del primatólogo no debían considerarse como mutuamente excluyentes sino como suplementarias. Para la industria biomédica de la época, sin embargo, la práctica de "observe natural primate behavior" le era trivial e inconsecuente; un negocio en el que no interesaba invertir capital...

Establecida la colonia en cayo Santiago, Carpenter realizó *investigaciones* sobre el comportamiento reproductivo de los rhesus. A diferencia de la práctica en Panamá y en Tailandia, de "observar sin intervenir" con las especies, intervino y manipuló la composición social de la colonia en cayo Santiago y creó condiciones artificiales para satisfacer su curiosidad personal, calificada como interés científico.

"On Santiago Island (...) he removed the alpha male to mimic the death of an alpha in nature, thus enabling the rapid observation of an event that would potentially take years to occur without such intervention. After the removal of the alpha male, he observed how the group regained social stability."[151]

---

[150] Según Carpenter, "The methodological problem was that of directly observing a representative sampling of individuals and groups for long periods of time in their undisturbed natural habitat and of accurately recording and reporting the observations..." (en Montgomery, G.M.; "Carpenter, Clarence Ray"; *Complete Dictionary of Scientific Biography*. 2008)

[151] Montgomery, Georgina M.; "Carpenter, Clarence Ray"; *Complete Dictionary of Scientific Biography*. 2008.

A la misma fecha, en la EMT se creó un comité "para estudiar los problemas patológicos de los primates" (gibones y rhesus) en cayo Santiago, con el fin de reunir muestras "para emprender estudios comparativos entre las enfermedades de la especie humana y las de los monos."[152] Desde entonces la isla sería convertida en laboratorio experimental, y los "free-ranging" rhesus cautivos en ella serían intervenidos frecuentemente, con métodos de intervención, control y manipulación, similares a los utilizados en laboratorios cerrados. El discurso que privilegiaba la mirada en el "undisturbed natural habitat" sobre la observación mediada en laboratorios, pasaría a ocupar un lugar fijo dentro de la retórica publicitaria del "scientific monkey business". En la práctica, con arreglo a su conveniencia, cada investigador intervendría sobre su objeto de estudio, esta vez en un laboratorio al aire libre....

Fracasa el negocio de crianza de gibones

El intento de establecer una colonia de gibones en Puerto Rico fracasó desde sus inicios. Sobre el "cierto tipo de experimentación médica" a la que habrían de ser sometidos los gibones -por interés y encargo de Bachman- no existe registro, y la referencia documental de la época tampoco informa al respecto. El relato de Carpenter, que también se confesaba "fascinado" por la especie Gibón y la había *estudiado* previamente[153], expresa entre líneas más que la ambigüedad de las motivaciones experimentales, el carácter voluble de éstas: "The use for gibbons was not clear; it was not clear to me..."[154] Esta incertidumbre, no obstante, vendría

---

[152] La empresa estaría a cargo del jefe del departamento de Bacteriología, Pablo Morales Otero. (Bachman, G.W; "Report of the Director"; School of Tropical Medicine (1938-1939); op.cit., p.84)

[153] En 1940, Carpenter publicó su estudio monográfico sobre los gibones en Tailandia, realizado durante la expedición de 1937. Adolph Schultz redactó la introducción al trabajo y propuso que los gibones eran la especie evolutiva más cercana a la humana y que debían ser clasificados entre los "higher primates". (Montgomery, Georgina M; "Carpenter, Clarence Ray"; *Complete Dictionary of Scientific Biography*. 2008)

a ser resuelta en relatos posteriores, pero no con base a fuentes primarias sino con ficciones literarias, financiadas para producir justificación y coherencia histórica, aunque tuvieran que ser inventadas. El relato de William Windle, quien sería encomendado a historiar el negocio de cayo Santiago décadas más tarde, lo ejemplifica.[155] Según él, como la especie Gibón es primordial-mente monógama, y la familia se constituye generalmente por un macho, una hembra y sus crías:

> "This was reason enough to try to establish a gibbon colony in the New World."[156]

Lo cierto es que no es razón suficiente y, de hecho, ni siquiera es una razón para la trata de gibones en el "Nuevo Mundo". Las lagunas al respecto abren a la sospecha sobre la posibilidad de que, de fondo, se trató simplemente de un capricho. Bachman, además de su anotado interés como investigador, gozaba de un rango de autoridad institucional que le permitía darse el lujo de administrar para sí recursos de la Institución, y privilegiar sus inquietudes intelectuales sin rendir cuentas a superiores ni enfrentar mayores obstáculos o regulaciones que las que él mismo establecía para sí, como principal directivo de la EMT. Aunque ya había sido invertida en facilidades estructurales una partida del presupuesto institucional, los siete gibones sobrantes serían soltados posterior-mente en el cayo Santiago. La cobertura de la revista *Life* reseñó, a inicios de1939, el signo de mayor contraste entre ambas especies:

> "Sexually promiscuous, he contrasts sharply with the monogamous, well behaved gibbon."[157]

---

[154] Carpenter, C. R.; "History of the Monkey Colony of Cayo Santiago" (1959); op.cit., p.14.

[155] A finales de los 70, el entonces rector del recinto de Ciencias Médicas, Norman Maldonado, le encomendó la redacción del relato histórico sobre la empresa en cayo Santiago. (Windle, William F.; "The Cayo Santiago Primate Colony"; *Science* (1980); op.cit., p.1490)

[156] Op.cit., p.1487.

No obstante, la realidad era otra, muy distinta a la publicada por la revista *Life*. Según relata Windle:

"Soon it became apparent that their presence was not compatible with that of humans. The wives of both James Watt[158] and Michael I. Tomilin, the resident primatologist, were attacked and bitten, and the gibbons were promptly recaptured and returned to cages."[159]

Richard Rawlins y Matt Kessler recitan a Carpenter:

"The gibbons did not fare so well. Because they repeatedly attacked observers they were kept caged after June 1940..."[160]

En 1941 nacería la primera cría enjaulada.[161] No existen informes publicados sobre experimentaciones o estudios sobre los

---

[157] "First American Monkey Colony Starts on Puerto Rico Islet"; *Life* (1939); op.cit., pp.26-27.

[158] James Watt, entonces de la Escuela de Medicina Tropical, y colaborador del Departamento de Salud en Puerto Rico. Posteriormente dirigiría el NIH y estaría vinculado en los primeros esbozos del National Primate Center Program. (Kessler, Matt J.; "Establishment of the Cayo Santiago Colony" (1989); op.cit., p.17)

[159] Windle, William F.; "The Cayo Santiago Primate Colony"; *Science*, (1980); op.cit., p.1487.

[160] Rawlins, R.G. y Kessler, M. J.; "The History of the Cayo Santiago Colony"; (1986); op.cit., p.27. Según Kessler: "The free-ranging gibbon colony was immediately unsuccessful because they attacked the human observers." (Kessler, Matt J.; "Establishment of the Cayo Santiago Colony" (1989); op.cit., p.16)

[161] San Juan, P.R., Feb. 8 -- The arrival of the first baby gibbon at the Free Range primate colony on Santiago Island is reported by the School of Tropical Medicine. It is one of the few gibbons known to have been born in captivity. So far the sex is undetermined since no one has approached close to the cage for fear of frightening the mother. ("Baby Gibbon is Born on Santiago Island"; (Special Cable) *The New York Times*; 09 de febrero de 1941)

gibones cautivos en Puerto Rico. Tampoco existe documentación sobre las motivaciones para removerlos del cautiverio en las instalaciones de la Escuela de Medicina Tropical. Según relata Windle, posteriormente serían *removidos* de cayo Santiago.[162] No existía una "necesidad científica" para importar los gibones, que pronto se convirtieron en mercancía sobrante y sin uso para un negocio comercial sin clientela y de inutilidad para la ciencias médicas.

A todos los efectos, al "scientific monkey business" resultaba más conveniente la "promiscuidad sexual" de la especie rhesus que el "buen comportamiento" de los gibones...

Ilustración 8[163]

Augurios de quiebra para el negocio con rhesus

Antes de finalizar el primer año de la empresa, la gerencia de la EMT ya buscaba auspicios para financiar la construcción de "nuevos alberges" para los rhesus jóvenes:

"...pues son muchos los que nacen y ya no caben en las instalaciones construidas. (...) Tendremos

---

[162] En 1941, algunos gibones fueron enviados a Pennsylvania State University y otros a varios zoológicos.

[163] Gibón enjaulado. (en http://en.wikipedia.org)

que acondicionar alojamiento para 600 ó 700 monos más..."[164]

A pesar de la relativa fragilidad e incertidumbre financiera del proyecto en cayo Santiago y de la Institución en general y de anunciar entre líneas la condición de hacinamiento de los rhesus cautivos para experimentaciones, Bachman proyectaba ampliar el "scientific monkey business" más allá del cayo Santiago y de las instalaciones (albergues) construidas en la EMT:

> "En caso de que hubiera que traer algunas otras especies de primates habríamos de necesitar alguna otra parcela de terreno además del islote..."[165]

Al año siguiente, la impresión arreglada para el informe oficial (1940-1941) de la EMT continuaría exaltando aparentes virtudes del "scientific monkey business", a pesar de que la realidad revelaba lo contrario. Además de los estudios rutinarios, sólo un puñado de investigaciones se vincularon con la colonia en el cayo Santiago, que continuaba aumentando su población sin que sus captores le sacaran partido.[166] Según Bachman:

> "Como se ve, la colonia está resultando muy beneficiosa para proveer a nuestros laboratorios de animales de experimentación."[167]

---

[164] Bachman, G.W.; "Report of the Director"; School of Tropical Medicine (1939-1940); op.cit., p.85.

[165] Ídem.

[166] Para verano de 1941 habían nacido 91 crías, de las que sobreviven 85. El Dr. Poindexter, de la Howard University of Medicine School visitó el cayo en varias ocasiones para realizar estudios sobre parásitos en 100 rhesus y algunos gibones; Philip Smith y Earle Engle, de la Columbia University e inversionistas y cofundadores del negocio, realizaron varios experimentos con rhesus en el campo endocrino. (Bachman, G.W.; "Report of the Director"; School of Tropical Medicine (1940-1941) op.cit., p.78)

[167] Ídem.

Antes de finalizar el año fiscal se había agotado el "grant in-aid" de la Markle Foundation, convenido hacía ya tres años. El "scientific monkey business" mostraba la naturaleza especulativa de su empresa comercial, que prometía responder a una gran demanda de primates para laboratorios en los Estados Unidos. Igual que sucedía con los gibones encargados por capricho de Bachman, los rhesus habitaban el cayo Santiago y casi nadie interesaba usarlos para nada. El mismo Carpenter lo reconoce:

> "The animals were not being used here in the School of Tropical Medicine as they should have. The gibbons colony was here for two years and it was never studied (…) The rhesus monkeys was in the island, with enormous possibilities, but no investigators."[168]

El proyecto de establecer un criadero de rhesus para suplir la demanda de primates experimentales a los Estados Unidos fracasó en sus inicios. El negocio no sólo no contaba con la clientela esperada, sino que además carecía de inversionistas que financiaran el sustento y mantenimiento cotidiano. El "scientific monkey business" auguraba pérdidas económicas que nadie interesaba soportar, y los principales perjudicados serían, por supuesto, los primates que habitaban el cayo y cuya subsistencia dependía casi exclusivamente de las provisiones de sus propietarios. Según relata Carpenter:

> …this condition grew worse later on when the colony was simply maintained at a subsistence level."[169]

Negligencia: causa principal de enfermedades y muertes

La cobertura inaugural del "scientific monkey business" en Puerto Rico ya anunciaba, a inicios de 1939, la intención de sus

---

[168] Carpenter, C.R.; "History of the Monkey Colony of Cayo Santiago" (1959); op.cit., p.20.

[169] Ídem.

gestores de abandonar a su propia suerte a las especies cautivas en cayo Santiago en lo que respecta a la provisión de alimentos. Interesados en la especie rhesus, principalmente por su "promiscuidad sexual", apostaron a su inmediata *adaptación* por los favores, naturales o artificiales, del cayo.

> "Because the island has a tropical climate and rich vegetation, the well-protected monkeys should reproduce even more rapidly than they do in India."[170]

Y pronto se reprodujeron. Pero la subsistencia de las especies cautivas en el cayo estaba sujeta a la codicia de sus amos: "Scientists will feed rhesus when natural food supply is exhausted."[171] Omite la reseña, sin embargo, que la provisión de alimentos para las especies cautivas en el cayo Santiago estaba condicionada por la voluntad de lucro del "scientific monkey business"; que era previsible que el abasto *natural* de comida pronto se acabaría y que si el negocio no les representaba una fuente de ingresos sustancial y segura, la vida de los animales bajo sus dominios les sería irrelevante...

---

[170] "First American Monkey Colony Starts on Puerto Rico Islet"; *Life* (1939); op.cit., pp.26-27.

[171] Ídem.

Ilustración 9[172]

Desengañados los interesados en sacar tajada del criadero, los rhesus quedaron virtualmente abandonados a la misericordia de sus captores, que no dejarían de cobrar sueldos fijos, aunque tuvieran que desistir de hacer trabajo "científico". La precaria alimentación de los rhesus cautivos en el cayo Santiago sería la primera consecuencia nefasta del negocio en quiebra. Las muertes por alegada desnutrición mermaron la población después de los cruentos procesos de adaptación y asentamiento.

"...various kinds of deficiency diseases developed.
The animals lost weight, and many animals died."[173]

En el informe de Bachman (1939-1940) aparece una cifra más precisa. Para enero de 1940:

---

[172] Rhesus y cría en el cayo Santiago. Fotografía por Gazir Sued (2011)

[173] Carpenter, C. R.; "History of the Monkey Colony of Cayo Santiago" (1959); op.cit., p.19.

"...an epidemic broke out among the animals, causing the death of twenty-six pregnant females and one young male. The cause of this epidemic is not yet clear... (...) However, a nutritional deficiency, probably of protein, coupled with some other unknown factor, appears to have been the cause..."[174]

Según Carpenter, el "problema nutricional" se debió al "error" de haber creído que los rhesus podrían ser alimentados exclusivamente con las frutas y vegetales nativas de Puerto Rico.[175] Las enfermedades, pérdida de peso y muertes por desnutrición, se debía -según Carpenter- a que los rhesus "necesitan más proteínas que la que proveen las frutas y vegetales de las regiones tropicales."[176] No obstante, omiten Bachman y Carpenter que el problema de las enfermedades y muertes relacionadas a la dieta provista para los primates, quizá tenía menos que ver con deficiencias proteínicas de frutas y verduras locales que con la mala calidad de la comida, posiblemente dañada y podrida. Durante este periodo, bajo la responsabilidad primaria de Carpenter:

"...an outbreak of diarrhea in the colony (...) led to the death of a number of animals."[177]

---

[174] Bachman, G.W.; "Report of the Director"; School of Tropical Medicine (1939-1940); op.cit., p.38.

[175] La dieta de los rhesus en sus hábitats originarios es primordialmente vegetariana, e incluye frutas, semillas, flores, hojas, raíces, hierbas, etc. (Fooden, Jack; "Systematic Review of the Rhesus Macaque, *Macaca Mulatta*"; *Fieldiana*, Zoology, New Series, No.96; Field Museum of Natural History, Chicago, 2000; pp.57-59)

[176] Cuenta que procuraban comprar las frutas y vegetales en el mercado de la Isla a un precio razonable y ajustado al apretado presupuesto del que disponían. El suplemento de proteína lo obtendrían de purina (fox chow) de St. Louis, Missouri, que mezclaban con las frutas y vegetales del mercado local.

[177] Rawlins, R. G. y Kessler, M. J.; "The History of the Cayo Santiago Colony" (1986); op.cit., p.27.

Los patólogos de la EMT[178] realizaron necropsias en los rhesus muertos y diagnosticaron Shigella[179] como causa de la epidemia de diarrea en el cayo. Según Windle:

"The simian epidemic was thought to have been to some extent related to an inadequate supply of proper food, and it cleared after better food was provided."[180]

Según relata Rawlins y Kessler:

"The epidemic was linked to inadequate diet and better food led to its disappearance."[181]

Antes del verano de 1939 se habían practicado exámenes post-mortem a 64 rhesus fallecidos en la colonia del "islote de Santiago".[182] Según informe oficial de la EMT, se habían llevado a cabo numerosas pruebas biológicas para determinar la existencia

---

[178] El estudio estuvo a cargo de James Watt: "He found that the etiological agent was Shigella, a major cause of bacterial diarrhea in nonhuman primates." (Kessler, Matt J.; "Establishment of the Cayo Santiago Colony" (1989); op.cit., p.17)

[179] La *Shigella* es un bacilo tropical que "se transmite por el manejo de alimentos en condiciones poco higiénicas." Durante la época de la conquista, a finales del siglo XV, la tripulación de Colón y parte de la población indígena bajo sus dominios, sufrieron enfermedades relacionadas a este tipo de disentería bacilar, asociada durante el siglo XVI a condiciones sanitarias deficientes en los campamentos militares. La enfermedad, producida por este agente bacteriano, causa fuertes diarreas que pueden causar la deshidratación y muerte en periodo de doce días... (Ver a Cook, Noble David; *La conquista biológica: las enfermedades en el Nuevo Mundo*; editorial *Siglo XXI;* Madrid, 2005; pp.42-43)

[180] Windle, William F.; "The Cayo Santiago Primate Colony" (1980); op.cit., 1488.

[181] Rawlins, R. G. y Kessler, M. J.; "The History of the Cayo Santiago Colony" (1986); op.cit., p.27.

[182] Bachman, G.W.; "Report of the Director"; School of Tropical Medicine (1938-1939); op.cit.78.

de la tuberculosis en los rhesus. Estas pruebas -según Bachman-se verificaron en India, al desembarcar en San Juan y después de instalados en el cayo Santiago.[183] Según la cobertura de la revista *Life*:"Animals were tested for diseases and only those in perfect health were set free."[184] Durante estas pruebas, 22 rhesus examinados dieron positivo a pruebas de tuberculosis, confirmado por las autopsias.[185] Aunque inferior, durante las pruebas de 1940 todavía se registraba un porciento de contagios. Esto, por el hecho de que:

> "...not all of the colony was tested for tuberculosis in 1939, when the animals were released on the island."[186]

Aunque posteriormente desaparecería, los relatores oficiales registran que, durante el primer año, 3% de los rhesus en cayo Santiago *murieron* de tuberculosis.[187] Es difícil imaginar qué criterios usaron para cuantificar este porciento, cuando ya antes habían admitido la incertidumbre sobre el número preciso de sobre-vivientes del "periodo de adaptación", que duró dieciocho meses, y todavía no finalizaba el primer censo.

Para marzo de 1940 se estimaba la población total de rhesus en 350, por lo que el 3% de muertes por tuberculosis

---

[183] Op.cit., p.83.

[184] "First American Monkey Colony..."; *Life* (1939); op.cit., pp.26-27. De la suerte de los que no gozaban de un estado de salud "perfecto" no dice nada el reportaje, excepto que no serían "liberados" con los demás. Tampoco se menciona el tema en las publicaciones encomendadas para la propaganda corporativa del "scientific monkey business" en la Isla. Pero no es difícil adivinar, o al menos sospechar, que los animales que juzgaron inservibles a los propósitos inmediatos del negocio, en su fase inaugural, o bien que no se ajustaban a sus requerimientos de salud, como los referidos especímenes enfermos, fueron sacrificados...

[185] Bachman, G.W.; "Report of the Director"; School of Tropical Medicine (1939-1940); op.cit., p.38.

[186] Ídem.

[187] "First American Monkey Colony..."; *Life* (1939); op.cit., p.26.

apenas representaba una docena de muertes. De las autopsias se sabe que las infecciones eran del "humane type".[188] Lo que no se sabe con certeza es si éstas fueron por condición de la enfermedad o si se trató de ejecuciones premeditadas en función de los intereses del negocio. Es sabido, sin embargo, que aunque la tuberculosis ya era tratable para la época, una medida *preventiva* para evitar contagios en las inmediaciones, y ahorrarse los costos de tratamiento y cura, era sacrificarlos...

Imagen publicitaria y encubrimiento mediático

No obstante la dramática realidad de los primates rhesus en cayo Santiago, el negocio disfrutó de una cobertura mediática favorable durante los primeros años. El informe oficial de la EMT (1938-1939) lo reseña:

> "The interest which this enterprise has aroused in the general public, as expressed in the daily press and magazines, may indicate the importance of such a project to the School."[189]

Las condiciones a las que estaban siendo sometidas las criaturas, sin embargo, debieron motivar a sus administradores a confeccionar una imagen corporativa basada en la idea abstracta del "scientific monkey business", invisibilizando en lo posible la realidad de sus víctimas y trivializando sus condiciones de existencia...

Según reseñan sus *historiadores* oficiales, el establecimiento de la colonia en cayo Santiago fue cubierto ampliamente por la prensa local y estadounidense, y más de 40 artículos anunciando el evento fueron publicados.[190] Aunque la totalidad de la cobertura pública jugó un papel legitimador y la prensa, local y

---

[188] Bachman, G.W.; "Report of the Director"; School of Tropical Medicine (1939-1940); op.cit., p.38.

[189] Ídem.

[190] Morayta, E. (1969); según citado en Rawlins, R.G. y Kessler, M.J.; "The History of the Cayo Santiago Colony"; op.cit., p.25.

84

estadounidense, actuó como vocero corporativo del emergente "scientific monkey business", un reportaje de la revista *Life* incomodó a algunos residentes del área y provocó una secuela de repercusiones políticas inmediatas. Según el relato de la empresa, el artículo, publicado en enero de 1939, desató inquietudes entre la comunidad próxima al cayo Santiago:

> "...great concern arose in the local community of Punta Santiago about the threat of disease from the monkey colony and its proposed research."[191]

Según reseñan, el artículo reportaba que el objetivo de la colonia era experimentar con poliomielitis y lepra. Alarmados los vecinos del área pidieron cuentas claras a la Escuela de Medicina Tropical (EMT), que operaba entonces como la fachada pública de la empresa. El gobierno insular movilizó de inmediato figuras claves para contener los recelos y dudas expresados por los representantes de la comunidad. La delegación a cargo de apaciguar a la comunidad estaba integrada principalmente por puertorriqueños.[192] Al concluir la reunión:

> "It was made clear that the use of the colony was to be for raising healthy monkeys for experimental use else were."[193]

Sin oponer reservas, los vecinos quejosos desistieron de sus quejas y se rindieron a las razones de los intermediarios del gobierno insular, y agradecieron. Bachman por su parte, dirigió una carta al editor de la revista *Life*, impugnando la cobertura:

> "...in an attempt to correct inaccuracies published about Cayo Santiago colony and to explain that the

---

[191] Ídem.

[192] En representación de la EMT, Pablo Morales Otero y Félix Lamela; por el Departamento de Educación, Oscar Porrata Doria, y el superintendente de escuelas, Isaac Santiago; además, participó Tomilin y su esposa, entre otros.

[193] Ídem.

principal objective of the program was production of healthy animals, free from sickness (…) for use in psychological and biomedical investigation." [194]

Aunque la revista *Life* tiene una sección en la que publica cartas al Editor, la referida carta de Bachman nunca fue publicada. El reportaje original, a todas cuentas, tampoco era motivo de revuelo, pues compartía con el resto de la cobertura mediática un estilo afín con la propaganda corporativa del "scientific monkey business". La cita original que debió haber perturbado a los pobladores de Punta Santiago y alertado a los censores y celadores de la imagen corporativa del "scientific monkey business" en Puerto Rico debió ser esta:

> "…Dr. Carpenter and visiting scientists will conduct psychological tests and experiment on causes and cures for tuberculosis, infantile paralysis and leprosy."[195]

Tramitada la censura, desde entonces la prensa nativa y la estadounidense comulgarían el credo de los empresarios del "scientific monkey business". Así, ya por omisión, ya por encubrimiento, participarían de la exitosa campaña publicitaria del negocio fantasma inaugurado en el cayo Santiago. Según relatan sus historiadores/publicistas oficiales:

> "In general, both the local and overseas press strongly supported development of the primate colony. The local papers soon stopped referring to the work at the facilities as 'monkey business' and the raising of primates for research work was soon

---

[194] Morayta, E. (1969); según citado en Rawlins, R.G. y Kessler, M.J.; "The History of the Cayo Santiago Colony"; op.cit., p.25.

[195] "First American Monkey Colony Starts on Puerto Rico Islet"; *Life*, (1939); op.cit., p.26-27.

heralded as an important new industry for the
island of Puerto Rico"[196]

El estilo narrativo de la prensa reverenciaría y repetiría la
retórica de las autoridades oficiales sin indagar sobre las prácticas de
crueldad que las subyacen y sobre las que se mueve y se sostiene el
"scientific monkey business". Más que revelar la profundidad sobre
los dominios del saber de los especialistas en primates no-humanos,
desde entonces quedaría puesta al relieve la carencia de conocimiento de los agentes noticiosos, que se limitarían a repetir al pie de
la letra los discursos de las figuras de autoridad. La imagen de
autoridad, legitimada y ausente de todo cuestionamiento, se nutriría
a la vez de la ignorancia de sus voceros...

Las regulaciones sobre el control de acceso al cayo
Santiago estaban sujetas a las directrices de sus administradores
inmediatos, que tenían el encargo político de proyectar una
imagen corporativa cónsona con sus intereses comerciales, y de
sostener relaciones públicas a favor de la empresa. A los efectos:

"Tomilin and his wife were very popular with the
local press and received large numbers of visitors
on the island."[197]

Durante la fase inaugural del negocio, la información
circulada en los medios de comunicación, locales y
estadounidenses, fue superflua y vacua; y, en lo concerniente al
arrogado carácter "científico" del proyecto, huera y trivializadora.
A todos los efectos, la prensa operó como vocero de la
propaganda corporativa del "scientific monkey business" en
Puerto Rico. La cobertura mediática repetía sin peros el discurso
corporativo oficial, y el contenido sin sustancia de la noticia
favorecía la imagen corporativa y garantizaba las buenas relaciones
públicas, que incluyen a los altos funcionarios del gobierno local,
militares de la región y representantes de la comunidad adyacente
al establecimiento del criadero de rhesus en cayo Santiago...

---

[196] Morayta, E. (1969); según citado en Rawlins, R.G. y Kessler, M.J.; "The
History of the Cayo Santiago Colony"; op.cit., p.25.

[197] Ídem.

Rawlins y Kessler recitan una anécdota que, aunque en apariencia resulta trivial, revela entre líneas rasgos del perfil doméstico y domesticable de la especie rhesus, que al paso del tiempo se iría desvaneciendo y alterando progresivamente en función de los intereses corporativos del "scientific monkey business". En 1942, Tomilin presentó una hembra rhesus a un grupo de visitantes de la base naval de Ensenada Honda (Roosevelt Roads):

> "The officer, Lt. Commander Ray, took the animal back to the base and gave the monkey to the wife of one of the other visitors in the group (…) who took it home as a pet."[198]

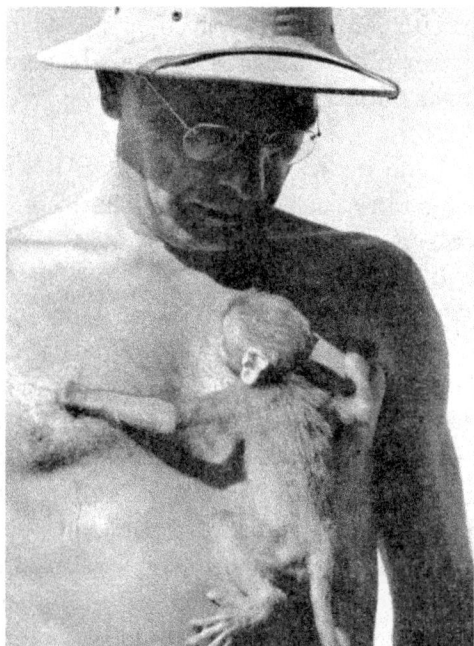

Ilustración 10[199]

---

[198] Rawlins, R.G. y Kessler, M. J.; "The History of the Cayo Santiago Colony"; (1986); op.cit., p.26.

[199] Michael Tomilin con una cría rhesus en cayo Santiago. Fotografía de Hansel Mieth, en "First American Monkey Colony Starts on Puerto Rico Islet" (1939); op.cit., pp.26-27.

Aterrada con el gato de la señora, la rhesus fue regalada a un oficial de la Marina, estacionado en la base en Ceiba, y pronto se convirtió en mascota de la división militar:

"It became friendly with the dog camp and apparently was a regular patron of the U.S.O. shows at the Marine camp…"[200]

Las frecuentes visitas a la isla evidencian la relativa mansedumbre de la especie rhesus. Las posibles impresiones negativas eran efecto del desconocimiento general sobre la especie, considerada sagrada en India, donde coexiste entre los habitantes con la misma naturalidad que los perros y los gatos. Las actitudes repulsivas o prejuicios de la ciudadanía, incluyendo a reporteros y corresponsales de los medios de comunicación, no pertenecían entonces a la propaganda corporativa del "scientific monkey business" sino a una práctica periodística insustancial o a una política editorial irresponsable.

En torno a la publicación de la fotografía de Mieth, que *Life* tituló "Mysogynist", se ejemplifica una modalidad de esta práctica. Pero el acto editorial de trivializar la imagen publicada, al margen de los efectos de relativo encubrimiento, abre la fotografía como objeto de opinión pública. Las interpretaciones y consecuentes significaciones pronto serían integradas o descartadas en función de la imagen corporativa del "scientific monkey business" en la Isla. En una carta al editor, un suscriptor de *Life* describió su impresión al ver la fotografía:

"…I was frozen with a horrible foreboding of doom. Confronted by a simian colossus sitting in the middle of a wet nowhere under a murky sky, leering out of a cold, pupil-less eye –well- I haven't slept soundly for several nights"[201]

En la misma sección de la revista aparece publicada otra carta que representa una mirada alternativa, destacando en la

---

[200] Ídem.

[201] Howe, R.E; (Carta al Editor); *Life*, 6 de febrero de 1939; Vol.6, No.6; p2.

fotografía elementos de un perfil psicológico más cónsono con la
terrible suerte a que eran sometidos los rhesus cautivos en el cayo
Santiago.

Ilustración 11[202]

---

[202] Fotografía de Hansel Mieth, publicada en *Life*, 16 de enero de 1939; Vol.6,
No.3; p17. La revista la tituló: "A misogynist monkey seeks solitude in the
Caribbean off Puerto Rico"

"It is the portrait of a misfit suffering the untold agonies of a tortured mind. Frustration yet determination, terror yet superiority are all there. He has met complete defeat and knows it but will not recognize it. He is terrified of the water and the photographer (...) All the world has turned against him and he is fired with a hatred of everything he knows. And it is a magnificent, futile, unavailing hatred."[203]

Esta interpretación contrastaría con la imagen caricaturesca que habrían de adoptar los estrategas corporativos del "scientific monkey business" en años venideros, a quienes convendría exaltar las apariencias aterradoras de los rhesus antes que sus cualidades domésticas y relativa mansedumbre...

Para entonces, la fabricación de una imagen negativa y distorsionada de la especie rhesus no era parte de la estrategia publicitaria del negocio emergente, ni siquiera se contemplaba como parte de las medidas corporativas de seguridad interior. Y es que, en realidad, irrespectivamente de las impresiones populares, la especie Rhesus no representa, por su propia naturaleza, ningún riesgo imprevisible a los visitantes. No obstante, una campaña de miedo y desinformación se activaría posteriormente, a partir de la década de los 70, por encargo de los ejecutivos del Caribbean Primate Research Center (CPRC). Este giro en la estrategia de *relaciones públicas* se sostendría sobre una práctica de encubrimiento sistemático de información y un protocolo de restricciones de acceso a los predios e instalaciones, sujeto a la autoridad exclusiva de los funcionarios corporativos y para efectos del control y la manipulación de la opinión pública. La función política de distorsionar la imagen de las especies en cautiverio estaría directamente enlazada al encargo de falsear la realidad sobre sus precarias condiciones de vida, así como de esconder el trato cruel al que seguirían siendo sometidas durante las experimentaciones.

El relato "histórico", hecho a la medida de los intereses corporativos del CPRC en la década de los 80, lo evidencia:

---

[203] Needham, John C. y Richard H; (Carta al Editor); *Life*, 6 de febrero de 1939; Vol.6, No.6; p2.

"Tomilin was glad to show visitors around the island, until the risk of being attacked by the animals became a deterring factor."[204]

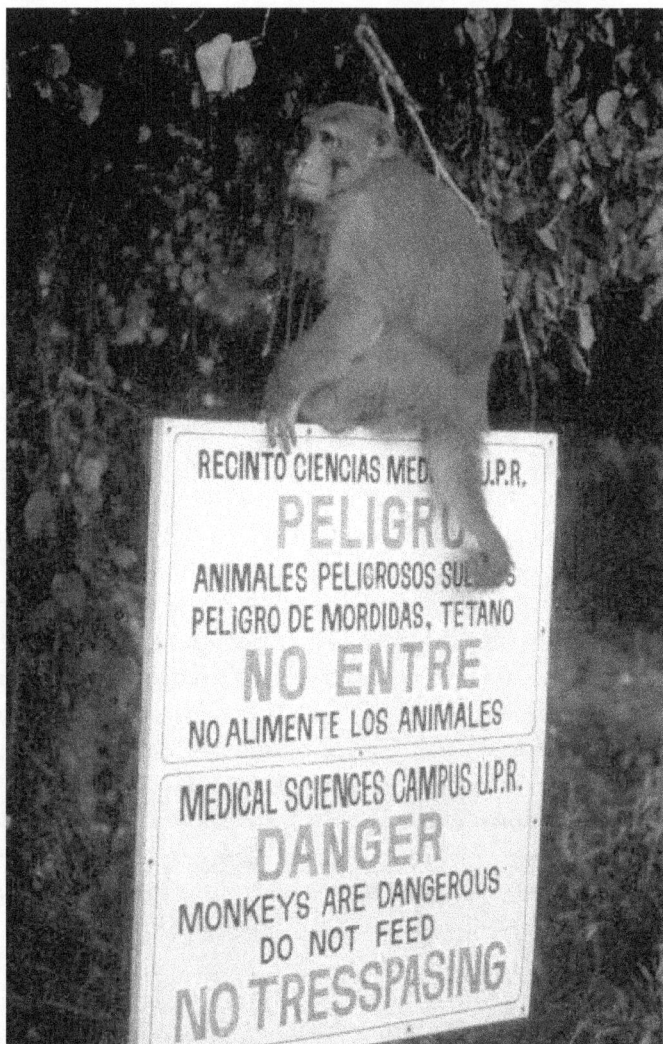

Ilustración 12[205]

---

[204] Windle, William F.; "The Cayo Santiago Primate Colony"(1980); *Science*, op.cit., p.1488.

Contrario a la información de la que se dispone sobre la suerte de los gibones, enjaulados desde el primer año porque "atacaban a los visitantes", de la especie rhesus no existe registro de agresión o ataques a humanos en la Isla. Las fotografías de la época desmienten cualquier intentona de fabricar prejuicios y aversiones contra la especie...

Ilustración 13 [206]

---

[205] Fotografía de Curt Busse (1985) en cayo Santiago: http://www.curtbusse.com

[206] Tomilin (1939) alimentando a los rhesus en el cayo Santiago. Al fondo, las cajas en las que estuvieron cautivos durante la travesía. Fotografía tomada de Rawlins, R.G. y Kessler, M. J.; "The History of the Cayo Santiago Colony"; (1986); op.cit.

Situación durante la II Guerra Mundial (1939 - 1945)

"Science can now have but one object:
to help win the war"[207]

Una de las razones -recitada por los "historiadores" del "scientific monkey business"- para precipitar el establecimiento de criaderos de primates experimentales en el occidente americano era la inminencia de una gran guerra entre las potencias imperiales de Europa. A principios de septiembre de 1939 la guerra contra el expansionismo imperial de Alemania había iniciado, quedando involucrados también los territorios coloniales del imperio Británico, que controlaba el negocio intercontinental de primates experimentales en India. La elevada demanda de esta especie no disminuyó durante el periodo previo e inicial de la guerra, y los científicos/empresarios estadounidenses quisieron aprovechar la oportunidad para sacarle partido a la situación en Europa y establecer un negocio sólido en territorios bajo el control estadounidense, al margen de las incertidumbres que la guerra le representaba al mercado intercontinental. En su informe oficial (1939-1940), George Bachman, director y síndico de la EMT, capitalizó sobre la situación:

> "Changing world conditions are giving the Island an increasing importance in the naval and military schemes of the United States and focusing attention more and more on medical problems of a tropical nature, thus making Puerto Rico a possible center for the diffusion of last-minute information on developments in tropical medicine."[208]

---

[207] Fundación Rockefeller, *Informe Anual,* 1939
http://www.rockefellerfoundation.org

[208] Bachman, George W.; "Report of the Director of the School of Tropical Medicine of the University of Puerto Rico, Under the Auspices of Columbia University"; Columbia University; San Juan, Puerto Rico; 1939 a 1940.

Para finales de 1940 la situación parecía alarmar a un sector de la industria biomédica estadounidense. El *New York Times* reseñó:

"The spread of hostilities in the Far East, together with shortage of cargo ships, is threatening America's supply of the British Indian monkeys used in medical research, according to a recent announcement by the American Chemical Society."[209]

No obstante, a la fecha en que el gobierno de los Estados Unidos decide integrarse a la guerra, en diciembre de 1941, el negocio con los primates de cayo Santiago no superaba su condición precaria y tampoco auguraba mejoría en el porvenir inmediato. En el marco de esta situación, Carpenter desapareció súbitamente, abandonando el negocio a su propia suerte...

Aunque la inversión de capital en investigaciones científicas tenía otras prioridades vinculadas directamente a objetivos de guerra, los intereses de disciplinas médicas no mermaron sino que, además de continuar con relativa normalidad[210], en ciertas áreas despuntaron precisamente por las condiciones de la guerra. La experiencia del saldo de la primera Guerra Mundial hacía relativamente previsible el gran mercado que se abriría para las empresas a cargo de las ciencias médicas, en particular las que llevaban el encargo de atender los estragos de la guerra, en lo inmediato y posterior a ella. Sin embargo, al parecer,

---

[209] Copeland, George H., "Wanted: More Monkeys"; *The New York Times Magazine*; 8 de diciembre de 1940; p.144

[210] En 1940, el hematólogo estadounidense, Karl Landsteiner descubrió el sistema del factor sanguíneo Rh (*antígeno Rh*). (Winau, Rolf; "Ascensión y crisis de la medicina moderna"; *Crónica de la Medicina*; op.cit., p.458.) Desde entonces, la propaganda para la experimentación biomédica con animales lo usa como ejemplo de la utilidad de éstos a las ciencias de la salud humana. Lo cierto es que se trata, sin embargo, de una trivialización de la investigación experimental en su conjunto, para la que el objeto de estudio (la sangre de una hembra rhesus) fue circunstancial y azarosa, no el efecto de un cálculo científico premeditado. Las acotación Rh no representan los atributos beneficiosos de la especie Rhesus para la raza humana, sino el carácter arbitrario de la nomenclatura científica...

la colonia de primates rhesus en Puerto Rico no le resultaba de utilidad alguna a la industria biomédica estadounidense. Según relata Windle, en diciembre de 1941:

> "...the Japanese attack on Perl Harbor ended research on Cayo Santiago for the time being."[211]

A la fecha, los científicos/empresarios de la EMT no habían logado seducir a inversionistas en proyectos de investigación con primates, y el criadero de cayo Santiago se convirtió en mera reserva para suplir la demanda de laboratorios estadounidenses. Ninguna corporación biomédica interesaba invertir en investigaciones con primates en Puerto Rico, quedando al descubierto que el celebrado prestigio del que gozaba la EMT, en realidad, nada tenía que ver con la experimentación con primates. El "scientific monkey business", inaugurado por consentimiento del cuerpo rector de la Universidad de Columbia y con arreglo a los intereses de sus representantes en la Isla, que ostentaban la autoridad sobre la política institucional de la EMT, nada ofrecía al quehacer científico en la Isla; y para la administración gerencial de la EMT, se revelaba como una mala inversión...

Para 1941 ya los fondos de la fundación Markle se habían agotado. Según informe oficial sobre el estado de situación del negocio en el cayo Santiago, entre finales de 1941 y principios de 1942:

> "Lack of transportation and a continued rise in prices of foodstuffs and materials, brought about by the war, severely handicapped the workings of the Santiago Primate Colony during the year just past. Difficulty in securing transportation from continental United States to Puerto Rico prevented visiting scientists from undertaking new research

---

[211] Windle, William F.; "The Cayo Santiago Primate Colony"(1980); *Science*, op.cit., p.1488.

activities in relation to the colony, so that the latter were limited only to local individuals."[212]

Durante este periodo, 137 rhesus fueron embarcados "to research laboratories in the United States."[213] No obstante, a la fecha, según el informe oficial de la EMT: "The two primary purposes of the project—a colony free from disease, especially tuberculosis[214], and one that would be fecund through an appropriate diet—have been achieved."[215] Y celebra: "The project is an unquestionable success...". Pero al concluir, vuelve a oscurecer el panorama:

> "However, in spite of the fact that with the cutting off of India the colony is now the only source of supply for Rhesus monkeys, the pressure of present world conditions, expressed mainly in the rise of the cost of food and labor, is so great that, unless financial aid is obtained, the project will have to be liquidated."[216]

---

[212] Morales Otero, P.; "Report of the Director"; School of Tropical Medicine (1941-1942); op.cit., pp.37-38. Durante este año fiscal, el encargado (head) de la colonia, M. Tomilin: "...continued the anthropological measurements and dental examinations of these animals, work which he has been carrying forward since the establishment of the project." Además, "The work on streptococci infection, started by Dr. A. Pomales Lebrón of the Department of Bacteriology, was continued during this period"; Dr. James Watt, del National Institute of Health, "...made a survey of dysentery carriers among the colony"; y el Dr. Ramón M. Suárez, "...studied the blood picture of normal monkeys." (Ídem)

[213] Durante el periodo de marzo a septiembre de 1941 nacieron 103 rhesus, y entre marzo y junio de 1942 nacieron cerca de un centenar más. La mortalidad había reducido, y "At the present there are slightly more than 400 animals in the colony." (Ídem)

[214] En septiembre de 1941: "451 Rhesus were tested for tuberculosis. No positive reactors were found." (Ídem)

[215] The breeding and survival of the young is excellent; during the periods (...) about 85% of the females of breeding age bore and reared their young. (Ídem)

[216] Morales Otero, P.; "Report of the Director of the School of Tropical Medicine..."; (1942); op.cit., p.38. Los ingresos devengados por la venta de

No obstante el mal augurio para el "scientific monkey business", las finanzas en la Escuela de Medicina Tropical durante "war-time conditions" seguían estables y en mejoría, tanto por inversiones del capital privado como por auspicios del gobierno insular y federal...

Reajuste político en la EMT

En jaque las aspiraciones comerciales de los empresarios-científicos estadounidenses que corrían el negocio de primates experimentales en Puerto Rico, salen a relucir otros aspectos de naturaleza política, arraigados en la condición colonial de la época, aunque convenidos por legislación insular y consentidos por la clase política dominante en la Isla. Mientras Bachmann dirigía la EMT, sólo él y cuatro investigadores más estaban en la nómina de la Universidad de Columbia. Según relata Windle:

> "The Puerto Rican employees felt that they were discriminated and that they lacked voice in the operation of the school."[217]

Windle no suministra evidencia al respecto, pero atribuye a esta situación la determinación política del reemplazo de Bachman por un puertorriqueño, que no menciona por nombre.[218] La razón política que dio paso a la sustitución de un administrador extranjero por uno local –según relata- fue que el entonces gobernador designado en la Isla, Rexford G. Tugwell, y Luis

---

primates durante el año fiscal 1941-1942 fueron $1,130.86 (Sale of Primates Fund). Ese año se debió comprar el cayo Santiago por $1,500.00 (Op.cit., p.39)

[217] Windle, William F.; "The Cayo Santiago Primate Colony"(1980); *Science*; op.cit., p.1489.

[218] Según el primer informe oficial de la EMT bajo la dirección de Morales Otero: "At the close of the last fiscal year 1941, Dr. George W. Bachman, Director of the School, was granted a sabbatical leave by Columbia University." Y más adelante reitera: "It is with personal regret that we record in these pages the resignation of Dr. George W. Bachman, Director and friend of the School, which he so faithfully served during the past ten years." (Morales Otero, P.; "Report of the Director" School of Tropical Medicine (1941-1942))

Muñoz Marín, presidente del Senado, usaron el "Columbia affair" como tema para impulsar el status de Commonwealth para Puerto Rico.[219] Sobre esta conspiración política tampoco provee evidencia. Lo cierto es que, dentro de esta nebulosa trama conspirativa, la Universidad de Columbia pronto retiraría su *apoyo* a la Escuela de Medicina Tropical y abandonaría la Isla.[220]

Este relato, ambiguo por demás, seguiría siendo repetido sin variaciones ni arreglos mayores.[221] Según puede inferirse del primer informe de su sucesor, la renuncia de Bachman está relacionada con los trastoques operados a principios de 1941 en la estructura del poder político gerencial de la EMT. Desde su creación en 1926, con arreglo en la ley y por convenio de subordinación a la Universidad de Columbia, una misma persona, en representación de la UC, fungía como director y miembro de la Junta de Síndicos. Dentro de este arreglo, desde 1931 hasta 1942, Bachman ostentó el poder político y administrativo de la Institución, pero como representante de los intereses corporativos de la UC, no porque fuera estadounidense. El nuevo arreglo en el gobierno institucional eliminaría el voto del director en la Junta de Síndicos, aunque no su voz.[222] Bachman renunció porque fue desposeído del poder político al que estaba habituado a ejercer sin trabas durante una década, y no interesaba conformarse con el puesto directivo de la EMT sin poder formal dentro de su cuerpo de gobierno.[223] Además, en esta ocasión no hubo quejas ni

---

[219] Windle, William F.; "The Cayo Santiago Primate Colony"(1980); *Science*; op.cit., p.1489.

[220] Op.cit., p.1488.

[221] Por ejemplo, ver a Rawlins, R.G. y Kessler, M. J.; "The History of the Cayo Santiago Colony"; (1986); op.cit., p.29.

[222] "That, since it is poor administrative policy for the Director of the School to be a member of the Special Board of Trustees (Junta Especial de Síndicos), he be granted voice but no vote in the proceedings of this governing body." (Morales Otero, P.; "Report of the Director" School of Tropical Medicine (1941-1942; op.cit., p.41)

[223] Los integrantes de la Junta de Síndicos (Special Board of Trustees) eran: José M. Gallardo (Comisionado de Educación y presidente (chairman) de la Junta; José N. Gándara y Manuel García Cabrera, miembros de la Junta de Síndicos de

reproches de las autoridades de la UC; ni presiones del gobierno insular; ni excusas ni perdones del cuerpo legislativo puertorriqueño. Destronado Bachman y suplantado por un puertorriqueño, la UC seguiría suscrita al mismo convenio...

Decadencia del negocio de primates

El sucesor de Bachman, Pablo Morales Otero, veterano profesor de la EMT, también respaldaba incondicionalmente el negocio de primates en la Isla, desde sus comienzos.[224] Aunque su primer informe oficial (1941-1942) auguraba la posibilidad de *suspender* el "prometedor" negocio por efecto de las precarias condiciones en tiempos de guerra y la consecuente "depresión" económica, al año siguiente todavía continuaba la misma política institucional de Bachman, a favor del "scientific monkey business". En el informe de 1942-1943 reseña que, al igual que la EMT en general:

> "...the Santiago Primate Colony has suffered from the shortage of foodstuffs and the accompanying steady rise in prices. Consequently, those in charge have had to exercise their ingenuity, with amazingly good results."[225]

El informe, sin embargo, contrasta con su propia retórica. Aunque se ha reducido la cantidad y calidad de la comida, la colonia en el cayo Santiago -reporta el director Morales- "survived the year", y *produjo* cerca de una centena de nuevas crías. No obstante:

---

la UPR; Willard C. Rappleye y James W. Jobling, de la Universidad de Columbia.

[224] Morales Otero fue uno de los representantes de la EMT en el incidente con la comunidad de Punta Santiago en Humacao, por el alegado reportaje de la revista *Life*, en 1939.

[225] Morales Otero, Pablo; "Report of the Director" School of Tropical Medicine (1942-1943)

"As the Colony proved too large for its present maintenance budget, it was decided to reduce its size by selling some of the animals."[226]

Trescientos rhesus fueron vendidos "to various scientific institutions on the mainland…"[227], quedando aproximadamente otros 300 en el cayo -según informe de Morales. Según Kessler:

"As a result of the need to provide financial support, as well as to provide research animals for war related studies, approximately 300 monkeys were trapped and sold to the U.S. Army and other research laboratories in the states."[228]

El relativo abandono por falta de combustible, y la "inadequate diet", empezaban a tener efectos sobre la población cautiva en cayo Santiago:

"Aunque la alimentación impropia a que han estado sometidos los animales ha comenzado a producir sus efectos (la reproducción ha disminuido y algunos ejemplares se van tornando anémicos), todavía no se nota su influencia sobre la mortalidad que sigue siendo, poco más o menos, la misma."[229]

Además -según el director de la EMT- las condiciones de la guerra habían impedido que los *científicos*, de Estados Unidos como de Puerto Rico, tuvieran acceso al "rich material" de la colonia de primates. Dentro de este escenario -informa Morales-:

---

[226] Op.cit., pp.47-48.

[227] Ídem. Reserve Fund—Primate Colony . $3,000.00 (Op.cit., p.55)

[228] Kessler, Matt J.; "Establishment of the Cayo Santiago Colony" (1989); op.cit., p.17.

[229] Morales Otero, Pablo; "Report of the Director" School of Tropical Medicine (1942-1943); op.cit., p.107.

"Nada de valor científico ha podido emprenderse, y todo el tiempo ha habido que dedicarlo a mantener vivo este lote de animales de laboratorio."[230]

A la fecha, 70 rhesus del cayo fueron llevados a la EMT para *examinar* "the presence of hemolytic streptococci in their throats." El estudio, iniciado desde 1938, estaba a cargo del departamento de bacteriología, dirigido a la vez por el director de la EMT...

A pesar del progresivo deterioro del "scientific monkey business" bajo encargo de la EMT, todavía en 1943 contaba a su favor con la fuerza política legitimadora del gobierno insular y de la figura de máxima autoridad regente en la Universidad de Puerto Rico. Durante ese año, el gobernador Tugwell, y el recién designado rector de la UPR (en 1942), Jaime Benítez, en compañía de sus respectivas esposas, Grace y Luz, visitaron el cayo Santiago. Tomilin recibió a los funcionarios de gobierno y esposas, quienes "...were (...) allowed to walk through a rhesus macaque domain..."[231] Según relata Benítez su "impresión":

"...aside from the fact that the rhesus were subject to scientific experimentation (...) These other primates seemed very happy and in as convenient and healthy situation as they ever were in their native abode."[232]

La visita oficial, no obstante, no alteró el patrón de deterioro del negocio de primates bajo la jurisdicción de la EMT. Varias décadas después, Benítez justificaría la escasa inherencia de su administración sobre el cayo Santiago, aduciendo que, aunque la EMT era parte de la UPR, ésta era una entidad *autónoma*, semi-

---

[230] Op.cit., p.108.

[231] Benítez, Jaime; "Cayo Santiago: The Formative Years"; *Puerto Rico Health Sciences Journal*; Universidad de Puerto Rico, Recinto de Ciencias Médicas; Abril-1989; Vol.8, Núm. 1; pp.19-20.

[232] Ídem.

independiente, y sus integrantes (administración y facultad) la celaban de cualquier intervención estatal...

Al año siguiente, en 1944, aunque la tasa de mortandad era relativamente baja y alta la reproducción en el cayo, prevalecían las condiciones de precariedad. Comisionado por el Ejército de los Estados Unidos, Morales embarcó cerca de 100 rhesus "for research connected with the war effort." No obstante, en el curso del año 1944, todavía no habían aparecido inversionistas y auspiciadores del "scientific monkey business", sostenido por los directivos de la EMT. La amenaza de, en tal caso, deshacerse del negocio en cayo Santiago, empezaría a materializarse antes del verano de ese mismo año:

"After much thought and because of the uncertain future that has always loomed over the project, the Committee-in-charge of the colony decided to permit its transfer to the University of Puerto Rico in the belief that its future would be assured there and that its potentialities, so long overlooked, would be put to good work."[233]

Tras el confesado fracaso del negocio, ese mismo año la colonia de rhesus en cayo Santiago fue puesta bajo administración del Colegio de Ciencias Naturales de la Universidad de Puerto Rico[234], que no soportaría por mucho tiempo la carga económica que le representaba la fallida empresa. Al igual que Carpenter, durante este periodo también el encargado de la colonia, Michael Tomilin, abandonó el proyecto[235] y desapareció de la Isla, llevándose consigo todo el material "científico" acumulado hasta

---

[233] Morales Otero, P.; "Report of the Director"; School of Tropical Medicine 1943-1944; pp.47-48. La versión traducida al español lee: "El comité encargado de la colonia ha decidido, tras madura consideración, traspasar la misma a la Universidad de Puerto Rico, para su sostenimiento." (op.cit., p.106)

[234] Rawlins, R.G. y Kessler, M. J.; "The History of the Cayo Santiago Colony"; (1986); op.cit., p.29.

[235] El último informe de la EMT en que aparece Tomilin a cargo del cayo Santiago es el de 1943-1944.

entonces.[236] El destino inmediato de los rhesus quedó en manos de un cuidador[237] (caretaker), financiado por la UPR, que remaba dos o tres veces en semana para llevarles algo mínimo de comer...

Dentro del periodo de transición, devastador para los rhesus cautivos en el cayo Santiago, la gerencia del negocio procuró deshacerse de parte de la mercancía y retener en cautiverio la que estimase para su conveniencia. Al parecer no existe registro sobre las gestiones concretas, excepto las menciones ambiguas que harían, años después, los relatores oficiales por encargo corporativo. Relata Windle:

"An effort was made to reduce the number of animals on the island."[238]

---

[236] Según Frontera (1958) "As a result of the acute shortage of provisions and support the Tomilins left the island..." (según citado en Rawlins, R.G. y Kessler, M. J.; "The History of the Cayo Santiago Colony"; (1986); op.cit., p.29) Según Bailey (1965), "The Russian born primatologist Tomilin (...) departed and with him went all records, identifications and mesurements of the monkeys. He refused to give them up..." (Bailey, Pierce; según citado en Rawlins, R.G. y Kessler, M. J.; "The History of the Cayo Santiago Colony"; (1986); op.cit., p.32) Años más tarde, una división del NIH, el NINDB, compraría las notas y registros de Tomilin, para usos "científicos". Los documentos fueron almacenados en la oficina del director del NINDB, en 1958. (Windle, William F.; "The Cayo Santiago Primate Colony"; Science, Vol. 209; September 26, 1980; p.1491)

[237] En 1944, Rafael Luis Nieva sustituiría a Tomilin como el nuevo "caretaker". (Rawlins, R.G. y Kessler, M. J.; "The History of the Cayo Santiago Colony"; (1986); op.cit., p.29.; y en Kessler, Matt J.; "Establishment of the Cayo Santiago Colony" (1989); op.cit., p.16) De Nieva no hay registro de su formación profesional, que al parecer no tenía y se trataba de un personaje local dispuesto por coincidencia circunstancial a asumir el encargo. Según Frontera, Nieva "...had no previous training in this field..." (Frontera, Guillermo J.; "Cayo Santiago and the Laboratory of Perinatal Physiology: Recollections"; Puerto Rico Health Sciences Journal; Universidad de Puerto Rico, Recinto de Ciencias Médicas; Abril 1989; Vol.8, Núm. 1; p23)

[238] Windle, William F.; "The Cayo Santiago Primate Colony"(1980); Science, op.cit., p.1489.

Según el relato de Rawlins, el "esfuerzo" para reducir el número de rhesus en cayo Santiago se debió a la situación de la Guerra, que:

> "...made it difficult to get supplies out to the island and 490 animals were shipped to the mainland for research on disease."[239]

Entre 1941 y 1943 cerca de 450 rhesus fueron embarcados a laboratorios e instituciones estadounidenses.[240] Entre 1943 y 1944 otros 100 fueron suplidos a la empresa militar (Army) "...for research in relation to the war effort."[241]

> "By 1944 there were only some 200 animals left, and studies of behavior had come to an end."[242]

En 1945 todavía la EMT seguía bajo auspicio de la Universidad de Columbia, en los mismos términos prescritos por ley, y Morales Otero continuaba en la dirección y con voz sin voto en la Junta de Síndicos. Desecho el vínculo con el negocio de crianza de primates en el cayo Santiago, la Escuela de Medicina Tropical aún retuvo un número incierto de primates, cautivos para experimentaciones regulares y como reserva. En un documento promocional (1944-1945) de la EMT anuncia entre sus instalaciones el albergue de animales (Animal Hosue):

---

[239] Rawlins, Richard; "Forty Years of Rhesus Research"; *New Scientist* (1979); op.cit., 108.

[240] En 1943, Windle adquirió varios rhesus de cayo Santiago para experimentaciones en el Instituto de Neurología de la Universidad de Northwestern. (Windle, William F.; "The Cayo Santiago Primate Colony"(1980); *Science*; op.cit., p.1489)

[241] National Institute of Neurological Diseases and Blindness (NINDB); Laboratory of Perinatal Physiology; San Juan, Puerto Rico, 1968.

[242] Rawlins, Richard; "Forty Years of Rhesus Research"; *New Scientist* (1979); op.cit., 108.

"The School has made provisions for large and small experimental animals in a newly designed animal house. A section for primates, fitted with control inside and outside cages, isolation and operating rooms, is built in the center of two V-shaped wings, each 110 feet long..."[243]

Para el siguiente año fiscal (1945-1946) el único rastro del negocio de primates rhesus en cayo Santiago aparece en el informe de presupuesto de la EMT. Los ingresos en reserva por concepto de ventas eran $4,974.00.[244]

Vaivenes políticos en la EMT

Al margen de las lagunas de índole política, lo cierto es que no fue tras la renuncia de Bachman, por supuestas *presiones* internas, que la Universidad de Columbia cancelaría sus auspicios a la Escuela de Medicina Tropical, cerraría operaciones en Puerto Rico y, por defecto, retiraría todo apoyo y financiamiento al "scientific monkey business" en cayo Santiago, como parece creer Windle en su relato.

A mediados de 1946, uno de los representantes de la UC (Harry S. Mustard) anunció la intención de retirar la "contribución monetaria" ($30,000 aprox.) que, por el convenio legal de subordinación política, hacía la UC desde 1926. La determinación sería efectiva en junio de 1948.[245] Para la gerencia insular, esto le representaba, además de un problema económico inmediato, un riesgo político a largo plazo. Aunque la inversión en auspicio de la UC era mínima y descaradamente desproporcional con respecto a

---

[243] "Complete stall space is also available for cattle and horses used in research studies. In addition, quarters are also provided for animals on the top floor of the new wing, with special preparation and operating rooms and all the necessary conveniences for the care and breeding of animals"

[244] Morales Otero, P.; "Report of the Director"; School of Tropical Medicine (1945-1946); p.128.

[245] Morales Otero, P.; "Report of the Director"; School of Tropical Medicine (1946-1947)

la que hacía la UPR y el gobierno insular, según el informe del director de la EMT, ésta le permitía "...enjoy the privileged position of complete autonomy in its functions..."[246] Para el director Morales y los síndicos puertorriqueños de la EMT: "Columbia's withdrawal would destroy the School's effectiveness as a free institution..."[247]

Al parecer, el interés gerencial de la institución no era evitar perder el vínculo de subordinación política a la Universidad de Columbia en particular, sino guardar la mayor distancia posible del gobierno insular, del que sólo interesaba apoyo financiero pero no que interviniera sobre su autoridad en cuestiones administrativas, su relativa autonomía política en el orden interno de la institución y su poder discrecional en el ámbito académico. Además, sabían, o creían saber, que en parte las subvenciones y auspicios, privados o gubernamentales, eran posible por el prestigio que les representaba ser parte de la Universidad de Columbia, que a la vez confería una imagen de relativa estabilidad política interior, e incluso de seriedad profesional, dentro de la condición colonial, inestabilidad económica e incertidumbre política de la Isla.

A todas cuentas, la línea política de los síndicos puertorriqueños de la EMT, en acorde con el rector de la Universidad de Puerto Rico, Jaime Benítez, era la de procurar retener la relación de subordinación política con cualquier institución universitaria de los Estados Unidos.[248] Los síndicos

---

[246] Ídem.

[247] Ídem.

[248] Benítez, a su vez, respondía a las directrices del jefe político del Partido Popular, Luis Muñoz Marín, que ocupaba entonces la presidencia del Senado de Puerto Rico y mantenía estrechas relaciones con el gobernador insular. La línea política del PPD no era la de romper relaciones de subordinación política o dependencia económica con las agencias e instituciones estadounidenses sino, por el contrario, de estrechar los vínculos que las posibilitaban. La administración de las instituciones locales por puertorriqueños no representaba una relación de antagonismo con la dominación colonial estadounidense en la Isla sino la prueba máxima del consentimiento popular a su dominación, representado entonces por la figura de Muñoz Marín y sus subordinados inmediatos, como Benítez en la UPR, y Morales, en la EMT. Muñoz Marín se convertiría en el primer gobernador puertorriqueño en 1948, y la clase política

puertorriqueños de la EMT -relata Morales- se reunieron con Benítez y: "...we were authorized to approach other universities and agencies in the United States with a view towards a possible future affiliation."[249] Al parecer, no obstante, ninguna otra institución estadounidense parecía interesarse en suplantar a la UC o invertir en la EMT de Puerto Rico. A la fecha en la que la UC había anunciado retirar sus auspicios a la EMT, en junio de 1948, ya se había retractado y todo quedaría igual:

> "...we are happy to announce that the affiliation which has existed (...) between the School of Tropical Medicine and (...) Columbia University will continue, and that Columbia will retain sponsorship of the School under the old agreement..."[250]

Abandonados los rhesus en el cayo Santiago

De la suerte de la colonia de primates rhesus en cayo Santiago no hay registro desde el traspaso a la UPR. Según los relatores corporativos del CPRC, Frontera, Rawlins y Kessler, durante el periodo administrado por la Universidad de Puerto Rico: "little was done with the animals". Además -apuntan-: "there is no information on its administrative history."[251]

---

nativa convalidaría sus promesas de garantizar favorecer los intereses estadounidenses en la Isla, siempre que se les permita participar protagónicamente en la administración gerencial de la colonia. Cuando no, lo seguirían haciendo, aunque entre quejas y lamentos...

[249] Morales Otero, P.; "Report of the Director"; School of Tropical Medicine (1946-1947)

[250] Morales Otero, P.; "Report of the Director"; School of Tropical Medicine (1947-1948). No obstante, la página web oficial del recinto de Ciencias Médicas de la UPR, todavía en 2012, lo ignora : "Lamentablemente en 1946 la Universidad de Columbia optó por cancelar el dinero enviado a la Escuela de Medicina lo que provocó su cierre." (http://www.rcm.upr.edu).

[251] Frontera, José Guillermo (1958); según cita en Rawlins, R.G. y Kessler, M. J.; "The History of the Cayo Santiago Colony"; (1986); op.cit., p.29; y Rawlins,

"The colony was poorly managed and food supplies were irregular in the extreme. (…) and the colony and the island went into general decline. (…) The years after 1944 were lean ones for the monkeys on Cayo Santiago, but somehow the colony survived."[252]

En 1947, a raíz del agotamiento del presupuesto disponible y la falta de fondos, la colonia de rhesus que habitaba el cayo Santiago fue puesta en venta al mejor postor. "Plagued by lack of interest and funds"[253], el anuncio fue publicado en la revista *Science*:

"The University of Puerto Rico, Río Piedras, P.R., has announced that it can no longer sponsor the Santiago Primate Colony, consisting in approximately 400 rhesus monkeys (Maccaca mulatta) of different ages (…)[254] Institutions interested in acquiring the Colony, in whole or in part, or in assuming its sponsorship are requested to communicate with Dr. Facundo Bueso, Dean, College of Natural Sciences."[255]

Ese mismo año, la fundación Rockefeller financiaría el establecimiento de una nueva colonia de primates rhesus en una isla en Rio de Janeiro, Brasil.[256]

R.G.; "Perspectives on the History of Colony Management and the Study of Population Biology at Cayo Santiago" (1989); op.cit., p.33.

[252] Rawlins, Richard; "Forty Years of Rhesus Research"; *New Scientist* (1979); op.cit., 108.

[253] Rawlins, R.G. y Kessler, M. J.; "The History of the Cayo Santiago Colony"; (1986); op.cit., p.29.

[254] "…Equipment consists of an adequate living house, two storehouses, land and water transportation facilities and water system. No cases of tuberculosis have occurred there in the last six years…"

[255] *Science*; July 11, 1947; pp.32-33.

Ilustración 14[257]

---

[256] Al Instituto Osvaldo Cruz. (Windle, William F.; "The Cayo Santiago Primate Colony"; *Science*, 1980; op.cit., p.1486)

[257] Rhesus y cría cautivos en el cayo Santiago. Fotografía de Gazir Sued (2011)

Parte II

Historia de la crueldad
contra primates no-humanos en Puerto Rico
(1948 a 1969)

"The University of Puerto Rico (…)
can no longer sponsor the Santiago Primate Colony…"[1]

Abandonados negligentemente en el cayo Santiago, los rhesus se las ingeniaron para sobrevivir la desidia cruel de sus captores. Del tiempo en que el Colegio de Ciencias Médicas de la Universidad de Puerto Rico retuvo para sí la custodia de los primates poco se sabe y sigue siendo un misterio. La propaganda corporativa del Caribbean Primate Research Center, articulada como relato histórico oficial, sólo menciona el periodo como anécdota, y al parecer tampoco existe registro documental por parte de la institución universitaria. Sólo queda el reproche del abandono y el lamento por la falta de presupuesto para experimentar con las criaturas cautivas en el cayo Santiago. Pero este periodo sombrío también revela la hipocresía de los mercaderes del "scientific monkey business" en la Isla, que a cuenta del desinterés general sobre su mercancía, optaron por deshacerse de ella sin miramientos.

Hasta finales de los años 40 ninguna corporación biomédica estadounidense se había interesado en invertir capital en el "breeding colony" de cayo Santiago, y la supuesta gran demanda de los "American investigators" resultó ser una farsa publicitaria, evidencia del carácter especulativo de la empresa. A la fecha, tampoco ninguna universidad en los Estados Unidos interesaba auspiciar el criadero de primates en Puerto Rico, y aunque en su momento inaugural el gobierno de la Isla lo apoyó sin condiciones, como si se tratase de una industria que abonaría al desarrollo y progreso insular, al fin de la década le sería indiferente.

La prensa local y estadounidense, que durante el periodo inaugural le sirvió de vocero y colmó de reverencias, contribuyó a fabricar la imagen corporativa y a ganar el favor de la opinión pública, a la vez que a encubrir los intereses comerciales de la

---

[1] *Science*; July 11, 1947; pp.32-33.

empresa tras una fachada científica, también ignoró las suertes de los rhesus durante los años de abandono...

La inminencia de la guerra y las posibles restricciones al comercio de contrabando con India habían servido de pretexto para apurar el establecimiento del negocio en Puerto Rico, y conquistar la atención de la corporación privada, la Markle Foundation, que donó el capital inicial a nombre de la Medicina y la Ciencia. Del mismo modo, el conflicto bélico en Europa sirvió de subterfugio para justificar la progresiva decadencia del "scientific monkey business" en la Isla. Pero, una vez finalizada la guerra, tampoco aparecieron inversionistas financieros ni aumentó la clientela. Ni siquiera la fundación Rockefeller, que había invertido antes en la Escuela de Medicina Tropical, se interesó en sustentar el criadero de rhesus en cayo Santiago, pero para idénticos fines inauguró un centro de primates para experimentos en Brasil.

Desinteresada la administración de la Universidad de Puerto Rico, había promovido sin suerte la venta total del criadero y sus recursos, anunciando entre líneas su indolencia por los rhesus en el cayo de su propiedad y la quiebra del "scientific monkey business" en la Isla. La UPR "...can no longer sponsor the Santiago Primate Colony"...

Dependencia económica en los National Institutes of Health

Antes de que se especulara sobre la deseabilidad de establecer un criadero de primates en Puerto Rico, corporativos de la industria biomédica de los Estados Unidos ya consideraban su viabilidad en territorio continental. Para fines de los 40, *inspirados* en las instalaciones experimentales soviéticas en Sukhumi, establecidas desde 1927, empresarios de los National Institutes of Health[2] (NIH) consideraban la posibilidad de establecer un consorcio de centros regionales para la investigación experimental

---

[2] Los National Institutes of Health (NIH), son poderosas e influyentes corporaciones financieras del complejo médico-industrial estadounidense, y forman parte del U.S. Department of Health and Human Services. En la actualidad: "NIH is the largest source of funding for medical research in the world." (http://www.nih.gov/)

con primates no-humanos, integrados en el National Primate Research Center (NPRC).[3]

En 1948, representantes de los intereses biomédicos de los NIH, *visitaron* a Puerto Rico. Durante los dos años siguientes costearían precariamente el mantenimiento de la colonia.[4] Los relatos anecdóticos de los historiadores corporativos del CPRC, cuentan que la visita estuvo atraída por José Guillermo Frontera, un estudiante doctoral de la Universidad de Michigan, de origen puertorriqueño y que "...was extremely interested in using monkeys for his own research...".[5] A los efectos -según cuentan-propuso al decano del College of Natural Sciences, Facundo Bueso, que desistiera de la venta del criadero de rhesus en el cayo Santiago, y gestionó auspicio para su financiamiento con una división de los NIH. Esta versión de la historia, arreglada en función de los intereses corporativos del CPRC, sería desmentida en todas sus partes por el propio Frontera.[6]

---

[3] Entre 1947 y 1949 los NIH, infructuosamente, trataron de establecer el programa nacional de criaderos de chimpancés para experimentación. La iniciativa tomo fuerza nuevamente entre 1955 y 1957. Durante la administración del presidente Eisenhower, varios funcionarios de los NIH visitaron el centro de primates soviético, en Sukhumi. En 1956, Karl E. Meyer (veterinario), a su regreso, urgió al director de los NIH, James Shannon, la creación de criaderos de primates en Estados Unidos. James Watt, director de una división de los NIH, sometió un informe similar al "advisory board" de los NIH. En 1958 "...the NIH concluded that a primate station was both feasible and desirable." A mediados de 1959 el proyecto estaba bajo consideración del Congreso. (Abee, Christian R.; Mansfield, Keith; Tardif, Suzette D.; Morris, Timothy (Edits.); *Nonhuman Primates in Biomedical Research: Biology and Management*; American College of Laboratory (Animal Medicine Series); Academic Press, 2012)

[4] Según Rawlins y Kessler, "...after Dr. David Price and Mr. Ernest Allen (NIH) visited the facility and recommended government investment in the maintenance and development of the colony." (Rawlins, R.G. y Kessler, M. J.; "The History of the Cayo Santiago Colony"; (1986); op.cit., p.29)

[5] Dunbar, Donald C.; "Physical (Biological) Anthropology at the Caribbean Primate Research Center: Past, Present, Future"; en Wang, Qian (Editor); *Bones, Genetics and Behavior of Rhesus Macaques: Maccaca mulatta of Cayo Santiago and Beyond;* Springer, New York; 2011; pp.1-37.

[6] Frontera, Guillermo J.; "Cayo Santiago and the Laboratory of Perinatal Physiology: Recollections" (1989); op.cit., pp.21-27.

Lo cierto es que fue con las autoridades administrativas de la UPR que los representantes de los NIH convinieron auxiliar en el mantenimiento del criadero de cayo Santiago, no con Frontera.[7] Según el relato de Windle: "The NIH grant (…) probably saved the colony from destruction."[8] Además del *precario* financiamiento de los NIH, Rawlins menciona que una parte de las operaciones en cayo Santiago fue costeada por aportaciones privadas de algunos científicos becados[9], "…to keep the monkeys from starving."[10]

Según el realto de Frontera, el arreglo entre el decano Facundo Bueso y los representantes del NIH (David C. Price y Ernest M. Allen), fue una beca (grant) de $15,000 para "support the colony", a nombre de la UPR, y una beca adicional en su

---

[7] La anécdota sobre la relación vinculante entre Frontera y los NIH lo convertiría en una figura clave en la propaganda corporativa del CPRC, que pronto representaría el "scientific monkey business" como iniciativa "puertorriqueña", no de sometimiento a la voluntad extranjera sino como ejemplo de armonía con los intereses estadounidenses. La exaltación de la figura idealizada y falsa de Frontera neutraliza las críticas políticas por el favoritismo a los intereses extranjeros en la Isla, y da la impresión de que el negocio del "scientific monkey business" es legítimo porque se mantiene por *iniciativa* de un *puertorriqueño*. Las condiciones políticas reinantes en la Isla durante este periodo histórico permiten inferir al respecto. Muñoz Marín sería electo ese mismo año gobernador de Puerto Rico, y las crudas tensiones con los nacionalistas puertorriqueños, además de la particular versión de nacionalismo colonial, representado por el Partido Popular Democrático, permiten encajar la anécdota sobre Frontera dentro del marco de la estrategia de propaganda corporativa del CPRC.

[8] El financiamiento de los NIH era de $15, 000 anuales. (Windle, William F.; "The Cayo Santiago Primate Colony"; *Science*, (1980); op.cit., 1489.

[9] Rawlins, Richard; "Forty Years of Rhesus Research"; *New Scientist* (1979); op.cit., 109.

[10] Rawlins, R. G. y Kessler, M. J.; "The History of the Cayo Santiago Colony"; (1986); op.cit., p.31. Rawlins y Kessler atribuyen esta "iniciativa" a Frontera que, sin embargo, desmiente la exageración: "Seeing how the hungry animals fed on their diet of raw and boiled tubers, such as sweet potatoes, ñame and yautía, as well as bananas (…) I sometimes stopped at the Río Piedras Plaza del Mercado before our visit to Cayo Santiago to buy cheaply the left-overs from the sales of the day…" (Frontera, Guillermo J.; "Cayo Santiago and the Laboratory of Perinatal Physiology…" (1989); op.cit., p.23)

nombre ($4,000), para realizar un estudio sobre la corteza cerebral de los rhesus. El estudio habría de realizarse en un laboratorio temporal localizado en el techo del edificio de biología, sin mediación de regulaciones éticas o legales por parte de la institución universitaria o de la corporación financiera, y "...most of the experimental work did not require the survival of the animal." En una ocasión -relata Frontera- un rhesus escapó del laboratorio de biología y, temeroso por la posible reprimenda de sus superiores: "A 22-caliber rifle was procured and the animal shot down."[11]

Reacomodo político de la oligarquía médica

La Escuela de Medicina Tropical (EMT), que había apadrinado e institucionalizado el cruel negocio de la trata de primates en la Isla, cerraría operaciones por quiebra, económica y política, antes de entrar la década de los 50. Al parecer, los discursos pomposos y las retóricas infladas sobre el valor de lo que se hacía en la EMT no fueron suficientes para retener el sufragio del gobierno insular por más tiempo, y tampoco para seducir a inversionistas extranjeros a que sostuvieran la empresa en su conjunto, los caprichos personales de sus "investigadores científicos" o los intereses de la oligarquía médica que la celaba.

A mediados de 1949, la Asamblea Legislativa de Puerto Rico aprobó la ley que encomendaba el establecimiento de la Escuela de Medicina de la UPR, y derogaba a la vez la ley que creó la Escuela de Medicina Tropical en 1926.[12] El conflicto de intereses entre los beneficiarios de la relativa autonomía de la EMT y los partidarios del proyecto político de quienes ahora gobernaban en la Isla, ha sido apenas insinuado en las reseñas históricas oficiales.[13] El gobierno insular interesaba garantizar su

---

[11] Frontera, Guillermo J.; "Cayo Santiago and the Laboratory of Perinatal Physiology..." (1989); op.cit., p.23.

[12] Ley Núm. 378 del 15 de mayo de 1949.

[13] En entrevista, realizada para una revista de promoción institucional, al primer rector del Recinto de Ciencias Médicas, éste comenta que en los principios hubo de la Escuela de Medicina, "...hubo que vencer la resistencia de una oligarquía médica que existía dentro y fuera de la antigua Escuela de Medicina

dominio político sobre los cuerpos rectores de la educación superior pública en la Isla, y los estudios universitarios en áreas de la medicina no eran la excepción. La autonomía de la que presumían los funcionarios y favorecidos de la EMT era un eufemismo para una práctica de administración gerencial subordinada a los intereses de la Universidad de Columbia, y de la clase médica acomodada y favorecida por el antiguo convenio. Al recién inaugurado gobierno en la Isla le interesaba jugar un papel protagónico sobre los usos del presupuesto que, en última instancia, le correspondía administrar de modo similar para todas las instituciones del Estado, y no sólo para el favor de la "oligarquía médica" aferrada a la EMT.

En 1950 se fundó la Escuela de Medicina de la UPR y ocupó las instalaciones de la antigua EMT.[14] Los cargos directivos de la *nueva* Escuela, durante su primera década, seguirían siendo ocupados por estadounidenses, "reclutados" de la Universidad de Columbia por el rector Benítez y por acuerdo con las autoridades regentes en la UC.[15] Así mismo, el diseño curricular permanecería prácticamente intacto, reteniendo su vigencia el modelo de la UC.

De la suerte de los primates enjaulados en las instalaciones de la EMT, igual que de los demás animales usados para experimentos (vacas, caballos, perros, conejos, etc.), no parece existir registro documental...

La EM-UPR mendiga auxilios a los NIH

Al nuevo gobierno de Puerto Rico le correspondía administrar el presupuesto nacional, y todo parecía indicar que,

---

Tropical." (Girod, Carlos y Mayo, Raúl; "Dialogando con el doctor Adán Nigaglioni, Rector Emeritus"; Revista Buhiti, agosto 2004.)

[14] La fecha de fundación de la Escuela de Medicina de la UPR es el 21 de agosto de 1950.

[15] Según relata el rector de la UPR, Jaime Benítez, invitó al director de la EMT, Pablo Morales, a que ocupara el primer cargo de director de la nueva Escuela de Medicina, pero "...he was indignant and threw me out of his office." (Benítez, Jaime; "Cayo Santiago: The Formative Years" (1989); op.cit., p.19.) Contando con el apoyo y consentimiento de la Universidad de Columbia, para la dirección de la EM, Benítez contrataría de la UC a Harold S. Brown (1949-1950); Donald S. Martin (1950-1952) y Harold Hinman (1952-1959).

advertidos los excesivos costos y la carencia de auspicios, las experimentaciones invasivas con primates no estaba en su lista de prioridades. A todas cuentas, Benítez ya era rector de la UPR cuando la EMT decidió deshacerse del "scientific monkey business", y no hay evidencia de reparos. Tampoco habían cambiado las condiciones que dieron paso a descargar la responsabilidad sobre la colonia de primates. No obstante, aunque la historia oficial de la Institución omite el dato[16], los historiadores corporativos del CPRC repiten que en 1950 se traspasó la colonia del cayo Santiago a la recién inaugurada Escuela de Medicina de la UPR.[17]

Consumado el traspaso, los "problemas *financieros*" siguieron aquejando a los nuevos administradores del "scientific monkey business". En 1951, acompañados por funcionarios de la Escuela de Medicina de la UPR, representantes del NIH visitaron el cayo Santiago y extendieron el *grant* de $15,000 por dos años más.[18] Durante este periodo, la colonia continuaría supliendo primates para experimentaciones locales (EM) y agencias federales.[19] Tras bastidores, el "scientific monkey business" seguía sin atraer adeptos, y el drama de la desidia institucional continuaba sin mayores trastoques. Al parecer, los directores de la Escuela de Medicina de la UPR, contratados por Benítez y con arreglo convenido con la Universidad de Columbia, no favorecían el

---

[16] "La Escuela de Medicina de la Universidad de Puerto Rico"; Instituto de Historia de las Ciencias de la Salud; UPR; Recinto de Ciencias Médicas (http://ihicis.rcm.upr.edu/historiaesc/medicina) El web site donde aparece publicada la historia oficial de la Escuela de Medicina de la UPR es financiado por los NIH.

[17] Hasta entonces, el encargo de la colonia estaba bajo administración del Colegio de Ciencias Naturales, de la UPR. (Windle, William F.; "The Cayo Santiago Primate Colony"; *Science*, (1980); op.cit., 1489)

[18] Frontera, Guillermo J.; "Cayo Santiago and the Laboratory of Perinatal Physiology…" (1989); op.cit., p.23.

[19] Bailey, Pierce (1965); según citado en Rawlins, R.G. y Kessler, M. J.; "The History of the Cayo Santiago Colony"; (1986); op.cit., p.30. Hasta la fecha, ningún autor hace referencia a estudios concretos, y tampoco a ningún descubrimiento, avance o aportación mínima a las ciencias de la salud humana. La omisión pone en entredicho la relevancia científica del criadero de primates en cayo Santiago así como la de sus usos experimentales en general.

endeudamiento institucional a cuenta del mantenimiento del cayo Santiago. Según relata Frontera:

> "The first dean of the medical school had no definite plans for, and was not too sympathetic with the idea of supporting the colony, which Dean Bueso wanted off his hands."[20]

Durante la administración del decano Harold Hinman -relata Frontera- "...the colony status changed from bad to worse."[21]

Hasta mediados de los años 50 la colonia de rhesus en el cayo Santiago seguiría bajo la custodia exclusiva de la Escuela de Medicina de la UPR. Durante este periodo, las condiciones del cayo y sus habitantes se agravaron dramáticamente. Según el relato de Rawlins y Kessler: "The impoverished condition of the colony continued through 1955..."[22] Desatendidas las facilidades y virtualmente abandonados los rhesus, sus administradores no llevaron registro de las ventas, que no obstante continuaron sin trabas burocráticas. Tampoco se llevó conteo de muertes en la población, relativas a accidentes o enfermedades, peleas o fugas a nado. A principios de 1955, habían 225 rhesus en la isla. A fines del mismo año, el conteo apenas ascendía a 114.

La política de desidia institucional de la Escuela de Medicina de la UPR, representada por el decano Hinman -según los relatores corporativos del CPRC-, no daba indicios de interés en el porvenir inmediato del cayo Santiago, ni de dejar de mendigar auspicios ocasionalmente y convenir acuerdos financieros casuales y efímeros. Dentro de este escenario, funcionarios corporativos de los NIH se mostrarían interesados en adquirir los derechos de uso de la colonia de rhesus cautivos en el cayo...

---

[20] Frontera, Guillermo J.; "Cayo Santiago and the Laboratory of Perinatal Physiology..." (1989); op.cit., p.24. El primer decano designado fue Donald S. Martin (1950-1952); su sucesor sería Harold Hinman (1952-1959).

[21] Ídem.

[22] Rawlins, R.G. y Kessler, M. J.; "The History of the Cayo Santiago Colony"; (1986); op.cit., p.30.

Enterado de las súplicas mendicantes de la UPR, William F. Windle[23], director de una sucursal biomédica de los NIH, aprovechó la situación e inició gestiones en la Isla para usar la colonia de cayo Santiago. Windle tenía constancia del "scientific monkey business" en Puerto Rico, y en 1943 ya había comprado una cantidad indeterminada de rhesus para experimentaciones invasivas.[24] Enterado de la condición crítica del negocio, e interesado en apropiarse de los rhesus para experimentaciones, en 1956 inició negociaciones con las autoridades de la UPR y visitó el cayo Santiago. Según describe:

"Most of the monkeys appeared to be healthy, but some were thin and a few had bleeding wounds or healed battle scars."[25]

Cuenta Windle que, a su llegada al cayo, el *encargado*[26] de la colonia regó un poco de comida en el suelo y:

"The animals rushed in, struggling with each other for the food. (...) We were told that although the amount of food was meager, the monkeys stayed on the island and did not try to swim to the mainland as they had done when they were starving during the war years."[27]

---

[23] Desde 1954 hasta 1963 dirigiría el Laboratory of Perinatal Physiology (LPP), del National Institute of Neurological Diseases and Blindness (NINDB), en Bethesda, Maryland. Desde 1956, sería director de esta sucursal del NIH en San Juan, Puerto Rico. (William F. Windle Papers, 1898-1986. (Louise M. Darling Biomedical Library. History and Special Collections Division)

[24] Windle trabajaba entonces para el Instituto de Neurología de la Universidad de Northwestern. (Windle, William F.; "The Cayo Santiago Primate Colony"(1980); *Science*; op.cit., p.1489)

[25] Windle, William F.; "The Cayo Santiago Primate Colony"; *Science*, (1980); op.cit., 1489.

[26] Sr. Encarnación, conocido como don Maso y vecino del área en Humacao.

[27] Windle, William (1978) según citado en Rawlins, R.G. y Kessler, M. J.; "The History of the Cayo Santiago Colony"; (1986); op.cit., p.31.

Entre líneas -coincidente con la versión de Frontera-Windle confirma la desidia de la Escuela de Medicina de la UPR, que no llevaba registro oficial sobre los destinos de los rhesus bajo su jurisdicción, y relata cómo había dejado deteriorar sin atenciones y echar a perder las facilidades del cayo Santiago. Además, confirma que durante los años que duró la guerra se consumaron fugas migratorias y que, además, éstas se debieron a las condiciones de abandono a que fueron expuestos por sus *legítimos* propietarios.

El relato de Windle evidencia la degeneración progresiva de las condiciones de vida en el cayo, por lo que no habría por qué creer sin reservas todo lo que "We were told...". Tal vez, como sucedió durante el tiempo que duró la guerra, también un número indeterminado de rhesus escapó de su cautiverio en el cayo...

El proyecto original para el establecimiento del "scientific monkey business" en Puerto Rico, según lo concibieron sus principales promotores, Carpenter y Bachman, había fracasado y todavía a mediados de los 50 nada indicaba que pudiera restablecerse. Hasta entonces, la estrategia de mercadeo no había sido efectiva. Aún cuando desde sus inicios habían convencido para su favor a la clase política gobernante en la Isla; a los medios de comunicación y la opinión pública; a la oligarquía médica y a las principales autoridades universitarias; todavía no habían logrado convencer a los poderosos e influyentes empresarios corporativos de la industria biomédica estadounidense, ni a sus principales inversionistas del capital privado o del gobierno federal.

Y no se trata de que no estuvieran convencidos de la *utilidad* de los primates para experimentos médicos, o que no veían como apremiante la necesidad de compararlos con los humanos. Al margen de las creencias al respecto, al parecer el abasto de primates para laboratorios en los Estados Unidos era suficiente y, además, compartían la certeza de que, al menos por el momento, un criadero de primates a gran escala se trataba de un mal negocio. Los historiadores corporativos del CPRC todavía se preguntan ingenuamente:

"Why Carpenter apparently had so little
involvement with the facility he and Bachman
created (...) is not known."[28]

Windle estaba consciente del buen negocio que
representan para sus intereses las malas condiciones del cayo
Santiago y la relativa impotencia financiera de la UPR para
sostener el criadero por cuenta propia. Sin embargo, como
gerencial de una sucursal de los NIH, no interesaba obtener
franquicia exclusiva del islote, sino garantizar para sí y su empresa
el uso privilegiado de sus recursos. En 1956 regresó a Puerto Rico,
acompañado por el director del NINDB[29], Pierce Bailey, quien
visitaría por vez primera el cayo. En una conferencia que dictaría
en la Isla, diez años más tarde, Bailey describió su impresión:

> "The colony appeared in a lamentable condition.
> There was gross evidence of malnutrition,
> cannibalism, and the island was infested with rats,
> which would beat the monkeys in a struggle for
> coconuts. The delivery of food from the shore was
> irregular and inadequate and there was evidence of
> water shortage..."[30]

En la citada conferencia, Bailey presentó un breve
recuento de las *motivaciones* de Windle para adquirir la colonia de
primates. Según relata, éste había realizado *estudios* sobre los
efectos de la asfixia y resucitación en el comportamiento y
patología de las ratas:

---

[28] Rawlins, R.G. y Kessler, M. J.; "The History of the Cayo Santiago Colony";
(1986); op.cit., p.30.

[29] National Institute of Neurological Diseases and Blindness; "NINDB
Laboratory of Perinatal Physiology"; U.S. Dept. of Health, Education, and
Welfare, National Institutes of Health; San Juan, Puerto Rico; 1968.

[30] Bailey, Pierce; Discurso inaugural en el *Meeting of Scientific Counselors of the
Laboratory of Perinatal Physiology*; San Juan, 1965 (fragmento reproducido en
Rawlins, R.G. y Kessler, M. J.; "The History of the Cayo Santiago Colony";
(1986); op.cit., pp.31-32)

121

"So provocative had been these experiments that Windle and others believed that they should be extended to animals more comparable to man. The rhesus monkey seems to be the animal of choice."[31]

Además, otros factores económicos y políticos fueron determinantes. Por una parte, los rhesus eran especímenes relativamente baratos, y las facilidades del cayo Santiago, dentro de las condiciones de accesibilidad que garantizaba la Isla, les representaba una economía mayor. Asimismo, ya India se había independizado de Inglaterra, lo que constituía un agravante para los contrabandistas estadounidenses. Según Bailey: "India was clamping down on shipments of rhesus monkeys to the United States."[32] Dentro de estas condiciones históricas, favorables por demás a los empresarios de la sucursal de los NIH, la colonia de rhesus adquiere nuevamente valor de uso:

"A free ranging colony would serve as a reproductive reservoir from which some monkeys could be transferred to caged colonies for experimental purposes..."[33]

Establecida la prioridad del NINDB, Bailey menciona un uso marginal que podría dársele al "free ranging colony" en el cayo Santiago:

"...and also serve as an instrument for the study of primate ecology and behavior in a more or less natural habitat."[34]

Visionado el potencial de uso del quebrado "scientific monkey business", Windle y Bailey iniciaron negociaciones con las autoridades políticas regentes en la Isla, incluyendo al gobernador

---

[31] Ídem.

[32] Ídem.

[33] Ídem.

[34] Ídem.

122

de Puerto Rico.[35] Según documentan los historiadores corporativos del NINDB, en 1956 se habría *descubierto* el potencial de lo que para entonces ya era "the largest primate colony in the New World."[36]

En febrero de 1956 el Congreso de los Estados Unidos aprobó nuevas enmiendas al Fish and Wildlife Act.[37] La legislación era a los efectos de autorizar la apropiación de terrenos y facilidades dentro de sus dominios nacionales, incluyendo los territorios coloniales, para fines de regulación, conservación y manejo de especies animales, cuerpos de agua, vegetación, etc. Sobre la base de este "congressional mandate", debieron establecerse las propuestas de colaboración entre la EM-UPR y el NINDB.[38]

Aunque el gobernador Muñoz Marín y el rector de la UPR, Jaime Benítez, habían confirmado sus respaldos a la propuesta del NINDB -según relata Windle-, hubo fricciones con el decano de la Escuela de Medicina, Harold Hinman, durante las negociaciones sobre los términos de uso del criadero de primates en cayo Santiago. La primera desavenencia se trata de una anécdota sobre "conflicto de intereses", que los historiadores corporativos del

---

[35] Windle y Bailey sostuvieron reuniones de negocio con Harold Hinman, decano de la Escuela de Medicina de la UPR; Carroll Pfeiffer, *chairman* del Departamento de Anatomía; Roberto Buse, secretario del Consejo de Educación Superior; Felisa Rincón de Gautier, alcaldesa de San Juan y con Luis Muñoz Marín, gobernador de Puerto Rico, entre otros. (Rawlins, R.G. y Kessler, M. J.; "The History of the Cayo Santiago Colony" (1986); op.cit., p.33)

[36] NINDB-NIH; "NINDB Laboratory of Perinatal Physiology" (1968); op.cit.

[37] Enmendada el 9 de febrero de 1956, la sección 7 del *Fish and Wildlife Act* dispone: "requires the Secretary of the Interior to (…) 4) …take steps required for the development, management, advancement, conservation, and protection of fish and wildlife resources through research, acquisition of land and water or interests therein, development of existing facilities, and other means." (http://www.fws.gov)

[38] "Definite proposals were made for collaborative work with the University of Puerto Rico based on a "congressional mandate" (February 9, 1956), from the U.S. House of Representatives Appropriations Committee on Health, Education and Welfare." (Rawlins, R.G. y Kessler, M. J.; "The History of the Cayo Santiago Colony" (1986); op.cit., p.33)

CPRC no sustentan con evidencia.[39] La segunda, de mayor interés, es de naturaleza política.

Condición del arreglo contractual, para el decano Hinman, era que el NINDB-NIH debía comprometerse a garantizar "fiscal support" después de 1957, y a la vez, que los intereses de la facultad de la Universidad de Puerto Rico serían *protegidos*, en caso de que estudiantes graduados y científicos interesasen realizar estudios en el cayo, "provided such work did not interfere with the basic interests of NIH."[40]

En el realto de Rawlins y Kessler, Hinman aparece receloso de que el cayo Santiago pudiese convertirse en anejo del laboratorio privado de Windle, y no en parte de un programa de colaboración entre el NINDB-NIH y la EM-UPR. Reconociendo entre líneas la deficiencia financiera e ineficiencia administrativa de la UPR, advierte las virtudes de acceder al dominio privado sobre el cayo y la colonia de rhesus. En correspondencia con el rector Benítez -según citan Rawlisn y Kessler-, apunta que, aunque la Escuela de Medicina se beneficiaría económicamente con un pacto de *colaboración* con los NIH, se libaría de dolores de cabeza por responsabilidades fiscales y se mejorarían las condiciones del cayo Santiago, no obstante guarda reservas por posibles conflictos de intereses con la política institucional de la UPR:

> "On the other hand, our objectives involve the development of Puerto Rican scientists and not the aggrandizement of the National Institutes of Health, and it was inconceivable to me that we

---

[39] Se alega que la propuesta del NINDB fue retirada por aparente "conflicto de intereses", pero vuelta a la mesa de negociaciones en cuestión de días. Mientras se realizaban las gestiones para concertar un acuerdo entre el NINDB-NIH y la EM-UPR, Windle "supo", por conducto de Harry Harlow, de la Universidad de Wisconsin, que el decano Hinman, de la Escuela de Medicina de la UPR, le había ofrecido la colonia de cayo Santiago al Dr. David Rioch, del Walter Reeed Medical Research Institute. (Rawlins, R.G. y Kessler, M. J.; "The History of the Cayo Santiago Colony" (1986); op.cit., p.33)

[40] Hinman, Harold (1956); según citado en Rawlins, R.G. y Kessler, M. J.; "The History of the Cayo Santiago Colony" (1986); op.cit., p.34)

should find ourselves in a situation which would place us as outsiders in our own property."[41]

Las reservas del decano Hinman se quedaron en el aire, y ya no volvería a mencionarse su nombre con relación al "scientific monkey business".[42] La política gerencial del gobierno de Puerto Rico, representada en la política institucional del rector Benítez, no admitiría argumentos nacionalistas de corte insular por encima de los intereses nacionales estadounidenses, representados en principio por los NIH. Si bien no admitiría abiertamente ceder derechos de propiedad a intereses extranjeros por encima de intereses locales, la materialidad contractual y política del arreglo privilegiaría primero a la "comunidad científica" en los dominios estadounidense, y luego a la humanidad como ideal abstracto (ambas representadas por el NIH); y después a los puertorriqueños...

El tiempo que duraron las tensiones fue breve. En febrero de 1956 los NIH habían comprado la colonia de rhesus en el cayo Santiago[43], y a mediados de abril ya se habría formalizó el acuerdo definitivo entre Pierce Bailey, del NINDB-NIH, y Jaime Benítez, de la UPR.[44] Como parte del negocio pactado, Windle mudaría *su* proyecto de investigación[45] a la Isla, y la UPR le construiría un edificio-laboratorio, equipado y con facilidades de albergue, jaulas, etc. La prioridad –según su principal beneficiario- era "saving the monkeys". Para usos experimentales, el NINDB *obtuvo* de inmediato 200 rhesus e "indefinite lease of Cayo Santiago..."[46]

---

[41] Hinman (1956); fragmento de carta dirigida a Jaime Benítez, rector de la UPR; reproducida en Rawlins, R.G. y Kessler, M. J.; "The History of the Cayo Santiago Colony"; (1986); op.cit., p.34.

[42] Hinman renunciaría en 1959. *El Mundo*, 2 de marzo de 1959.

[43] Vandenbergh, J.G.; Nagel, C.; "Cayo Santiago as a Part of the Laboratory of Perinatal Physiology (NINDB)"; *Puerto Rico Health Sciences Journal*; Universidad de Puerto Rico, Recinto de Ciencias Médicas; Abril-1989; Vol.8, Núm. 1; pp.29-30.

[44] El programa se inauguró en 29 de agosto de 1956.

[45] William Windle investigaba el "birth asphyxia on the monkey's brain", en el Laboratory of Neuroanatomical Sciences, en Bethesda.

[46] El contrato entre el NINDB y la Escuela de Medicina de la Universidad de Puerto Rico, firmado en 1956, reza: "...NINDB was to purchase the monkey

De modo similar al antiguo arreglo contractual entre la Universidad de Columbia y la Escuela de Medicina Tropical de la UPR, la nueva Escuela de Medicina quedaría subordinada políticamente a la corporación estadounidense adscrita a los NIH. Los funcionarios corporativos que ocuparían el encargo sobre el cayo Santiago serían designados por la gerencia del NINDB, como puestos de confianza, e importados desde Estados Unidos para velar por los intereses del negocio y garantizar el suplido de primates a los laboratorios en Bethesda y San Juan.[47]

LPP/NINDB: laboratorio experimental / cámara de tortura

Los "behavioral studies" en el cayo iniciaron antes que las experimentaciones en el laboratorio -según el relato de los historiadores corporativos del CPRC-. Para 1957, el cayo había sido designado "the behavioral branch of the Laboratory of Perinatal Physiology", bajo *auspicio* del National Institute of Neurological Disease and Blindness (NINDB)[48] , dirigido por William Windle. Según Rawlins y Kessler, "The animals were used in the lab to study fetal medicine and physiology..." y las investigaciones sobre la conducta de primates:

> "...was carried out in addition to the principal use of the monkeys as subjects for neurobiological experimentation at the laboratory in San Juan."[49]

---

colony and lease Cayo Santiago for an indefinite period." (NINDB; Laboratory of Perinatal Physiology (1968); op.cit.); y en Rawlins, R.G. y Kessler, M. J.; "The History of the Cayo Santiago Colony"; (1986); op.cit., p.35.

[47] En junio de 1956, Windle contrató a Stuart Altmann, estudiante en la universidad de Harvard, para hacerse cargo del cayo. Altman reinició el censo de la población de rhesus, de la que no había registro certero desde que Tomilin abandonó el negocio y se llevó consigo toda la información recopilada hasta entonces. Carol Koford, de la Universidad de California, sería designado sustituto de Altmann en 1958.

[48] Rawlins, Richard "Forty Years of Rhesus Research"; *New Scientist* (1979); op.cit., 109.

[49] Rawlins, R.G. y Kessler, M. J.; "The History of the Cayo Santiago Colony"; (1986); op.cit., p.36.

Relatan los historiadores corporativos del CPRC que este periodo estuvo marcado por tensiones y conflictos de intereses entre dos bandos de "investigadores". De una parte, los que favorecían el uso exclusivo de la colonia de cayo Santiago para *estudios* conductuales (behavioral studies) de larga duración y, de otra, los que priorizaban su uso para fines experimentales en laboratorios, entonces agrupados en el Laboratorio de Fisiología Perinatal, dirigido por Windle:

> "...who wanted to use the colony to study the effects
> of physiological or surgical perturbations, or simply
> as a source of subjects for laboratory research."[50]

La justificación ideológica para someter primates a experimentaciones invasivas seguía siendo repetida sin arreglo alguno, y publicada en los panfletos promocionales del negocio biomédico:

> "The rhesus monkey was chosen as an ideal subject
> for study because of its similarity to man in respect
> to its gestational physiology. Conditions in the
> human fetus and newborn infant are fundamentally
> the same as in other animals but especially similar in
> other primates. (…) This would permit full
> utilization of lead from animal to man."[51]

El discurso en los panfletos promocionales del negocio experimental biomédico aparece arraigado en la falsa creencia de que las similitudes fisiológicas entre los rhesus y los humanos tienen algún valor práctico para la medicina. Lo cierto es que, para efectos de las investigaciones que se realizaban en el LPP, cualquier mamífero podía servir para estudios estrictamente comparativos. Los mismos estudios que Windle había hecho con ratas en la Universidad de Northwestern, ahora los haría con rhesus en San Juan. Pero no para evidenciar o convalidar el valor

---

[50] Marler, Peter; "Foreword: The Cayo Santiago Macaques"; en Rawlins, Richard G., and Kessler, Matt J (Eds.); *The Cayo Santiago Macaques: History, Behavior & Biology*, State University of New York Press, Albany, 1986; p.xiii.

[51] NINDB; Laboratory of Perinatal Physiology (1968); op.cit.

científico o médico de sus hallazgos previos. Las experimentaciones de Windle tenían por objeto satisfacer su curiosidad intelectual, para sí y por el prestigio y el lucro que procuraba de ellas.

Ilustración 1[52]

---

[52] Rhesus y cría capturados por el DRNA. Fotografía por Gazir Sued (2011).

La relativa similitud fisiológica de los rhesus no guarda ninguna relación con el objetivo que debía animar los estudios científicos en primer plano. A saber, sobre las casusas de disturbios nerviosos que durante el proceso de gestación y la etapa prenatal afectan adversamente a los primates-humanos, desarrollando "problemas de aprendizaje", parálisis cerebral o retardación mental.[53] Ya Windle había demostrado en las ratas que la perturbación de los procesos de oxigenación durante esta etapa del desarrollo era causal de trastornos patológicos en las crías. Es decir, que la asfixia en etapa prenatal produce daño cerebral. Hasta aquí, a toda criatura que necesite oxigeno para vivir le vale el mismo principio: la asfixia en la etapa fetal, muy probablemente, provoque alguna anomalía como las mencionadas. Pero Windel estaba obsesionado por "estudiar" los efectos patológicos de inducir deliberadamente "birth asphyxia on the monkey's brain".

Aunque la práctica comparativa entre especies de animales se realiza irremediablemente en una dimensión especulativa, Windle quería verlo con sus propios ojos, y repetir el experimento hasta la saciedad, para luego conferirle rango de ciencia y generalizar al fin sobre toda la humanidad: si se asfixia una criatura antes de nacer, es probable que padezca problemas de aprendizaje, parálisis cerebral o retardación mental.

Concluido el procedimiento técnico-quirúrgico, de provocarle "physiological or surgical perturbations" a la criatura por nacer, como inducir la asfixia del feto, una vez nacida la cría era removida del pecho de la madre para "estudiar su comportamiento".

> "It is possible to test it at that time for deficits in learning ability caused by adverse factors which were deliberately induced during the prenatal period."[54]

El objetivo de la experimentación invasiva con primates, para efectos "comparativos", era reproducir en las criaturas rhesus los patrones de cambios neuropatológicos (parálisis cerebral, retardación mental, epilepsia, ceguera, sordera, etc.) identificados

---

[53] NINDB; Laboratory of Perinatal Physiology (1968); op.cit.

[54] Ídem.

en casos de infantes-humanos. Entre los "factores adversos inducidos deliberadamente" durante el periodo prenatal y a recién nacidos, por el programa experimental de neuropatología del LPP, destaca la "asfixia neonatal"; alteraciones en el metabolismo de los tejidos nerviosos y en el funcionamiento del sistema cardio-vascular.

> "In experimental neuropathological studies, changes were induced in the central nervous system of fetuses by umbilical cord compression producing acute total asphyxia for varying lengths of times..."[55]

El programa de *psicología fisiológica* del LPP "estudiaría" la neurofisiología del comportamiento de una célula singular con relación al "estímulo aplicado" con "técnicas modernas" a partes *superficiales* del cuerpo y del cerebro. Pero la "moderna técnica" de experimentación neurológica seguiría reproduciendo la misma técnica experimental de provocar "physiological or surgical perturbations". Es decir, inducir "factores dañinos" ("harmful factors") con el fin de provocar lesiones ("injury") a diferentes partes del cerebro para *estudiar* los daños neurológicos o cerebrales causados así, deliberadamente...

Finalizado el experimento, y registrados como "datos científicos" los efectos del daño ("injury") provocados en las funciones sensoriales, en los mecanismos perceptuales (olfato, vista, audición, tacto) y en la capacidad de memoria y aprendizaje, la criatura sería desechada. Sin embargo, algunas crías sobrevivientes de las cámaras de tortura neurofisiológica del LPP serían integradas a la "free ranging colony" en cayo Santiago, para "observar" sus "procesos de adaptación".

> "The adjustment of the primate nervous system, and the reactions of damage animals under more normal conditions are under investigation in free-ranging monkey colonies..."[56]

---

[55] Ídem.

[56] Ídem.

130

Estos desechos experimentales vendrían a formar parte del "behavioral branch of the Laboratory of Perinatal Physiology".

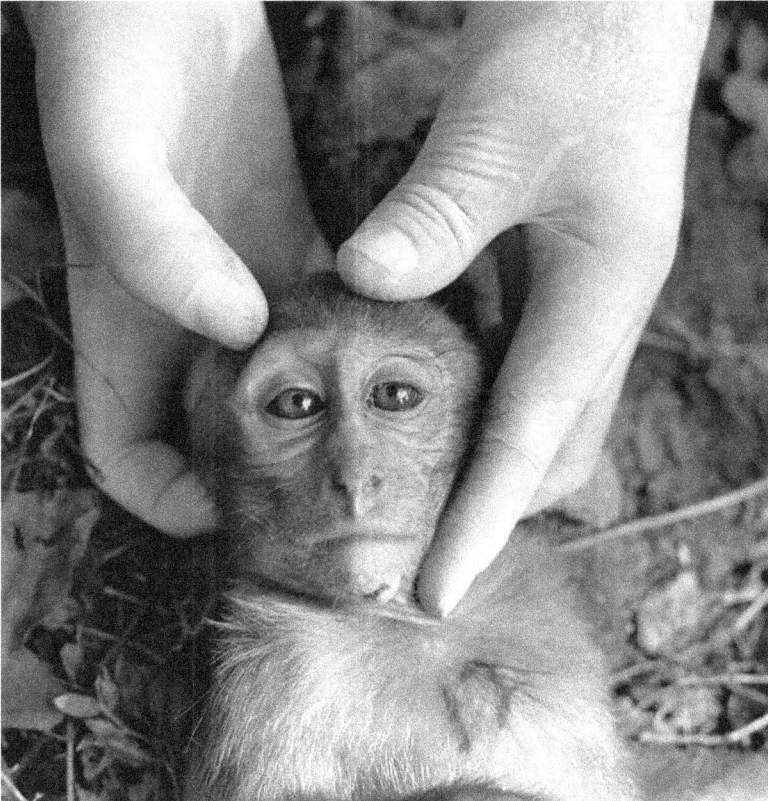

Ilustración 2[57]

Para 1957, ya el LPP reclamaba más espacio, adquisición de edificios, expansión y construcción de nuevos laboratorios, más albergues, jaulas, etc. La reproducción de rhesus en cautiverio y su almacenamiento en las instalaciones del LPP en San Juan pronto se convirtió en una alternativa más rentable que la captura y transporte desde el cayo Santiago:

---

[57] Infante rhesus anestesiado para experimentación. Fotografía por Lynn Johnson, en http://natgeotv.com.

131

"It had been learned that although sexual activity on Cayo Santiago was strictly seasonal, mating occurred in the cages in all months of the year. Therefore, many more monkeys of breeding age were installed in the new space."[58]

Según Vandenbergh y Nagel[59]:

"...it soon became clear that the monkeys on Cayo Santiago bred with a seasonal rhythm whereas the monkeys held under controlled laboratory conditions produced babies all year round. Year-round availability of subjects was a great advantage to the investigators."[60]

Y añaden:

"Thus, the laboratory quickly expanded its colony in the early 1960s and produced timed pregnancies for several investigators."[61]

Sobre 300 rhesus se mantenían enjaulados para experimentación en las instalaciones del LPP en Puerta de Tierra, San Juan. Más de 1,000 estaban disponibles para entonces en el cayo Santiago. La sucursal de los NIH en Puerto Rico contaba con personal *especializado* que incluía médicos y veterinarios, técnicos de laboratorio, biólogos, químicos y religiosos ("clerical workers").[62]

---

[58] Windle, William F.; "The Cayo Santiago Primate Colony"; *Science*, (1980); op.cit., 1490.

[59] John Vandenbergh, sería contratado por el LPP, como "Research Biologist", y estaría a cargo de establecer un "scientific program" para dos nuevas colonias de rhesus, que serían establecidas en la Parguera. Carlos Nagel era el "business manager".

[60] Vandenbergh, J.G.; Nagel, C.; "Cayo Santiago as a part of the LPP (NINDB)" (1989); op.cit., p.29.

[61] Ídem.

[62] NINDB; Laboratory of Perinatal Physiology (1968); op.cit.

Ilustración 3[63]

Exclusión del NPRC/NIH

Inquietas por la política sobre el tráfico de primates en India, y más aún por las restricciones legales previstas a partir de la renuncia del imperio británico sobre su dominación colonial (1947), las corporaciones estadounidenses interesadas en experimentaciones biomédicas, principalmente las adscritas a los

---

[63] Fotografía tomada de Science Source/Science Photo Library, en: http://www.sciencephoto.com.

NIH, promovían sus intereses en el Congreso de los Estados Unidos. Desde 1948, aunque malogradamente, impulsaban el establecimiento del *National Primate Research Center* (NPRC). No sería hasta iniciada la década de los 60 que la empresa del "scientific monkey business" a escala nacional sería considerada favorablemente por el congreso estadounidense.[64]

Coincidentemente, en diciembre de 1960, el gobierno indio aprobaría legislación nacional contra la crueldad de animales, estableciendo regulaciones sobre el trasiego y usos de primates no-humanos.[65] El texto de la ley india no prohibía el mercado de primates, e incluso favorecía el uso regulado de animales para experimentaciones[66]; regulaba las condiciones de captura; ordenaba el trato *humano* en el manejo durante el tráfico; asumía una posición activa en la fiscalización de experimentos y establecía penas fijas a los violadores de la ley.[67] Aunque el acta del gobierno

---

[64] Para 1961 se habrían establecido, por orden y financiamiento del Congreso, los siguientes centros regionales de los NPRC: 1. Oregon NPRC; 2: Washington NPRC, adscrito a la University of Seattle; 3. Wisconsin NPRC, a University of Wisconsin, Madison; 4; Yerkes NPRC en Atlanta, a Emory University; 5. Delta (Tulane) NPRC, a la Universidad de Tulane, en Covington, Louisiana; The New England NPRC, adscrito a la Harvard University, en Soutboro, Massachussetts. En 1962, el National Center for Primate Biology (luego California NPRC), de la California University. (Abee, Christian R.; Mansfield, Keith; Tardif, Suzette D.; Morris, Timothy (Edits.); *Nonhuman Primates in Biomedical Research: Biology and Management* (2012); op.cit.)

[65] Prevention of Cruelty to Animals Act (1960); enacted by Parliament in the Eleventh year of the Republic of India; 26 December, 1960. En su exposición de motivos, el acta fue legislada por el gobierno central de India: "…to prevent the infliction of unnecessary pain or suffering on animals…" (PCAA-1960; op.cit.)

[66] 14. Nothing contained in this Act shall render unlawful the performance of experiments (including experiments involving operations) on animals for the purpose of advancement by new discovery of physiological knowledge or of knowledge which will be useful for saving or for prolonging life or alleviating suffering or for combating any disease, whether of human beings, animals or plants. (Prevention of Cruelty Act (1960); Chapter IV. Experimentation of Animals)

[67] El acta estableció como cuerpo fiscalizador el Animal Welfare Board of India, "For the promotion of animal welfare generally for the purpose of protecting animals from being subjected to unnecessary pain or suffering…" Asimismo, dispone para la creación del "Committee for Control and Supervision of

134

de India para prevenir la crueldad contra animales sería copiado eventualmente por el Congreso de los Estados Unidos, la progresiva práctica reguladora y fiscalizadora del gobierno indio inquietaba a los beneficiarios corporativos del "scientific monkey business", pero a la vez le servía de base promocional del negocio de criaderos de primates bajo jurisdicción estadounidense...

Previniendo la posibilidad de que el Congreso favoreciera la creación del NPRC, y cultivando la ilusión de que la empresa del NIH redundaría en beneficios económicos directos en la Isla, el gobierno de Puerto Rico facilitó los proyectos de expansión de las colonias de primates sin miramientos. Relata Windle, el rector Benítez:

> "...anticipating that support of the monkey colonies might revert to the university, inquired about the operation of the National Primate Research Center."[68]

Entre 1960 y 1963, en respuesta a la iniciativa de los NIH, el Congreso aprobó la creación del primero de siete centros regionales que integrarían el NPRC. El proyecto de expansión, presentado al Congreso por los NIH no incluía a cayo Santiago, aunque era propiedad adquirida y "field station" del NINDB, adscrita a los NIH.

> "No mention was made in the document of the Cayo Santiago colony or of the primate research which was reaching its peak in Puerto Rico at that time."[69]

Al margen de la propaganda corporativa, que celebraba logros y avances idealizados en estudios neurológicos con primates no-humanos en Puerto Rico, el LPP-NINDB

Experiments on Animals", en caso de estimar necesario intervenir "for the purpose of controlling and supervising experiments on animals..." (Ídem)

[68] Windle, William F.; "The Cayo Santiago Primate Colony"; *Science* (1980); op.cit., p.1490.

[69] Op.cit., p.1489.

permaneció excluido del programa de expansión del NPRC-NIH. Según Windle, porque "...there were some differences in respect to territorial interests..."[70]

La exclusión congresional no alteraría la relación de subordinación política de la UPR a los intereses de los NIH, sino que más bien vendría a reafirmar la misma condición por virtud de su dependencia económica. A todas cuentas, para los experimentos de relevancia científica para las corporaciones biomédicas, como los ejecutados en el LPP, quizá bastaban los rhesus nacidos en cautiverio.

El cayo Santiago permanecería situado en los márgenes de la mirada política de los NIH, que lo reducía a mero suplidor de reserva para la industria biomédica estadounidense. Y aunque el NINDB pertenece a los NIH, y responde a los intereses representados en el Congreso, ciertamente el valor del LPP, en Bethesda como en San Juan, no está relacionado con los *estudios conductuales* de los "free-ranging" rhesus sino con las experimentaciones invasivas en los laboratorios. La UPR, a todos los efectos, seguiría siendo la custodia de esa reserva marginal, propietaria del terreno alquilado y "caretaker" de los rhesus comprados por los NIH. Así las cosas, para los NIH, la UPR no sería objeto de mayores consideraciones dentro del proyecto del NPRC...

Expansión de criaderos a Guayacán y Cuevas (1960 - 1965)

Mientras se ventilaba en el Congreso la suerte de los centros regionales de primates en Estados Unidos, y todavía, en el escenario local, reinaba la incertidumbre sobre la determinación final, el gobierno de la Isla accedió a concederle dos islotes adicionales a la corporación biomédica de los NIH. La naturaleza de la expansión era de orden económico, no científico. El principal interés corporativo era el de multiplicar las "breeding colonies", y secundaria y marginalmente, permitir algunos estudios de campo. La sobrevaloración de éstos para la ciencia, sería producto de la propaganda corporativa del CPRC, y no el efecto de una realidad objetiva...

Inaugurado el LPP en Puerto Rico y con el aval de Pierce Bailey, Windle integró una rama de *estudios* "ecológicos y

---

[70] Op.cit., p.1490.

conductuales" sobre primates (Section of Primate Ecology). Al margen de la fachada académica, la realidad era que la mercancía comprada a la UPR, en vista de su precaria condición por abandono, debía ser evaluada para efectos administrativos. A los efectos, en 1956 Windle contrató a Stuart Altmann, estudiante de la E.O Wilson de la Universidad de Harvard, para realizar el primer censo formal bajo jurisdicción de los NIH y, además, condujera "behavioral observations of the colony".[71] Preliminarmente, el censo en 1957 *demostraba* la estabilidad de la población y permitía hacer proyecciones sobre su crecimiento.[72]

En 1958, Altman sería sustituido por Karl Koford, de la Universidad de California, quien dirigiría la división *ecológica* del LPP (NINDB-NIH), con base en San Juan. La política administrativa de Koford redundó en el crecimiento de la población de rhesus en el cayo Santiago, a la par que la reproducción controlada en el laboratorio los hacía virtualmente innecesarios. Para entonces, la gerencia de los NIH convino en expandir el "scientific monkey business", pero no por necesidad de uso. La colonia reproducida en cautiverio en el laboratorio era suficiente, y la colonia de cayo Santiago suplía plenamente cualquier demanda e incluso contaba con un excedente significativo de reserva. Eran las vistas sobre el proyecto del NPRC lo que al parecer animaría la expansión de los criaderos, no las necesidades experimentales de los NIH en Puerto Rico. Al parecer, la gerencia local de los NIH interesaba impresionar al Congreso con la capacidad reproductiva de la especie en su territorio colonial del Caribe.

Registrada la estabilidad del negocio y confirmada la calidad del producto, la gerencia de los NIH decidió expandir la empresa de criaderos de primates no-humanos en la Isla. Para 1960, el gobierno de Puerto Rico, animado por el potencial económico del "scientific monkey business" -ideado por la sucursal de los NIH, e idealizado ingenuamente por el gobierno

---

[71] Altmann llegó a la Isla en junio de 1956, y se iría en mayo de 1958: "He was responsible for maintenance of the colony as well as his own research (...) of macaque behavior and social organization." (Rawlins, R.G.; "Perspectives on the History of Colony Management and the Study of Population Biology at Cayo Santiago" (1989); op.cit., p.34)

[72] 225 en 1957. 277 en 1958.

insular- concedería los permisos sin reserva ni condición alguna.[73] Además del arrendamiento del cayo Santiago "for an indefinite period", la apropiación de la colonia de rhesus y la reproducción controlada dentro del laboratorio: "...it became apparent that additional island facilities would be needed." La corporación biomédica de los NIH interesaba expandir sus dominios en la Isla, y el gobierno de Puerto Rico facilitó sin reservas la empresa:

> "The governor of Puerto Rico offered several uninhabited offshore islets, and colonies of monkeys were introduced to 16-ha isla Cuevas and 32-ha isla Guayacán, in 1960."[74]

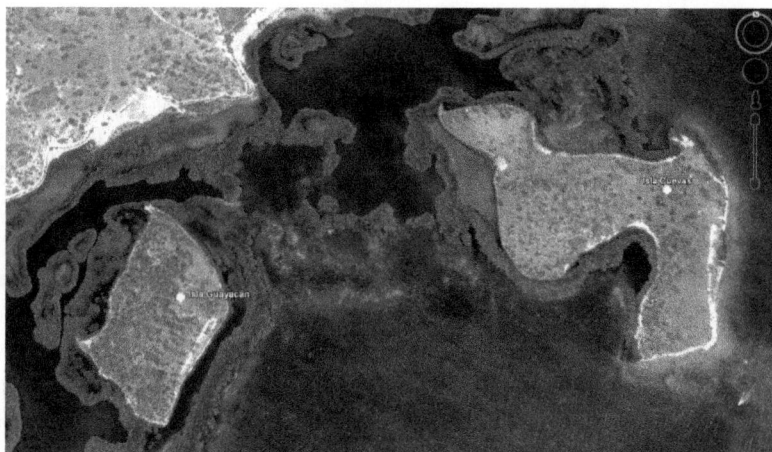

Ilustración 4[75]

---

[73] En 1961 el Departamento de Agricultura de Puerto Rico otorgó permiso de uso a los National Institutes of Health para el establecimiento de colonias rhesus en las islas Cuevas y Guayacán, pertenecientes al Bosque Estatal de Boquerón (la Parguera). El contrato de arrendamiento estipulaba una renta anual de $50.00.

[74] Además de los islotes Guayacán y Cuevas, la isla de Mona se consideró para establecer una colonia de reproducción de chimpancés, pero nunca se concertó la idea. (Windle, William F.; "The Cayo Santiago Primate Colony"; *Science*, (1980); op.cit., 1490)

[75] Fotografía de satélite de los islotes Guayacán y Cuevas.

El interés del gobierno insular en *colaborar* con los proyectos de expansión del "scientific monkey business", ahora bajo los auspicios de la sucursal local de los NIH, puede inferirse entre las líneas de sus principales promotores.

> "The islands also served as a major source for healthy animals used in experiments at the central laboratory and elsewhere."[76]

No existía razón mayor que la animada por intereses de lucro para justificar la expansión de los criaderos de primates en Puerto Rico. Serían los propagandistas corporativos del CPRC quienes embadurnarían el negocio con retóricas de "necesidad científica". Según Rawlins y Kessler:

> "...several groups of monkeys were removed from the island to found other breeding colonies and to provide the animals with different habitat as a means of testing ecological and behavioral hypothesis generated a result of work on Cayo Santiago."[77]

Dos años después de adquiridos los nuevos islotes, el recién nombrado director de la rama "ecológica" del LPP, Karl Koford, contrataría a John Vandenbergh para desarrollar un programa experimental en las islas Guayacán y Cuevas. La propaganda corporativa del CPRC, no obstante, haría parecer que la expansión se trataba, de fondo, de procurar "hábitats diferentes" a los rhesus, para poner a prueba ciertas *hipótesis* sobre la "ecología y comportamiento" de la especie, generadas a partir de *estudios* previos en el cayo Santiago.[78]

Por su parte, los NIH no pondrían mayores inconvenientes a los "estudios de campo", siempre y cuando éstos no

---

[76] NINDB; Laboratory of Perinatal Physiology (1968); op.cit.

[77] Rawlins, R.G. y Kessler, M. J.; "The History of the Cayo Santiago Colony"; (1986); op.cit., pp.36-37.

[78] Rawlins y Kessler citan como referencia las *investigaciones* de James Gavan, John Kaufmann, Donald Sade, Clinton Conaway, Margaret Varley y de Elizabeth Missakian.

intervienesen con el flujo de la demanda de sus laboratorios experimentales y el negocio de la reproducción. Además, éstos eran parte constitutiva de la logística gerencial del "scientific monkey business". A los efectos, Vandenbergh reconoce la importancia de la "business office":

> "They protected the working scientists from the treacheries of bureaucratic waters with great skill and let us get on with our work."[79]

En 1962, Koford había establecido dos nuevas colonias en los islotes Guayacán y Cuevas: "...to test the effect of precipitation on initiation breeding."[80]

La historia corporativa del CPRC hace aparecer como iniciativa de Koford el establecimiento de las colonias en Guayacán y Cuevas. Según uno de sus relatores oficiales, mientras Koford dirigía la rama "ecológica" del LPP, se *interesó* en establecer otra colonia de primates no-humanos en Puerto Rico. Aunque su posición estaba directamente subordinada a los intereses de los NIH, las razones para establecer otra colonia no guardaban ninguna relación con las ciencias de la salud humana. La justificación "científica", por cierto, era lerda y vana. Una de las *razones* principales era que quería saber si existía alguna diferencia en los patrones reproductivos de los rhesus relocalizados, en la misma latitud geográfica que el cayo Santiago, pero en diferentes hábitats en la costa suroeste de Puerto Rico (en la Parguera). La otra razón, igualmente insustancial y vacua:

> "...he was most anxious to see what new adaptations the monkeys would show in different habitats."[81]

---

[79] Vandenbergh, J.G.; Nagel, C.; "Cayo Santiago as a part of the LPP (NINDB)" (1989); op.cit., p.29.

[80] Rawlins, R.G.; "Perspectives on the History of Colony Management... at Cayo Santiago" (1989); op.cit., p.33. Koford asumiría el encargo sobre las colonias en los islotes Guayacán y Cuevas y John Kauffman sería encargado de monitoreo de la población en cayo Santiago hasta 1963. Ángel Figueroa Vélez lo reemplazaría ese mismo año. (Op.cit., p.35)

El LPP había adquirido del gobierno de Puerto Rico los islotes de Guayacán y Cuevas en 1960, y los primeros traslados se registran entre 1961 y 1963. La fatídica historia de los rhesus cautivos en el cayo Santiago desde 1938 se repetiría nuevamente, y al parecer sin variaciones de ninguna índole. Según relata Vandenbergh:

> "Several waves of rhesus monkeys were imported from India in 1962 and in 1963. Healthy animals were released almost immediately and others, mostly with respiratory problems and diarrheal diseases, were held until their condition improved or they succumbed."[82]

Un total de 278 rhesus habían sido sueltos en ambos islotes. Sólo 23, hasta el momento, provenían del cayo Santiago.[83] Al parecer, la gerencia corporativa de los NIH no interesaba poner en riesgo los abastos de reserva en el cayo, y Koford, tal como hizo Carpenter más de veinte años antes, fue a India a procurarse provisiones. Según Vandenbergh, Koford interesaba adquirir grupos sociales intactos en la India, pero, por problemas de comunicación y dificultades prácticas, tuvo que conformarse con lo que los traficantes locales ofrecían para la venta.

La inutilidad de la empresa para las ciencias de la salud humana queda impresa en el relato histórico (o propaganda corporativa) de John Vandenbergh:

---

[81] Vandenbergh, John G; "The La Parguera, Puerto Rico Colony: Establishment and Early Studies"; *Puerto Rico Health Sciences Journal*; Universidad de Puerto Rico, Recinto de Ciencias Médicas; Abril-1989; Vol.8, Núm. 1; pp.117-119.

[82] Ídem.

[83] Vessey, Stephen H., Meikle, Douglas B.; Drickamer, Lee C.; "Demographic and Descriptive Studies at La Parguera, Puerto Rico"; *Puerto Rico Health Sciences Journal*; Universidad de Puerto Rico, Recinto de Ciencias Médicas; Abril-1989; Vol.8, Núm. 1; pp.121-127.

"The establishment of a new free-ranging colony gave us an opportunity to observe the creation of new social groups..."[84]

Aunque la propaganda corporativa no hace mención de peleas y matanzas, que probablemente debieron caracterizar los procesos de asentamiento y de formación de grupos[85], las fugas migratorias se registraron de inmediato:

"Not all individuals joined a band and remained in the colony islands. Much to our grief, we spent many hours chasing down reports of monkeys on the main island and maintaining traps to recapture the escapees."[86]

La reacción de los residentes en las cercanías de los criaderos no afectó la liviandad corporativa en los trámites de captura de los rhesus fugitivos. Por el contrario, al parecer, les fue favorable:

"We were fortunate that the local people did not object to the presence of these renegades."[87]

El gobierno de Puerto Rico tampoco expresó reservas[88], y la prensa local, al parecer, no interesó capitalizar las fugas y

---

[84] Vandenbergh, John G; "The La Parguera, Puerto Rico Colony: Establishment and Early Studies" (1989) op.cit., p.117.

[85] Según Vessey, Meikle y Drickamer, "Many of the importees died or were removed in the early years", y para 1966 el conteo de sobrevivientes y sus crías era de 189. (Vessey, Stephen H., Meikle, Douglas B.; Drickamer, Lee C.; "Demographic and Descriptive Studies at La Parguera..."; op.cit., p.121)

[86] Vandenbergh, John G; "The La Parguera, Puerto Rico Colony: Establishment and Early Studies" (1989) op.cit., p.118.

[87] Ídem.

[88] El PPD renovaría su poder político en las elecciones de 1964, y Luís Muñoz Marín sería relevado por Roberto Sánchez Vilella en la gobernación. El pacto de complicidad del gobierno insular con el "scientific monkey business" permanecería intacto. Jaime Benítez continuaría ocupando la presidencia de la

142

convertirlas en escándalo. Además, de modo similar a los tiempos de Tomilin, el "scientific monkey business" bajo jurisdicción del LPP contaba con una figura clave para contener los ánimos e inquietudes de los pobladores de la región:

> "Carlos Nagel, with his smooth skills as a bilingual diplomat to the villagers helped a great deal in keeping this problem contained locally."[89]

Según Vandenbergh, las fugas irían mermando en la medida en que los grupos iban asentándose en los islotes y, muchos de los que se fugaban a nado, regresaban nuevamente.

> "This situation, of course, changed many years later when large numbers of monkeys were again released on the islands..."[90]

No obstante la ilusa impresión de Vandenbergh, los desplaza-mientos de grupos enteros e individuos seguiría efectuándose durante las casi dos décadas que estuvieron ocupados los islotes.

> "At La Parguera low ranking groups and individuals were sometimes forced by dominants off the islands into mangrove swamps that contained little food and no water."

Las fugas migratorias hacia la zona boscosa del suroeste de la Isla no serían registradas por los administradores designados por el "scientific monkey business". El cálculo de las reproducciones de los rhesus fugitivos y adaptados a su nuevo hábitat quedaría en suspenso...

A Vandenbergh le era "fascinante" el *estudio* de las relaciones entre el comportamiento y las hormonas.

UPR, sin trastoques en la relación de padrinazgo político institucional con el cruel negocio de primates en la Isla.

[89] Vandenbergh, John G; "The La Parguera... Colony..." op.cit., p.118.

[90] Ídem.

Aprovechando para sí los nuevos criaderos de free-ranging rhesus en Guayacán y Cuevas, decidió enjaular algunos ejemplares para experimentar con ellos. A los efectos, machos y hembras fueron encerrados en jaulas exteriores durante varios meses. Las hembras fueron inoculadas con estrógeno y mezcladas con los machos. En el curso de dos semanas: "males were showing sexual behavior characteristic of the mating season and increased redness of the sex skin." Satisfechos con los primeros hallazgos experimentales, prosiguieron improvisando especulaciones:

> "Once we had shown that the male could be stimulated by sexually receptive female, even out of season, we designed an experiment to determine if the reverse was true."

Otros estudios (Vessey) ya habían demostrado que los grupos, aunque no eran territoriales, mostraban preferencia por determinadas áreas. Y así, sucesivamente, continuarían las experimentaciones y consecuente acumulación de datos pertinentes para el negocio de las "breeding colonies", y triviales e inútiles para las ciencias de la salud humana...

Ilustración 5[91]

---

[91] Rhesus y cría capturados y en cautiverio. Fotografía por Gazir Sued (2011).

Llueve sobre mojado (1965 a 1970)

Durante los cinco años siguientes a la renuncia de Koford (1965 a 1970), el manejo de la colonia del cayo Santiago y de los islotes Guayacán y Cuevas, en la Parguera, corrió por cuenta de "newly recruited scientists", que procurarían dar "continuidad" a las "observaciones" por breves periodos de tiempo.[92]

Perturbados sistemáticamente los rhesus cautivos, bajo el signo encubridor de la "investigación científica" los "scientists-in-charge" procurarían hacerse de prestigio y dinero por "observar y describir" sandeces, inutilidades e insignificancias a nombre de la humanidad y la ciencia. Para la gerencia corporativa de los NIH, representante de los intereses *biomédicos*, los "descriptive studies" seguirían siéndole irrelevantes y la población de rhesus seguiría siendo objeto de constantes manipulaciones:

> "...the colony was still plagued with random removals of animals to meet research demands of investigators from LPP and other agencies."[93]

Al margen de la etiqueta de "scientific program" -admiten los funcionarios corporativos del CPRC-, los *estudios* realizados por el "ecological and behavioral branch" del LPP jugaban un papel secundario en el orden de prioridades investigativas de los NIH, pero también con respecto al negocio de suplir la demanda a otras agencias, militares, privadas o bajo jurisdicción del gobierno.

> "The scientific programs was secondary to institutional needs and observational studies of behavior were conducted around disruptions created by trapping, shipping, and experimenting on animals at Cayo Santiago."[94]

---

[92] John Morrison (1965); Chester Sweet (1967); Margaret Varley (1968); Elizabeth Mizzakian (1969). (Rawlins, R.G.; "Perspectives on the History of Colony Management... at Cayo Santiago" (1989); op.cit., p.33)

[93] Rawlins, R.G.; "Perspectives on the History of Colony Management and the Study of Population Biology at Cayo Santiago" (1989); op.cit., p.35.

[94] Ídem.

A la fecha en que iniciaron las relocalizaciones de los rhesus en los islotes de la Parguera, el LPP cambiaría de administración. Para entonces -relata Windle- el director del NINDB, Pierce Bailey:

> "...began to exert stricter control over appointments and projects, perhaps wishing to avoid criticism that his institute was using funds appropriated for neurology to support research of an unrelated nature."[95]

Windle renunció en diciembre de 1963 cuando supo que de Bethesda enviarían un supervisor a fiscalizar sus experimentaciones *marginales* en el LPP. Ese mismo año, Frontera había *reportado* a la Escuela de Medicina de la UPR lo que a su juicio era la relación de ésta con el LPP, y en particular sobre la ejecutoria de su director, William Windle:

> "...the administration and higher departmental hierarchy of our school did not demand adequate controls for the use of animals and facilities. As a result the whole program was oriented towards the research interests of the Director appointed by the NIH."[96]

Ronald E. Myers sería designado director del LPP. Bajo su administración continuarían las experimentaciones invasivas y sucesivas torturas de primates no-humanos. A pesar de la insignificancia de los experimentos con rhesus para las ciencias de la salud humana, Myers ganaría prestigio profesional ensayando especulaciones sobre la misma falsa premisa que lo hacían sus antecesores: que las patologías provocadas a los rhesus, dada la

---

[95] Windle, William F.; "The Cayo Santiago Primate Colony"; *Science* (1980); op.cit., p.1491.

[96] Frontera, Guillermo J.; "Cayo Santiago and the Laboratory of Perinatal Physiology: Recollections" (1989); op.cit., p.26. En 1962, Frontera ya había renunciado, en parte porque le habían denegado una beca para hacerle radiografías al cráneo de los rhesus en las colonias del LPP y del cayo Santiago; en parte porque "I lost interest in the monkeys." (Ídem)

relativa similitud fisiológica con la especie humana, pueden ser comparadas y generalizadas por analogía...

Torturas físicas y tormentos psicológicos en el LPP

Myers siguió haciendo *estudios* sobre "...the relationship of fetal oxygenation (perinatal asphyxia) and fetal brain injury".[97] Los procedimientos quirúrgicos para inducir "brain injury" o "severe neurological damage" en los rhesus neonatos, ya estaban establecidos en el protocolo del LPP. Entre los métodos empleados por Myers destacan: "producing acute asphyxia in newborn monkeys by oral suffocation immediately after birth" ("postpartum asphyxia"); "hyperoxygenation of the mother during in-utero surgery"; "administration of carbon monoxide or cyanide to the mother"; entre otros. Myers identificaría el sometimiento a "maternal stress" como factor agravante de la asfixia previamente inducida en el feto:

> "...the mothers, fully awake, were subjected to both 'contrived' and 'incidental' episodes of psychological stress stimulation. In the majority of instances, these periods of stress to the mothers caused episodes of bradycardia and hypotension in their fetuses (...) indicative of deepening asphyxia.."[98]

Establecida la relación entre la tortura psicológica de las madres rhesus y la exacerbación de la asfixia fetal en el útero, Myers evidenciaría que:

> "...maternal psychological stress leads to adverse pregnancy outcome in rhesus monkey. Chronic anxiety causes an increased stillbirth rate, fetal

[97] Bendon, Robert; "Pioneer experiments of Ron Myers", Pediatric & Perinatal Pathology Associates, PSC; mayo, 2011.
http://pediatricperinatalpathology.com/id58.html

[98] Myers, Ronald E.; "Maternal Psychological Stress and Fetal Asphyxia: a Study in the Monkey"; *Am J Obstet Gynecol.* 1975 May 1;122(1):47-59.

growth retardation, and altered placental morphology."[99]

Experimentaciones similares seguirían siendo conducidas ininterrumpidamente en el laboratorio del NINDB en San Juan, hasta finales de la década de los 60. Otras, reciclando el mismo modelo experimental, se efectuarían en laboratorios en los Estados Unidos, con primates exportados desde Puerto Rico. La inutilidad de éstos para las ciencias de la salud humana no limitaría sus ejecuciones. Algunos se realizarían sobre partes de los cuerpos de las crías, sacrificadas para tales efectos.

"The animals were delivered by cesarean section, as a rule, and were put to death after a short interval."[100]

Las experimentaciones durante este periodo serían diseñadas y conducidas por Myers, del LPP-NINDB. Un modelo ejemplar de este tipo de experimentación, dada la especialidad del laboratorio, se haría para determinar los efectos de los daños inducidos en el feto en los ojos de los infantes rhesus. Los neonatos experimentales habrían sido sometidos, durante el periodo de gestación, a dos posibles intervenciones quirúrgicas: "bilateral ligation of the carotid arteries and jugular veins, or transient compression of the umbilical cord." Las "observaciones" *preliminares* concluyen que:

"...deformities in eyes of infant monkeys subjected to surgical interference with the circulation at midterm resemble congenital anomalies of the human eye."

A pesar de que tales experimentaciones no aportarían a las ciencias de la salud humana, sí le serían de utilidad a los beneficiarios de las ilusiones biomédicas de la época. El

---

[99] Myers, Ronald E.; "Production of Fetal Asphyxia by Maternal Psychological Stress"; Pavlov J Biol Sci. 1977 Jan-Mar;12(1):51-62.

[100] von Sallmann, Ludwig; "The Effect of Intrauterine Surgical Procedures on the Development of the Primate Eye"; *Investigative Ophthalmology*; Febrero, 1969.

fundamento mítico de las torturas experimentales permanecería intacto, y la presumida similitud con la especie humana seguiría siendo la razón que excusaría todas las atrocidades experimentales. Sobre esta creencia seguiría justificándose la necesidad imaginaria de perpetuar las experimentaciones con rhesus, porque se parecen ("resemble") a los humanos...

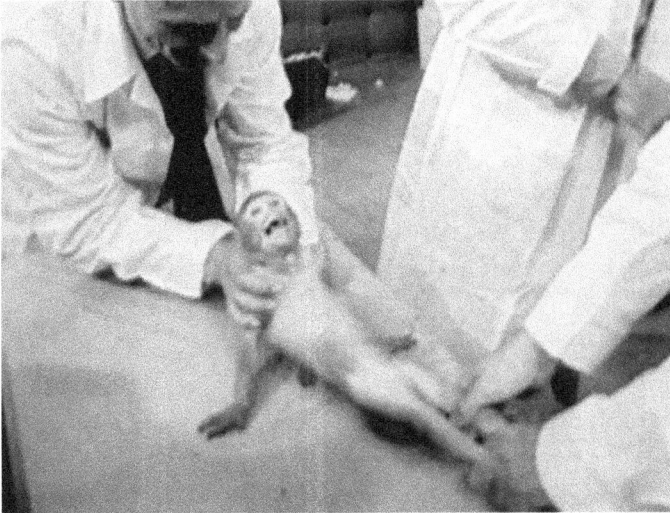

Ilustración 6

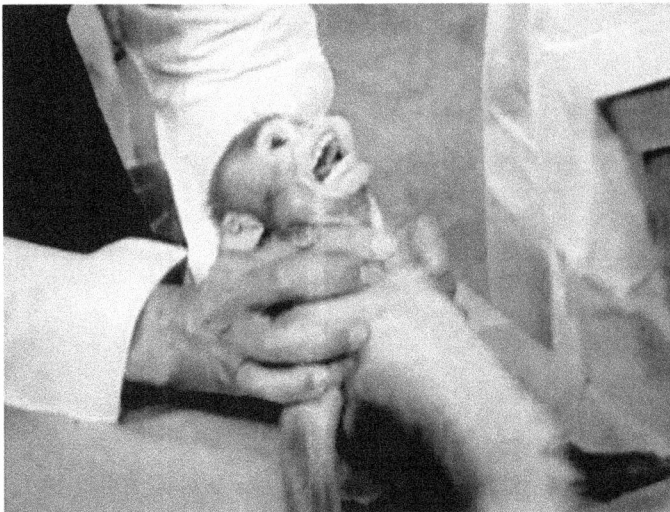

Ilustración 7

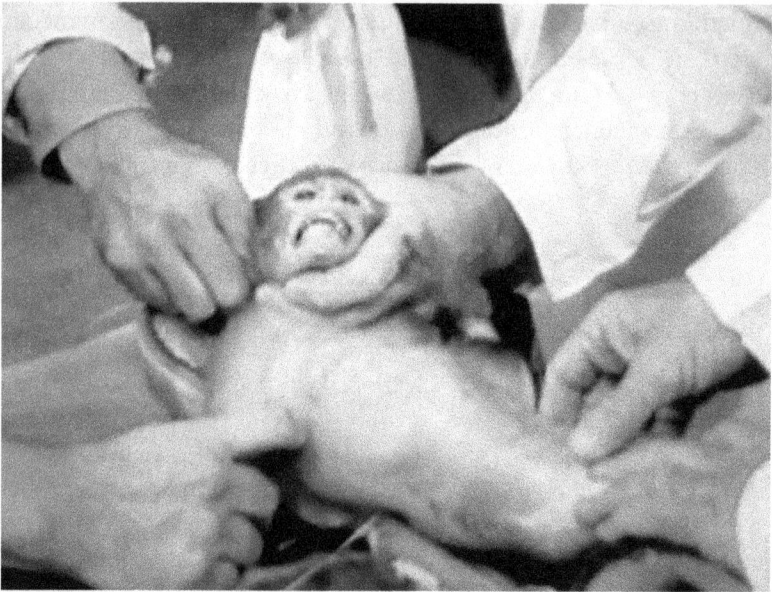
Ilustración 8[101]

Desecho: cuarta colonia de primates (1965 - 1971)

Antes de la Segunda Guerra Mundial, la isla de Desecheo estaba destinada a preservarse como reserva forestal y de vida silvestres (wildlife), y como santuario de aves.[102] En abril de 1940, el gobierno estadounidense se la (re)apropió para efectuar prácticas militares[103], incluyendo bombardeos sin consideraciones con las especies de flora y fauna que habitaban la isla. En 1964 fue declarada "excess property" por la rama militar estadounidense

---

[101] Las ilustraciones 6 a 8 fueron tomadas de video sobre experimento de la NASA con un joven rhesus: http://www.texasarchive.org.

[102] En 1912, Desecheo había sido declarada reserva de vida silvestre por Presidential Executive Order 1669. En 1937, la proclama presidencial 2242 transfirió la jurisdicción de Desecheo a Puerto Rico para uso exclusivo como reserva forestal y santuario de aves. (U.S. Fish and Wildlife Service)

[103] Evans, Michael A; "Ecology and removal of introduced rhesus monkeys: Desecheo Island National Wildlife Refuge, Puerto Rico"; *Puerto Rico Health Sciences Journal*; Universidad de Puerto Rico, Recinto de Ciencias Médicas; Abril 1989; Vol.8, Núm. 1; pp.139-156.

(Department of the Army). En julio de 1965, una sucursal de los National Institutes of Health, el NINDB, la adquirió para establecer una cuarta colonia de rhesus en Puerto Rico. Para la fecha, la colonia de cayo Santiago contaba con más de 400 rhesus, "...even though many animals had been removed from year to year."[104] En 1966, el NINDB-NIH financió un proyecto para "estudiar el comportamiento social" y "procesos de adaptación". Según Morrison y Menzel, el objetivo del estudio era:

> "...to describe the effects of altering (a group of rhesus monkeys) and its environment, (and) ...to judge the feasibility of such treatment as a basis for studying variability and behavior in adaptation..."[105]

El potencial de Desecheo para asentar una nueva "breeding colony", exenta de la carga económica de proveer alimento a la colonia, fue exaltado por el director del LPP:

> "Monkeys introduced in Desecheo, unlike those living on the other islands, will be able to gather much or all of their own food..."[106]

Ese mismo año, un grupo de 57 rhesus nativos del cayo Santiago fue capturado, enjaulado y trasladado a Desecheo, para "estudiar el proceso de adaptación".

> "...a band of monkeys (...) is being observed for any changes in social structuring which may result from being suddenly transported into an alien environment."[107]

---

[104] Windle, William F.; "The Cayo Santiago Primate Colony"; *Science*, (1980); op.cit., 1490.

[105] Morrison y Menzel (1972), según citado en Evans, Michael A; "Ecology and removal of introduced rhesus monkeys: Desecheo Island National Wildlife Refuge, Puerto Rico" (1989); op.cit.,146.

[106](NINDB); Laboratory of Perinatal Physiology (1968); op.cit. p.10.

Sobrevivientes de este vicioso, trivial e inconsecuente juego experimental, los rhesus se adaptaron, se reprodujeron y se dispersaron en el islote, a pesar del "harsh environment" que caracteriza la isla de Desecheo, donde no hay recursos de agua potable y la principal fuente de alimentación es la madera de los árboles de almácigo.

Ilustración 9[108]

Convertidos en objeto de los vicios experimentales del LPP-NINDB, las cuestiones relativas a la dieta "adecuada" fueron obviadas, y los primates sometidos a un cruel juego de sobrevivencia. Sin miramientos por el bienestar objetivo de esta especie en la Isla, las agencias financieras del NIH invirtieron en estudios inconsecuentes para la raza humana y su salud, a todas luces para satisfacer la curiosidad pseudocientífica de algunos de sus "investigadores", que supieron convencerlas de apadrinar sus caprichos. Así, con particular arreglo en el orden retórico y refinado soporte en el lenguaje técnico, los "investigadores" produjeron un discurso/informe que se representa a sí como

---

[107] Evans, Michael A; "Ecology and removal of introduced rhesus monkeys: Desecheo Island National Wildlife Refuge, Puerto Rico" (1989); op.cit.

[108] Imagen de satélite de la isla Desecheo.

evidencia científica de un hecho importante o trascendental, aunque se trataba, de hecho, de una trivialidad.[109]

Detrás de las retóricas "científicas" se perfila el objetivo que, desde siempre, animó a la empresa del "scientific monkey business" a "estudiar" los "procesos de adaptación" en otras regiones de la Isla. Al margen de los "nuevos" y triviales conocimientos primatológicos, la capacidad de sobrevivencia de esta especie aumentaba su potencial para expandir el negocio de primates experimentales y abrir nuevas sucursales en "alien environment", constituido por los cayos localizados entre el sureste y suroeste costero de Puerto Rico. Las "observaciones" concluyen que:

> "The rhesus has adjusted well to its home in Puerto Rico. Not only has the island provided the environmental conditions necessary for the conduct of successful neurological primate research, but reproduction has been more successful in Puerto Rico than in the States."[110]

El trato insensible y cruel seguiría siendo una práctica constante de quienes se jactaban de *estudiarlos* en nombre de la ciencia. Los *investigadores-científicos* continuarían drenando fondos del Estado para satisfacer caprichos personales, registrando nimiedades que nada aportarían a las ciencias de la salud humana. En 1971 habría de darse por concluido el "estudio" en Desecheo, y los rhesus, para su suerte *abandonados* por el CPRC, sobrevivirían

---

[109] Informes sobre las "investigaciones" realizadas en las colonias de Desecheo y la Parguera, por ejemplo, reportan que: "...the molting period in a colony at Cayo Santiago, Puerto Rico (January-May), is about 3 months earlier than in a colony at La Parguera, Puerto Rico (April-August)." (Fooden, Jack; "Systematic Review of the Rhesus Macaque, *Macaca Mulatta*"; *Fieldiana*, Zoology, New Series, No.96; Field Museum of Natural History, Chicago, 2000. p.15.) El primer "estudio" sobre la relación entre las variaciones geográficas/ambientales y la muda del pelaje de los rhesus data de 1932. Desde entonces, una camada de "investigadores" repite el "estudio". En Desecheo, Morrison y Menzel (1966); en Guayacán y Cuevas (La Parguera), Vessey y Morrison (1970); (Ídem)

[110] Fooden, Jack; "Systematic Review of the Rhesus Macaque..." (2000); op.cit., p.15.

las condiciones del islote, hasta que posteriormente se ordenaría la captura y consecuente exterminio...

Ilustración 10[111]

Animal Welfare Act (1966)

Todavía a mediados de la década de los 60 Puerto Rico seguía siendo una locación ideal para asentar el "scientific monkey business" sin restricciones de ley, locales o federales, que afectaran en modo alguno la administración de la empresa, o siquiera que requiriesen condiciones mínimas para el manejo de animales, o ejercieran alguna función fiscalizadora sobre las investigaciones y las experimentaciones. Guardando una estrecha similitud con la legislación india de 1960 (*Prevention of Cruelty to Animals Act*), el Congreso de los Estados Unidos aprobaría, en agosto de 1966, el *Animal Welfare Act* (AWA), a los efectos de regular determinadas prácticas relativas al trato de animales expuestos a experimentaciones e investigaciones, incluyendo a los "nonhuman primates":

---

[111] Rhesus y cría en cayo Santiago. Fotografía por Gazir Sued (2011).

"...in order (...) to insure that certain animals intended for use in research facilities are provided humane care and treatment it is essential to regulate the transportation, purchase, sale, housing, care, handling, and treatment of such animals by persons or organizations engaged in using them for research or experimental purposes or in transporting, buying, or selling them for such use."[112]

La jurisdicción del acta congresional se hizo explícitamente extensiva al "Commonwealth de Puerto Rico". Y aunque el texto reservaría ciertas excepciones para el comercio y uso de animales experimentales, el "scientific monkey business" se vería directamente afectado, en la Isla como en los territorios continentales. El AWA, al margen de sus relativas ambigüedades y complicidad con la industria biomédica, investía de fuerza de ley el principio ético y político de procurarle "humane care and treatment" a éstos animales, dentro y fuera de las "research facilities".[113] Además,

"The Secretary shall establish and promulgate standards to govern the humane handling, care, treatment, and transportation of animals by dealers and research facilities. Such standards shall include minimum requirements with respect to the housing, feeding, watering, sanitation, ventilation, shelter from extremes of weather and temperature,

---

[112] The Animal Welfare Act (AWA); 89th Congress, H. R. 13881; Public Law 89-544; August 24, 1966. (h) The term "animal" means live dogs, cats, monkeys (nonhuman primate mammals), guinea pigs, hamsters, and rabbits. (AWA (1966); Secc.2, Definitions)

[113] (f) The term "research facility" means any school, institution, organization, or person that uses or intends to use dogs or cats in research, tests, or experiments, and that (1) purchases or transports dogs or cats in commerce, or (2) receives funds under a grant, award, loan, or contract from a department, agency, or instrumentality of the United States for the purpose of carrying out research, tests, or experiments. (AWA (1966); Secc.2, Definitions)

separation by species, and adequate veterinary care."[114]

No obstante, la ley concede un poder discrecional inmenso a las autoridades regentes de las "research facilities", absteniéndose de interferir sobre determinadas áreas para las que enviste de autoridad máxima a los propios dueños o funcionarios de la empresa experimental.

"The foregoing shall not be construed as authorizing the Secretary to prescribe standards for the handling, care, or treatment of animals during actual research or experimentation by research facility as determined by such research facility."[115]

Esta relativa ambigüedad jurisdiccional provee un poderoso subterfugio legal a las corporaciones biomédicas y demás "research facilities" para experimentar e investigar sin reservas de tipo alguno. Pero, aunque el poder estatal se abstiene de entrometerse en la política de manejo de especies, al menos en el texto de la ley no renuncia a su autoridad fiscalizadora y retiene para sí el poder de investigar o inspeccionar a discreción "whether any dealer or research facility has violated or is violating any provision (or regulation) of this Act..."[116] Además, el AWA establece que:

"The Secretary shall promulgate such rules and regulations as he deems necessary to permit inspectors to confiscate or destroy in a humane manner any animals found to be suffering as a result of a failure to comply with any provision of this Act or any regulation issued thereunder if (1) such animals are held by a dealer[117], or (2) such

---

[114] AWA (1966); Secc.13 (*Humane standards*).

[115] Ídem.

[116] AWA (1966); Secc.16 (*Investigations or inspections*).

[117] (g) The term "dealer" means any person who for compensation or profit delivers for transportation, or transports, except as a common carrier, buys, or

156

animals are held by a research facility and are no longer required by such research facility to carry out the research, test, or experiment for which such animals have been utilized."[118]

El acta congresional incidiría sobre las políticas de manejo de animales de las corporaciones vinculadas dentro del creciente "scientific monkey business" en los Estados Unidos, y por consecuencia, en Puerto Rico. Los efectos de la ley, no obstante, demorarían algunos años antes de concretarse en la Isla. Algunos efectos, sin embargo, pronto se hicieron notar. Los estrategas gerenciales de los NIH, muy probablemente, hicieron sus cálculos sobre la posibles implicaciones del acta congresional y, ya para adecuarse al nuevo orden de requerimientos y regulaciones, o ya para esquivar algunos de sus preceptos, operarían muy precisos ajustes administrativos, incluyendo el cierre de operaciones de las instalaciones experimentales en Puerto Rico...

Cierra operaciones el LPP-NIH en San Juan

Desde 1968, el NINDB programaba cerrar la base de operaciones del LPP en San Juan y restablecerla en Bethesda, Maryland.[119] En 1970, *debido* a "programatic reasons", abandonaría en definitiva la Isla.[120] A la fecha de partida, todavía permanecerían en funcionamiento los cuatro islotes (cayo Santiago, Cuevas, Guayacán y Desecheo)...

Según relato de los historiadores corporativos del CPRC, por directrices del director del NINDB, Pierce Bailey, y el director

---

sells dogs or cats in commerce for research purposes; . (AWA (1966); Secc.2, Definitions) (a) The term "person" includes any individual, partnership, firm, joint stock company, corporation, association, trust, estate, or other legal entity; . (AWA (1966); Secc.2, Definitions)

[118] AWA (1966); Secc.16 (*Investigations or inspections*).

[119] Rawlins, R.G.; "Perspectives on the History of Colony Management and the Study of Population Biology at Cayo Santiago" (1989); op.cit., p.35.

[120] Goodwin W.J.; "Establishment of the Caribbean Primate Research Center"; *Puerto Rico Health Sciences Journal*; Universidad de Puerto Rico, Recinto de Ciencias Médicas; Abril-1989; Vol.8, Núm. 1; pp.31-33. Goodwin es observador y consultor de los NIH y miembro del "Advisory Council" del CPRC.

del LPP, Ronald Myers, se había constituido un "Special Advisory Comitee" para "advice" a los NIH. Como parte de los arreglos pertinentes al cierre de operaciones en la Isla, el comité designó un subcomité para dilucidar sobre los destinos de las facilidades en los islotes y de los rhesus cautivos en ellos. Este cuerpo estaba integrado por Clarence R. Carpenter[121], David Davis, y Donald Sade. Durante septiembre de 1969 los miembros del comité visitaron los islotes, y ya para el mes de octubre había sido presentado un informe de recomendaciones.

Por virtud de las *recomendaciones* del comité especial, presidido por Carpenter, los NIH negociaron con la Universidad de Puerto Rico el financiamiento del organismo que habría de dar continuidad y mantenimiento a las colonias de primates en la Isla. La empresa a cargo de continuar el "scientific monkey business" en Puerto Rico sería el *Caribbean Primate Research Center*...

Ilustración 11

[121] Carpenter reaparece, esta vez para comprar rhesus baratos en Puerto Rico para el *Savannah River Project*, una planta nuclear operada por la Atomic Energy Commission, en Georgia (Rawlins, R.G. y Kessler, M. J.; "The History of the Cayo Santiago Colony"; (1986); op.cit., p.39) Según Rawlins y Kessler, intervino para favorecer la subsistencia de los criaderos de primates en la Isla y promovió la inversión en su mantenimiento de agencias y corporaciones con intereses afines, incluyendo el propio NINDB. (Ídem)

Incidentalmente, en 1968, mientras los NIH programaban el cierre de operaciones del LPP en la Isla, Donald Sade, de la Universidad de Northwestern -cuentan los historiadores corporativos del CPRC-, había sometido una propuesta para estudiar la colonia de cayo Santiago, de modo tal que sólo podía hacerse en un ambiente "undisturbed" y sobre una colonia "unmanipulated".[122] La inutilidad que al momento le representaba la colonia del cayo Santiago a los intereses biomédicos del LPP, hace encajar perfectamente la intensión de Sade, que tampoco contravenía con los principios de la rama "ecológica" del laboratorio en retirada. A los efectos -relata Rawlins- Sade escribió una carta a Clarence Carpenter -que ocupaba un puesto gerencial dentro del "Special Advisory Comitee" de los NIH- explicando su posición al respecto. La carta, fechada el 28 de septiembre de 1968, lee:

> "The disagreement is between those who consider the island to be essentially a breeding colony to supply animals for experiments, either in or off the island, and those who consider the island as a resource for the study of monkey societies. The two uses are incompatible..."[123]

La queja de Sade, aunque desde una perspectiva metodológica no pudiera rebatirse, denota una crasa ingenuidad política sobre la naturaleza comercial del "scientific monkey business" en la Isla. Además, revela un marcado desconocimiento sobre las condiciones de existencia del criadero en el cayo Santiago y las demás islas, que las determinan los intereses corporativos biomédicos propietarios del lote de rhesus comprado a la UPR, y que, a todas cuentas, financian las operaciones en los terrenos rentados por tiempo indefinido. El hecho de dirigirse a la atención de Carpenter evidencia su ingenuidad...

---

[122] Rawlins, R.G.; "Perspectives on the History of Colony Management... at Cayo Santiago" (1989); op.cit., p.35.

[123] Fragmento de correspondencia de Donald Sade a C.R Carpenter, 28 de septiembre de 1968; según citado por Rawlins, R.G.; "Perspectives on the History of Colony Management ...at Cayo Santiago" (1989); op.cit., p.36.

Las discrepancias a las que alude Sade no remiten al plano teórico o académico, sino a las determinaciones económicas y políticas que imperan sobre los destinos de los rhesus cautivos por los NIH, y por consentimiento contractual de la UPR y del gobierno insular. La subordinación absoluta a la voluntad de los NIH, representada en la política institucional de los NINDB y materializada en la práctica experimental e investigativa del LPP en San Juan, no obstante, es representada en la queja de Sade, que reprochó la incompatibilidad entre ambos dominios:

> "...the decisions as to when experiments are to be done, how many monkeys are to be used, and which specific individuals are to be subjects, are made by the outside experimenters..."[124]

Sade, que además era miembro del "Special Advisory Comitee" de los NIH, formalizaría su propuesta en 1969. En 1970, tras el cierre de operaciones del LPP en la Isla, el manejo del cayo Santiago volvería a manos de la UPR. Desinteresados los NIH en el uso de la colonia, y establecido el CPRC para administrar el "scientific monkey business" en la Isla, Sade sería designado "scientific-in-charge" y su modelo administrativo implementado sin mayores trabas. El sostenido desinterés de los NIH y de sus "outside experimenters" en el cayo Santiago minimizarían los inconvenientes...

Algunos meses antes del cierre de operaciones en la Isla, el LPP había adquirido una propiedad en desuso del U.S. Navy[125], en Sabana Seca, a donde tenía programado mudar las instalaciones situadas en Fort Buchanan, incluyendo la quinta colonia de rhesus cautivos en los laboratorios del NIH. Al parecer, todo indica que los experimentos financiados por los NIH podían prescindir de las reservas de rhesus en el cayo Santiago. La reproducción de especímenes en cautiverio bastaba para cubrir los requerimientos del LPP, lo que convertía a los del cayo Santiago en excedentes innecesarios. Desde la perspectiva del interés comercial del "scientific monkey business", mantenerlos sin necesidad de uso

---

[124] Ídem.

[125] El costo de la propiedad es de $200,000 aprox. (Goodwin, W.J.; "Establishment of the CPRC..." (1989); op.cit., p.33)

160

inmediato representaba un mal negocio. Deshacerse de esta responsabilidad sería lo más conveniente, igual que antes convino la antigua Escuela de Medicina Tropical al traspasarlo al Colegio de Ciencias Naturales de la UPR; y éste al traspasarlo a la Escuela de Medicina de la UPR, que haría lo mismo al cederla a los NIH, con arreglo contractual del LPP-NINDB.

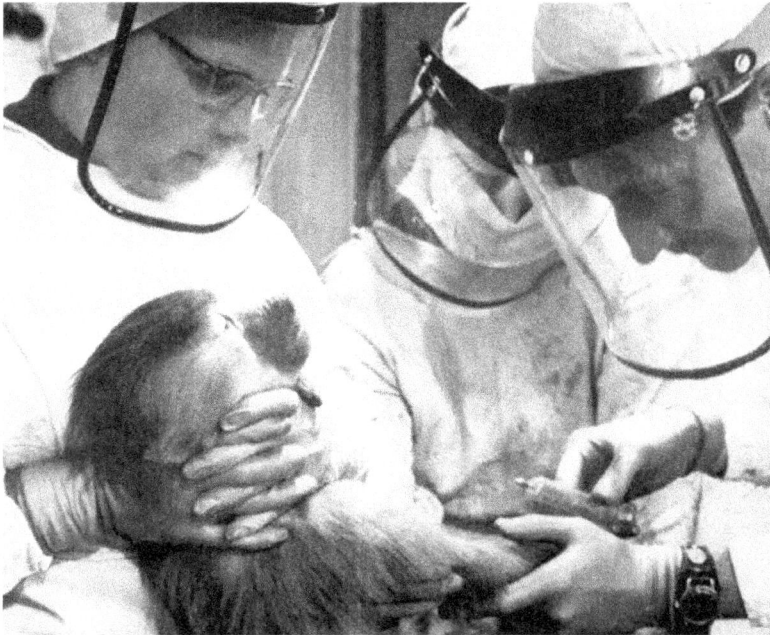

Ilustración 12[126]

Experimentaciones invasivas: en ley la crueldad contra animales

A finales de la década de los 60, las experimentaciones invasivas, perturbaciones quirúrgicas y lesiones inducidas, continuarían practicándose en los mimos términos y en base a las mismas pretensiones imaginarias que reinaban en los dominios del complejo biomédico-industrial estadounidense; y las regulaciones legales, impuestas por el gobierno federal, sobre la prevención del

_____

[126] Sometido a los tormentos experimentales. Fotografía tomada de: http://madisonmonkeys.com.

maltrato y la crueldad contra animales en laboratorios, seguirían jugando un papel más legitimador que fiscalizador. El respaldo político e incondicional del gobierno insular y de la Universidad de Puerto Rico continuarían facilitando la ejecución irrestricta de tales prácticas. El cayo Santiago seguiría siendo una extensión de los laboratorios experimentales, y la colonia de rhesus objeto de torturas físicas y psicológicas sin valor alguno para las ciencias de la salud humana...

Hasta la fecha, las experimentaciones sobre lesiones cerebrales inducidas a los rhesus se hacían en condiciones de cautiverio. En 1968, a los efectos de *expandir* el alcance de las "behavioral observations" sobre "brain behavior", el cayo Santiago sería usado como laboratorio experimental:

> "...to examine the effects of circumscribed brain
> lesions on the social behavior of subhuman
> primates under free-ranging conditions"[127]

Durante varios meses, previo al experimento, un grupo social fue *observado* para conocer los "patrones de comportamiento" entre sus miembros. Recopilada la data sobre sus "hábitos sociales", dos rhesus machos de 5 y 6 años fueron capturados para someterlos a la operación (uncinectomía[128]). Una vez operados y enjaulados para "observación" preliminar:

> "Both remained relatively inactive, sitting in what
> appeared as a withdrawn state but with their eyes
> open."[129]

Sin embargo respondían *apropiadamente* a las amenazas de otros animales en jaulas contiguas, y durante el único enfrenta-miento violento reportado, el rhesus de seis años se impuso sobre el menor. Ninguno se procuraba comida hasta que le era provista

---

[127] Dicks, Dennis; Myers, Ronald E.; Kling, Arthur; "Uncus and Amygdala Lesions: Effects on Social Behavior in the Free-Ranging Rhesus Monkey"; *Science*, Volume 165, No. 3888 (July 4, 1969); pp. 69-71.

[128] "Amygdaloid nuclei and uncinate cortex were removed bilaterally, aseptically, under Nembutal anesthesia."

[129] Ídem.

por sus captores. Tras un periodo de siete días, para *recuperación*, fueron devueltos al cayo Santiago:

> "Curiously, the operated animals showed no interest in their comrades and failed to leave the cage until later forced out by the observers."[130]

Forzados fuera de la jaula, los rhesus no se integraron a su grupo social de origen. En lugar, se adentraron en una zona dominada por otro grupo, que no tardó en espantarlos fuera de su territorio. El menor escapó entre la maleza y *desapareció*, mientras el mayor subió a un árbol dentro de la zona hostil. Poco después se enfrascó en una pelea y también *desapareció*. Ninguno regreso a su grupo de origen, y ambos evitaban acercarse a los demás miembros de su misma especie, pero no se inmutaban ante la presencia de los "observadores".

> "Within a few days, both animals displayed large open wounds (...) The younger one was cornered (...) and attacked (...) by member of his own group; he died under severe wounds within 4 days of his release."[131]

Durante las siguientes tres semanas, el mayor permaneció oculto entre los arbustos, herido y evadiendo las agresiones de sus pares.

> "He was seen only when forced into the sea by others (...) He was last seen 3 weeks after release and was presumed dead after a further 4 weeks of no sighting."[132]

En vista de los "grim results" de esta fase del experimento, los "observadores" decidieron reducir la extensión de la ablación cerebral en las operaciones subsecuentes. En esta ocasión, cinco

---

[130] Dicks, Dennis (et.al); "Uncus and Amygdala Lesions..."; op.cit., pp. 69-71.

[131] Ídem.

[132] Ídem.

rhesus adicionales serían atrapados en cayo Santiago y sometidos a lesiones cerebrales. Cuatro serían objeto de amigdalotomía total, pero sin extirpar la corteza del uncu. Culminada la operación fueron enjaulados para observación. Dos y tres días después de sometidos a cirugía, los menores empezaron a comer, aunque permanecían *distraídos*, sujetando la comida frente a la boca, idos y no la masticaban. El mayor demoró siete días antes de empezar a reaccionar, y no le fue provista alimentación en el ínterin.

Pasada una semana de *recuperación*, fueron soltados individualmente entre su grupo de origen. Los menores, de dos y tres años de edad, se refugiaron de inmediato bajo el cuido de sus madres y el mayor, de nueve años, fue agredido y expulsado del grupo. A la semana murió.

Otro rhesus, de cuatro años de edad, evitó acercarse a sus pares y se mantuvo solitario durante las próximas tres semanas, cuando también murió.

"Both appeared to weaken and eventually died
from starvation, (…) infection or both."[133]

Los animales solitarios son más vulnerables a los ataques y se les dificulta la competencia por la comida —especulan los *científicos* para explicarse las muertes- Además, *observaron* que:

"…they appeared retarded in their ability to
foresee and avoid dangerous confrontation."

En su informe, los "científicos" lamentaron no haberles sido posible recuperar los cerebros de los rhesus muertos, porque no pudieron registrar los efectos de las lesiones quirúrgicas. Al respecto, informan:

"The corpses of dead animals are quickly devoured
by the numerous land crabs inhabiting the
island."[134]

---

[133] Ídem.

[134] Ídem.

164

Los *investigadores científicos* concluyeron que el fatídico destino de los rhesus sometidos a lesiones cerebrales debió haber sido efecto de los cambios en el comportamiento, pues mostraban "indiferencia social", "...and failed to seek out and reestablish their membership in the group." Los ataques y las consecuentes expulsiones se habrían debido "...perhaps because inappropriate behavior and responses to approach." Esta es la síntesis del experimento de Dicks, Myers y Kling, sobre los efectos de la perturbación quirúrgica en el comportamiento social de los "free-ranging" rhesus *observados* en el cayo Santiago:

> "Operated subjects showed social indifference, failed to display appropriate aggressive and submissive gestures, were expelled from their social group, and eventually died."[135]

Ilustración 13[136]

---

[135] Ídem.

[136] Rhesus prisionero del DRNA en Cambalache. Fotografía por Gazir Sued (2012)

El Partido Nuevo Progresista ganaría las elecciones de 1968. Electo Luis A. Ferré como gobernador (1969-1973), Jaime Benítez sería destituido de la presidencia de la UPR. La sucesión del poder político del Partido Popular Democrático por el Partido Nuevo Progresista no trastocaría las relaciones de complicidad del gobierno insular con el "scientific monkey business"; y la UPR - aunque marginalmente y subordinada a los intereses del complejo biomédico-industrial estadounidense, representados primordialmente por los NIH- continuaría proveyéndole padrinazgo político y legitimidad al cruel negocio de primates experimentales en la Isla...

Ilustración 14[137]

---

[137] El cayo Santiago. Fotografía por Gazir Sued (2011)

Ilustración 15[138]

_____

[138] Madre rhesus y cría nativas, en el cayo Santiago. Fotografía por Gazir Sued (2011).

Parte III

Historia de la crueldad
contra primates no-humanos en Puerto Rico
(1970 a 1989)

> "In the end, only moribund animals
> were removed from the island." [1]

El negocio de crianza de primates experimentales en la Isla sufrió un revés en sus expectativas financieras al quedar formalmente marginado del proyecto del National Primate Research Center (NPRC), promovido por los NIH en el Congreso de los Estados Unidos a inicios de la década de los 60. Excluida la posibilidad de acceder a los favores y privilegios de la atención congresional y del gobierno federal, la gerencia de los NIH desistió de mantener la sucursal del NINDB en Puerto Rico, establecida en 1956. En julio de 1970, el NINDB-NIH habría cerrado operaciones en Puerto Rico y mudado el LPP a su localidad de origen, en Bethesda.[2]

Precaviendo sobre el destino inmediato de *sus* reservas de primates en la Isla, y aprovechando la habitual incondicionalidad del gobierno insular, el "Special Advisory Comitee" de los NIH, integrado por Clarence R. Carpenter, David Davis y Donald Sade, ya había *recomendado* delegar el mantenimiento de los criaderos de rhesus en Sabana Seca, en el cayo Santiago y los islotes Cuevas, Guayacán y Desecheo, a la Universidad de Puerto Rico. Consentido el arreglo de traspaso jurisdiccional por las autoridades del NIH (Pierce Bailey, del NINDB, y Ronald Myers, del LPP), la corporación local a cargo de continuar el "scientific monkey business" en Puerto Rico se registraría bajo el nombre de *Caribbean Primate Research Center* (CPRC).

En miras la restauración de la fachada de los "breeding colonies" en Puerto Rico y bajo estrictas condiciones de los NIH para cualificar dentro de sus criterios de padrinazgo financiero, el CPRC inauguraría funciones contando con una partida de

---

[1] Rawlins, R.G. y Kessler, M. J.; "The History of the Cayo Santiago Colony"; (1986); op.cit., p.36.

[2] Op.cit., p.39.

$300,000 anuales, entre contratos y "grants".[3] Acorde a las *recomendaciones* de la alta jerarquía de los NIH, el CPRC se estableció como parte de la Universidad de Puerto Rico, pero a condición de retener el patronazgo corporativo sobre sus directivos principales, políticas gerenciales y prácticas investigativas y experimentales. La dependencia económica del CPRC-UPR dejaría intacta la relación de subordinación política que hasta entonces seguiría caracterizando el negocio de primates en la Isla.[4]

Convenido el "financial support" de los NIH, el CPRC quedó adscrito a la Escuela de Medicina de la UPR; y las colonias de rhesus en la antigua base naval de Sabana Seca, en cayo Santiago y sus "sister colonies"[5] (Cuevas, Guayacán y Desecheo), aunque entre relativas ambivalencias contractuales, quedaron registradas bajo sus dominios jurisdiccionales. En la práctica, la condición de subordinación política y dependencia económica del CPRC/UPR a los NIH seguiría determinando los arreglos en su ordenamiento corporativo, sus prácticas gerenciales y el orden de sus prioridades "científicas". Los *cambios* operados dentro de los dominios del CPRC devendrían en meros formalismos cosméticos, a la vez que en arreglos estratégicos puntuales dentro del cuadro general del "scientific monkey business" en los Estados Unidos, animado y sostenido por el capital financiero vinculado dentro de *su* complejo biomédico-industrial y en función de sus intereses...

CPRC-UPR: *nueva* imagen corporativa del "scientific monkey business"

A pesar de la abierta exclusión del proyecto nacional estadounidense, la gerencia corporativa del CPRC montaría una

---

[3] Goodwin W.J.; "Establishment of the Caribbean Primate Research Center"; *Puerto Rico Health Sciences Journal*; Universidad de Puerto Rico, Recinto de Ciencias Médicas; Abril-1989; Vol.8, Núm. 1; pp.31-32.

[4] Continuando la tradición de subordinación política consentida de la UPR a los NIH, en 1970, Clinton Conaway sería designado director del CPRC.

[5] Rawlins, R.G. y Kessler, M. J.; "The History of the Cayo Santiago Colony"; (1986); op.cit., p.39.

fachada más cónsona con sus aspiraciones políticas y comerciales aunque, de hecho, no fuera más que un arreglo en el orden de la apariencia empresarial, de su imagen corporativa, arreglada para la opinión pública y las agencias financieras...

Ilustración 1[6]

La nueva imagen corporativa del negocio de primates en la Isla procuraría dar la impresión, por recurso del nombre, de formar parte de los centros regionales integrados en el NPRC, aunque en realidad no lo fuera. Asimismo, al asignársele mayor visibilidad a los vínculos con la Universidad de Puerto Rico, el "scientific monkey business" quedaría investido por un aura de legitimidad política y moral, similar a la procurada durante los tiempos de Carpenter y Bachman, a finales de los años 30. Según Rawlins, "…the importance of the (rhesus) colony must be made clear to the local population as well as to scientists."[7] Simular efectivamente la naturaleza académica y científica de la empresa, y hacerla aparecer como institución del gobierno de Puerto Rico, sería clave dentro de la estrategia de propaganda corporativa del CPRC.

---

[6] Entrada a las instalaciones del CPRC en Sabana Seca. Fotografía por Gazir Sued (2012)

[7] Rawlins, R.G.; "Perspectives on the History of Colony Management and the Study of Population Biology at Cayo Santiago" (1989); op.cit., p.40.

Retener el status *científico* le era de singular valor para mercadearse entre su clientela habitual y sobrevivir los vaivenes de la creciente competencia con las suplidoras regionales en los Estados Unidos, apadrinadas formalmente por el gobierno federal y el Congreso. La autoridad gerencial del "scientific monkey business" realizó ajustes de orden administrativo sobre las colonias de primates, que la propaganda corporativa del CPRC habría de representar como *reorientación* radical del trabajo "científico".

Ilustración 2[8]

Hasta entrada la década de los 70 -reconocen los funcionarios corporativos del CPRC- el cayo Santiago había sido principalmente un criadero de especímenes de laboratorio:

> "...the primary purpose of Cayo (Santiago) was to supply monkeys for medical research, and behavioral studies were not permitted to interfere with this function."[9]

---

[8] Rhesus enjaulado para experimentaciones del CPRC en Sábana Seca. Fotografía por Gazir Sued (2012)

[9] Rawlins, Richard "Forty years of rhesus research"; *New Scientist* (1979); op.cit., 109.

172

Pero las administraciones precedentes nunca ocultaron que el principal objetivo de los criaderos era suplir a la industria biomédica, ni tampoco que los "estudios" sobre el comportamiento psicosocial de primates ocupaba una posición marginal dentro de sus prioridades, incluso prescindibles si atentaban o entorpecían sus intereses experimentales. El arreglo contractual entre la UPR y los NIH así lo estipulaba. Además, existía un excedente en la (re)producción de rhesus en los laboratorios de Sabana Seca, que hacían de la colonia en el cayo Santiago una reserva adicional, no una necesidad de primer orden. Tampoco, durante este periodo, habían órdenes de pedidos para exportación masiva al exterior...

Ilustración 3[10]

Efectuados marginalmente los *estudios* "conductuales" sobre primates, hasta 1970 la política de manejo de especies seguiría respondiendo a las instancias financieras, que priorizaban la experimentación controlada en laboratorios y no renunciarían al derecho de acceso irrestricto a su mercancía:

---

[10] Fotografía tomada de: http://www.mibba.com.

"Animals were routinely removed from the colony for biomedical experimentation and the population was subjected to intermittent trapping."[11]

Y reitera años más tarde:

"Individuals were selected for "export" haphazardly, with no regard to their social group, age, or sex. The result was that many of the groups were extremely unbalanced and artificial, with compositions that were nothing like those in the undisturbed state."[12]

Según Rawlins -quien posteriormente ocuparía el puesto de "scientific-in-charge" y de director del CPRC-:

"One couldn´t even guess what the effects of these unthinking removals were on the patterns of behavior."[13]

La principal función ideológica del discurso histórico arreglado por los funcionarios corporativos del CPRC, era hacer creer que a partir de la aparición del CPRC, en 1970, habría operado una ruptura a nivel gerencial que traería consigo cambios sustanciales sobre la práctica *científica* con primates no-humanos. La impresión de que en realidad había acontecido un cambio sustantivo, no obstante, era sólo parte de la farsa publicitaria sobre la que se sostendría la imagen corporativa del CPRC...

A la fecha del cierre de operaciones de la sucursal del NINDB-NIH en la Isla, Donald Sade, miembro del "Special Advisory Comitee" de los NIH, sería designado como funcionario del CPRC a ocupar la posición de "scientific-in-charge" del cayo Santiago. Alrededor de su figura, los relatores corporativos del

---

[11] Rawlins, G.R. y Kessler, M.J.; "Demographic of the Free-Ranging Cayo Santiago Macaques (1976-1983)"; op.cit., p.63.

[12] Rawlins, Richard "Forty years of rhesus research"; *New Scientist* (1979); op.cit., 109.

[13] Ídem.

CPRC construirían una imagen idealizada de las nuevas condiciones que habrían de reinar en el cayo Santiago durante las próximas décadas. Sade sería el primer "scientific-in-charge" designado bajo la nueva imagen corporativa del "scientific monkey business" en la Isla, y bajo su administración:

> "Random removals of animals were stopped;
> trapping was confined to a single annual event (...),
> experimental procedures such as neural ablation
> studies were stopped..."[14]

Para efectos de rehacer la imagen corporativa del "scientific monkey business", Sade recicló el discurso sobre las limitaciones propias a la práctica investigativa en la que media la intromisión del *observador* sobre el objeto de su mirada[15]; desvirtuada por el propio Carpenter desde el asentamiento del criadero de primates en el cayo Santiago.[16] Según Rawlins, quien sería sucesor de Sade, éste tomó el *control* sobre las prácticas de "unthinking removals" e implementó una *nueva* política administrativa:

> "Sade stopped sporadic capture and manipulation
> in an attempt to set up the naturalistic conditions
> that would be best for long term studies."[17]

---

[14] Rawlins, R.G.; "Perspectives on the History of Colony Management... at Cayo Santiago" (1989); op.cit., p.36.

[15] Yerkes, en los años 30, ya reconocía la crítica sobre el carácter artificial de las elucubraciones teóricas sobre el comportamiento de primates cautivos en laboratorios, igual que sobre las "observaciones" conductuales de Zuckerman, manipuladas en el zoológico inglés.

[16] Quizá, todavía en 1937, Carpenter coincidía con la crítica y favorecía la no-intervención en los estudios psicosociales sobre primates. Pero, desde que estableció la colonia en el cayo Santiago, desistió de la práctica de no-intromisión y manipuló a conveniencia los sujetos/objetos de su *estudio*. Desde entonces, el principio metodológico de no-intromisión del "observador" sería ajustado a los experimentos particulares de cada *investigador*, aunque la propaganda corporativa del CPRC no cesaría nunca de encubrirlo y negarlo...

[17] Rawlins, Richard "Forty years of rhesus research"; *New Scientist* (1979); op.cit., 109.

La *nueva* política estaba orientada hacia la imagen corporativa que el CPRC interesaba proyectar. Para retener sus vínculos legítimos con la UPR, no podía admitir abiertamente que la función primordial de la colonia de rhesus en cayo Santiago seguía siendo la de mera industria suplidora. No se trataba, pues, de "set up the naturalistic conditions" sino de simularlas. Asimismo, el concepto "free-ranging" seguiría siendo utilizado como eufemismo de la condición de cautiverio en las cuatro colonias del CPRC.

CPRC ratifica cruel política de no-intervención veterinaria

Entrada la década de los 70, la validez "científica" de los "estudios" de campo continuaría vinculada a la ilusión de que las "observaciones y descripciones" psicosociales se realizaban en espacios que, aunque preparados y mantenidos artificialmente, recreaban el *hábitat natural* de las especies.[18] Pero, no obstante la evidente artificialidad de los "field studies", la política de manejo de los "scientists-in-charge" privilegiaba la práctica de no-intromisión con los "free-ranging" rhesus, por razones *científicas* tanto como por mezquinas motivaciones económicas. Hasta entonces, pues, permanecía vigente la política de no intervención veterinaria:

"Animals were not vaccinated against diseases
such as tetanus and wounded or injured animals
were not captured or removed for treatment."[19]

Obsesionados por simular un ambiente *natural* o por ahorrarse los costos de cuido y tratamiento, las condiciones de salud de los rhesus cautivos en las colonias seguían abandonadas a sus propias suertes...

---

[18] Para imitar el "hábitat natural" de la especie y poder *observarlas* mejor, el CPRC podó las áreas del cayo que entorpecían las observaciones.

[19] Rawlins, R.G.; "Perspectives on the History of Colony Management... at Cayo Santiago" (1989); op.cit., p.36.

"All biotic events were left to take natural course in order to preserve conditions of semi-natural population growth under food abundance."[20]

Este era el fundamento *científico* de la política gerencial que continuaría predominando entre los "scientists-in charge" del CPRC. La única intromisión admitida sería puesta en práctica en los casos donde la muerte de la criatura era inminente:

"In the end, only moribund animals were removed from the island." [21]

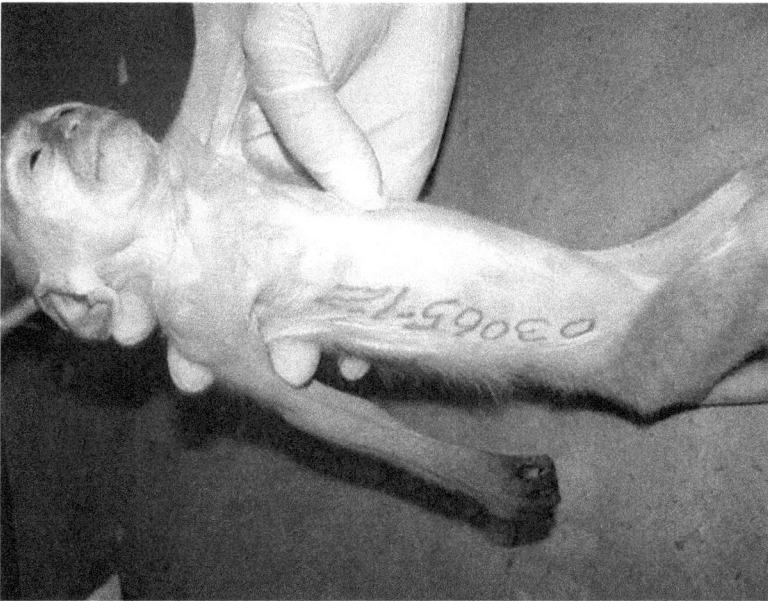

Ilustración 4[22]

---

[20] Ídem.

[21] Ídem.

[22] Infante rhesus muerto tras experimentación. Fotografía tomada de: http://www.peta.org.

Animal Welfare Act (1970): regulaciones de ley y evasivas corporativas

Los ajustes en el orden interior del negocio de primates en Puerto Rico durante este periodo, al margen de las justificaciones corporativas y las retóricas *científicas*, estuvieron directamente relacionadas con las restricciones y requerimientos impuestos por el acta congresional de 1966, y la versión enmendada en 1970 bajo el título de Animal Welfare Act (AWA).[23] La gerencia corporativa del CPRC ni siquiera lo menciona, y hace aparecer como iniciativa propia lo que en realidad eran requerimientos impuestos por la ley.

Aunque la ley federal, que regula el trato y manejo de animales, seguiría privilegiando el poder discrecional de las "research facilities"[24], y las industrias biomédicas permanecerían prácticamente exentas de la intervención fiscalizadora de las agencias estatales, éstas se veían constreñidos a cumplir con determinados requerimientos que, para efectos de la ley, eran inexcusables.[25]

Hasta la fecha, el "scientific monkey business" operaba sin regulaciones legales sobre la trata de animales en la Isla, excepto las convenidas contractualmente entre las partes interesadas en el negocio; y gozaba del protectorado incondicional del gobierno insular y del apadrinamiento legitimador de la Universidad de Puerto Rico y de los NIH. Aunque tardíamente, ambas versiones del acta congresional (AWA 1966 y 1970) -al margen de ambivalencias jurisdiccionales- afectarían directamente las prácticas gerenciales del negocio de primates en la Isla e incidiría

---

[23] Animal Welfare Act of 1970; 91st Congress, H. R. 19846; (Public Law 91-579); December 24, 1970.

[24] "Nothing in this Act shall be construed as authorizing the Secretary to promulgate rules, regulations, or orders with regard to design, outlines, guidelines, or performance of actual research or experimentation by a research facility as determined by such research facility" (AWA-1970; Secc.13)

[25] "Provided, that the Secretary shall require, at least annually, every research facility to show that professionally acceptable standards governing the care, treatment, and use of animals, including appropriate use of anesthetic, analgesic, and tranquilizing drugs, during experimentation are being followed by the research facility during actual research or experimentation." (Idem)

sobre la trata habitual de primates no-humanos en los laboratorios de Sabana Seca y en el cayo Santiago.

En principio, el poder discrecional del que gozaría la gerencia del CPRC estaba sujeto al poder inquisidor del gobierno federal, que ostenta el derecho legal para investigar, inspeccionar y evaluar[26] las condiciones de las facilidades, las investigaciones y las experimentaciones.[27] Además, en caso de requerirlo -dispone la ley- las autoridades de las "research facilities" debían someter informes sobre las condiciones de éstas, la naturaleza de las investigaciones y los objetivos experimentales. De estimarse que se violaba o incumplía algún requerimiento de la ley, la autoridad federal intervendría para hacerla valer.[28] Sin embargo, la dificultad inmediata, si no la relativa imposibilidad de "enforce the law", lo estipula el propio texto legal. El acta congresional limita y sujeta el poder de su propio inspector a las determinaciones corporativas que está supuesto a inspeccionar. Las condiciones y términos de las investigaciones y experimentaciones sujetas a inspección, paradójicamente, seguirían determinadas "by a research facility as determined by such research facility".[29]

Aprovechando la relativa ambivalencia jurisdiccional del AWA y el poder discrecional que le reconoce a las autoridades a cargo del "scientific monkey business", la propaganda corporativa del CPRC omitiría la relación entre los ajustes operacionales en el

---

[26] "In promulgating and enforcing standards established pursuant to this section, the Secretary is authorized and directed to consult experts, including outside consultants where indicated." (AWA-1970; Secc.13)

[27] "The Secretary shall make such investigations or inspections as he deems necessary to determine whether any dealer (or) research facility (…) has violated or is violating any provision of this Act or any regulation or standard issued thereunder, and for such purposes, the Secretary shall, at all reasonable times, have access to the places of business and the facilities, animals, and those records required…" (AWA-1970; Secc.16)

[28] "The Secretary shall promulgate such rules and regulations as he deems necessary to permit inspectors to confiscate or destroy in a humane manner any animal found to be suffering as a result of a failure to comply with any provision of this Act or any regulation or standard issued thereunder if (1) such animal is held by a dealer (…) (3) such animal is held by a research facility and is no longer required by such research facility to carry out the research, test, or experiment for which such animal has been utilized…" (AWA-1970; Secc.16)

[29] AWA-1966/1970; Secc.13.

manejo de las poblaciones cautivas bajo sus dominios y los requerimientos legales. Las retóricas *científicas* harían posible esquivar algunas constricciones de la ley, sobre todo cuando ésta procuraba asesoramiento *profesional* ("consult experts") de los mismos funcionarios corporativos sobre los que habría de ejercer su poder fiscalizador, según dispuesto por la ley.

Así, por ejemplo, el AWA disponía desde su primera versión en 1966, que las condiciones de cautiverio de los animales en las "research facilities" debían adecuarse a exigencias mínimas - desde un punto de vista humano ("humane")- de trato y cuido de las especies.[30] Todavía en 1970 los rhesus cautivos en el cayo Santiago seguían estando sometidos a situaciones perniciosas y mortales, a sabiendas de los "expertos" a su cargo, los "scientists-in-charge". Desde su establecimiento, la colonia depende de provisiones diarias de alimento, y aunque los "grupos sociales" que habitan el cayo guardan sus distancias, a la hora fija de racionarles alimento coincidían en estrechos corrales y competían violentamente por el acceso a la comida.

Ilustración 5[31]

---

[30] "The Secretary shall establish and promulgate standards to govern the humane handling, care, treatment, and transportation of animals by dealers and research facilities. Such standards shall include minimum requirements with respect to the housing, feeding, watering, sanitation, ventilation, shelter from extremes of weather and temperature, separation by species, and adequate veterinary care." (AWA-1966/1970); Secc.13 (*Humane standards*).

[31] Imagen de satelite: "Feeding/Trapping Corrals" en cayo Santiago.

180

Para los "scientists-in-charge", obsesionados con "observar y describir" las "conductas" de los "free-ranging" rhesus, las agresiones y matanzas en los estrechos corrales de alimentos quizá les parecían *interesantes*, y hasta creerían que se trataba de una práctica de la violencia animal propia en su "hábitat natural". Por estrictas "razones científicas", pues, se abstenían de trastocar el escenario. Pero, al margen de la relativa liviandad del acta congresional, lo cierto es que muy difícilmente los "scientists-in-charge" convencerían a los inspectores designados por la AWA de que era científica la razón para someter a los animales a cruentas peleas diarias por comida...

Entrada la década de los 70, la administración del CPRC se vio obligada a suspender algunos de sus caprichos sádicos y a mejorar las condiciones de cautiverio en el criadero del cayo Santiago. La propaganda corporativa del CPRC admitiría entre líneas las brutalidades a las que habían sido sometidos los rhesus, pero haría aparecer como iniciativa propia, y no como disposición de la ley, los cambios a efectuar:

> "Also high levels of aggression observed at the old feeders would be reduced by enlarging the feeding area and mortality due to wounding during trapping would be diminished by capturing an entire social group at a time rather than the small numbers of animals previously caught in the gang cages."[32]

Nuevos "feeding/trapping corrals"[33] serían habilitados en el cayo...

---

[32] Rawlins, R.G.; "Perspectives on the History of Colony Management... at Cayo Santiago" (1989); op.cit., p.36.

[33] Kessler M. J., Berard, John D.; Kessler M. J., Berard, John D.; "A Brief Description of the Cayo Santiago Rhesus Monkey Colony"; *Puerto Rico Health Sciences Journal*; Universidad de Puerto Rico, Recinto de Ciencias Médicas; Abril-1989; Vol.8, Núm. 1; p.59.

Ilustración 6[34]

Las primeras matanzas del CPRC (1971-72)

"Cull: a selective slaughter of wild animals."

Designado director del CPRC por los NIH, Clinton Conaway designaría a Donald Sade como "scientist-in-charge" del cayo Santiago. Como parte de la reestructuración gerencial del "scientific monkey business", se creó una "junta asesora" (advisory board) del CPRC, que "recomendaría" –para efectos administrativos- la primera gran matanza ("cull"[35]) de rhesus en Puerto Rico. Según John Buettner-Janusch:[36]

---

[34] "Feeding/Trapping Corrals" en cayo Santiago. Fotografía por M.E.Ginés.

[35] "Cull" es la palabra suave que utilizan para encubrir la violencia atroz de las matanzas masivas en los criaderos de primates en Puerto Rico. Cull: (noun): a selective slaughter of wild animals. Ex. a livestock animal selected for killing; (verb): ...reduce the population of (a wild animal) by selective slaughter. (Oxford English Dictionary (2008) en http://www.wordreference.com); ...to hunt or kill (animals) as a means of population control (http://www.merriam-webster.coml); Culling is the process of removing breeding animals from a group based on specific criteria. (...) For livestock and wildlife alike, culling usually implies the killing of the removed animals. (http://en.wikipedia.org)

[36] John Buettner-Janusch: "a prominent anthropologist who was convicted of making illicit drugs in his campus laboratory and who then tried to kill the trial

182

"The advisory board for the center had recommended the population at Cayo Santiago be substantially reduced, from the more than 685 animals reported alive in 1971 to a more manageable level of 200 or 300 monkeys…"[37]

Bajo supervisión directa del "scientist-in-charge", fue ejecutado el programa de manejo de la población excedente en cayo Santiago:

"…the colony was culled to reduce its size and to remove social groups whose composition had been altered by previous trapping."[38]

Resultado de la orden de exterminio, "…the size of the colony was reduced by a lenghty cull…" Esta primera ronda de matanzas, por encargo del recién creado CPRC, fue justificada sin reparo alguno por los publicistas corporativos encargados de construir su historia oficial y de fabricar una imagen de legitimidad científica para encubrir sus atrocidades. Los relatos de Rawlins, Kessler, Berard y Marler, entre otros, lo evidencian. El objetivo de las matanzas (cull) -apuntan- era reducir el tamaño de la colonia "to prepare for longitudinal behavioral work on the island."[39] Las matanzas se prolongaron hasta 1972.[40]

---

judge with poisoned candy, died (…) at a medical center for Federal prisoners… He was the scientific chairman of the Caribbean Primate Research Center…" (Lambert, Bruce; "John Buettner-Janusch, 67, Dies…"; *The New York Times*, 4 de julio de 1992)

[37] Buettner-Janusch, John (1971); en Rawlins, R.G. y Kessler, M. J.; "The History of the Cayo Santiago Colony"; (1986); op.cit., p.39.

[38] Rawlins, R.G.; "Perspectives on the History of Colony Management… at Cayo Santiago" (1989); op.cit., p.36.

[39] Rawlins, R.G. y Kessler, M. J.; "The History of the Cayo Santiago Colony"; (1986); op.cit., p.40. A Donald Sade el "advisory board" del CPRC aprobó sus propuestas de futuros estudios sobre el comportamiento social de los rhesus en cayo Santiago, a condición de que se cumpliera con la orden de *disminuir* la población (cull).

Sacrificios para muestrario de esqueletos (1972/1988)

Hasta 1971 no existía una política formal de *coleccionar* esqueletos de rhesus muertos en el cayo, y el CPRC contaba con una muestra reducida de huesos encontrados casualmente y unos 20 esqueletos conservados. Aprovechando el programa de matanzas masivas a su encargo, Donald Sade decidió ampliar y sistematizar la colección de esqueletos, "in order to develop a research resource for anthropological studies."[41] A los efectos:

"One entire troop (Group K) was removed and sacrificed in 1972 to generate a tissue bank and skeletal collection for morphological studies."[42]

Tras renunciar en 1976, Sade se apropió de la colección de esqueletos y de la data recopilada hasta entonces (registros originales de *sus* investigaciones, historial demográfico, censos, etc.) y se llevó todo consigo. En octubre de 1980, tras varios años de pleitos legales y negociaciones -relata Rawlins- se convendría un *acuerdo* entre las partes "obligating Sade to return all documents and the skeletal collection to the primate center..."[43] En junio de 1984, la colección de esqueletos sería recibida por la UPR.[44]

---

[40] "All but the intact social groups were removed from the island and when the cull was completed in 1972, only four troops remained." (Buettner-Janusch (1971); en Rawlins, R.G. y Kessler, M. J.; "The History of the Cayo Santiago Colony"; (1986); op.cit., p.40)

[41] Turnquist, Jean E; Hong, Nancy; "Current Status of the Caribbean Primate Research Center Museum"; *Puerto Rico Health Sciences Journal*; Universidad de Puerto Rico, Recinto de Ciencias Médicas; Abril-1989; Vol.8, Núm. 1; pp.187-189.

[42] Rawlins, R.G.; Kessler, M.J.; "The History of the Cayo Santiago Colony"; (1986); op.cit., p.40.

[43] Rawlins, R.G.; "Perspectives on the History of Colony Management... at Cayo Santiago" (1989); op.cit., p.37.

[44] Ese mismo año, la *National Science Foundation* contribuiría $38,896 a la UPR para la colección de esqueletos del CPRC. (Yellen, John E.; "National Science Foundation Support of the Cayo Santiago Primate Skeletal Collection"; *Puerto Rico Health Sciences Journal*; Universidad de Puerto Rico, Recinto de Ciencias Médicas; Abril-1989; Vol.8, Núm. 1; p.185)

Durante los años subsiguientes a las matanzas de 1972, el CPRC conservaría la práctica de *coleccionar* esqueletos de los rhesus víctimas de sus programas de exterminio, incluyendo los muertos en cautiverio en los laboratorios de Sabana Seca y los "free-ranging" del cayo Santiago, sacrificados premeditadamente para aumentar el "Cayo Santiago Skelletal Collection".[45]

> "These includes intact social groups of rhesus monkeys that were removed from Cayo Santiago during 1984 and 1985, in order to relieve population pressures."[46]

En 1988 habría registro de 1300 esqueletos de rhesus, de los cuales cerca de 900 eran procedentes de los "free-ranging" del cayo Santiago.[47] Cerca de 300 adicionales proceden de otras 10 especies de primates no-humanos, importadas para experimentaciones en los laboratorios del CPRC en Sabana Seca.[48]

Entrelazado en la política de manejo de la población *excedente* ("cull"), dentro de los dominios del "scientific monkey business", el CPRC no sólo mercadea los cuerpos vivos de las especies bajo sus dominios y *colecciona* los esqueletos de sus víctimas, sino que comercia también con partes determinadas de sus cuerpos, según la demanda de su clientela. Las ofertas relativas al comercio de órganos aparecen directamente programadas dentro de la práctica de las matanzas regulares, pero nada indica que se limite a este periodo sino que más bien responde al encargo

---

[45] El Museo del CPRC y el "Cayo Santiago Skelletal Collection" se establecería en 1982 en el Departamento de Anatomía del recinto de Ciencias Médicas, de la UPR.

[46] Turnquist, Jean E; Hong, Nancy; "Current Status of the Caribbean Primate Research Center Museum" (1989); op.cit. p.187. Además, integrarían esqueletos de las colonias de reproducción bajo contrato del NIH en Sabana Seca. (Ídem)

[47] Ídem.

[48] El catálogo de muestra contaría con 1600 esqueletos en 1989. La colección, incluye, además, esqueletos de otras especies experimentales de los laboratorios de Sabana Seca: 100 de ellos de especies de primates nativas de las Américas (New World Monkeys): *Saimiri sciureus; Cebus apella; C. albifrons; C. capuchinus; Aoutrus trivirgatus y Callicebus sp.* Del catálogo de (Old World Monkeys): *Erythrocebus patas; Maccaca artoides; M. fascicularis y Cercophitecus aethiops.* (Ídem)

específico de los *investigadores* estadounidenses, indistintamente del número de habitantes en la colonia de primates.

> "In 1972, a social group of the free-ranging monkeys of Santiago Island was killed and 17 genital tracts from 28 females at least 4 years old were obtained."[49]

La base ideológica de esta cruel práctica, que incluye la matanza, desmembramiento y tráfico de órganos de primates no-humanos desde Puerto Rico, no responde a una *necesidad* científica vital ni abona al desarrollo de conocimientos esenciales para la salud humana. El supuesto de que su valor se debe a las semejanzas fisiológicas con la especie humana es parte de la retórica utilizada para efectos de financiar la práctica experimental o investigativa, y su objetivo se debe antes a la obtención de capital financiero y al prestigio obtenido, más que por el valor real del experimento o la investigación, por adulaciones dentro de los mismos círculos de poder que sacan tajada de la fraudulenta creencia...

Evasivas al Animal Welfare Act

Finalizadas la primera ronda de matanzas, la gerencia corporativa del CPRC haría parecer *ideales* las *nuevas* condiciones del cayo Santiago para efectuar *estudios* psicosociales sobre los rhesus sobrevivientes. Según relata Rawlins:

---

[49] DiGiacomo, Ronald F.; "Gynecologic Pathology in the Rhesus Monkey" (II. Findings in Laboratory and Free-Ranging Monkeys); *Veterinary Patholy* 14; pp. 539-546 (1977) Tras examinar los tractos genitales de un total de 101 hembras rhesus, concluyó el ginecólogo: The type and prevalence of disease in genital tracts of free-ranging females was similar to that in laboratory females. The laboratory apparently does not predispose to or protect against many of these diseases although the prevalence and severity of certain processes may be changed. (Ídem)

"All but the intact social groups were taken off the island, and the four remaining troops were not disturbed again."[50]

Pasado el "periodo de transición" -como lo designan Rawlins y Kessler- las "capturas intermitentes" y la "manipulación" de los animales "was stopped", y se habrían creado condiciones "más naturales" y apropiadas para realizar "observaciones a largo plazo" del comportamiento social de la especie, "with a minimun of artificial bias".[51] Renovada la imagen corporativa del negocio de primates en Puerto Rico, el CPRC vendería la colonia del cayo Santiago como un "undisturbed semi-natural colony for research".[52] Desde 1972 hasta 1984 -según Kessler y Berard- "...the colony was left intact and maintained under semi-natural conditions"[53], lo que habría de atraer a "behaviorists" estadounidenses y europeos.[54]

Uno de los atractivos principales para el turismo de "behaviorists" a la Isla, era precisamente el simulacro de naturalidad provisto efectivamente por la propaganda corporativa del CPRC. El precio más alto por mantener este artificio publicitario lo pagarían las víctimas rhesus, sometidas a los tortuosos y crueles caprichos experimentales e investigativos de los "behaviorists" extranjeros, seducidos por las condiciones de naturalidad ofrecidas como parte del "scientific monkey business" en la Isla.

---

[50] Rawlins, Richard; "Forty years of rhesus research"; *New Scientist* (1979); op.cit., 109.

[51] Rawlins, R.G.; Kessler, M.J.; "The History of the Cayo Santiago Colony"; (1986); op.cit., p.40.

[52] Remodelados los "feeding/trapping corrals", el manejo operativo se restringiría a una temporada determinada durante cada año, programadas entre enero y febrero. Durante ese periodo se realizarían los sangrados para estudios genéticos, censos, tatuajes y "earnotched". (Kessler M. J., Berard, John D.; "A Brief Description of the Cayo Santiago Rhesus Monkey Colony" (1989); op.cit., p.59)

[53]Ídem.

[54] Rawlins, R.G.; Kessler, M.J.; "The History of the Cayo Santiago Colony"; (1986); op.cit., p.40.

La promesa de haber dejado "intactas" la colonias sobrevivientes, y la ilusión de que las condiciones en el cayo Santiago recreaban un "hábitat natural" para los "free-ranging" rhesus, se traducían en una renuncia tácita a brindarles atenciones y cuidos apropiados. La retórica cientificista del CPRC lograría así evadir requerimientos legales del acta congresional (AWA-1966/1970) y, reproducir las habituales prácticas de crueldad que continuarían caracterizado el "scientific monkey business" en la Isla...

El Animal Welfare Act "obliga" a los responsables de las "research facilities" a proveer "adequate veterinary care". En principio, esta disposición debía forzar al CPRC a trastocar la cruel política de no-intervención veterinaria, que los "scientists-in-charge" veneraban como credo religioso, y los gerenciales del "scientific monkey business" celaban para su conveniencia económica. Los "biotic events" (agresiones y golpes, enfermedades y muertes) se darían por justificados ante las autoridades del Estado, como condiciones propias de los *estudios* psicosociales sobre los primates cautivos en el cayo.

De acuerdo al texto de la ley, no obstante, la negativa a brindar atención veterinaria a las víctimas del cruel cautiverio en el cayo Santiago no podría seguir siendo justificada como imperativo de la investigación científica. En términos legales, el CPRC no podría abandonar a los rhesus al "natural course" de sus suertes, "...in order to preserve conditions of semi-natural population growth under food abundance."[55] No obstante, tras concluidas las matanzas en 1972:

---

[55] Ídem. Las causas de muerte *observadas* en las poblaciones naturales incluyen: infanticidio, peleas, depredación (perros, etc.), caídas accidentales. (Fooden, Jack; "Systematic Review of the Rhesus Macaque, *Macaca Mulatta*"; op.cit., p.78.) Las mayores causas de muerte en las poblaciones cautivas no son naturales. Matanzas selectivas (cull), sacrificios por terminación del experimento, muertes por inoculación de venenos experimentales, accidentes quirúrgicos, suicidios por psicosis a causa del encierro, de la separación de las crías y la madre, etc. El sometimiento a la dependencia de alimentación, a condiciones ambientales mortíferas (sequías, huracanes, tormentas) y la desidia justificada como ciencia también son condiciones provocadas por humanos y que inciden sobre el número de muertes en las colonias en cautiverio, en laboratorios o en islotes y cayos. Las mismas causas pueden registrarse en India como en Puerto Rico (infanticidio, peleas, caídas accidentales) y enfermedades por contagio humano. En Puerto Rico, el principal depredador de los rhesus es el hombre...

"The monkeys received no disease prophylaxis, but moribund animals were either removed from the island for treatment or euthanized."[56]

Y así seguiría siendo hasta 1984.[57] Aprovechando la ambivalencia política del lenguaje de la ley, o bien la complicidad tácita del Congreso y del gobierno federal con las industrias de experimentación con animales, los estrategas del "scientific monkey business" integrarían a su ordenamiento gerencial la figura del veterinario, que pasaría a convertirse en pieza corporativa clave para legitimar, desde adentro, las políticas de manejo de especies y las condiciones de trato durante las experimentaciones. Absorbido como figura de autoridad dentro de los dominios del "research facility", el veterinario sería uno de los "expertos" a consultar por la agencia de gobierno, en caso de iniciar pesquisa según dispone la ley. La gerencia del CPRC pronto contrataría veterinarios a ocupar posiciones de confianza corporativa, y en ocasiones hasta los designaría "scientist-in-charge".[58]

Otras regulaciones sensibles del Animal Welfare Act quedarían en suspenso y encubiertas por la política de secretividad practicada por las corporaciones vinculadas al "scientific monkey business" en Puerto Rico. Así, por ejemplo, aunque el acta dispone que debe proveérseles "shelter from extremes of weather and temperatures..."[59], no existe registro ni mención sobre los efectos de mortíferas condiciones *naturales* a las que han estado expuestos los rhesus cautivos en los islotes del CPRC.

---

[56] Kessler M. J., Berard, John D.; "A Brief Description of the Cayo Santiago Rhesus Monkey Colony" (1989); op.cit., p.59. Este dato ya aparece reseñado en Rawlins, G.R. y Kessler, M.J.; "Demographic of the Free-Ranging Cayo Santiago Macaques (1976-1983)"; op.cit., p.48.

[57] Kessler M. J., Berard, John D.; "A Brief Description of..." (1989); op.cit., p.59.

[58] Tal es el caso de William T. Kerber, que sería "Staff Veterinarian" del CPRC desde 1972 hasta 1974, cuando habría de sustituir a Clinton Conaway como "Scientist Director" de la corporación. Igualmente, Matt Kessler, quien sería contratado por Richard Rawlins como veterinario corporativo del CPRC, y pasaría a ocupar la posición de "scientist-in-charge" y, posteriormente, de director del CPRC. Además, compartiría el encargo político de construir la imagen/propaganda del CPRC por recurso del relato histórico...

[59] AWA-1966/1970; Secc.13 (*Humane Standards*).

Con excepción de las instalaciones en la base naval de Sabana Seca, que los retienen enjaulados, en los restantes criaderos (cayo Santiago, Desecheo, Guayacán y Cuevas) no existen refugios naturales. El hábitat artificial, sembrado para los rhesus y demás especies cautivas en el cayo, consiste en árboles, palmeras y arbustos. En 1956, el huracán Santa Clara entró por la región sureste de la Isla, y se registraron ráfagas de hasta 115 millas por hora. No hay mención ni registro sobre los efectos en el cayo Santiago. Tampoco con respecto a las tormentas tropicales que azotaron la zona sureste de la Isla durante años subsiguientes...

Ilustración 7[60]

---

[60] Rhesus y cría nativas, en el cayo Santiago. Fotografía por JAOS (2011)

CPRC/NIH: dependencia económica/subordinación política

Restaurada la fachada del "scientific monkey business" y cumplida la primera condición de los NIH (las matanzas) para obtener padrinazgo financiero, el CPRC continuaría operando funciones con el presupuesto convenido de $300,000 anuales.[61] Desde 1972 hasta 1975, el Animal Resources Branch (ARB), Division of Research Resources (DRR) de los NIH mantendría contratos con el CPRC para correr las operaciones en Sabana Seca, cayo Santiago, Guayacán y Cuevas. Otros contratos se concertarían durante ese periodo para mantener "breeding programs" de otras especies de primates en Sabana Seca. La FDA financiaría también los "breeding programs" de rhesus en la Parguera. Hasta 1980 las operaciones del CPRC seguirían estando financiadas predominantemente por los ARB/DRR/NIH, disponiendo de una cifra anual de $300,000 aproximadamente.[62]

Importación y fugas de la especie Patas (1971-1982)

Durante el periodo en que el CPRC sacrificaba cientos de rhesus en el cayo Santiago, para hacer más "manejable" la colonia -según sus ejecutores-, simultáneamente importaba otras especies para establecer nuevas "breeding colonies" en la Isla. La población *excedente* en el cayo Santiago no fue relocalizada en los islotes Cuevas, Guayacán o Desecho, porque las corporaciones financieras de la industria biomédica estadounidense no interesaban de la especie rhesus más de lo que disponían en lo inmediato y para lo que tenían previsto a corto plazo. La certeza de la potencia reproductiva de la especie rhesus les permitía desecharse de la mercancía excedente e *innecesaria* a sabiendas de que no habría de faltarle abastos y que, en tiempo calculado y acorde a la demanda, la repondrían. Interesaban, por el contario, establecer criaderos de otras especies de primates no-humanos

[61] Goodwin W.J.; "Establishment of the Caribbean Primate Research Center" (1989); op.cit., 31.

[62] Whitehair, Leo A.; "NIH Support for the Caribbean Primate Research Center (1975 to Present)"; *Puerto Rico Health Sciences Journal*; Universidad de Puerto Rico, Recinto de Ciencias Médicas; Abril-1989; Vol.8, Núm. 1; pp.43-44.

fuera de las instalaciones experimentales en la base naval de Sabana Seca.

El 23 de noviembre de 1971, llegaría el primer cargamento de la nueva especie Patas (*Erythrocebus patas*), que habría de establecerse en los islotes Guayacán y Cuevas, en la Parguera. Días antes, la gerencia corporativa del CPRC designó a James Loy como "scientist-in-charge" de las colonias en la Parguera. Según relata, el objetivo principal del negocio, concertado entre el CPRC, dirigido por C.H. Conaway, y la división interesada de los NIH[63], era "...to increase the number of primate species available for research...".[64] Con respectos a la especificidad de sus usos experimentales, no obstante, al parecer no había nada previsto:

> "Details concerning research to be done with the patas monkeys were not specified prior to the animals arrival."[65]

La nueva especie, importada desde Nigeria, *coexistiría* con los "free-ranging" en la Parguera, de manera "more or less peacefully." El gobierno de Puerto Rico ya había otorgado los permisos correspondientes y no existían regulaciones legales ni agencias de gobierno locales a cargo de fiscalizar la empresa del CPRC.

La Universidad de Puerto Rico le proveía de una imagen de legitimidad tal que al parecer hacía del CPRC un negocio intocable. El acceso a la información, al parecer, estuvo controlada desde adentro y la prensa no se inmutó. Burladas las restricciones del AWA por la autoridad veterinaria del CPRC, las especies rhesus y patas serían mezcladas sin precaver las consecuencias.[66]

---

[63] La National Institute of Neurological and Communicative Disorders and Stroke (NINCDS), bajo la dirección de W.T. London.

[64] Loy, James; "Studies of Free-Ranging and Corralled Patas Monkeys at La Parguera, Puerto Rico"; *Puerto Rico Health Sciences Journal*; Universidad de Puerto Rico, Recinto de Ciencias Médicas; Abril-1989; Vol.8, Núm. 1; pp.129-131.

[65] Ídem.

[66] Una epidemia de "simian hemorragic fever" (SHF) resultó en la muerte de 212 rhesus en las instalaciones de los NINCDS-NIH a finales de 1972. Rastreada la causa de la epidemia de fiebre hemorrágica, se detectó que la

Ilustración 8[67]

---

enfermedad fue transmitida de la especie patas a la rhesus por una aguja infectada con el SHF. En 1973 se hizo un "screening" para detectar la enfermedad en la colonias de la Parguera. (Loy, J.; "Studies of Free-Ranging and Corralled Patas Monkeys at La Parguera..." (1989); op.cit., p.129) Los rhesus son vulnerables al contagio mortal del SHF, y a sabiendas fueron mezclados.

[67] Patas nativo, capturado y en cautiverio provisional del DRNA en Cambalache. Fotografía por Gazir Sued (2011)

Los primeros cargamentos fueron localizados en el islote Cuevas. En marzo de 1974 algunos serían relocalizados en Guayacán. Es para esta fecha que los relatores corporativos del CPRC mencionan nuevamente las fugas migratorias, silenciadas durante los primeros años.[68]

> "Unfortunately, some of the free-ranging patas began to leave Guayacán for the Puerto Rican mainland soon after the relocation."[69]

Para verano de 1974, James Loy había culminado su *estudio* y se llevó un grupo de patas de Cuevas para iniciar una colonia en cautiverio en un laboratorio de la Universidad de Rhode Island. Entre 1974 y 1979 una veintena de patas fue sumada a la colonia de Guayacán:

> "...the population continue to grow due to birth, and animals continued to emigrate to mainland Puerto Rico."[70]

Según el relato corporativo, en 1980 fueron capturados y devueltos al cautiverio en Cuevas. El *programa* en la Parguera, "due to economical and managerial difficulties"[71] terminaría en marzo de 1982, y los free-ranging patas *relocalizados* en las jaulas de Sabana Seca. Igual que los rhesus y otras especies de primates no-humanos, los patas cautivos en los islotes en la Parguera y en la

---

[68] Loy estuvo a cargo de los patas en Cuevas y no menciona fugas durante su administración. Tampoco aborda sobre los procesos de adaptación de la especie y, sobre todo, omite las relaciones con los grupos de rhesus existentes y que, sabemos, expulsaban violentamente a los grupos tardíos de su misma especie. El comentario de la relación de coexistencia "more or less peacefully", deja entrever la posibilidad de enfrentamientos entre ambas especies... La omisión es parte de la política de encubrimiento corporativo del CPRC.

[69] Loy, James; "Studies of Free-Ranging and Corralled Patas Monkeys at La Parguera..." (1989); op.cit., p.130. A principios de 1974 se encontró un cadáver de un joven patas en el valle de Lajas...

[70] Ídem. Para 1984 se estimaba unos 70 patas fugitivos de Guayacán dispersos en el valle de Lajas.

[71] Schapiro y Mitchell, según citado en Loy; op.cit., p.130.

colonia de crianza en Sabana Seca serían objeto de juegos experimentales inútiles para las ciencias de la salud humana. A los patas fugitivos les sería común el fatídico destino de los rhesus...

De la crueldad experimental a la trivialidad anecdótica

Inspirados en las tortuosas y crueles experimentaciones "psicológicas" de Harry F. Harlow[72], en la década de los 50, los investigadores del CPRC en Puerto Rico emularían sus prácticas sin menoscabo de consideraciones éticas para supuestos fines "científicos".

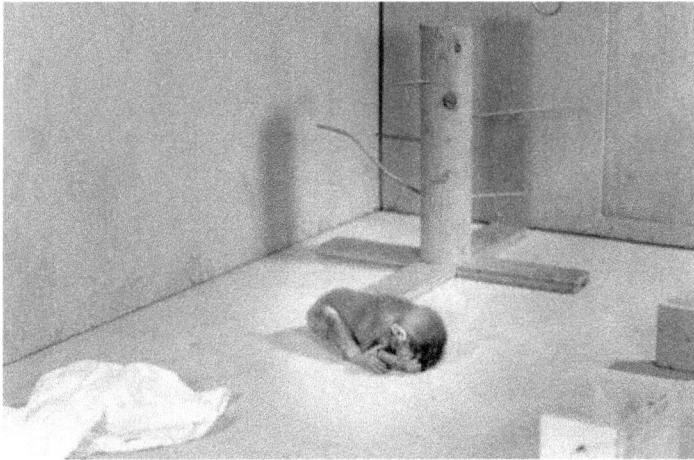

Ilustración 9[73]

---

[72] Harlow se especializaba en manipular las condiciones de existencia de los infantes rhesus para producir dramáticas perturbaciones psicológicas y luego describirlas como si se tratara de descubrimientos científicos que, por analogía, darían luz sobre el comportamiento humano. Entre sus experimentaciones, descritas por sí mismo como sádicas, Harlow separaba a las crías de sus madres, las enjaulaba solitarias y les inducía a estados de pánico que degeneraban en severas condiciones psicopatológicas, automutilaciones y suicidios. Sus "aportaciones" servirían de base e inspiración a los *investigadores* del CPRC. Así lo admite, por ejemplo Berman, Carol M.; "Maternal Lineages as Tools for Understanding Infant Social Development and Social Structure"; en *The Cayo Santiago Macaques: History, Behavior & Biology: History, Behavior & Biology* (1986); op.cit., p.73.

[73] Cría rhesus víctima de tortura psicológica. (http://www.sciencephoto.com/)

Ilustración 10[74]

Entre 1970 y 1975 fue ejecutado un experimento por Gershon Berkson para satisfacer la perversa curiosidad del *investigador*, interesado en registrar la relación de las madres rhesus con crías ciegas, y los trajines de los infantes en su desenvolvimiento social. A los efectos, Berkson:

---

[74] "An infant Rhesus monkey (Macaca mulatta) with its cloth surrogate mother during an animal experiment. Maternal deprivation experiments performed by Harry Harlow of the University of Wisconsin in the 1950's involved separating infant monkeys from their mothers and rearing them with surrogate mothers made of wire or cloth. The monkeys were kept in partial or total isolation, in wire cages or in "pits" or "wells of despair." These experiments found that comfort, security and affection are necessary for a monkey's healthy psychosocial development." (http://www.sciencephoto.com/)

"...deliberately blinded infant macaques in feral, free ranging, and captive situations, and subsequently monitored their survival and social development."[75]

Algunas crías sobrevivieron en el islote Cuevas hasta la edad de tres años, otras murieron antes...

Ilustración 11[76]

Paralelo a las experimentaciones invasivas, el conjunto de investigaciones y experimentaciones *psicosociales* realizadas sobre las poblaciones de rhesus y patas en las colonias bajo los dominios del CPRC seguiría siendo tan irrelevante para las ciencias de la salud humana, como superfluas las *observaciones* y anecdóticas las descripciones de los "behaviorists" *visitantes*. Las autoridades corporativas del CPRC se esforzarían por hacerlas aparecer bajo el

---

[75] Scanlon, Catherine E.; "Social Development in a Congenitally Blind Infant Rhesus Macaque"; en Rawlins R.G; Kessler, M.J.; *The Cayo Santiago Macaques: History, Behavior & Biology: History, Behavior & Biology* (1986); op.cit., p.107.

[76] Joven rhesus víctima de la tortura experimental. Fotografía tomada de: http://voiceforallanimals.utep.edu.

registro sacralizado de la Ciencia; cuando en realidad se trataba del ordenamiento sistemático e incluso minucioso, de caprichos y obsesiones de algunos "behaviorists" privilegiados...

El relato histórico montado en función de la propaganda corporativa del CPRC encubre bajo un mismo manto retórico las investigaciones biomédicas y psicosociales (behavioral), como si en esencia se tratase de una misma cosa. Lo cierto es que ciertamente no lo son, aunque se asemejen en el orden de sus creencias más básicas. La primera insiste en la similitud fisiológica con los primates no-humanos y asocia sus observaciones experimentales por analogía, aunque la experiencia clínica no cese de desmentir sus ingenuidades. La segunda, aunque también practica el vicio de imaginar relaciones causales donde no las hay, e inventarlas donde no existan, ha reducido un tanto sus pretensiones comparativas. Ya no se trata, sin más, de identificar las similitudes con la especie humana sino, más bien, de *observar y describir* las características propias de cada especie en su relativa singularidad. Ahí la irremediable inutilidad para las ciencias de la salud humana en general, incluyendo las dimensiones psicológicas.

Las diferencias metodológicas entre las observaciones en condiciones de cautiverio y las observaciones de las especies "free-ranging" en condiciones que simulan hábitats naturales, ya habían sido desmentidas desde las manipulaciones experimentales de Carpenter, temprano en la década de los 40. No obstante, los historiadores corporativos del CPRC no admiten tales distinciones, y proyectan una imagen de *maduración* teórica *gradual* que, sin embargo, también es una farsa.

Peter Marler, una de las principales autoridades del CPRC, en su relato histórico reconoce "...how primitive our knowledge was about the natural behavior of nonhuman primates..." en los tiempos de Carpenter.[77] Pero lo hace para distanciarse de las observaciones *artificiales* que primaban los estudios primatológicos hasta entonces, y hace aparecer a Carpenter, discípulo de Yerkes, como pionero de los *estudios* de campo. A tales cuentas, Carpenter habría sentado las bases para *convencer* a futuras generaciones que los estudios sobre el "natural behavior" de primates no-humanos

---

[77] Marler, Peter.; "Conducting Behavioral and Biomedical Research on Cayo Santiago"; *Puerto Rico Health Sciences Journal*; Universidad de Puerto Rico, Recinto de Ciencias Médicas; Abril-1989; Vol.8, Núm. 1; pp.45-46.

podían ascender al rango de ciencia y superar su condición de "anecdotal trivia". A pesar de sus esfuerzos retóricos, como los de sus pares corporativos, la realidad es que nunca dejarían de ser anécdotas triviales.

Además, al margen de las vaguedades e inconsistencias epistemológicas del discurso primatológico ajustado a los intereses corporativos del CPRC, no podría desatenderse el marco político en el que opera esta retórica, ni ignorar que en la práctica debían amoldarse a las condiciones del capital financiero, interesado en *estudios* que no contradijeran el negocio de las "breeding colonies".

La trivialidad manifiesta de los *estudios* publicados sobre los patas lo revela, además del carácter improvisado de los mismos. Loy, el primer "scientist-in-charge" de la colonias en la Parguera, por ejemplo, "observó" que algunos patas jóvenes solían hostigar al macho adulto durante las relaciones sexuales: "Distutrbances of mating pairs (...) usually took the form of harassment by inmature monkeys."[78] Jean Turnquist condujo un *estudio* sobre la movilidad de las articulaciones ("joint mobility") en la especie patas y concluyó que "...joint mobility decreases with age" y que "...small cage confinements can alter mobility in some joints." En un *estudio* posterior, Turnquinst *observó* que la movilidad en las articulaciones afectada por el cautiverio en jaulas estrechas era reversible "by allowing the animals to live free-ranging."[79]

El conjunto de los *estudios* primatológicos de "behaviorists" en Puerto Rico seguirían realizándose en fincas *privatizadas*, ahora bajo administración del CPRC, pero desde siempre operadas y reguladas bajo estrictas condiciones políticas y económicas de las corporaciones financieras del complejo biomédico-industrial estadounidense. Cayo Santiago -según la propaganda corporativa- ofrecía dos ventajas únicas:

> "...it was infinitely more accessible than field research sites in Asia and Africa, and the animals

---

[78] Loy, James; "Studies of Free-Ranging and Corralled Patas Monkeys at La Parguera..." (1989); op.cit., p.130.

[79] Ídem.

were already habituated to the presence of observers."[80]

Complacida la vanidad de los modernos "behaviorists", el CPRC ofrecería las mejores condiciones para *observar* y *describir* sin los percances y molestias de los "field research" de antaño. Bajo el protectorado estadounidense y en la comodidades de su territorio colonial, sin alejarse de las dulzuras de la civilización, podrían jugar a ser verdaderos exploradores. Y no debe dudarse que algunos creyeran serlo con seriedad. No obstante, los resultados finales no dejarían de ser triviales e inútiles para las ciencias de la salud humana. Marler repasa el historial de investigaciones y experimentaciones en el cayo Santiago y destaca algunas de las más significativas. Por ejemplo, las relativas a las dinámicas de asentamiento y comportamientos reproductivos. Al respecto, menciona a Conaway, Kaufmann, Koford, Vandenbergh y Sade. Todos los *estudios*, formalizados como informes "científicos", estaban directamente orientados a optimizar la productividad de los "breeding colonies". Algunos de ellos, como los de Sade, favorecían el "scientific monkey business" proveyéndole una imagen de proyección académica, absolutamente trivial para las ciencias de la salud humana, pero efectiva para justificar el vínculo entre el CPRC y la UPR. Así, por ejemplo, destaca Marler el "descubrimiento" del "tabú del incesto entre los rhesus". Y remite a las *observaciones* de Elizabeth Missakian, que habrían *revelado* que "...such matings do sometimes take place, but in secret."[81]

Los *estudios* psicosociales sobre los rhesus en la Parguera, igual que los realizados en el cayo Santiago, refrendarían el carácter anecdótico y trivial de los estudios de campo. Por ejemplo, Drickamer *observó* la frecuencia de la actividad de apareamiento de los "free-ranging" rhesus en la Parguera. Su *estudio* "reveló" que: "...no significant differences in the

---

[80] Marler, Peter.; "Conducting Behavioral and Biomedical Research on Cayo Santiago" (1989); op.cit., p.45.

[81] Ídem.

performance of sexual behavior by males of differing social ranks."[82]

Ley 67 (1973) / Ley 100 (1974): en ley la crueldad contra animales

Dentro del marco de la legislación federal vigente, aplicable en todos sus aspectos al territorio de Puerto Rico, y en consonancia con la racionalidad dominante del complejo biomédico-industrial estadounidense, bajo la administración del gobernador Rafael Hernández Colón, en 1973, la legislatura local aprobó la primera ley para la "protección de animales".[83] Entre las prohibiciones sujetas a penalidades, la ley incluyó a "toda persona que torture o maltrate cruelmente a un animal", o le cause "sufrimiento innecesario" o lo someta a condiciones afines, incluyendo el cautiverio (que lo encierre, amarre o encadene "innecesariamente") o sin procurarle protección de las "inclemencias del tiempo"; o que "innecesariamente" no le provea alimento o agua o le provea muy poco; o que:

> "Exponga cualquier veneno o cualquier líquido envenenado o materia comestible o agente infeccioso o sin tomar las precauciones razonables para que éstas causen un perjuicio."[84]

También proscribe y penaliza a cualquier persona o dueño que "deliberada o negligentemente" mantenga al animal en condiciones insalubres o "no provea tratamiento médico o

---

[82] Drickamer, L.C.; "Social Rank, Observability, and Sexual Behaviour of Rhesus Monkeys"; J. Reprod. Fert; (1974) 37, pp.117-120.

[83] Ley Núm. 67 (Ley para la Protección de Animales); Asamblea Legislativa de Puerto Rico; 31 de mayo de 1973. "Para establecer la Ley para la Protección de Animales: regular los usos de animales y condiciones adecuadas de protección para los mismos, y para establecer penalidades por infracciones a esta ley." El art. 9 de la Ley Núm. 67 (1973) deroga las secciones 1 a 14 de la Ley Núm. 10 de mayo de 1904, según enmendada (Capítulo 165). Crueldad contra Animales' del Código Penal de Puerto Rico [secs. 2111 a 2125 del Título 33].

[84] Ley Núm. 67 (1973); Art. 2.

veterinario si el animal lo necesita." Además, prohíbe y penaliza la ley a cualquiera que ponga trampas o cualquier artefacto "con el propósito de capturar o destruir cualquier animal, el cual no sea necesario atrapar o destruir para la protección de propiedad o para la prevención de enfermedades..." Más adentrado el texto de la ley, queda prohibido y sujeto a pena quien:

> "...sin causa razonable administre a cualquier animal cualquier veneno o sustancia venenosa o que le cause daño..."[85]

Además, la ley penaliza a quien siendo el dueño de tal animal, deliberada o voluntariamente, o sin causa razonable (o sin razón) o excusa lo abandone negligentemente, sea permanentemente o no, "en circunstancias que le puedan causar un sufrimiento innecesario al animal..."; o que sacrifique o permita que sacrifiquen cualquier animal sin estar previamente inconsciente; o que arranque o mutile partes de cualquier animal viviente; o que restrinja la libertad de movimiento o lleve a cabo cualquier operación dolorosa en un animal "en una manera no profesional".[86]

El Tribunal se reserva la potestad de, además de procesar por violación a la ley, "ordenar que el animal sea sacrificado si en la opinión del Tribunal es cruel mantener dicho animal vivo"[87], considerando que estaba herido o severamente enfermo, "o en tales condiciones físicas que hubiera sido cruel mantener dicho animal con vida."[88]

Aunque el texto de la ley 67 da la impresión de que el Estado actúa sobre la ciudadanía para prevenir y remediar las prácticas de la crueldad contra animales, explícitamente demarca

---

[85] Ídem.

[86] Cualquier violación a lo dispuesto por esta ley constituirá un delito menos grave y convicto que fuera condenado a pagar una multa que no exceda de $500.00 dólares o una pena de cárcel por un período no mayor de seis meses o ambas penas a discreción del Tribunal.

[87] Ley Núm. 67 (1973); Art. 3.

[88] Ley Núm. 67 (1973); Art. 4.

ciertos dominios en que éstas prácticas si pueden ejercerse con el consentimiento formal del Estado y bajo el protectorado de la ley. Entre tales distinciones, en lugar de procurar categóricamente la protección de animales y la prevención de la crueldad, en cualquiera de sus manifestaciones, inviste de legitimidad las prácticas experimentales con animales, en las que se engloban todas las prohibiciones reservadas en las afueras de sus dominios. A los efectos, dispone regulaciones sobre los "experimentos con animales vivos":

> 1. Los experimentos estarán restringidos a casos en que sean considerados absolutamente esenciales para propósitos de investigación científica.[89]

> 3. Dichos experimentos serán llevados a cabo en instituciones de investigación debidamente aprobadas y bajo la dirección y supervisión de personas con entrenamiento científico y se permitirá que cualquier veterinario autorizado esté presente para supervisar dichos experimentos.

> 5. a. Si el experimento conlleva daño grave corporal o permanente al animal, entonces deberá ser sacrificado humanamente tan pronto como el propósito de la investigación lo permita.

> b. Si el animal no muere, ni queda en condiciones expresadas anteriormente, que tenga que ser sacrificado como resultado del experimento deberá ser tratado humanamente hasta que sea devuelto al sitio donde provino o al refugio de animales.[90]

Además, requiere que la institución lleve record de cada experimento (Art.6); e inviste de autoridad al Secretario de Salud y/o al Secretario de Agricultura para establecer cualquier requisito *razonable* "que sea necesario para prevenir la crueldad o para

---

[89] Ley Núm. 67 (1973); Art. 5.

[90] Ídem.

impedir el sufrimiento de cualquier animal"; y poner en vigor y llevar a cabo los objetivos y propósitos de la ley.[91]

En 1974, el texto de la ley sería enmendado para salvar la intención jurídica del legislador de cualquier posible error de interpretación en sus disposiciones. Ignorando el conflicto de intereses, la legislatura local consagraría la autoridad del propio dueño del animal (director del laboratorio) para determinar sobre los usos experimentales a los que sería sometido, dejando a su discreción la fiscalización del experimento y la justificación del mismo. Dispone la enmienda a la ley que en experimentaciones con animales vivos:

> (1) Los experimentos estarán restringidos a casos en que sean considerados absolutamente esenciales para propósitos de investigación científica por el director del laboratorio donde se vaya a llevar a cabo el experimento.[92]

La primera legislación puertorriqueña para la *protección* y *prevención* de la crueldad contra animales sería, pues, un calco de la legislación federal, y reproduciría al pie de la letra sus objetivos políticos generales, legitimando con fuerza de ley las prácticas de la crueldad propias de los experimentos con animales vivos. Las experimentaciones invasivas y las torturas psicológicas relativas al

---

[91] Ley Núm. 67 (1973); Art. 8. Además, 1. Toda persona que infringiera lo dispuesto por esta Ley incurrirá en delito menos grave y convicta que fuere será sancionada con pena de multa que no excederá de cinco mil (5,000) dólares. Además, (1) la pena de suspensión que consistirá en la paralización de toda actividad de la entidad... (2) la pena de cancelación del certificado de incorporación o disolución a cualquier persona jurídica que incurra en un patrón de conducta constitutivo de crueldad contra los animales que posee, y (3) la pena de suspensión o revocación de la licencia, permiso o autorización de cualquier persona jurídica que viole los requisitos o procedimientos establecidos en virtud de esta Ley. (Ley Núm. 67 (1973); Art. 9)

[92] Ley Núm. 100 (Enmienda a Ley Núm. 67); 27 de junio de 1974. La ley de 1974 adicionó "por el director del laboratorio donde se vaya a llevar a cabo el experimento" en el inciso (1); enmendó el inciso (2) en términos generales; suprimió "y se permitirá que cualquier veterinario autorizado esté presente para supervisar dicho experimento" en el inciso (3); sustituyó "experimento" con "operación" en el inciso (4)...

"scientific monkey business" en la Isla, quedarían formalmente protegidas por la legislación local...

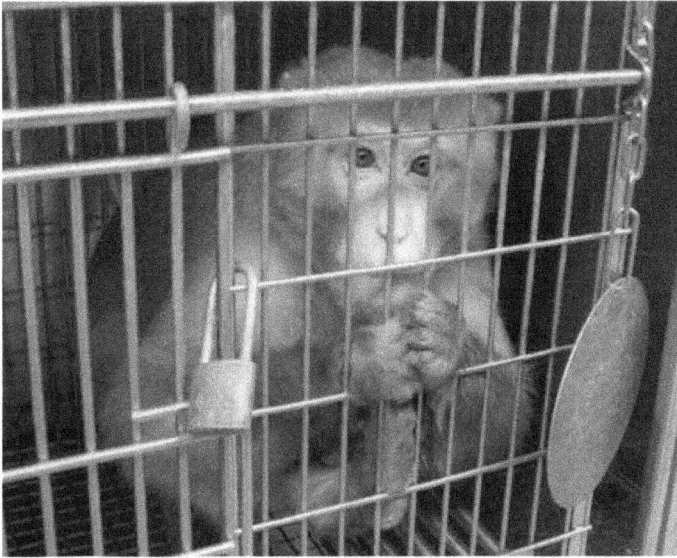

Ilustración 12[93]

Contrato CPRC/FDA para aumentar población rhesus (1974)

Recién *resuelto*, por recurso de masacres, el problema que le representaba al CPRC el excedente en la población de "free-ranging" rhesus cautiva en el cayo Santiago, pronto habría de ignorarlo y, por mezquino interés económico, convendría nuevos arreglos contractuales para aumentar brutalmente la población de sus colonias. Las consecuencias inmediatas y a largo plazo, aunque previsibles, también habría de ignorarlas...

A inicios de 1974, el CPRC y una división de la Food and Drug Administration (FDA) firmaron contrato para incrementar la población de "free-ranging" rhesus existente en Guayacán y Cuevas, en la Parguera. El objetivo de la FDA era: "...to provide a steady supply of healthy animals" para un programa de pruebas

---

[93] Rhesus cautivo en laboratorio. Fotografía tomada de: http://www.peta.org.

205

experimentales con vacunas contra el polio.[94] El objetivo del CPRC: "...to finance the continued existence" de las colonias en la Parguera.[95] La meta consistía en aumentar la población en las colonias de la Parguera , estimada entonces en 94 rhesus, a 2,000. Entre marzo de 1975 y septiembre de 1977, la población rhesus aumentó de 361 a 1,446.

La procedencia de los rhesus que habrían de poblar los islotes Guayacán y Cuevas no sería exclusiva del cayo Santiago. Las hembras rhesus fueron traídas de varias proveedoras comerciales ("commercial sources") fuera de la Isla[96], y su destino previo fueron las facilidades del CPRC en Sabana Seca.

Ilustración 13[97]

---

[94] Phoebus, Eric C; Roman, A.: Herbert, H.J; "The FDA Rhesus Breeding Colony at La Parguera, Puerto Rico"; *Puerto Rico Health Sciences Journal*; Universidad de Puerto Rico, Recinto de Ciencias Médicas; Abril-1989; Vol.8, Núm. 1; pp.157-158.

[95] Ídem.

[96] Phoebus no menciona el origen de los cargamentos de rhesus, pero puede inferirse que procedían de India.

[97] Cargamento de primates rhesus para experimentaciones. Fotografía tomada de http://www.negotiationisover.net

Las condiciones del tráfico intercontinental de primates no-humanos, a pesar de las regulaciones legales vigentes, todavía resultaban mortíferas a las criaturas importadas. Aunque el gobierno de India, desde 1965, había hecho más severas las regulaciones sobre el trasiego de animales en su territorio, y exigía estrictas condiciones al comercio de primates no-humanos[98], al parecer, los traficantes estadounidenses todavía podían negociar con los "dealers" locales al margen de la ley. Desembarcados en la Isla, la fatídica suerte de los rhesus no sería diferente a la registrada desde el primer desembarco en 1938. Enfermedades, peleas y muertes seguirían condicionando el periodo de asentamiento de los sobrevivientes.

> "Initial losses from diarrhea and other illness during quarantine/conditioning (en Sabana Seca) and to trauma following formation into these groups (en la Parguera) were sizable."[99]

Además, aunque las fugas migratorias fueron constatadas desde sus inicios, no fueron contenidas ni cuantificadas:

> "Additional losses occurred once the monkeys arrived at La Parguera. These losses, primarily from escape, were probably never compiled."[100]

---

[98] Enmendada el acta para la prevención de la crueldad contra animales en India, nuevos requerimientos habrían de regular el comercio de primates no-humanos: (a) A valid health certificate by a qualified veterinary surgeon to the effect that the monkeys are in a fit condition to travel from the trapping area to the nearest unit-head and are not showing any sign of infections or contagious disease shall accompany each consignment.(b) In the absence of such a certificate, the carrier shall refuse to accept the consignment for the transport. (The Prevention of Cruelty Animals Act; Rules, 1965; Chapter III. Transport of Monkeys) Además, "Monkeys captured within their natural habitat shall be placed in new, sterilized or thoroughly cleaned cages and subsequent transfer..."; "Pregnant and nursing monkeys shall not be transported"; "...factors causing stress to monkeys shall be reduced to the minimum." (Ídem)

[99] Phoebus, Eric C; Roman, A.; Herbert, H.J; "The FDA Rhesus Breeding Colony at la Parguera..." (1989); op.cit., p.157.

[100] Ídem.

Ilustración 14[101]

Fugas y negocio de capturas en Sierra Bermeja (1975 - 1985)

"Rhesus monkeys are excellent swimmers."[102]

En diciembre de 1975, 95 hembras adultas y seis machos fueron desenjaulados en el islote Cuevas. A la mañana siguiente - según Phoebus, Roman y Herbert-, habían sido desterrados ("chased off the island") por los grupos que la habitaban previamente. Los rhesus sobrevivientes de la persecución cruzarían a nado hasta tierra firme y se desplazarían hacia la zona boscosa de la región:

> "The escapees and their offspring are now doing quite well, living on several large adjoining cattle ranches in the Sierra Bermeja mountain range."[103]

Entre 1979 y 1985 el CPRC, bajo protectorado político de la Universidad de Puerto Rico, contrataría varios "operadores

---

[101] Imagen de satélite de la Sierra Bermeja, islas Guayacán y Cuevas.

[102] Phoebus, Eric C; Roman, A.; Herbert, H.J; "The FDA Rhesus Breeding Colony at la Parguera…" (1989); op.cit., p.157.

[103] Ídem.

independientes" para capturar los rhesus y patas silvestres, fugitivos y nativos, en la Sierra Bermeja y municipios adyacentes (Lajas, Cabo Rojo, etc.) Durante este periodo se registrarían 221 capturas (168 rhesus y 53 patas). En 1985 el CPRC finalizaría el programa de capturas iniciado en 1979, por considerar –según sus directivos- que ya no era "costo-efectivo" y "por falta de fondos."[104]

Ilustración 15[105]

La contratación de empresas fantasma por el CPRC/UPR abre el asunto a nuevas sospechas. Salido de las filas corporativas del CPRC, Eric C. Phoebus, que fungió como "scientist-in-charge" entre 1978 y 1980, sería contratado entre los "operadores" privados. En 1981 aparece como jefe de la agencia Primate Reclamation's of Puerto Rico[106], a la que el informe del CPRC

---

[104] Kraiselburd, Edmundo; González, Janis; "Memorial Explicativo R.C. del S.834"; Caribbean Primate Research Center; Universidad de Puerto Rico, Recinto de Ciencias Médicas; 13 de abril de 2007. p.6.

[105] Fotografía tomada de http://www.thehindu.com

[106] Phoebus, Eric Charles: 1978-80 Scientist In Charge - Caribbean Primate Research Center, Parguera Facility, University of Puerto Rico, School of Medicine, San Juan, Puerto Rico. 1981 Head - Feral Monkey Trapping Program

acredita 163 capturas entre 1978 y 1985[107], de las que no rinde cuenta. El CPRC/UPR reclama la captura de apenas 14 rhesus y no hay constancia de la suerte de los 163 restantes. La queja constante por la "sobrepoblación" en cayo Santiago permite descartar la opción de relocalizarlos ahí, además de que el cautiverio en el cayo responde a un requerimiento corporativo de "control de calidad", que no puede darse por sentado sobre las criaturas silvestres; y la política gerencial del CPRC no considera "costo-efectivo" invertir capital en pruebas y tratamientos...

Admitido el mal negocio y la deficiencia de presupuesto, que habrían justificado la clausura de los operativos de captura en 1985, por motivaciones desconocidas, entre 1988-1989 el CPRC contrataría otra "operadora independiente", la Wildlife Control Society, a la que acreditaría la captura de 44 rhesus y patas adicionales; y 14 más atribuidos al CPRC.[108] Los destinos de los rhesus y patas capturados no se mencionarán tampoco en el informe oficial...

No hay registro accesible al público sobre las motivaciones que dieron lugar a la contratación de estas empresas para hacer las capturas, ni de cómo se justificaron los gastos de la UPR en el negocio. Tampoco hay registro público sobre qué se hizo con los rhesus y patas capturados, si acaso fueron vendidos o usados para experimentos; si fueron a sumarse a la colección de esqueletos o si bien fueron desmembrados para el comercio de órganos. Lo sabido es que cualquiera de estas opciones le es usual al CPRC...

- Primate Reclamation's of Puerto Rico. 1989 Adjunct Scientist and Guest Researcher, National Institutes of Health. (Currículum Vítae en http://academic.uprm.edu/~ephoebus/id29.htm)

[107] Kraiselburd, Edmundo; González, Janis; "Memorial Explicativo R.C. del S.834" (2007); op.cit., p.6.

[108] Kraiselburd, Edmundo; González, Janis; "Memorial Explicativo R.C. del S.834" (2007); op.cit., p.6.

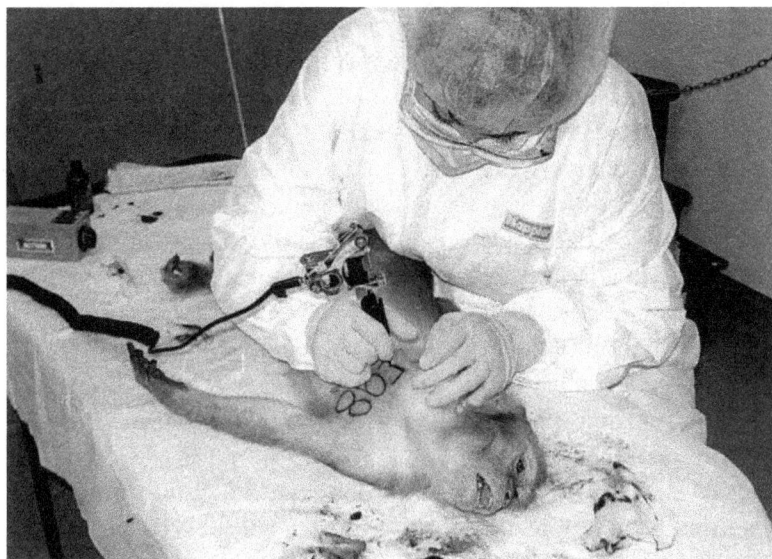

Ilustración 16[109]

(Des)balance de la *razón* experimental con primates

La posición de autoridad de los "scientists-in-charge" y de los directores del CPRC, habida cuenta la legitimación explícita e idealizada del gobierno federal para con el complejo biomédico-industrial estadounidense, incluyendo a poderosas corporaciones farmacéuticas y empresas militares, a las instituciones universitarias y a los medios noticiosos en general, los sitúa en una condición favorable para timar en nombre de la ciencia y de la ley, de la salud pública, de la seguridad nacional y del bienestar de la humanidad...

Al margen de las evasivas a las regulaciones legales sobre las prácticas de la crueldad en laboratorios, y de la indiferencia generalizada ante los reproches morales y éticos que procuran prevenir y erradicar tales prácticas, estos *científicos* corporativos se las han ingeniado para convencer a las agencias financieras de la industria biomédica y del Estado, para sostener infinidad de proyectos investigativos y experimentales inútiles y triviales. El saldo de tales investigaciones y experimentos no favorece a las ciencias de la salud humana, y menos a los animales. Por lo

---

[109] Fotografía tomada de: http://www.negotiationisover.net.

general, responde a caprichos intelectuales de particulares, que gozan de posiciones relativamente privilegiadas y que, al final de la jornada, cobran por hacerlo...

Tal ha sido el caso de los experimentos efectuados por los "scientists-in-charge" del CPRC. Las investigaciones de campo sólo han servido a la racionalidad gerencial de los "breeding colonies", y los datos acumulados sobre dinámicas reproductivas, conductas de adaptación y organización social y demás patrones psicológicos afines, lo evidencian. La empresa corporativa del "scientific monkey business" convenció a legisladores y académicos de alto rango en las universidades de que se trataba de un nuevo orden de disciplina científica, todavía inconclusa y siempre inconcluyente.

Lo mismo aconteció dentro de los laboratorios experimentales, que repetirían una y otra vez el mismo experimento para concluir siempre que no se ha concluido, y que falta presupuesto. En la práctica, la premisa ideológica sobre la que se asientan las experimentaciones no soporta la prueba clínica sobre humanos, que demuestra que las apariencias de similitud entre las especies no puede traducirse en una base de comparación fiable o de alguna validez fuera de lo especulativo...

Eric Phoebus, "scientist-in-charge" de las colonias en la Parguera (1978-1980), hizo un *estudio* sobre "la sexualidad"[110] de un rhesus capturado en Desecheo y transferido a un laboratorio en el campus de la UPR en Mayagüez:

> "The basic strategy of this project is to identified and develop a quantitative model of orgasm based upon the ejaculatory ECG patterns of the male rhesus monkey..."[111]

---

[110] "Here we apply what we know about human orgasm to rhesus monkey physiological measures during copulatory behavior and apply measures of male physiological ejaculatory response to the same measures in the female rhesus monkey." (Phoebus, Eric C.; "The Heart in Monkey Love: Rhesus monkey cardiac activity during reproductive behavior" (Conferencia); National Institute of Mental Health: Laboratory of Neurophysiology & National Institute of Child Health and Human Development: Laboratory of Comparative Ethology, Poolesville, Maryland (June 1991)

[111] Phoebus, Eric C; Roman, A.; Herbert, H.J; "The FDA Rhesus Breeding Colony at la Parguera..." (1989); op.cit., p.158.

212

La insignificancia del *estudio* para las ciencias de la salud humana no entorpecería el capricho experimental de Phoebus. Esta es la trivial conclusión de sus *hallazgos*:

> "Electrocardiographic recordings of a male rhesus monkey during reproductive activity indicated extremely high and highly variable heart rates following ejaculation."[112]

Posteriormente participaría en otro *estudio* similar, esta vez sobre el orgasmo en las hembras rhesus. El objetivo del estudio era *descubrir* las causas del "coital female anorgasmia"[113], y su pertinencia se enmarcaría dentro de la fútil práctica de *comparar* ambas especies. Esta vez, no obstante, al revés.

> "Empirically we know more about human orgasm than animal orgasm. So initially this work is the reverse of the typical comparative approach in which animals are studied in order to help us learn about humans."[114]

Sobre la significancia clínica, es decir, la justificación política del experimento, señalan los "científicos": 1. Se desconocen los factores causales de la anorgasmia en las mujeres (50% tiene dificultad; 10% nunca lo experimentan); 2."Coital anorgasmia is considered a good predictor of divorce, and adult coital female anorgasmia is explicitly or implicitly considered a sign of pathology in psychotherapeutic systems."[115]

---

[112] Ídem.

[113] Anorgasmia is the inability to reach orgasm during sexual intercourse.

[114] Phoebus, Eric C; Mitz, Andrew; Pohida, Tom; Pursley, Randy; Van Rooy, Angela ; Pajevic, Sinisa; Suomi, Stephan; "Simultaneous Physiological and Behavioral Measures in Male and Female Rhesus Monkeys *(Macaca mulatta)* During Reproductive Activity"; Laboratory of Comparative Ethology, National Institute of Child Health and Human Development, Laboratory of Systems Neuroscience, NIMH, University of Puerto Rico, Mayaguez.

[115] Ídem.

El "comparative approach" revela el valor insustancial de este tipo de experimentos. A todas cuentas, los rhesus no comparten con los humanos el "problema" del divorcio, ni habría por qué presumir que las hembras de la especie sufren las patologías relativas a la sexualidad humana, pues éstas tienen sus raíces más profundas en la condición cultural de nuestra especie y no en su mecánica biológica...

Orden federal de remoción y captura en Desecheo (1976-1981)

Desde 1966 subsistía la colonia de rhesus originaria del cayo Santiago que había sido *relocalizada* en el islote Desecheo para *estudiar* los "comportamientos" durante los "procesos de adaptación". Tras el cierre de operaciones del LPP-NIH en Puerto Rico, en 1970 la colonia fue cedida al CPRC para continuar las experimentaciones.[116] Para mayo de 1971 ya habría *finalizado* la última *investigación* en curso[117], y desde entonces la colonia quedaría virtualmente abandonada a su propia suerte, sin intromisiones de ningún tipo. Según Evans: "Essentially, the primate colony was abandoned at this time."[118] Al parecer, las condiciones de acceso al islote desalentaron a la gerencia del CPRC, que desistió de ocuparse del "free-ranging primate breeding colony" en Desecheo. Y así sería hasta 1976, cuando la jurisdicción sobre la isla y sus especies sería traspasada al gobierno federal nuevamente...

En 1973, el Congreso estadounidense, durante la administración del presidente Richard Nixon, había aprobado

---

[116] Según relata Evans: "By 1970, NIH had completed studies on the island and delegated permission to the CPRC to continue research activities..." (Evans, Michael A; "Ecology and removal of introduced rhesus monkeys: Desecheo Island National Wildlife Refuge, Puerto Rico" (1989); op.cit., pp.139-141)

[117] El último "estudio" bajo jurisdicción del CPRC se registra en mayo de 1971, cuando Menzel visitó por última vez la isla y dio por concluida su investigación. (Menzel y Morrison, según cita Evans, Michael A; "Ecology and removal of introduced rhesus monkeys: Desecheo Island National Wildlife Refuge, Puerto Rico" (1989); op.cit., p.141)

[118] Evans, Michael A; "Ecology and removal of introduced rhesus monkeys: Desecheo Island National Wildlife Refuge, Puerto Rico" (1989); op.cit., p.141.

legislación (Endangered Species Act[119]) para *proteger* "imperiled species from extintion"[120]. En su exposición de motivos, el Congreso advirtió que varias especies de peces, fauna silvestre (wildlife) y plantas estaban amenazadas[121] o en peligro de extinción[122] "…as a consequence of economic growth and development untempered by adequate concern and conservation."[123] Además, declaró que éstas especies guardan un valor estético, ecológico, educativo, histórico, recreacional y científico "to the Nation and its people." El propósito central del ESA-1973 sería "to provide a means whereby the ecosystems upon which endangered species and threatened species depend may be conserved…"[124], y proveer los medios y recursos para tales fines. Las disposiciones del ESA serían efectivas sobre cualquier

---

[119] Endangered Species Act (ESA); 16 U.S.C. Sections 1531-1544; December 28, 1973. Las agencias federales encargadas de administrar el ESA serían la United States Fish and Wildlife Service (FWS) y la National Oceanic and Atmospheric Administration (NOAA).

[120] (6) The term "endangered species" means any species which is in danger of extinction throughout all or a significant portion of its range… Section 1532. Definitions [ESA Section 3]

[121] (20) The term "threatened species" means any species which is likely to become an endangered species within the foreseeable future throughout all or a significant portion of its range.

[122] (8) The term "fish or wildlife" means any member of the animal kingdom, including without limitation any mammal, fish, bird (including any migratory, nonmigratory, or endangered bird for which protection is also afforded by treaty or other international agreement), amphibian, reptile, mollusk, crustacean, arthropod or other invertebrate, and includes any part, product, egg, or offspring thereof, or the dead body or parts thereof.

[123] (3) The terms "conserve", "conserving", and "conservation" mean to use and the use of all methods and procedures which are necessary to bring any endangered species or threatened species to the point at which the measures provided pursuant to this chapter are no longer necessary. Section 1532. Definitions [ESA Section 3]

[124] Section 1531. Congressional findings and declaration of purposes and policy [ESA Section 2]

"persona"[125] o lugar "subject to the jurisdiction of the United States", incluyendo el "Common Wealth of Puerto Rico". Para hacer valer las disposiciones de la ley, el gobierno federal y las agencias bajo su jurisdicción no escatimarían en implementar los medios que estimasen pertinentes, incluyendo "...harass, harm, pursue, hunt, shoot, wound, kill, trap, capture, or collect..."

Las bases para determinar la condición a la que sería suscrita cada especie se establecerían "...solely on the basis of the best scientific and commercial data available..."[126] No obstante, aunque incluso prestaría asistencia económica a nivel internacional "as a demonstration of the commitment of the United States to the worldwide protection of endangered species and threatened species..."[127], el gobierno se reservaría para sí la autoridad de hacer excepciones al ESA, incluso de ignorar y contravenir sus disposiciones, por "razones de seguridad nacional."[128] Sería dentro del marco de esta ley federal que, a partir de 1976, las especies silvestres en la isla Desecheo serían *protegidas*. Con excepción de la especie rhesus...

En noviembre de 1976 la isla fue transferida de la jurisdicción de los NIH al U.S. Fish and Wildlife Services (FWS), e incluida al National Wildlife Refuge System. Devuelto el rango de "refugio natural", la política de *conservación* de especies sería aplicada mortalmente contra la población rhesus. Convenido el credo en la naturaleza *invasiva* de la especie, las agencias de

---

[125] (13) The term "person" means an individual, corporation, partnership, trust, association, or any other private entity; or any officer, employee, agent, department, or instrumentality of the Federal Government, of any State, municipality, or political subdivision of a State, or of any foreign government; any State, municipality, or political subdivision of a State; or any other entity subject to the jurisdiction of the United States. Definitions [ESA Section 3]

[126] Section 1533. Determination of endangered species and threatened species [ESA Section 4]

[127] Section 1537. International cooperation [ESA Section 8]

[128] (j) Exemption for national security reasons: Notwithstanding any other provision of this chapter, the Committee shall grant an exemption for any agency action if the Secretary of Defense finds that such exemption is necessary for reasons of national security. Section 1536. Interagency cooperation [ESA Section 7]

gobierno federal ordenarían la remoción absoluta de la isla, sin menoscabo de los métodos implementados para lograr, irónicamente, los objetivos *preservativos* que animaban de fondo la empresa. Mientras la administración de Nixon continuaba sometiendo a sus soldados a los embates de la guerra en Vietnam, volcaba una partida del presupuesto nacional para "proteger" ciertas especies de aves migratorias en Desecheo, como la boba parda. Según Evans, aunque nunca se ha demostrado:

> "...strong circumstantial evidence indicates that the monkeys are the egg predators. (...) The monkeys have been implicated in the drastic decline of the nesting population of both brown and red boobies on Desecheo Island"[129]

La colonia de rhesus, adaptada y reproducida en la isla, fue declarada especie invasiva y dañina por la agencia federal (FWS), que ordenó captura y relocalización, y posteriormente exterminio. El programa de "trapping and removal" sería financiado por la agencia federal, y el contrato de operaciones sería ejecutado por el CPRC (1977, 1979 y 1981).[130] El funcionario a cargo del proyecto de *remoción* en Desecheo, John Herbert, posteriormente sería designado "scientist-in-charge" del CPRC sobre las colonias de la Parguera, en 1979.

---

[129] Evans, Michael A; "Ecology and removal of introduced rhesus monkeys: Desecheo Island National Wildlife Refuge, Puerto Rico" (1989); op.cit., p.152.

[130] Op.cit., p.139. Evans colaboró en las capturas desde 1981, mientras era "General Curator" en el Zoológico de Mayagüez.

Ilustración 17[131]

A diferencia de las colonias en el cayo Santiago, Guayacán y Cuevas, que estaban habituadas a la presencia humana, a capturas y encierros intermitentes, y a entrar a diario a los "feeding/trapping corrals", una cantidad indeterminada de rhesus en Desecheo evadió a sus captores. Fracasado el proyecto de remoción a cargo del CPRC, la agencia federal reiniciaría un operativo de captura y remoción en 1985, esta vez sin excluir métodos letales...

Impacto y tergiversación de reglas sobre comercio de primates

Para 1978 la cantidad de rhesus en cautiverio en el cayo Santiago había ascendido a 640, excediendo la capacidad tolerada por los gerenciales corporativos del CPRC.[132] Aunque podía preverse la posibilidad de una tercera ronda de matanzas, ciertos retoques en la legislación india para la prevención de la crueldad contra animales *afectarían* a los traficantes estadounidenses y, por

---

[131] Rhesus solitario. Fotografía por Gazir Sued (2011)

[132] Windle, William F.; "The Cayo Santiago Primate Colony"; *Science* (1980); op.cit., p.1490.

consecuencia, a los suplidores del CPRC en Puerto Rico. La prensa estadounidense dramatizó la situación:

> "Hundreds of biomedical research projects using rhesus monkeys as stand-ins for human beings will probably have to be stopped or cut back drastically after April 1, when India, the world's largest supplier of the monkeys, says it will stop exporting them."[133]

La *alarmante* noticia era una treta mediática para favorecer el "scientific monkey business" estadounidense, pues no existía *amenaza* alguna, de parte del gobierno indio, de suspender el comercio de primates.[134] En 1978, la legislación india integró, dentro de una de las cláusulas del acta para la prevención de la crueldad contra animales (1960), nuevas regulaciones sobre el transporte de primates no-humanos.[135] Las nuevas reglas de transporte no alteraron en lo sustancial las enmiendas de 1965, pero la campaña de propaganda del "scientific monkey business" procuró exagerar sus efectos, muy probablemente para ganar simpatías entre la opinión pública y afianzar las complicidades de la clase política y legislativa estadounidense. Sin embargo, los traficantes regionales estarían sujetos a estrictas restricciones legales que, aunque respondían a una racionalidad pertinente, si afectaría dimensiones concretas de las prácticas habituadas en el "cruel business" de primates con traficantes extranjeros.

El efecto inmediato de las reglas de transporte, *temido* por los "dealers" del "scientific monkey business" en los Estados

---

[133] Rensberger, Boyce; "Export Ban on Monkeys Poses Threat to Research American Breeding Stations Elimination..."; *The New York Times*; 23 de enero de 1978.

[134] En 1976 había sido enmendada el AWA para integrar regulaciones sobre el tráfico y comercio de animales dentro de los Estados Unidos, condicionando el trasiego de modo similar a como establecía la ley india. La certificación de salud de un veterinario y trato *humano* en el manejo y transporte eran algunos de los requerimientos. (Animal Welfare Act Amendments of 1976 (AWA 1976); US Public Law 94-279; April 22, 1976.)

[135] Transport of Animals, Rules, 1978; Chapter III. Transport of Monkeys (The Prevention of Cruelty Animals Act (1960).

Unidos, era el inminente aumento en los costos del negocio. Las prescripciones de ley trastocaron los ánimos de los traficantes estadounidenses, interesados en abaratar los costos de transporte antes que en *mejorar* las condiciones de vida de la mercancía. Igual que rezaba el acta desde 1965, las reglas de transporte de 1978 exigían que un veterinario cualificado examinara a cada criatura capturada y por cada una certificara su condición de salud, incluso antes de ser transportada desde las áreas de capturas.

> 32. (a). A valid health certificate by a qualified Veterinary Surgeon to the effect that the monkeys are in a fit condition to travel (...) and are not showing any signs of infectious or contagious disease shall accompany each consignment.[136]

Además, la ley desautoriza y multa al transportista que no rechace la carga que no cuente con el certificado de salud; e impone estrictas regulaciones sobre las condiciones del cautiverio previo[137] y durante el transporte[138]; prohíbe el transporte de hembras embarazadas o con crías recién nacidas; dispone un peso mínimo para cualificarlas aptas para transporte; "Monkeys shall not be disturbed during the night hours"[139]; y "...factors causing stress to monkeys shall be reduced to the minimum."

---

[136] Ídem.

[137] 17. (1) Monkeys from one trapping area shall not be allowed to mix with monkeys from any other trapping area for preventing the dangers of cross-infection. (4) ...precautions shall be taken to protect the monkeys from extreme weather conditions.

[138] 21. Monkeys captured within their natural habitat shall be placed in new, sterilized or thoroughly cleaned cages and subsequent transfer, if any, shall also be new, disinfected or thoroughly cleaned cages. 23. 1. (a) Monkeys shall be transported in suitable wooden or bamboo cages, so constructed as not to allow the escape of the monkeys but permit sufficient passage of air ventilation. (c).Each cage shall be equipped with appropriate water and feed receptacles which are leak proof and capable of being cleaned and refilled during transit.

[139] 43 (2). Except when the monkeys are being fed and given water; they shall travel in semi darkness to make them quieter and less inclined to flight and thus given them better opportunities of resting.

Además de las condiciones impuestas por ley, los traficantes estadounidenses preveían otro orden de inconvenientes económicos, pero de naturaleza política. La ley india reforzaba a los organismos civiles y estatales encargados de prevenir la crueldad contra animales y, consecuentemente, de hacer valer la ley. A tales efectos, destinaba los ingresos por multas:

> I. the grant of financial assistance to societies dealing with the prevention of cruelty to animals or organization actively interested in animals welfare work which are for the time being recognized by the board.[140]

No obstante, según los historiadores corporativos del "scientific monkey business", antes de que el gobierno de India *restringiera* el trasiego de rhesus a los Estados Unidos, las provisiones para experimentaciones biomédicas y psicológicas había disminuido significativamente.[141] Las motivaciones legislativas en India -reconocen Taub y Mehlman- tenían sus raíces en diversos factores interrelacionados en el país de origen, "the world's largest supplier of monkeys". Entre éstos, mencionan: la progresiva destrucción de los hábitats naturales de la especie, el dramático crecimiento poblacional, el desarrollo de la economía agrícola y:

> "...the depressive populational effects of large-scale trapping during the previous two decades."[142]

Rawlins y Kessler también lo habían reseñado:

---

[140] Prevention of Cruelty to Animals (Application of Fines), Rules, 1978; op.cit.

[141] Taub, David M; Mehlman, Patrick T; "Development of the Morgan Island Rhesus Monkey Colony"; *Puerto Rico Health Sciences Journal*; Universidad de Puerto Rico, Recinto de Ciencias Médicas; Abril-1989; Vol.8, Núm. 1; pp.159-169. David Taub, era el "investigador principal" en la Isla Morgan y Patrick Mehlman, el "scientist-in-charge" del Morgan Island Breeding Program. Ambos responden a LABS, la actual firma administradora.

[142] Taub, David M; Mehlman, Patrick T; "Development of the Morgan Island Rhesus Monkey Colony" (1989); op.cit., p.159.

"The population has generally declined as habitat destruction has continued and social groups in contact with humans have been exposed to disease and capture."[143]

Durante los años venideros, las políticas de desarrollo y expansión comercial, agrícola y urbana en India, y la consecuente destrucción de hábitats naturales, continuarían afectando dramáticamente la disponibilidad de éstas especies para el negocio de primates experimentales en los Estados Unidos. Estos factores, además de la disminución de la población por las capturas masivas irrestrictas -advertida por los propios corporativos del CPRC y los NIH- "threaten survival of many species".[144] Ya no sería la inminencia de una guerra la razón de trasfondo para el establecimiento de nuevos criaderos ("breeding colonies") en los Estados Unidos, sino la *inquietud* por el progresivo exterminio de las reservas de abasto en las regiones originarias, ocasionado, en gran medida, por la demanda del complejo biomédico-industrial estadounidense...

FDA clausura "breeding program" en la Parguera

Dentro de este escenario, montado por los promotores y beneficiarios del "scientific monkey business", el gobierno de los Estados Unidos desarrollaría un plan de contingencia: el National Primate Plan[145]:

"...the U.S Government established a policy whereby it would institute large-scale breeding programs whose objectives would be to provide the scientific community with a steady supply of

---

[143] Rawlins, G.R. y Kessler, M.J.; "Demographic of the Free-Ranging Cayo Santiago Macaques (1976-1983)"; op.cit., p.64.

[144] Op.cit., p.70.

[145] *National Primate Plan* (U.S. Department of HEW, PHS, NIH, DHEW publication No. NIH 80-1520, 1978)

healthy   primates   for   essential   biomedical
programs…"[146]

A tales fines, las agencias del gobierno (NIH, FDA)
establecieron diversos "breeding programs" a gran escala, y con
diferentes modalidades reproductivas ("husbandry"). Entre los
"husbandry modalities" destacan: 1. el "harem" (que consiste en
enjaular a un macho con entre 5 a10 hembras fértiles, confinadas
individualmente en jaulas pequeñas; 2. el sistema de corral, que
integra "unidades sociales" compuestas por varios machos y entre
50 a 75 hembras; 3. y el sistema de "husbandry" similar al
practicado en las "breeding colonies" en Puerto Rico: "...a free-
ranging condition, where the social groups comprising the
population roamed unrestrained, usually on an island."[147] Este
modelo ("husbandry") es el que, desde 1974, la FDA financiaba
para la "breeding colony" en las colonias de la Parguera...

Con arreglo al plan estratégico de los NIH, ya la FDA
programaba la clausura del "breeding program" del CPRC en la
Parguera, y la relocalización de las colonias de primates fuera de
Puerto Rico. Entre 1979 y 1980, cerca de 1400 "free-ranging"
rhesus de los islotes Guayacán y Cuevas serían capturados,
enjaulados y embarcados a una isla en la costa de Carolina del Sur,
como parte del Morgan Island Breeding Program (MIBP).[148]
Según describen el investigador principal y el "scientist-in-charge"
del MIBP, el negocio del trasiego de primates se refinaría a partir
de entonces:

> "This experience demonstrates that with
> proper planning and execution, a large, free-
> ranging colony can be moved long distances
> with minimal stress, trauma, mortality or

---

[146] Taub, David M; Mehlman, Patrick T; "Development of the Morgan Island
Rhesus Monkey Colony" (1989); op.cit., p.159.

[147] Ídem.

[148] La isla Morgan había sido identificada previamente por los NIH como
alternativa para el establecimiento de "free-ranging breeding colonies". La
corporación Litton Bionetics, Inc. correría el negocio durante los primeros
cinco años. Para 1989 la colonia contaba con 4000 rhesus, bajo administración
de otra corporación (Laboratory Animal Breeders Services, Inc. (LABS).

223

disruption of social structure and reproduction."[149]

Se desconoce la exactitud de cuántos fueron "desplazados" entre 1979 y 1980, y el informe de la FDA apunta un total de 175 rhesus clasificados como desaparecidos durante este periodo.[150] Al cierre de operaciones de las instalaciones en Guayacán y Cuevas, en 1982, reporta 106 relocalizados en las *facilidades* del CPRC en Sabana Seca y 54 aparecen clasificados como desaparecidos....

Las fugas migratorias de rhesus y patas despuntarían desde los años 60 hasta entrada la década de los 80, bajo administración directa del CPRC y el financiamiento de las agencias del gobierno federal (NIH y FDA) vinculadas en el complejo biomédico-industrial estadounidense. Decenas de éstos primates, cautivos para investigación y experimentación en los islotes Cuevas y Guayacán, escaparon y migraron a la zona suroeste de la Isla, asentándose en los valles y bosques de los municipios de Lajas, Cabo Rojo y San Germán, entre otros...

Ley de Vida Silvestre del DRN: licencia para matar (1976/1987)

A tenor con las disposiciones federales del *Endangered Species Act* de 1973[151], la legislatura de Puerto Rico copió sin alteraciones mayores las cláusulas aplicables a la condición territorial de la Isla. En 1976, el gobierno insular aprobó la Ley Núm. 70, para "reglamentar y conservar la vida silvestre".[152] En su

---

[149] Taub, David M; Mehlman, Patrick T; "Development of the Morgan Island Rhesus Monkey Colony" (1989); op.cit., p.159.

[150] Meir (1981) según citado en Kraiselburd, E. y González, J; "Memorial Explicativo R. C. del S.834" (2007); op.cit., p.4.

[151] Endangered Species Act (ESA); 16 U.S.C. December 28, 1973. Esto, de modo similar a como la Ley Núm. 67 (Ley para la Protección de Animales) de 1973 sería una adaptación del Animal Welfare Act de 1966.

[152] Ley Núm. 70 (Ley de Vida Silvestre del Estado Libre Asociado de Puerto Rico) (P. del S. 1210); 7ma Asamblea Legislativa; 4ta Sesión Ordinaria Estado Libre Asociado de Puerto Rico; 30 de mayo de 1976. La ley se creó en acorde a

exposición de motivos, la Asamblea Legislativa de Puerto Rico calcó de la versión federal "la necesidad del Estado de evitar que como resultado del desarrollo económico y poblacional se continúen exterminando desarticulada-mente las especies de vida silvestre que habitan en el Estado Libre Asociado de Puerto Rico."[153] Asimismo, copió que la ejecución de ley se concertaría mediante "enfoques científicos modernos" relativos a la "preservación y propagación de estos recursos"; y fijaría penalidades para los violadores.

Dentro de los límites de las leyes federales, el gobierno de Puerto Rico aparecería en el texto de la ley 70 como *propietario* de todas las especies de vida silvestre bajo su jurisdicción territorial.[154] Dentro de sus dominios, la legislatura insular invistió al Secretario del Departamento de Recursos Naturales (DRN) de poder con fuerza de ley para *reglamentar* todo lo concerniente a la vida silvestre en Puerto Rico. Pero su investidura habría sido previa-mente enmarcada dentro del orden de ley federal sobre la vida silvestre, y condicionado por el registro de significaciones provisto dentro de la propia ley que define los términos de sus acciones, designa posiciones y asigna sus respectivas funciones.

No obstante las relativas limitaciones a su poderío, el Secretario del DRN gozaría de un poder virtualmente ilimitado para dar rienda suelta a la imaginería *preservativa* del Estado, y asimismo, a caprichos personales con apariencia de conocimiento científico y a infinidad de prácticas de crueldad contra especies de animales estigmatizadas por designio de su voluntad. Definida la vida o fauna silvestre en el texto de la ley[155], otras clasificaciones asignarían un orden preferencial a determinadas especies,

---

las disposiciones de la Ley Núm. 23 (Ley Orgánica del Departamento de Recursos Naturales); 20 de junio de 1972.

[153] Una parte sustancial de la Ley de Vida Silvestre se ocuparía en reglamentar las prácticas relativas a la cacería, derogando la Ley 374 de 1950 (Ley de Caza).

[154] Ley Núm. 70 (1976); Art. 3.

[155] Fauna Silvestre- Cualquier especie animal residente cuya propagación natural no dependa del celo, cuidado o cultivo de su propietario, y se encuentren en estado salvaje, ya sea nativa o adaptada en el ELA; incluyendo cualquier especie migratoria visitante, "así como también las especies exóticas" según definidas por la ley.

designadas por la ley como *nativas*, en oposición a otras clasificadas como extranjeras o "exóticas":

> "Especies exóticas: Aquellas que han sido introducidas y que de acuerdo con el criterio del Secretario de Recursos Naturales no son parte de la fauna nativa del Estado Libre asociado."[156]

Aunque no existe tal diferenciación en el orden de la naturaleza de las especies en Puerto Rico, el discurso de la ley no vacilaría en presuponer la existencia de especies nativas en contraste a otras especies de la fauna silvestre, estigmatizadas como especies "exóticas" o invasivas. Tal distinción serviría de base para favorecer a las primeras en detrimento de las segundas, que pronto serían discriminadas y convertidas en objeto de crueles políticas de manejo y exterminio, similar a la acaecida en la isla de Desecheo...

No obstante, aunque la noción de especie *nativa* pronto habría de convertirse en un dogma sacralizado, la ley contradice la base de tal creencia. Todos los animales que habitan en la jurisdicción territorial de la Isla fueron introducidos alguna vez, y los que gozan de tal clasificación no lo son por virtud de la naturaleza propia de la especia sino por la voluntad política de la ley, que las designa como tales. La diferencia sustancial estriba en que, a partir de 1976, el Estado procuraría regular sus existencias, prohibirlas o erradicarlas. Cónsono con este principio de autoridad, entre los poderes consignados al Secretario del DRN, la ley le permite introducir especies exóticas y de vida silvestre en general "que estime y crea necesarias para aumentar la diversidad y calidad de la vida silvestre y cuya introducción sea beneficiosa a los mejores intereses del ELA." Especies que a la fecha serían listadas dentro de una clasificación, posteriormente podrían ser reclasificadas en otra, así como nuevas especies podrían ser introducidas e investidas discrecionalmente del derecho de existencia y de ciudadanía...

Entre los poderes discriminatorios de la ley 70, se provee al Secretario del DRN para designar las especies de vida silvestre

---

[156] Ley Núm. 70 (1976); Art. 2.

que considere "raras o en peligro de extinción"[157], y para tomar las medidas necesarias para su perpetuación en el tiempo y en el espacio donde existen.[158] Asimismo, le confiere autoridad para "excluir" aquellas especies que determine puedan ser "perjudiciales"[159], y:

> "Determinar las especies exóticas y cualesquiera otras especies que son perjudiciales a la salud y bienestar del Pueblo (...) y proveer para la erradicación (...) de las propias especies si ello fuera necesario."[160]

A los efectos, la ley concede al Secretario del DRN la potestad para determinar los animales silvestres que pueden ser cazados y los que constituiría delito hacerlo[161], así como para designar las especies que pueden ser cazadas sin *protección*.[162] Aprobada la ley, constituiría delito cazar (perturbar, perseguir, herir, matar, capturar, molestar o destruir cualquier especie de vida silvestre en Puerto Rico[163]) sin autorización del Secretario del

---

[157] Especies raras o en peligro de extinción: "Aquellas especies de vida silvestre cuyos números poblacionales son tales que a juicio del Secretario requieren especial atención para asegurar su perpetuación en el tiempo y el espacio físico donde existen y que se designen por éste mediante reglamento." (Ley Núm. 70 (1976); Art. 2)

[158] Ley Núm. 70 (1976); Art. 11.

[159] Especies de vida silvestre perjudiciales- "las especies que el Secretario designe mediante reglamento como detrimentales a los mejores intereses del Estado Libre Asociado de Puerto Rico." (Ley Núm. 70 (1976); Art. 2)

[160] Ley Núm. 70 (1976); Art. 11.

[161] Animales de caza- Todas las especies de vida silvestre que sean designadas por el Secretario (...) para ser cazadas en el ELA. (Ley Núm. 70 (1976); Art. 2)

[162] La ley Núm. 1 del 27 de junio de 1977 crearía el Cuerpo de Vigilantes de Recursos Naturales en el Departamento de Recursos Naturales "con el fin de preservar y conservar nuestros recursos naturales" y hacer valer las disposiciones de ley.

[163] Ley Núm. 70 (1976); Art. 2.

DRN, con excepción de la caza practicada con "fines científicos o educacionales."[164]

Las licencias de caza o la autorización de permisos estarían condicionadas a que el cazador esté capacitado mentalmente para cazar, y que, a juicio del Secretario, sea una persona de "reconocida solvencia moral."[165] Entre las clases de licencias que podría expedir, además de las de cacería deportiva -dispone la ley-:

> "...cuando sean solicitadas para matar, coleccionar
> o mantener en cautiverio en Puerto Rico especies
> de vida silvestre como especímenes para fines
> científicos..."[166]

Los "fines científicos" no aparecen definidos en la citada ley, pero puede inferirse que comparten la misma definición establecida en las leyes para la *prevención* de la crueldad de animales experimentales, ya en el Animal Welfare Act de 1966 o en la versión local de 1973, según enmendada en 1974, que dispone que sería el propio director del laboratorio quien establecería el propósito "científico" de la experimentación.[167] En 1985 la legislatura insular enmendaría la ley de 1976 a los fines de facultar al Secretario de Recursos Naturales a autorizar la caza de especímenes exóticos y fauna silvestre en general para propósitos de manejo, control e investigación *científica*.[168]

La reglamentación prevista en 1976 por encargo de la ley 70, para regular las disposiciones legales sobre la "fauna silvestre, las especies exóticas y la caza en la Isla" tuvo efecto a partir de mediados de 1978.[169] En su base legal, el reglamento consagró la

---

[164] Op.cit.; Art. 4.

[165] Op.cit.; Art. 15.

[166] Op.cit.; Art. 18.

[167] Ley Núm. 100 (Enmienda a Ley Núm. 67-1973); 27 de junio de 1974.

[168] Ley Núm. 25 (P. del S. 197) (Enmienda a la Ley para la Protección de Animales); 5 de junio de 1985.

[169] Reglamento (Núm. 2373) para regir el manejo de la vida silvestre y la caza en Puerto Rico; Departamento de Recursos Naturales; Estado Libre Asociado de

228

relación de subordinación político-jurídica a los Estados Unidos en lo concerniente a la política sobre *conservación* y *manejo* de la vida silvestre.[170] El primer reglamento del DRN clasifica a los "monos" bajo la categoría de animales "dañinos" y autoriza la cacería "sin límite de cantidades".[171] Dispone el reglamento del DRN para la cacería de "cualquier clase de mono" en Puerto Rico, "excepto en las siguientes islas e islotes: Cayo Santiago, Desecheo, Guayacán y Cuevas."[172]

En febrero de 1987 el reglamento sería derogado y sustituido[173] sin trastocar en lo esencial el lenguaje y contenido de la ley de 1976 y del reglamento de 1978. Dentro de este marco, mantendría la cláusula sobre las especies de fauna silvestre estigmatizadas como "perjudiciales a los mejores intereses del Estado Libre Asociado de Puerto Rico". Dispone el artículo 11(Animales Dañinos):

"Los siguientes exóticos ferales serán considerados dañinos y podrán ser entrampados y destruidos durante todo el año. Los cazadores autorizados podrán cazarlos sin límite de cantidades..."[174]

Hasta la fecha, ninguno de los reglamentos del DRN harían referencia alguna a los fundamentos "científicos" sobre los

---

Puerto Rico, San Juan, Puerto Rico; (Radicado 30 de mayo de 1978; Efectivo desde 29 de junio de 1978)

[170] "Secc. 1.2- Nada de lo que aquí se provea, será inconsistente con leyes y/o reglamentos aprobados por los Estados Unidos de América en materia de fauna silvestre, especies exóticas y caza..." (Ídem)

[171] Reglamento Núm. 2373 (1978); Art. 10.

[172] Ídem. La lista de animales clasificados como *dañinos* incluye, además: mangosta, ratas y ratones, cocodrilos y caimanes.

[173] Reglamento (Núm. 3416) para regir la conservación y el manejo de la fauna silvestre, las especies exóticas y la caza en el Estado Libre Asociado de Puerto Rico; Departamento de Recursos Naturales; Estado Libre Asociado de Puerto Rico, San Juan, Puerto Rico; 19 de diciembre de 1986. El 24 de febrero de 1987 sería firmado por el Secretario de Estado, Héctor Luis Acevedo.

[174] Art. 11 - Animales Dañinos; op.cit., p.14.

que -según dispone la ley- se habría establecido el listado de especies clasificadas como exóticas y estigmatizadas como perjudiciales o dañinas a los intereses del ELA y a los seres humanos. Desde 1978 y sin sufrir trastoques sustanciales durante las décadas subsiguientes, los "monos ferales" -que incluyen a los rhesus y patas fugitivos del cautiverio del CPRC así como a sus descendientes nativos- continuarían apareciendo en la lista funesta de animales exóticos, dañinos y perjudiciales, entre otras especies también sentenciadas a muerte por el DRN.[175]

Ilustración 18[176]

---

[175] A su lista de animales *dañinos* el DRN sumaría otras especies: gatos ferales en la isla de Mona y las palomas caseras en estado feral. (Ídem)

[176] Patas jóvenes capturados por el DRNA. Fotografía de Gazir Sued (2012)

Ilustración 19[177]

Reajustes en el padrinazgo financiero de los NIH (1980s)

Finalizada la década de los 70, las operaciones del CPRC financiadas por el gobierno federal (ARB/DRR/NIH) permanecían relativamente estables, con ingresos de alrededor de $300,000 anuales.[178] En 1980, este arreglo financiero habría de alterarse, por determinación de los gerenciales del NIH, y el "...future core support should be under competitive grant."[179] Para ese año el contrato de mantenimiento de los "breeding colonies" en Guayacán y Cuevas, en la Parguera, había sido *transferido* a las instalaciones en la isla Morgan, y otros contratos de criaderos de otras especies también se transfirieron a locaciones en el continente. La ambivalencias jurisdiccionales dieron paso a

---

[177] Mono ardilla (squirrel monkey). Fotografía tomada de: http://blade.is. "As a result of vandalism, 107 Squirrel monkeys escaped from a research station at Sabana Seca in the late 1970s." (Wiley, James; Vilella, Francisco J.; "Caribbean Islands"; *United States Geological Survey*; (23 de septiembre de 2006) El DRNA lo añadiría a la lista de especies invasivas y promovería su exterminio...

[178] Whitehair, Leo A.; "NIH Support for the Caribbean Primate Research Center (1975 to Present)" (1989); op.cit., p.44.

[179] Ídem.

231

conflictos de intereses y los títulos de propiedad sobre las colonias remanentes en Puerto Rico fueron objeto de disputas...

Entrados los años 80, las negociaciones entre ARB/DRR/NIH y la Escuela de Medicina de la UPR, relativas al CPRC, "...concerning ownership of primates at the three sites" habían concluido. El título de propiedad de los rhesus en cayo Santiago pasaría nuevamente a la Universidad de Puerto Rico (CPRC), y los NIH retendrían los títulos de propiedad sobre el resto de primates no-humanos, "which were not derived from Cayo Santiago population, or which had been purchased directly with NIH funds."[180]

El *acuerdo* traería consecuencias significativas sobre la estructura financiera del CPRC, "especially with respect to its support from the sale of surplus primates."[181] Sobre la UPR volvería a recaer la responsabilidad de mantener al CPRC y las poblaciones de primates bajo sus dominios. Para entonces, el gobierno de Puerto Rico estaría administrado por el Partido Nuevo Progresista, que reproduciría la política del PPD sobre el "scientific monkey business", en competencia por retener o aumentar las inversiones federales en la Isla. Para la fecha, la administración universitaria aumentaría los costos de matrícula y, en oposición, se desataría una huelga estudiantil que habría de durar cinco meses, desde septiembre de 1981 hasta febrero de 1982.[182] Las inversiones federales no redundarían en mejoras a la calidad investigativa del CPRC, y sí a la imagen de presumido prestigio por el mero hecho de obtener fondos de los NIH. Un

---

[180] Ídem. Ese año la Northwestern University (Sade) accedería a devolver la colección de esqueletos del cayo Santiago y la data relativa, apropiada por Sade.

[181] Ídem.

[182] El entonces rector del recinto de Ciencias Médicas, Norman Maldonado, hematólogo y militante del PNP, continuaría favoreciendo el vínculo entre la UPR y el CPRC. Rawlins y Kessler lo mencionan en la principal compilacion de material de propaganda del CPRC, el libro *The Cayo Santiago Macaques: History, Behavior & Biology* (1986): "We extend our gratitude and respect to Dr. Norman Maldonado, former Chancellor of the Medical Sciences Campus, University of Puerto Rico, for his continued interest in Cayo Santiago and personal support." En 1992, tras el triunfo electoral del PNP, sería designado presidente de la UPR. En 2008, tras la victoria electoral del PNP, sería designado miembro de la Junta de Síndicos de la UPR.

sector privilegiado de la oligarquía biomédica en Puerto Rico seguiría siendo el beneficiario principal...

Ajustada a la nueva política fiscal de los NIH, desde 1981 y durante los tres años subsiguientes, el CPRC cualificaría para "grants" destinados al manejo de operaciones exclusivas en Sabana Seca y cayo Santiago.[183]

Inconsistencias y contradicciones *teóricas*

Durante la década de los 80, la historia de la trata de primates no-humanos en Puerto Rico seguiría prácticamente inalterada. Hasta finales de la década, el manejo de las "breeding colonies" continuaría sujeto a los intereses de las corporaciones financieras del complejo biomédico-industrial estadounidense, y el papel asignado a la Universidad de Puerto Rico seguiría siendo el de proporcionar una fachada de legitimidad política y social al "scientific monkey business". Desfavorecida por las nuevas condiciones fiscales de los NIH e inalterada su dependencia económica, el CPRC procuraría refinar algunos aspectos de su imagen corporativa, representando el periodo como uno de cambios sustanciales...

El manejo de las "breeding colonies" -según Rawlins- ha estado marcado desde sus inicios por los intereses investigativos de los *científicos* a cargo de las facilidades (scientists-in-charge) "or it has been imposed by the goals of sponsoring research institutions."[184] Según Marler, sería Rawlins quien disiparía las tensiones entre "behaviorists" y "biomédicos", *demostrando* la compatibilidad entre ambas prácticas.[185] Las prácticas experimentales en laboratorios (perturbaciones fisiológicas o quirúrgicas) y sus dominios investigativos (oftalmología, parasitología, patología, enfermedades sistémicas y degenerativas, virología, etc.) -puntualizan los directivos del CPRC- serían

---

[183] Ese año Richard Rawlins habría renunciado al puesto directivo del CPRC y Matt Kessler sería designado "scientist-in-charge" del cayo Santiago.

[184] Rawlins, R.G.; "Perspectives on the History of Colony Management and the Study of Population Biology at Cayo Santiago" (1989); op.cit., p.33.

[185] Marler, Peter.; "Conducting Behavioral and Biomedical Research on Cayo Santiago" (1989); op.cit., p.45.

perfectamente compatibles con las *observaciones* psicosociales promovidas por los "scientists-in-charge" de los "breeding colonies"...

Según los historiadores corporativos del CPRC, desde 1970 hasta entonces, los directores del CPRC comulgaban con la práctica gerencial de Sade y favorecían el uso de la colonia en cayo Santiago como una "unmanipulated population" para estudios *conductuales*.[186] Tras la renuncia de Sade, en 1976, William T. Kerber fue designado director en su lugar; en 1977, Richard Rawlins sería designado "scientist-in-charge" del cayo Santiago y Matt Kessler contratado como veterinario oficial del CPRC. Durante su administración, -según relata Marler- Rawlins *privilegió* los "noninvasive biomedical research on free-ranging rhesus monkeys" y "...the biomedical research (...) did not disrupt ongoing behavioral studies."[187]

Al margen de las aparentes discrepancias entre los enfoques biomédicos, centrados en experimentaciones de carácter invasivo, y lo que hacían los "behaviorists" en sus *estudios de campo*, el encargo formal de los "scientists-in-charge" seguiría siendo el "imposed by the goals of sponsoring research institutions." Las "investigaciones" de campo seguirían cumpliendo una función práctica dentro del orden administrativo del principal "breeding colony" de rhesus en la Isla.[188] Estudios demográficos y conductuales seguirían respondiendo al interés corporativo del "scientific monkey business" y no a las ciencias de la salud humana, y ni siquiera a la disciplina primatológica.

"An important reason for the collection of demographic data was its utility in the

---

[186] Clinton Conaway, William Kerber, Sven Ebbesson, Gilbert Meier y Lloyd LeZotte.

[187] Marler, Peter.; "Conducting Behavioral and Biomedical Research on Cayo Santiago" (1989); op.cit., p.41.

[188] A principios de 1979 un "grupo social" de cayo Santiago fue capturado y enjaulado para hacerle una serie de exámenes *biomédicos* "no-invasivos". (Kessler M. J., Berard, John D.; "A Brief Description of the Cayo Santiago Rhesus Monkey Colony" (1989); op.cit., p.59)

development and assessment of management protocol."[189]

Los "estudios" demográficos no eran financiados para producir *nuevos* conocimientos de valor científico sobre la especie, sino para adquirir información pertinente a la administración gerencial del negocio de colonias reproductivas de primates experimentales.[190] Asimismo, las disputas *teóricas* o las contiendas especulativas entre sus científicos/funcionarios revelan las inconsistencias y contradicciones del discurso histórico/publicitario preparado por encargo y con arreglo a los intereses corporativos del CPRC y su modelo de "scientific monkey business". Por ejemplo, Rawlins y Kessler contradicen las conclusiones de Smith (1982), para quien la reproducción de primates en colonias enjauladas es superior a la "free-ranging population". Según éstos, Smith no toma en cuenta "el hecho" de que, para efectos administrativos, el número de machos en la colonia de cayo Santiago no es *controlado*:

> "...high number of males are maintained in the Cayo Santiago colony relative to the minimum number of males required to support production in a breeding colony."[191]

La razón de esto, sin embargo, es puramente económica. Más que desacreditar la impresión de Smith, Rawlins y Kessler encubren la farsa ideológica del término "free-ranging", omitiendo que el "estado natural" de la colonia es un artificio publicitario tras el cual se esconden las crueles prácticas de control y reducción poblacional en función de los intereses corporativos del CPRC. La colonia y su hábitat, desde su fundación, han sido manipulados para fines de manejo gerencial; y la colonia -*imaginada* "intacta" y

---

[189] Rawlins, R.G.; "Perspectives on the History of Colony Management... at Cayo Santiago" (1989); op.cit., p.36.

[190] Rawlins y Kessler así lo admiten en Rawlins, G.R. y Kessler, M.J.; "Demographic of the Free-Ranging Cayo Santiago Macaques (1976-1983)"; op.cit., p.66.

[191] Rawlins, G.R. y Kessler, M.J.; "Demographic of the Free-Ranging Cayo Santiago Macaques (1976-1983)"; op.cit., p.69.

"undisturbed" tras el periodo de matanzas- seguiría siendo objeto de intervención y control racional "required to support production in a breeding colony."

También queda confesado entre líneas que la política de exterminio de los especímenes que no resultan de utilidad a los intereses corporativos del CPRC no se limita a la población en el cayo Santiago. Rawlins y Kessler señalan que Smith ignora "el hecho" de que "...less productive females are not culled from Cayo Santiago."[192] Nuevamente, más que dar peso al carácter *científico* de la disputa, del argumento puede inferirse que las hembras enjauladas que no son productivas en su función reproductiva son exterminadas. La oración bien pudiera leer: "Less productive females are culled from Sabana Seca."[193]

Segunda ronda de matanzas (1983-1985)

Tras la renuncia de Sade, en 1976[194], el ARB/DRR/NIH evaluó las operaciones del CPRC hasta la fecha. Aunque el relato corporativo del CPRC informa que el juicio general fue positivo, lo cierto es que la gerencia de los NIH *recomendó* el desarrollo de una isla *alternativa* dentro del territorio continental de los Estados Unidos para otros tipos de experimentaciones biomédicas invasivas. A los efectos, *sugirió* que:

---

[192] Rawlins, G.R. y Kessler, M.J.; "Demographic of the Free-Ranging Cayo Santiago Macaques (1976-1983)"; op.cit., p.69.

[193] Y es que la acepción correcta de la palabra "culled", aunque integra relocalizaciones y ventas, funciona dentro del discurso corporativo del CPRC como eufemismo para sustituir la palabra matanza. Las hembras infértiles enjauladas en el "breeding colony" de Sabana Seca, de no tener utilidad práctica inmediata serían "culled" por representar un excedente intolerable al protocolo gerencial del CPRC.

[194] Donald Sade había ocupado la posición corporativa de "scientist-in-charge" de cayo Santiago desde 1969 hasta su renuncia en 1976. En julio del mismo año sería reemplazado por Richard Rawlins, designado "scientist-in-charge" en 1977. Ese año Matt Kessler sería designado director de la división veterinaria del CPRC. (Whitehair, Leo A.; "NIH Support for the Caribbean Primate Research Center (1975 to Present)" (1989); op.cit., p. 44)

"…several intact social groups at Cayo Santiago might be relocated to this alternative site at the time of the next culling…"[195]

El próximo "culling" debía acaecer entre los próximos dos a cuatro años, entre 1980 y 1982, pero no llegó a consumarse. En 1983, la población era de 1161 y en aumento.[196] Para 1984, el cayo "had become severily overpopulated", con cerca de 1200 rhesus.[197] La primera *reducción* de animales desde 1972 se efectuaría ese mismo año...

Ilustración 20[198]

---

[195] Whitehair, Leo A.; "NIH Support for the Caribbean Primate Research Center (1975 to Present)" (1989); op.cit., p. 44.

[196] Kessler M. J., Berard, John D.; "A Brief Description of the Cayo Santiago Rhesus Monkey Colony" (1989); op.cit., p.59.

[197] Whitehair, L.A.; "NIH Support for the Caribbean Primate Research Center (1975 to Present)" (1989); op.cit., p. 44.

[198] Rhesus en el cayo Santiago. Fotografía por Gazir Sued (2011)

La demanda de primates experimentales para laboratorios biomédicos en los Estados Unidos nunca respondió al ritmo de reproducción de la especie, que, a pesar de las deplorables condiciones de existencia a las que se mantenía sometida, se multiplicaba sin alterar los patrones reproductivos de su antiguo hábitat originario. El objetivo primordial del "scientific monkey business" en Puerto Rico, de establecer una "successful breeding colony".[199] para atender la demanda de los "American investigators"[200], se había concertado con relativo éxito dentro del orden de la producción masiva de primates; aunque el negocio - idealizado por los empresarios Carpenter y Bachman, de la EMT- había fracasado. Iniciada la década de los 80 con la nueva imagen corporativa (CPRC-UPR), el negocio de primates experimentales no podía negar la condición volátil de su estado financiero y menos aun encubrir efectivamente la constante e irresuelta precariedad del negocio.

La condición de incertidumbre económica estaba directamente relacionada a la farsa de la existencia de una gran demanda, constante y ascendente, de compradores estadounidenses e internacionales. El establecimiento formal de otros centros reproductivos en los Estados Unidos eliminó la posibilidad de mantener el monopolio del "scientific monkey business" en la Isla, y la exclusión formal de los favores políticos y financieros del Congreso, a mediados de los años 60, dejó en manos exclusivas de los funcionarios corporativos locales (ahora bajo el CPRC) la suerte de la libre competencia en el mercado global de primates experimentales, sin trastocar la relación *preferencial* con el precario e intermitente comercio con la industria biomédica bajo la jurisdicción política y regulación legal del gobierno estadounidense.

Entrada la década de los ochenta, el continuo crecimiento de la población cautiva en cayo Santiago y los demás criaderos bajo dominio del CPRC seguiría resultándole problemático a sus administradores. Para 1983, la densidad de rhesus en cayo

---

[199] Carpenter, C. R.; "History of the Monkey Colony of Cayo Santiago" (1959); op.cit., p.15.

[200] Carpenter, C. R., "Rhesus Monkeys (...) for American Laboratories; (1940); op.cit., p.284.

Santiago era seis veces mayor a la densidad observada en las poblaciones en sus estados originarios.[201] Pero, a sabiendas de los patrones de reproducción y al tanto de las cifras de crecimiento poblacional proyectadas para cada año, la política administrativa del CPRC seguía siendo la de no tomar previsiones sobre las prácticas reproductivas de los primates cautivos y abstenerse de regular el control de la natalidad con métodos anticonceptivos.

Los costos de mantenimiento de los criaderos de primates experimentales en Puerto Rico seguían excediendo la capacidad de financiamiento del CPRC, que, por su parte, mantenía vigente la política de matanza sistemática ("cull") como mecanismo de control demográfico de las colonias.

> "...most significant is the economic cost of maintaining an expanding population, such as that on Cayo Santiago, without systematic culls to hold numbers in check."[202]

Aunque la nueva imagen corporativa del "scientific monkey business" exalta el supuesto "valor científico" de los criaderos ("breeding colonies") de "free ranging" rhesus, para el CPRC, esta especie continúa teniendo su valor principal como objeto de consumo de la industria experimental biomédica, y aunque la demanda era mínima, el mezquino interés comercial supera toda alternativa previsora de control poblacional. La sobreproducción de rhesus, tenidos como abastos para laboratorios experimentales, no representa un problema ético mayor al CPRC, sino económico. La prioridad de los funcionarios corporativos del CPRC seguía siendo la de garantizar la satisfacción de la demanda de los "American investigators", y al parecer no interesaban permitir que la carencia de productos atenuara la decadencia financiera de su empresa comercial. Es dentro de este esquema de mezquindad corporativa que la matanza sistemática ("systematic cull") continuarían vigentes

---

[201] Rawlins, G.R. y Kessler, M.J.; "Demographic of the Free-Ranging Cayo Santiago Macaques (1976-1983)"; op.cit., p.69. En las regiones abiertas, donde habitan en libertad, la densidad de la población es menor que la que se registra bajo condiciones de cautiverio en espacios tan constreñidos como los cayos.

[202] Op.cit., p.70.

dentro del "management protocol" del CPRC, como técnica efectiva de "control poblacional".

Ésta práctica de crueldad corporativa responde a la racionalidad gerencial del CPRC, y contradice al discurso "científico" que le sirve de fachada publicitaria. Sus altos funcionarios corporativos lo advierten:

> "...the behavioral impact of culling has not been documented, but the costs of supporting a large and growing population are staggering."[203]

Es al frío cálculo administrativo del CPRC, en función de sus exclusivos fines lucrativos y comerciales, que las matanzas de rhesus en Puerto Rico seguirían practicándose sin escatimar sobre consideraciones éticas, y en abierto menosprecio de las consecuencias sobre el orden de los propios "estudios primatológicos" que promete realizar. Cada vez que el crecimiento *natural* de la colonia le representa un problema económico, sacrifican selectivamente el excedente de la población. Los efectos de las matanzas en la vida psíquica, social e individual, de los primates sobrevivientes ("the behavioral impact of culling"), les es irrelevante. No obstante, reconocen abiertamente que las matanzas perturban las relaciones psicosociales de la población "impactada" e incluso sugieren considerar métodos alternos para el futuro:

> "...available wildlife management tools must be introduced to primate colony management in future years so that accurate population projections can be obtained, and reductions may be carried out with a minimum of disturbance to the behavioral dynamics of the population."[204]

---

[203] Ídem. $55.000 estima costo en alimento anual. Una inconsistencia recurrente con relación a la ilsuion de naturalidad del discurso *behaviorista* es que "...the exacts effects with respect to behavioral biases introduced by artificial supply of food have not been shown." (Rawlins, G.R. y Kessler, M.J.; "Demographic of the Free-Ranging Cayo Santiago Macaques (1976-1983)"; op.cit., p.70)

[204] Rawlins, G.R. y Kessler, M.J.; "Demographic of the Free-Ranging Cayo Santiago Macaques (1976-1983)"; op.cit., p.70.

A finales de 1983 había registro de 1200 rhesus en el cayo. Durante el periodo de capturas anuales, en 1984, tres "grupos sociales intactos" (grupos J,M,O) (cerca de 600) fueron "removidos", reduciendo la población al 50%.[205]

"Due to the large size of the population, in 1984 three intact social groups were removed from Cayo Santiago to reduce the colony by approximately 50 percent."[206]

En enero y febrero los grupos M y J fueron *relocalizados* en Sabana Seca. El grupo M fue "translocated" a un corral/pastizal de dos acres, para "behavioral and biomedical reserach", y el grupo J, enjaulado en "small enclousures" para "breeding purposes". El grupo O fue *enviado* a laboratorios biomédicos en Alemania.

"Removal of 600 monkeys from Cayo Santiago occurred with minimal disruption to the population remaining on the island."[207]

Los funcionarios corporativos citados no precisan la cantidad de especímenes que integraban cada grupo, cuántos fueron "relocated" y enjaulados en Sabana Seca, ni cuántos ni por cuánto fueron vendidos a los alemanes. Además, omiten que las capturas de 1984 tomaron mucho más tiempo de lo habitual. Determinado por el protocolo gerencial del CPRC, los operativos de captura en el cayo Santiago suelen efectuarse durante los meses de enero y febrero, pero en 1984 se extendieron hasta el mes de mayo.[208]

---

[205] Kessler M. J., Berard, John D.; "A Brief Description of the Cayo Santiago Rhesus Monkey Colony" (1989); op.cit., p.59.

[206] Rawlins, R.G. y Kessler, M. J.; "The History of the Cayo Santiago Colony"; (1986); op.cit., p.42.

[207] Ídem.

[208] Berman, Carol M.; "Trapping Activities and Mother-Infant Relationships on Cayo Santiago: A Cautionary Tale"; *Puerto Rico Health Sciences Journal*;

Ilustración 21[209]

Durante los operativos de captura en 1984, la política de minimizar la intromisión humana y de no trastocar la relativa estabilidad social de la colonia fue obviada. Entretanto:

"During this extended period, detailed observations were made of interactions between mothers and infants belonging to a social group which was not directly involved in the cull." [210]

Los resultados de las "observaciones" sobre los efectos inmediatos de los operativos de captura *revelaron* que los rhesus excluidos:

Universidad de Puerto Rico, Recinto de Ciencias Médicas; Abril-1989; Vol.8, Núm. 1; pp.73-76.

[209] Rhesus enjaulados para experimentaciones. Fotografía tomada de: http://lefteyeimages.photoshelter.com.

[210] Berman, Carol M.; "Trapping Activities…"; op.cit., p.74.

"...appeared to be disturbed by trapping activities and by the presence of trappers on the island even when no trapping was taking place. Field notes indicate burst of alarm barking in the presence of trappers, agitated behavior in their presence and in the vicinity of the feeding/trapping corrals, reluctance to enter the corrals, hurried collection of monkey chow, and an apparent increase in protective behavior on the part of the mothers."[211]

La naturaleza oportunista del "behavioral study" de Carol Berman es distintivo de los estilos improvisados que caracterizan los *estudios* de campo del CPRC. Pero los *resultados* revelan más que la "observación detallada" del "investigador", que se limita a "describir" las evidentes reacciones instintivas de animales aterrados por la presencia y acoso de sus captores. Reconocer el celo protector de las madres rhesus no es un dato científico que abone en lo absoluto al conocimiento sobre la especie, ni tampoco el registro de los comportamientos defensivos, las evasivas a las trampas o la aparente desesperación por obtener alguna reserva de alimentos. Lo que se revela en el estudio es más bien la mentalidad corporativa del "scientific monkey business"; la indiferencia ante los traumas y sufrimientos provocados sin valor alguno para las ciencias y la salud humana; y la frialdad psíquica de los practicantes de crueldades del CPRC, que cobran dinero de las arcas del Estado y se procuran prestigio a costa del maltrato premeditado a los animales cautivos bajo sus dominios....

En 1985, otro grupo adicional fue *removido* del cayo Santiago, "to mantain a stable colony size".[212]

---

[211] Op.cit., p.75.

[212] Kessler M. J., Berard, John D.; "A Brief Description of the Cayo Santiago Rhesus Monkey Colony" (1989); op.cit., p.59.

Ilustración 22[213]

Las retóricas cientificistas de los "behaviorists", sobre las que los "scientist-in-charge" justificaban el cruel abandono de las especies bajo sus dominios, ya no serían suficientes para evadir el orden de la ley. Hasta mediados de los 80, todavía:

"…there was no provision for disease prophylaxis, especially tetanus, in the Cayo Santiago colony because the management protocol specified that the animals be maintained with an absolute minimum of intervention to avoid additional bias in the study of the natural regulation of population growth."[214]

Hasta entonces, la mayor causa de mortandad en la colonia de rhesus era el tétano[215], y aunque podía prevenirse y evitarse, el

---

[213] Grupo de rhesus en el cayo Santiago. Fotografía por JAOS (2011)

[214] Rawlins, G.R. y Kessler, M.J.; "Demographic of the Free-Ranging Cayo Santiago Macaques (1976-1983)"; op.cit., p.69.

[215] "Rhesus monkeys on Cayo Santiago have a considerably shorter lifespan than those of captive caged animals (…) It appears that the high prevalence and

CPRC los dejaba infectarse y morir porque el "management protocol" así lo especificaba. Aunque tardíamente, el Animal Welfare Act (AWA) ejercería presión suficiente sobre la política de manejo de primates en las "breeding colonies" en Puerto Rico. En 1985 la población sería vacunada contra el tétano, poniendo al descubierto el carácter fatulo de los razonamientos corporativos del CPRC, encubiertos en el discurso "behaviorista".

Los funcionarios corporativos del CPRC reprocharían entre líneas las regulaciones impuestas por el AWA, pero no por desmentir la farsa científica de su protocolo gerencial, sino porque la política de dejarlos morir les representaba un mecanismo *natural* de control poblacional. Eliminadas estas causales de muerte, la población cautiva en el cayo Santiago aumentaría, y eso les representaba un problema adicional, que pronto resolverían como de costumbre, según estipulado en el "management protocol", que, sin embargo, en lo demás permanecería intacto. A la fecha del escrito de Rawlins y Kessler, "A random cull of the colony"[216] estaba siendo considerado.

"The rapid increase in this population now that tetanus has been eliminated will require another population reduction in early 1990"[217]

Igual que en 1984 y 1985, el CPRC programaba, para 1990, la *remoción* de "intact social groups" del cayo Santiago:

"...in order to minimize disruption to the colony and to provide additional social groups for

---

cumulative risk of tetanus on Cayo Santiago may be a factor in the shorter lifespan on Cayo Santiago." (Marriot, B.M.; Smith, J.C.; Jacobs, R.M.; Jones, A.O.; Rawlins, R.G.; Kessler, M.J.; "Hair Mineral Content as an Indicator of Mineral Intake in Rhesus Monkeys"; en *The Cayo Santiago Macaques: History, Behavior & Biology: History, Behavior & Biology* (1986); p.226.

[216] Rawlins, R.G; Kessler, M.J.; "The History of the Cayo Santiago Colony"; (1986); op.cit., p.42.

[217] Kessler M.J.; Berard, J.D.; "A Brief Description of the Cayo Santiago Rhesus Monkey Colony" (1989); op.cit., p.59.

behavioral and biomedical research at the Sabana
Seca Field Station"[218]

Masacres en Desecheo (1985 - 1987)

Frustrados los primeros operativos de exterminio de las
agencias federales, a mediados de los ochenta reactivarían
nuevamente su obsesión genocida. A diferencia de la época para
cuando el CPRC abandonó la colonia de primates en Desecheo,
en 1971, el comportamiento de los rhesus a mediados de los 80
"had changed dramatically" -según relata Evans-.[219] Para entonces,
los rhesus estaban *acostumbrados* a la "human presence", pero a la
fecha del reinicio de los operativos de captura y remoción, en
1985:

> "The monkeys were very elusive (…); …monkeys
> were furtive and extremely wary of human
> presence. (...) Once monkeys were aware of human
> presence, they would leave the area..."[220]

Desecheo se había convertido en área de caza de cabras y
de aves marinas predominantemente, y es posible que los
cazadores privados hubiesen disparado también contra los rhesus.
Ya Morrison advertía, en 1970, que sería "virtualmente imposible"
acercarse a los rhesus en Desecheo "...after the first few animals
were killed and survivors learned to avoid people."[221] Entre 1977 y
1987, tras una serie de operativos de captura, 119 rhesus habían
sido *removidos* de la isla. A finales de enero de 1987 -relata Evans-:
"...we felt that all monkeys had been removed from the island."
Para el mes de marzo se divisaron cerca de 15, y para 1988, la
agencia federal (Fish and Wildlife Service) habría *removido* 32

---

[218] Ídem.

[219] Evans, Michael A; "Ecology and removal of introduced rhesus monkeys:
Desecheo Island National Wildlife Refuge, Puerto Rico" (1989); op.cit., p.146.

[220] Op.cit., p.147.

[221] Memorándum inédito de Morrison, de 7 de agosto de 1970, citado por
Evans; op.cit., p.147

adicionales.[222] El deseo de exterminio no se concretó en definitiva y, desprovistos de fuentes de agua potable, sometidos a "nutritional deprivation" y a las brutales condiciones del islote, aún quedarían algunos rhesus sobrevivientes en Desecheo...

Ilustración 23[223]

---

[222] Op.cit., pp.145;154.

[223] Joven rhesus solitario. Fotografía por JAOS (2011)

Retoques al discurso legal sobre crueldad en laboratorios (1985)

El 23 de diciembre de 1985, se aprobó una enmienda al Animal Welfare Act a los efectos de "minimize the pain and distress of animals in the laboratory".[224] Aunque la nueva legislación no trastocaría radicalmente los patrones de crueldad practicados en los laboratorios biomédicos, admitía que las experimentaciones ocasionaban dolor y sufrimiento a los animales, que una parte considerable de éstas eran inútiles y que, incluso, podían prescindir del uso de animales.[225]

Ilustración 24[226]

---

[224] Improved Standards for Laboratory Animals Act (ISLAA); Food Security Act (P.L. 99-198); December 23,1985. El acta entraría en vigor un año después de su aprobación.

[225] It establishes an information service in the National Agricultural Library, in cooperation with the National Library of Medicine, to provide data on alternatives to animals in research, help prevent unintended duplication of experiments and tests, and supply information to institutions for training scientists and other personnel in humane practices, as required by the new law. (ISLAA-1985)

[226] Rhesus sometido a experimentaciones en laboratorio biomédico.

La ISLAA-1985 refrenda las estipulaciones previstas en el AWA, y para cada "research facility" exige la designación de un comité especializado en animales, incluyendo un veterinario certificado y "an unaffiliated person, to represent the general community interest in the welfare of the animals." Este comité habría de *inspeccionar* los laboratorios dos veces al año y rendir informe a la USDA. Esta agencia de gobierno, designada por el Congreso para implementar el AWA, goza del poder discrecional de imponer multas e incluso revocar los permisos de operación de los laboratorios, en caso de incumplimiento de la ley. Pero, quien hace la ley hace la trampa.

> "Exceptions to the standards may be made only when specified by a research protocol and an explanation is provided for any deviation."[227]

Aunque las regulaciones legales aparentan consideraciones serias y bien intencionadas sobre el bienestar ("welfare") de los animales, e incluso las formaliza en sus reglamentaciones y penalidades, anula la autoridad fiscalizadora del gobierno y de la ley al consagrar el poder discrecional de la autoridad regente en cada "research facility".

> "While the main purpose of the amendments to the Animal Welfare Act is to improve the authority of the Secretary of Agriculture to insure the proper care and treatment of animals used in research (...) includes a provision prohibiting Federal inspectors from interrupting the conduct of actual research or experimentation."[228]

La racionalidad dominante en el Congreso de los Estados Unidos seguiría comulgando con los credos y dogmas del

---

[227] Ídem.

[228] Amendments to Animal Welfare Act; Improved Standards for Laboratory Animals Act (ISLAA-1985); House Conference Report 99-447, Joint Explanatory State of the Committee of Conference; pp.592-593; 597.

complejo biomédico-industrial, y la legislación prohibiría al gobierno inmiscuirse de lleno en sus dominios.

> "The Senate amendment declares the finding of Congress to the effect that the use of animals is instrumental in certain research and education or for advancing knowledge of cures and treatments for diseases and injuries which afflict both humans and animals..."[229]

El origen de la legislación responde a una política de austeridad del gobierno, que aunque la enmarca dentro de la retórica preventiva de la crueldad contra animales, en la práctica ésta ocupa un lugar secundario dentro del orden de sus prioridades explícitas.

> "...methods of testing that do not use animals are being and continue to be developed which are faster, less expensive, and more accurate than traditional animal experiments for some purposes and further opportunities exist for the development of these methods of testing; measures which eliminate or minimize the unnecessary duplication of experiments on animals can result in more productive use of Federal funds..." [230]

Asimismo, la legalización del poder de *excepción* a los estándares consignados en el AWA habría de convertirse en la regla de manejo dentro de los laboratorios, y el mandamiento de la ley en mero emplazamiento moral, sin consecuencias mayores en el orden interior de los "research facilities" y sus prácticas experimentales.

> "...investigators are required to consider alternatives and to consult with a veterinarian

---

[229] Ídem.

[230] Ídem.

before beginning any experiment that could cause pain."

Las multas a las corporaciones bajo la jurisdicción fiscalizadora del AWA/USDA, que incluye a los NIH y los organismos militares, farmacéuticas y universidades, devienen en meros reproches simbólicos y risibles, dada la naturaleza multi-millonaria de éstas.[231] Los veterinarios, investidos arbitrariamente de una autoridad moral superior, siguen siendo empleados corporativos clave para legitimar las prácticas experimentales, irrespectivamente de los niveles de crueldad, dolor y sufrimiento, a los que seguirían siendo sometidos los animales...

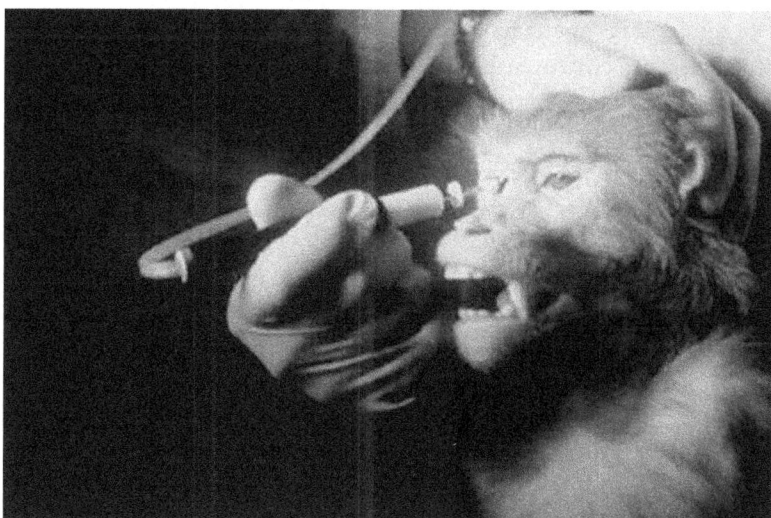

Ilustración 25[232]

Entre las nuevas enmiendas del AWA (ISLAA-1985), el gobierno estadounidense dispone regulación para garantizar "...for a physical environment adequate to promote the

---

[231] Las multas por violación a las leyes del AWA oscilan entre $1,000 a $2,500, y entre $500 a $1,000 por cada día de incumplimiento.

[232] Experimentación con rhesus adulto. Fotografía tomada de: http://mudarnecessario.blogspot.com.

psychological well-being of primates."[233] La ignorancia de las autoridades de gobierno se confunde entre la complicidad política con el complejo biomédico-industrial, que produce los fundamentos racionales que inducen a error, de manera premeditada y con alevosía, al poder congresional y sus respectivos actos legislativos:

> "The intent of standards with regard to promoting the psychological well-being of primates is to provide adequate space equipped with devices for exercise consistent with the primate's natural instincts and habits."[234]

El concepto de "psychological well-being" lo continuarían definiendo las agencias corporativas del complejo biomédico-industrial, en consonancia a sus propios intereses; el "adequate space" y demas consideraciones permanecerían sujetas a la definición de las autoridades de los "research facilities", y a la naturaleza de las experimentaciones, según determinada por ellas mismas. El acta de 1985:

> "...prohibit the Secretary from promulgating rules and regulations or orders with regard to the performance of actual research or experimentation by a research facility as determined by such a research facility..."[235]

A todas cuentas, fuera de la *nueva* retórica legal del "scientific monkey business", la única condición consistente con los instintos naturales de los primates es la libertad; y entre sus hábitos naturales, no se contempla la disposición al sometimiento a condiciones de cautiverio y consecuentes torturas experimentales...

---

[233] ISLAA-1985; op.cit., pp.592-593.

[234] Ídem.

[235] Ídem.

Nota sobre un conflicto de intereses

El 20 de marzo de 1989 el tribunal federal de distrito en Puerto Rico emitió decisión sobre una demanda[236] presentada por el ex director del CPRC, Delwood Collins[237], contra los directivos del CPRC y de la Universidad de Puerto Rico.[238] Al margen de los méritos propios de la demanda, el documento legal emitido por el juez federal Pieras recoge algunos datos pertinentes sobre el estado de situación del "scientific monkey business" a la fecha, y sitúa la pugna entre sus oficiales directivos dentro de una serie de conflicto de intereses y condiciones políticas y económicas que seguirán siendo determinantes en el porvenir de la macabra empresa y la trata de primates no-humanos en Puerto Rico.

En 1982, Collins había sido contratado como director del CPRC por el entonces rector del campus de Ciencias Médicas de la UPR, Norman Maldonado. El texto legal reconoce la relación entre el CPRC y la UPR.

---

[236] Collins v. Martínez; 709 F.Supp. 311 (1989); Civ. No. 89-1095 (JP); United States District Court, D. Puerto Rico; March 20, 1989.

[237] Dr. Delwood Collins, the plaintiff, a research scientist and tenured professor employed at Emory University and at the Veterans Administration Hospital in Atlanta, Georgia, responded to an advertisement placed by the University of Puerto Rico in Science Magazine. Según el texto legal, "The University was interested in hiring a director to head the CPRC, an administrative branch of the Medical Sciences Campus."

[238] La parte demandada incluía a: Manuel Marina Martínez, personally, and in his official capacity as former Acting Chancellor of the Medical Sciences Campus of the University of Puerto Rico; Matthew Kessler, personally and in his official capacity as Director of the Caribbean Primate Research Center; Carlos Torres Colondres, personally, and in his official capacity as Administrative Director of the Caribbean Primate Research Center; Dan C. Williams, personally, and in his official capacity as a Veterinarian at the Caribbean Primate Research Center; Fernando Agrait, personally, and in his official capacity as President of the University of Puerto Rico; Jose M. Saldaña, personally, and in his official capacity as Chancellor of the Medical Sciences Campus of the University of Puerto Rico; (…) Nydia de Jesús, personally and her official capacity as Dean of Medicine at the Medical Sciences Campus of the University of Puerto Rico; y a sus respectivos cónyuges.

253

"The University of Puerto Rico maintains a colony of rhesus monkeys and other primates in Puerto Rico, in a facility known as the Caribbean Primate Research Center (CPRC). An administrative branch of the Medical Sciences Campus of the University, the CPRC uses its primates for medical research."

La aceptación del contrato por parte de Collins estaba condicionada a que la UPR se comprometiera a crear una División de Medicina Comparada (DMC) en la Escuela de Medicina, que él habría de dirigir como "chairman"; nuevos laboratorios y oficinas deberían construirse para el DMC y nuevas posiciones para la facultad y el personal a su cargo. Además, se le concedería título de profesor a tarea completa en la EM y, en adición a estas condiciones, sería designado director del CPRC. El rector Maldonado accedió a sus demandas, y en enero de 1983 ya fungía como director del CPRC.[239]

La construcción del laboratorio de la DMC, destinado a realizar "biochemical research", no concluiría hasta septiembre de 1985. Durante el periodo que le antecedió, algunos corporativos de alta jerarquía en el CPRC se enfrascaron en rencillas con Collins y se ventilaron hostilidades y acusaciones de difamación.[240]

---

[239] "He also recruited, with the University's permission, research scientists from the United States who relocated to Puerto Rico and commenced working in the Division of Comparative Medicine. In 1983, the University began building a laboratory for use by Dr. Collins and members of the Division of Comparative Medicine. (...) By August, 1984, at least three faculty members had been recruited from the continental United States and had relocated to Puerto Rico." (Ídem)

[240] Entre los acusados de "tortiously interfered with his contractual relationship with the University", Matthew Kessler, Carlos Torres Colondres y Dan Williams, éstos habían aceptado contratos con la División de Medicina Comparada. Las acusaciones sobre difamación en el tribunal fueron desestimadas. No obstante, en una nota al calce, el juez Pieras apunta: "The Court notes at this point that this holding should in no way be interpreted as indicating that the defendants' conduct was exemplary or even ethical. Attorney Carlos Torres, in particular, the administrative director of the CPRC, was shown to have conducted himself in a highly questionable manner. Accusations of Dr. Collins' monetary irresponsibility — given to the ad hoc committee by Torres — were shown to be based on half-truths, irresponsible research, and gigantic leaps to foregone conclusions. Torres was continually and publically

254

En el ínterin, Maldonado había incluido el proyecto de la DMC en el Plan Integral del campus de Ciencias Médicas, integrándolo oficialmente al programa académico, y los NIH habían favorecido la propuesta de Collins con una partida de $550,000 "to support the Division of Comparative Medicine", que incluía al CPRC.

En 1984, el Partido Nuevo Progresista fue derrotado en contienda electoral, y el cambio de gobierno trastocaría la alta jerarquía de la Universidad de Puerto Rico. Tras la renuncia de Maldonado, el Partido Popular Democrático designaría a Manuel Marina como rector interino.[241] Según la opinion del juez Pieras: "Dr. Marina's attitude toward the nascent Division of Comparative Medicine, the CPRC, and Dr. Collins' arrangements with the University appreciably differed from Mr. Maldonado's attitudes." Marina consideraba que la DMC "have been illegally established", y designó un comité para evaluar la legalidad del proyecto del DMC y los arreglos de Collins bajo la pasada administración política de la institución.

La UPR ofreció a Collins retener el puesto de director del CPRC, con un salario fijo de $40,000 al año y un bono de $10,000 adicionales de propuestas externas, pero no garantizaría la permanencia en la UPR, ni se comprometía con el proyecto de la DMC; reduciría el presupuesto y pondría veto a las compras de nuevos equipos para reemplazar los usados. Collins rechazó la oferta de Marina. En septiembre de 1985 procuró fallidamente el apoyo de los corporativos del CPRC, que al parecer oponían resistencias a la creación de la DMC, por aparentes conflictos de intereses.[242]

---

accused by Dr. Collins of deliberately delaying important projects, and Torres had every reason to fear for his job. Moreover, Torres' job was evidently the sort of plum worth fighting for: although he was supposedly a professional, he watched the clock carefully and at times maintained a legal practice during late afternoons and on his many vacation days. Torres, along with several other of the defendants, was shown to have ample motive and opportunity to interfere with the goals and programs of Dr. Collins." (Ídem)

[241] El presidente Ismael Almodóvar sería reemplazado por Fernando Agrait.

[242] On September 17, 1985, plaintiff wrote the Primate Advisory Committee, a standing committee at the Medical Sciences Campus which makes recommendations to the Chancellor and President regarding the activities of the CPRC. Dr. Collins attempted to obtain their support in reversing the decision

El Tribunal *reconoció* que Collins había *demostrado* "improper and unconstitutional actions by the University", y aunque moralmente falló a su favor, "the Court cannot find him entitled to compensation for any lost income or economic opportunities in Puerto Rico." Al margen de la resolución judicial sobre las pugnas gerenciales, favoritismos políticos y disputas personalistas manifestadas en el caso de Collins, quedó expuesta, aunque marginalmente, la condición puntual de la colonia de rhesus en el cayo Santiago. Según el juez Pieras:

> "Dr. Kessler wrote to the Veteran's Administration to report unprofessional conduct by Dr. Collins, and Collins participated in a letter divulging an excessively high mortality rate at the CPRC to the National Institutes of Health."

UPR-CPRC: cincuenta años de crueldad institucional (1988 - 1989)

A finales de la década de los 80, el Caribbean Primate Research Center permanecía excluido del programa nacional de primates (National Primate Research Center Program). No obstante, el gobierno insular continuaría prestándole su confianza sin reservas, desembolsando cuantiosas partidas destinadas en principio a la educación superior pública del país. La administración de la UPR continuaría apadrinando la cruel empresa y soportando la carga económica que le representaba, a cambio de una imagen abstracta de prestigio internacional que creía obtener por sostenerla bajo sus auspicios y padrinazgo político, a pesar de la farsa que representa el "scientific monkey business" al mundo académico, a las ciencias de la salud humana y a la ética sobre la crueldad contra los animales...

En diciembre de 1988, a propósito del 50 aniversario del cayo Santiago, el CPRC celebró un congreso en el que se perfilarían las bases programáticas sobre el futuro inmediato del "scientific monkey business" en la Isla. El evento procuró refinar la imagen corporativa mediante los relatos *históricos* de sus principales ejecutivos y con recurso a la manipulación del balance

---

made by the University to dismantle the Division of Comparative Medicine, but he was unsuccessful.

general sobre la relevancia del uso de primates no-humanos para las ciencias de la salud humana. Matt J. Kessler ocupaba entonces el cargo de director.

El presidente de la UPR, Fernando E. Agrait, endosó el acto y reconoció sin miramientos el *legado* de Clarence R. Carpenter y al CPRC como un "research resource of great historical and academic value to the Univesrity and the people of Puerto Rico."[243] Por su parte, el rector del recinto de Ciencias Médicas, José M. Saldaña, reafirmaría el pacto de incondicionalidad política de la UPR con el CPRC, designando la empresa como "one of the research pillars of the Medical Sciences Campus."[244]

La política de incondicionalidad de la UPR, representaba la postura del gobierno de Puerto Rico con respecto al cruel negocio de primates en la Isla. Durante la administración de gobierno de Rafael Hernández Colón, entre la Administración Central de la UPR y la Legislatura de Puerto Rico, se habían derrochado cerca de $2,000.000 en gastos operacionales y mejoras en infraestructura para el CPRC.

La política de manejo sobre la población *excedente* permanecería intacta y legitimada por la institución, que se limitaría a repetir la retórica de los gerenciales del CPRC sin profundizar sobre las implicaciones y consecuencias para los rhesus cautivos en el cayo Santiago. El cálculo seguiría debiéndose a la naturaleza comercial de la empresa, y no a las condiciones de existencia de los pobladores de la colonia. Ya Kessler, Rawlins y otros lo habían anunciado en sus presentaciones durante el evento:

---

[243] Agrait, Fernande E; "Opening Remarks of President Fernando E. Agrait on the Occasion of the 50th Anniversary on the Cayo Santiago Macaque Colony"; *Puerto Rico Health Sciences Journal*; Universidad de Puerto Rico, Recinto de Ciencias Médicas; Abril-1989; Vol.8, Núm. 1; pp.13-14.

[244] Saldaña, J. Manuel; "Future Plans for the Caribbean Primate Research Center"; *Puerto Rico Health Sciences Journal*; Universidad de Puerto Rico, Recinto de Ciencias Médicas; Abril-1989; Vol.8, Núm. 1; pp.53-54.

"The Cayo Santiago macaque colony doubles in size every four years and must be periodically subjected to population reductions."[245]

"The rapid increase in this population now that tetanus has been eliminated will require another population reduction in early 1990"[246]

El rector Saldaña lo repetiría en su exposición:

"The colony is currently doubling every four years and now contains nearly 1100 monkeys. The next cull will be in 1990."[247]

La gerencia del CPRC lo justificaría como de costumbre:

"Surplus animals from this unique colony will continue to serve as an important source of healthy rhesus monkeys for biomedical research, especially AIDS related studies, and as replacement stock for breeding colonies in Puerto Rico and elsewhere."[248]

---

[245] Kessler, Matt J.; London, William T; Madden, David L; Dambrosia, James M; Hilliard, Julia K; Soike, Keneth F; Rawlins, Richard G; "Serological Survey for Viral Diseases in the Cayo Santiago Rhesus Macaque Popuation"; *Puerto Rico Health Sciences Journal*; Universidad de Puerto Rico, Recinto de Ciencias Médicas; Abril-1989; Vol.8, Núm. 1; pp.95-97.

[246] Kessler M. J., Berard, John D.; "A Brief Description of the Cayo Santiago Rhesus Monkey Colony" (1989); op.cit., p.59.

[247] Saldaña, J. Manuel; "Future Plans for the Caribbean Primate Research Center" (1989); op.cit., p.53. En otra presentación durante el congreso se estableció que para diciembre de 1988 había registro de 1084 (547 machos y 537 hembras). (Kessler M. J., Berard, John D.; "A Brief Description of the Cayo Santiago Rhesus Monkey Colony" (1989); op.cit., p.55)

[248] Kessler, Matt J.; London, William T; Madden, David L; Dambrosia, James M; Hilliard, Julia K; Soike, Keneth F; Rawlins, Richard G; "Serological Survey for Viral Diseases in the Cayo Santiago Rhesus Macaque Popuation" (1989); op.cit., p.97.

Y asimismo, el rector de Ciencias Médicas lo recitaría casi al pie de la letra:

"This periodic population reduction is essential to maintain a manageable colony size on Cayo Santiago, to provide animals for AIDS-related research in our new P2-P3 primate facilities on the Medical Sciences Campus, and to provide income to the center from the sale of surplus monkeys."[249]

Dos nuevas facilidades se habrían construido para experimentaciones invasivas con los rhesus, fuera de las instalaciones de la antigua base naval en Sabana Seca, también adscrita al recinto de Ciencias Médicas de la UPR. La venta de los *excedentes* se haría aparecer como un recurso clave para el mantenimiento del "scientific monkey business", dando por sentada una clientela que, a los efectos de la historia del CPRC, se ha demostrado incierta, volátil y en ocasiones inexistente. La opción de las matanzas, que ha sido una práctica recurrente para "maintain a manageable colony size", queda invisibilizada por la retórica corporativa del CPRC, y encubierta por la alta jerarquía de la UPR, que enfatiza su atención en la potencia comercial de los rhesus e incluso promociona el negocio:

"Proceeds from the sale of surplus monkeys will be used to establish fellowships and to expand the size of the CPRC staff."[250]

Al mismo tiempo, las instalaciones del Sabana Seca Field Station estaban siendo "completely renovated" para cualificar según los estándares de acreditación de una corporación

---

[249] Saldaña, J. Manuel; "Future Plans for the Caribbean Primate Research Center" (1989); op.cit., p.53.

[250] Nuevos edificios estaban en construcción para "animal care, necropsy, administration and guests housing (...) and new vehicles have been purshased"; etc. Además, se proyectaba la construcción de nuevos corrales en Sabana Seca para 600 rhesus del "cull" proyectado para 1990. (Saldaña, J. Manuel; "Future Plans for the Caribbean Primate Research Center" (1989); op.cit., p.53)

internacional privada, la AAALAC.[251] Cónsono con los requerimientos legales del gobierno federal, la AAALAC integraría múltiples corporaciones vinculadas dentro del complejo biomédico industrial estadounidense, sin trastocar los poderes discrecionales conferidos por ley a los administradores de las "research facilities", y proveyendo un sello legitimador a las prácticas experimentales invasivas con animales, independientemente de su valor real para las ciencias de la salud humana. Según la propaganda de la AAALAC, las corporación que adquiere su acreditación "prueba su compromiso con el cuidado y uso responsable de animales."[252]

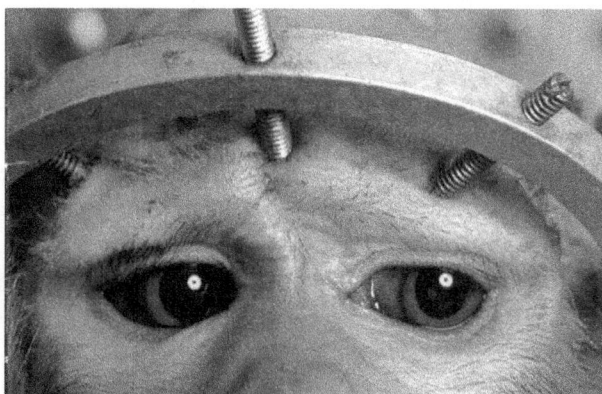

Ilustración 26

---

[251] Según la página web oficial: Association for Assessment and Accreditation of Laboratory Animal Care International (AAALAC International) es una organización privada, no gubernamental, que promueve el trato humanitario de los animales en las actividades científicas mediante programas voluntarios de evaluación y acreditación. (...) Cientos de compañías farmacéuticas y biotecnológicas, universidades, hospitales y otras instituciones de investigación de todo el mundo han obtenido la acreditación de AAALAC, lo que prueba su compromiso con el cuidado y uso responsable de animales. Estas instituciones buscan alcanzar y mantener la acreditación de AAALAC International, y cumplir de este modo no solo con las normas locales, nacionales e internacionales que regulan las investigaciones con animales, sino también con los estándares aceptados a nivel internacional de la Guía para el cuidado y uso de animales de laboratorio (Guide for the Care and Use of Laboratory Animals) (publicada por el Consejo Nacional de Investigación [National Reserach Council] en 1996). (http://www.aaalac.org)

[252] AAALAC International.

Desentendida de las evidentes contradicciones en el discurso *preventivo* de la crueldad contra animales -a nivel del gobierno federal y local, como en sus réplicas dentro de la esfera privada- la administración universitaria avaló no sólo las matanzas selectivas para controlar la población, sino también los sacrificios de rhesus para ampliar la colección de esqueletos del museo del CPRC. Para la fecha del congreso, en 1988, había registro de 1300 esqueletos de rhesus. El rector Saldaña anunció que, posetrior al "cull" previsto para 1990, aumentaría la colección a 2000.[253]

Dentro de este tétrico cuadro de previsiones futuras, y omitiendo mencionar el trasfondo de la devastación de los hábitat naturales de la especie y su progresiva disminución en el planeta - en parte por consecuencia del "scientific monkey business"- el presidente de la UPR recicló sin reservas y como si se tratase de una postura encomiable, el funesto augurio de los gerenciales del CPRC:

"These colony reservoirs of primate species may well become a final refuge for many members of this order."[254]

Los ajustes gerenciales y las cuantiosas inversiones de capital, proveniente de las arcas del Estado, continuarían motivados por las expectativas de obtener membrecía formal dentro de los dominios del complejo biomédico-industrial estadounidense, que mantenía a la UPR en los márgenes de los privilegios económicos de los NIH, y que además conservaban intacto el poder político sobre el CPRC. El rector Saldaña así lo confesaba:

"Finally, we hope that in the foreseeable future the University of Puerto Rico (…) will be successful in

---

[253] Saldaña, J. Manuel; "Future Plans for the Caribbean Primate Research Center" (1989); op.cit., p.53.

[254] Rawlins, G.R. y Kessler, M.J.; "Demografic of the Free-Ranging Cayo Santiago Macaques (1976-1983)"; op.cit., p.70.

having the CPRC incorporated into de NIH Regional Primate Centers Program."[255]

Ilustración 27[256]

---

[255] Saldaña, J. Manuel; "Future Plans for the Caribbean Primate Research Center" (1989); op.cit., p.53. Según Saldaña, era de alta prioridad que el CPRC se involucrara en los programas educativos de la UPR. Cincuenta años de estudios sobre primates en Puerto Rico y la universidad no contaba siquiera con un curso introductorio de primatología. (Ídem)

La celebración del acto también representó la habilidad del CPRC/UPR para evadir determinados requerimientos legales del gobierno federal y su versión insular. A cincuenta años del establecimiento de la colonia de rhesus en el cayo Santiago, la población continúa desprovista de albergue para enfrentar las "inclemencias del tiempo".[257] Así como la ley 67 de 1973, el Animal Welfare Act (AWA-1966) disponía entre sus requerimientos para prevenir el trato cruel a los animales: "protection from weather extremes".

El 18 de septiembre de 1989, el huracán Hugo, que alcanzó vientos de hasta 140 m.p.h., devastó varios municipios de la zona este de la Isla, incluyendo a Humacao. La versión oficial del CPRC sobre los efectos en el cayo Santiago la reporta el director Matt J. Kessler:

> "Despite complete defoliation of the trees and destruction of every corral and several other structures on the island, almost all of the 1300 free-ranging rhesus monkeys in the colony survived the storm. Only two animals died. (…) Hurricane Hugo also caused damage at the Sabana Seca Field Station, the administrative headquarters and biomedical research facility of the Caribbean Primate Research Center (…) The sides of large corrals were downed (…) Several monkeys escaped and were recaptured."[258]

---

[256] Rhesus sometido a tortura experimental. Fotografía tomada de: http://madisonmonkeys.com.

[257] "Será ilegal el que cualquier persona: (...) le cause a ese animal sufrimiento innecesario o en cualquier lugar que no esté debidamente protegido (...) de las inclemencias del tiempo..." Ley Núm. 67 (1973) (Ley para la Protección de Animales)

[258] Matt J. Kessler, Matt J; "Hurricane Hugo Crosses Cayo Santiago, PR"; Laboratory Primate Newsletter; Volume 29, Num. 1, January 1990. Este informe oficial del CPRC tampoco ha podido ser corroborado por la intransigente política de encubrimiento corporativo, refrendada por la presidencia de la UPR y la protección judicial en 2012.

Ilustración 28[259]

---

[259] Joven rhesus en el cayo Santiago. Fotografía por Gazir Sued (2011)

Historia de la crueldad
contra primates no-humanos en Puerto Rico
(1990 a 2012)

A partir de la década de los 90 recrudecería brutalmente el trato cruel y desalmado a los primates rhesus y patas en Puerto Rico. Privilegiado por el padrinaje político de la UPR[1] y por el protectorado incondicional del gobierno y la legislatura insular, el CPRC consolidaría sus dominios; y el "scientific monkey business", acarreado a la sombra del complejo biomédico-industrial estadounidense, agravaría las suertes de la especie rhesus, que sería convertida en modelo experimental por excelencia. De modo paralelo y en estrecha relación, aunque con relativa independencia, el gobierno de Puerto Rico desataría una campaña de terror contra los rhesus y patas fugitivos y silvestres, llevando las prácticas de la crueldad contra ambas especies a una dimensión sin precedentes y de finalidad genocida...

Dentro de este escenario, los principales medios de comunicación en la Isla favorecerían sin reservas ni miramientos la cruel empresa, y la cobertura noticiosa se fundiría indistintamente con la propaganda corporativa del CPRC; y, a la vez, servirían de vocero a la macabra política del gobierno y sus agencias ejecutoras, principalmente al Departamento de Recursos Naturales

---

[1] El cambio de administración de gobierno en Puerto Rico no trastocaría en lo absoluto la mentalidad que sostiene el negocio de primates en la Isla, compartida indistintamente por los dos principales partidos políticos. En 1992, el Partido Nuevo Progresista (PNP) ganaría las elecciones y sería electo gobernador Pedro Rosselló. El presidente de la UPR, José Manuel Saldaña, sería destituido por la recién creada Junta de Síndicos (JS) -entidad nominadora, creada por legislación novoprogresista, en sustitución del Consejo de Educación Superior (CES)-. En 1993, Norman Maldonado sería designado presidente de la institución. La alternancia entre ambos partidos, PPD y PNP, no afectaría en lo absoluto el desenvolvimiento del "scientific monkey business en la Isla, y la designación de Maldonado sería garante de continuidad ininterrumpida en su consecuente desarrollo. Su historial de compromiso con el CPRC ya había sido manifestado previamente, al tiempo en que ocupó, antes que Saldaña, el cargo de rector del recinto de Ciencias Médicas de la UPR.

(DRN) y al Departamento de Agricultura (DA). Desensibilizada la opinión pública, desinformada y alarmada la ciudadanía, la clase política dominante (alcaldes, legisladores y aspirantes a retener u ocupar posiciones de gobierno) y un sector empresarial vinculado a la industria agrícola -antes de finalizar la década- procurarían darle estocada mortal a la existencia de primates no-humanos en la Isla, fugitivos silvestres y sus descendientes...

Tras el velo académico/científico de la crueldad

Durante los primeros años de la década de los 90, no obstante, todavía no habían indicios de los funestos y bestiales eventos que habrían de desatarse a partir de mediados de la década.[2] Entre 1990 y 1993, una funcionaria ejecutiva del CPRC realizó un estudio demográfico[3] para determinar las poblaciones de rhesus y patas inmigrantes y nativos de la zona suroeste de la Isla, acuarteladas en la zona de la Sierra Bermeja, entre los municipios de Cabo Rojo, San Germán y Lajas. El estimado preliminar estaba basado en informes especulativos sobre el número de escapes registrados en las colonias del CPRC en los islotes Cuevas y Guayacán, en *La Parguera Primate Breeding Colony* (LPPBC), clausurada en 1982.[4] Según recuenta la funcionaria del CPRC:

"As the number of new unrelated individuals introduced into previously established social

---

[2] No existe registro de dominio público sobre las matanzas (cull) previstas por el CPRC para el año de 1990, y no ha sido posible constatar información relativa debido a la política de encubrimiento corporativo, sostenida por la alta jerarquía institucional de la UPR y con refuerzo de ley por la instancia judicial del País.

[3] González Martínez, Janis; "The Introduced Free-Ranging Rhesus and Patas Monkey Populations of Southwestern Puerto Rico"; Puerto Rico Health Sciences Journal; Vol.23 Núm.1; Universidad de Puerto Rico, Recinto de Ciencias Médicas; Marzo 2004; pp.39-46. González Martínez es Directora ejecutiva (Deputy Director) y "Staff Scientist" del CPRC.

[4] Phoebus, Eric C; Roman, A.: Herbert, H.J; "The FDA Rhesus Breeding Colony at La Parguera, Puerto Rico" (1989); op.cit., pp.157-158.

groups increased, levels of competition and aggression increased dramatically and a large number of animals, probably several hundred, managed to escape to the main land."[5]

Para 1993 -según los resultados del estudio- la población de rhesus en Sierra Bermeja fue estimada entre 65 y 85 individuos; y en el sector Cotuí, en San Germán, registró una población de entre 40 y 45. De la población patas en Sierra Bermeja, el estudio informa la existencia aproximada de 120.[6] Un número indeterminado de rhesus y patas solitarios también fue mencionado. En contraste con el comportamiento sociable de la especie rhesus en la India, donde coexiste en los centros urbanos con la población del país, en Puerto Rico se comportan de manera "extremely shy and elusive".[7]

Aunque la naturaleza de la especie favorece la posibilidad de integrarse como fauna doméstica en los dominios de la población humana, probablemente la clasificación como especie invasora y dañina, y la consecuente autorización para su caza y captura irrestricta por orden del Departamento de Recursos Naturales (DRN) desde 1978[8], afectó la disposición anímica de las especies que habitaban la zona, haciéndolas recelosas de la presencia humana. Además, al margen de las (des)regulaciones legales sobre la cacería de ambas especies, el vicio sádico de la caza *deportiva* y el comercio ilegal de primates incidirían sobre la relativa (in)disposición para convivir con la gente. La *experiencia* reportada sobre los fallidos intentos de captura en la isla Desecheo[9], por las

---

[5] González Martínez, Janis; "The Introduced Free-Ranging Rhesus and Patas Monkeys…" (2004); op.cit., p.39.

[6] Op.cit., p.42.

[7] Op.cit., p.43.

[8] Reglamento Núm. 2373 (1978); Art. 10; Reglamento Núm. 3416 (1987); Art.11 (Reglamento para regir la conservación y el manejo de la fauna silvestre, las especies exóticas y la caza en el Estado Libre Asociado de Puerto Rico; Departamento de Recursos Naturales)

agencias federales, refuerzan el argumento. Asimismo, el desplazamiento de las zonas habitadas en la Sierra Bermeja hacia los municipios adyacentes podría deberse, en parte, a la incidencia del acoso humano sobre las especies. Según especula el estudio del CPRC:

> "Intense trapping pressure in the Sierra Bermeja and adjacent areas during the early to mid 1980s could have been the cause of this migration."[10]

Los operativos de captura a los que hace referencia fueron ejecutados por el propio CPRC, que contrató cazadores privados entre 1979 y 1989, *capturando* un total de 221 rhesus y patas en Sierra Bermeja.[11] El operativo no guarda relación directa con las provisiones legales del DRN, aunque en principio no lo excluye del requerimiento de autorización. De modo paralelo:

> "Currently, this population has been intensively trapped to supply the illegal pet trade throughout Puerto Rico and the animals have become very shy and elusive."[12]

Según concluye el estudio, el número de "free-ranging" rhesus y patas en el suroeste de Puerto Rico, registrado para 1993, era menor del previsto. A la fecha se estimaba la existencia de la población en la Sierra Bermeja y áreas adyacentes en cerca de 200. Para entonces -según el estudio del CPRC- no representaban un

---

[9] Evans, Michael A; "Ecology and removal of introduced rhesus monkeys: Desecheo Island National Wildlife Refuge, Puerto Rico" (1989); op.cit., pp.139-141.

[10] González Martínez, Janis; "The Introduced Free-Ranging Rhesus and Patas Monkey..." (2004); op.cit., p.44.

[11] Kraiselburd, Edmundo; González, Janis; "Memorial Explicativo R.C. del S 834; Universidad de Puerto Rico, Recinto de Ciencias Médicas, Unidad de Medicina Comparada, Caribbean Primate Research Center; 13 de junio de 2007. (Ambos son director y directora asociada del CPRC)

[12] González Martínez, Janis; "The Introduced Free-Ranging Rhesus and Patas Monkey..." (2004); op.cit., p.44.

problema ecológico significativo, ni para las especies clasificadas como nativas ni para la industria agrícola de la región. No obstante:

> "Both species, however, have the potential for such harmful effects if their number or ranges were to increase substantially."[13]

El estudio sería publicado nuevamente en 2004, sin alteración alguna sobre sus conclusiones, y sería citado como fuente de referencia por las agencias del gobierno insular que, con base a una interpretación paranoide, habrían de cumplir el encargo de exterminarlas...

Ilustración 1[14]

A la par con los viciosos e injustificados operativos de captura en la zona suroeste de la Isla, los "estudios de campo" en

---

[13] Op.cit., p. 45.

[14] Rhesus en el cayo Santiago. Fotografía por Gazir Sued (2011)

el cayo Santiago continuaban su curso ininterrumpido en la empresa de cuantificar sistemáticamente trivialidades para las ciencias vinculadas al "scientific monkey business". En 1995 se publicó un estudio que, no obstante, revelaba entre líneas una de las condiciones de maltrato a la que continuaba sometida la colonia de rhesus cautiva en los dominios del CPRC. El estudio reveló que los rhesus del cayo comían tierra (gheophagy), quizás para alterar el sabor de la comida provista (monkey chow), quizás para aliviarse de las diarreas.[15]

(Des)atenciones interagenciales (1994-1998)

En 1994, la USDA estableció en Puerto Rico la Animal Control Damage (ADC) office, dirigida por Bernice Constantin desde Florida, a cargo del "biólogo" Ángel Rodríguez. El primer operativo de la agencia federal fue para atender las *quejas* sobre las aves que *molestaban* a los operadores del aeropuerto LMM y deshacerse de ellas. Según Constantin: "...ADC usually steps in when animals causing significant property damage or posing a potential threat to human health or an endangered species, or if the problem is beyond the scope of a government agency or private entity."[16] La agencia sería contratada nuevamente en 1995 para deshacerse de los perros realengos y sin dueño en la antigua base naval de Miramar. Los crueles métodos de captura fueron denunciados a la prensa, tras encontrarse una perra mal herida y moribunda que había logrado escapar de la trampa, similar a la utilizada para capturar "wild animals" en los Estados Unidos. La directora del ADC alegó que esas trampas son legales, que no

---

[15] Mahaney, William C.; Stambolic, Anna; Knezevich, Mary; Hancock, R. G. V.; Aufreiter, Susan; Sanmugadas, Kandiah; Kessler, M. J.; Grynpas, M. D.; "Geophagy amongst rhesus macaques on Cayo Santiago, Puerto Rico"; Primates, Volume 36, Number 3 (1995), 323-333. "Analysis of the geochemical data showed no clear cut elemental differences to suggest elemental supplementation as a possible explanation for mining and eating of tropical soil. It is possible that rhesus macaques ingest clay to obtain kaolinite/halloysite minerals which may alter the taste of their provided food, and may act as pharmaceutical agents to alleviate intestinal ailments such as diarrhea." (Ídem)

[16] Blasor, Lorraine; "USDA dog catching methods denounced by animal lovers"; The San Juan Star; November 15, 1995.

existe prohibición en Puerto Rico y que cada estado tiene la potestad de regular los métodos que implementa para atrapar animales. No obstante, se comprometió en instruir al biólogo local para que, en lo que restaba del operativo, procurase usar métodos más humanos...

La presencia de la agencia federal daría un carácter de legitimidad a la intolerancia de ciertos sectores sociales, descargada contra los animales realengos y sin dueño en las zonas urbanas de la Isla. El negocio de deshacerse de todo animal *carente* de dueño se integraría al repertorio de prácticas de crueldad contra animales en Puerto Rico, excitando entre la ciudadanía una mentalidad insensible hacia las criaturas por el sólo hecho de no estar cautivas bajo el dominio humano. Asimismo, las agencias de gobierno encargadas de regular la vida de la fauna nativa en la Isla copiarían de manera progresiva el modelo de vida social promovido por la agencia federal, provocando una progresiva aversión hacia las especies de la fauna silvestre que hasta entonces habrían coexistido con relativa normalidad entre la gente. Prohibida la existencia de animales sin dueño en las zonas urbanizadas del país, la práctica de exterminio pronto sería capitalizada para fines políticos...

Atenuada la política de intolerancia con cierta dosis de hipocondría cultural, los refugios de animales se convertirían en mataderos. Las especies de la fauna silvestre designadas como *exóticas* por el DRNA pronto caerían víctimas de esta enfermiza mentalidad...

Ese mismo año, mientras la agencia federal concertaba los operativos de exterminio de perros realengos en el área de San Juan, al otro lado de la Isla estarían cuajándose las condiciones ideológicas y políticas que habrían de reproducir posteriormente las mismas prácticas de intolerancia y crueldad contra los primates no-humanos silvestres y sin dueño...

Hasta mediados de los años 90, la política pública sobre las especies, establecida por las leyes y reglamentos sobre la vida silvestre en Puerto Rico, se limitaba a clasificarlos como especies *dañinas* y a autorizar la cacería de manera casi irrestricta. Para las agencias de gobierno a cargo de implementar las disposiciones de ley, en particular el DRNA, la presencia de estas especies todavía no era asunto prioritario. En un informe de planificación gubernamental para el área suroeste de la Isla, preparado conjuntamente entre agencias del gobierno insular y federal en 1995[17], incluyendo al DRNA, los rhesus aparecen descritos como especies "extremadamente tímidas y siempre eluden a los humanos." Lo mismo insinúa sobre los patas, que "ocasionalmente visitan pequeños sembradíos de melones, calabazas, maíz y otros vegetales." Algunas emigraciones más recientes (posteriores a las relacionadas con las fugas de los centros operados por el CPRC), pudieron haber sido "provocadas por la intensa presión de cacería por trampas a principios y mediados de la década de los 80."[18]

Según el documento, el hábitat ocupado por los rhesus y patas "coincide con el área designada como crítica para la Mariquita", y alude al impacto ecológico de los proyectos de *desarrollo* de la zona como agravantes de su condición. El *desarrollo* de Sierra Bermeja y áreas adyacentes aparece en el informe de las agencias de gobierno como amenaza a las principales áreas de anidaje de la Mariquita, y como factor que podría causar la dispersión de los rhesus y patas hacia otras áreas, incluyendo hacia la Cordillera Central: "De esto suceder, el control de esta población de primates sería casi imposible."[19] La razón de la aparente desidia del gobierno ante las quejas de algunos propietarios de fincas agrícolas, por alegados daños a sus cosechas, quedó plasmada entre líneas, dentro del informe de planificación de la zona supuestamente afectada. El estimado de rhesus y patas dispersos en la región de Sierra Bermeja y áreas adyacentes no representaba daños económicos significativos a los terratenientes privados, que podían lidiar con la situación de sus negocios al margen de la asistencia de las agencias de gobierno. Tampoco existían reportes de daños a la propiedad o amenazas de perjuicios a la salud o seguridad de la ciudadanía que dieran base a justificar una política más activa por parte del gobierno. Hasta la fecha, la

---

[17] Plan de Manejo para el Área de Planificación Especial del Suroeste, Sector la Parguera; Junta de Planificación/Gobierno de Puerto Rico; Departamento de Recursos Naturales y Ambientales; Departamento de Comercio de E.U., Administración Nacional Oceánica; 5 de diciembre de 1995; pp.33-34.

[18] Ídem.

[19] Ídem.

política de control y manejo sobre las poblaciones de rhesus y patas silvestres, proyectada en el citado plan de manejo del Gobierno de Puerto Rico, seguiría siendo la regente en el reglamento del DRNA, que autorizaba la captura y cacería sin distinguir entre la motivaciones sádicas (caza deportiva) o las ejecutadas por intolerancia e histeria de sujetos molestos o asustados (incluyendo a los agricultores)...

Enraizado en el desconocimiento general sobre las nuevas especies, y movido por el consecuente cúmulo progresivo de prejuicios e intolerancias de algunos residentes de la zona, en particular por ciertos terratenientes privados, quejosos por alegados daños a sus negocios agrícolas, el Gobierno de Puerto Rico sería emplazado a tomar partido en el asunto. El 3 de agosto de 1995, el secretario del Departamento de Agricultura (DA), Neftalí Soto, se reunió con agricultores de Cabo Rojo para abordar preocupaciones y alegados problemas por la presencia de primates no-humanos en el área. Aunque el CPRC nunca aceptaría abiertamente la responsabilidad sobre las fugas migratorias de rhesus y patas, la realidad de su existencia y asentamiento en la zona suroeste de Puerto Rico sería la base irrefutable de los reproches y acusaciones. Al día siguiente, el secretario del DA emplazó al presidente de la UPR, Norman Maldonado, a tomar parte en el asunto, citándolo para fines de mes.

Previniendo las posibles consecuencias políticas sobre la imagen institucional, y respondiendo a su función celadora de la imagen corporativa del CPRC y del "scientific monkey business" en la Isla, el presidente de la UPR respondería al emplazamiento. A los efectos, el 10 de octubre de 1995 quedaría establecido el *Comité Interagencial Sobre Primates*, con el encargo de "determinar la mejor forma para prevenir que los monos ocasionaran daños a la agricultura y para controlar las poblaciones."[20] El comité estaría integrado por representantes de los departamentos de agricultura local y federal, (DA) y (USDA), el Departamento de Recursos

---

[20] El comité sería formalmente constituido en 15 de octubre de 1995. (Kraiselburd, E.; González, J.; "Memorial Explicativo R. C. del S 834" (2007); op.cit., p.7)

Naturales y Ambientales (DRNA[21]) y el CPRC, representado por su directora asociada, Janis González[22], quien sería financiada por los NIH.[23]

La propuesta del CPRC estaría enmarcada dentro de la propaganda corporativa del "scientific monkey business", legitimada y cubierta bajo el protectorado político de la UPR. El discurso institucional continuaría justificando su vínculo con el negocio de primates para experimentaciones "científicas", haciendo aparecer al CPRC como centro de *estudios* sobre los primates rhesus como "biological model for humans", y como suplidora de la "comunidad científica nacional e internacional", "for use in studies of numerous diseases that afflict humans."[24] Dentro de este cuadro ideológico y en acorde a sus intereses corporativos, el CPRC expondría su interés en apropiarse de los rhesus silvestres, para que "se hagan disponibles para el avance científico de Puerto Rico."[25]

En acorde a sus pretensiones, criticó las cacerías promovidas por el DRNA, no sólo porque matan la mercancía interesada viva, sino porque, además, dificulta los operativos de captura y anima la competencia con traficantes ilegales. Aparte de que los alegados daños a la agricultura eran mínimos y, si acaso, vinculados a la población de patas (que no eran de interés

---

[21] "Departamento de Recursos Naturales" fue sustituido con "Departamento de Recursos Naturales y Ambientales" a tenor con el Plan de Reorganización Núm. 1 de Diciembre 9, 1993.

[22] Kraiselburd, E.; González, J.; "Memorial Explicativo R. C. del S 834" (2007); p.7.

[23] González, Janis; "Informe de Actividades del Comité Interagencial sobre Primates" (agosto 1995 - junio 1998); Caribbean Primate Research Center.

[24] Research Center and Facilities; Universidad de Puerto Rico; Medical Sciences Campus; Caribbean Primate Research Center; p.17. (http://acweb.upr.edu)

[25] González, Janis; "Plan para el manejo de las poblaciones de primates residentes en el suroeste de Puerto Rico, presentado por el Centro de Primates de la Universidad de Puerto Rico al Departamento de Agricultura (1996); en Kraiselburd, E.; González, J.; "Memorial Explicativo R. C. del S 834" (2007); op.cit., p.10.

investigativo para el CPRC), ninguna evidencia apuntaba contra los rhesus, que eran el objeto de sus intereses primordiales.

Accediendo a la demanda e indicaciones del CPRC, el DA financió más de medio centenar de trampas, pero no las verjas eléctricas para fincas privadas, sugeridas por González. Las capturas iniciarían a mediados de 1997 y se extenderían intermitentemente hasta abril de 1998. Durante ese periodo habrían sido capturados 66 rhesus y 18 patas, que serían trasladados y "procesados" en la base del CPRC en Sabana Seca.[26] En septiembre de 1998, el comité interagencial cesaría operaciones y quedaría disuelto.

Según la funcionaria corporativa del CPRC, que adjudica todas las capturas bajo su nombre, sus propuestas habían sido rechazadas y registra el reproche:

> "...ninguna de las agencias aceptó proveer los recursos económicos necesarios para resolver la problemática de las poblaciones de monos."[27]

Asimismo, contradeciría la información contenida en su propio informe sobre sus funciones dentro del comité interagencial, y alegaría que, al margen de las determinaciones del mismo, fue el CPRC la agencia que obtuvo fondos adicionales de los NIH durante 1997 y 1998, "para *controlar* el crecimiento de las poblaciones de monos rhesus y patas en la región."[28] En el informe de González, sin embargo, sólo se registra que el presupuesto asignado de los NIH había sido destinado para cubrir el salario de la funcionaria, y que había sido el DA la agencia principal que financió las trampas y demás costos operacionales.

Asimismo, los ejecutivos gerenciales del CPRC achacarían la disolución del comité a tres factores: 1. que "ninguna agencia aceptó proveer los recursos económicos necesarios para resolver

---

[26] Ídem.

[27] Kraiselburd, E.; González, J.; "Memorial Explicativo R.C. del S 834" (2007); op.cit., p.8.

[28] Ídem.

la problemática de las poblaciones de monos"; cambio de administración en el gobierno; 3. y por el azote a la Isla del huracán Georges.[29] No obstante, la última reunión registrada en el informe de González aparece a inicios de junio, el huracán George pasaría por la Isla la última semana de septiembre, y el cambio de gobierno no se daría hasta el año 2000.[30]

Al igual que el huracán Hugo en 1989, el huracán George sería devastador.[31] De la suerte de los rhesus cautivos en el cayo Santiago no habría noticia, ni tampoco de los enjaulados en las instalaciones experimentales del CPRC en Sabana Seca. La gerencia corporativa del CPRC nunca admitiría fugas bajo sus dominios, pero pronto se registrarían avistamientos de primates rhesus en los pueblos adyacentes (Cataño, Guaynabo, Bayamón) y en las cercanías del centro operacional del CPRC en Sabana Seca...

Cobertura mediática: propaganda de aversión (1996-1998)

A principios de 1996 la prensa había dado noticia sobre una serie de muertes de animales domésticos, de los que se desconocían sus causas. Un de las reacciones cubiertas en los medios fue la de un *zoólogo*, Juan A. Rivero, que señaló a los rhesus silvestres en Sierra Bermeja, como sospechosos. Según cita "...los monos que habitan en Sierra Bermeja son agresivos y podrían estar matando otros animales...".[32] La funcionaria ejecutiva del CPRC, Janis González, "especialista en primatología" desmintió las acusaciones con parquedad, quizá porque el espacio asignado a

---

[29] Ídem.

[30] Las inconsistencias y contradicciones en los relatos de los altos funcionarios del CPRC serían recurrentes. La secretividad corporativa sería cónsona con la política de encubrimiento adoptada por la gerencia de la empresa. De otra parte, el DRNA tampoco haría accesibles las documentos solicitados para efectos de esta investigación...

[31] El huracán George, categoría 3, pasó por la Isla el 21 y 22 de septiembre de 2008, con vientos de 115 mph.

[32] Associated Press; "Refuta monos maten animales"; *El Vocero*, 1 de febrero de 1996.

la noticia fue rellenado con adulaciones a la autoridad de la "científica".

En otro medio se anunciaría la novena "muerte misteriosa", en esta ocasión de un pavo, en un barrio de Mayagüez. Aunque no existían testigos oculares y sólo especulaciones con base a prejuicios de ocasión, las agencias *investigadoras*, integradas por "especialistas" del DRNA, del DA, la Defensa Civil y otras, no descartaban la sospecha de que "se trate de un mono que atacó al pavo...."[33] La evidencia "científica" (necropsia) pronto desmentiría las elucubraciones del zoólogo y demás "especialistas".

En cierta medida, el recurso a la exageración y a generalizar especulaciones sobre la base de prejuicios populares es una práctica cultural arraigada en las agencias de gobierno, que tienen entre sus funciones políticas, además del encargo formal en propiedad, aparentar que atienden a la ciudadanía cuando reclama atención para lo que le asusta o le molesta. En ocasiones, ante la carencia de hechos o pretextos, el encargo político sería inventarlos, ya sea sacando de proporción la queja, generalizando anécdotas o exagerando el prejuicio; en fin, distorsionando la representación de los hechos con el fin de alarmar a la ciudadanía y hacer aparecer al gobierno y sus agencias como sus legítimos protectores. La competencia entre los dos principales partidos políticos que se alternan el poder de gobierno en la Isla es uno de los factores que animan esta práctica, similar a la de los medios de información cuando dramatizan acontecimientos para atraer o retener a su clientela...

A mediados de 1998, los alcaldes de Lajas y de Cabo Rojo, Marcos Irizarry y Santos Padilla Ferrer, emplazaron al secretario del DA, Miguel Muñoz y al secretario del DRNA, Daniel Pagán, para que atendieran los reclamos de "medio centenar" de agricultores de la costa de Cabo Rojo, "que anualmente tienen miles de dólares en pérdidas en sus cosechas debido a que los monos dañan la producción."[34] Según el alcalde de Cabo Rojo,

---

[33] Agencia EFE; "Sospechan de mono: añaden pavo a lista muertes sospechosas."; *El Vocero*; sábado, 3 de febrero de 1996.

[34] Vargas Saavedra, Maelo; "Safari por plaga de monos"; *Primera Hora*; 28 de mayo de 1998.

habrían unos "tres mil monos", y alentaba su exterminio para atender:

"El temor a que los monos salvajes que andan sueltos (...) empiecen a atacar a seres humanos..."[35]

Según *razona* el alcalde Irizarry, "Como está aumentando la presencia de seres humanos en la zona (los monos) pueden empezar a atacarlos, como es el caso de las abejas."[36] La cobertura mediática no cuestiona los fundamentos de las fuentes entrevistadas y propicia la impresión entre la opinión pública de que, si lo dice una autoridad oficial y la prensa lo cita sin cuestionamiento, debe ser porque lo que dice es cierto...

Ilustración 2[37]

---

[35] Nieves Ramírez, Gladys; "Urge acción oficial ante la amenaza de los monos"; *El Nuevo Día*; miércoles, 27 de mayo de 1998.

[36] Ídem.

[37] Madre rhesus y su cría en el cayo Santiago. Fotografía por Gazir Sued (2011)

Hasta la fecha, todos los medios noticiosos parecen coincidir en la versión de que los primates no humanos silvestres escaparon de instalaciones experimentales adscritas a la UPR, pero nada apunta a que se trate de un reproche, ni siquiera a que se vaya alguna vez a adjudicar responsabilidades. Para mediados de 1998 se habrían registrado avistamientos en zonas distantes a las habituadas por décadas. Según cita de un oficial de la Unidad Marítima de La Parguera: "...miles de monos salvajes recorren el área y han llegado hasta pueblos de la zona central como Las Marías, Maricao y San Sebastián. Estos son peligrosos, porque pueden propagar enfermedades."[38]

Orden Ejecutiva 13112 (1999)

A inicios de febrero de 1999, el presidente de Estados Unidos, William J. Clinton, emitió la orden ejecutiva 13112[39], a los efectos de:

"...prevent the introduction[40] of *invasive species*[41] and provide for their control[42] and to minimize the economic, ecological, and human health impacts that invasive species cause..."

---

[38] Ídem.

[39] Executive Order 13112; Invasive Species; February 3, 1999. La orden ejecutiva 13112 deroga la EO-11987 regente desde 24 de mayo de 1977.

[40] "Introduction" means the intentional or unintentional escape, release, dissemination, or placement of a species into an ecosystem as a result of human activity.

[41] "Invasive species" means an alien species whose introduction does or is likely to cause economic or environmental harm or harm to human health. "Alien species" means, with respect to a particular ecosystem, any species (...) that is not native to that ecosystem.

[42] "Control" means, as appropriate, eradicating, suppressing, reducing, or managing invasive species populations, preventing spread of invasive species from areas where they are present, and taking steps such as restoration of native species and habitats to reduce the effects of invasive species and to prevent further invasions.

La orden ejecutiva aplicaría en todos los territorios bajo jurisdicción del gobierno estadounidense, incluyendo a Puerto Rico.[43] Entre las disposiciones de la EO-13112, se crearía el *Invasive Species Council*[44] con el encargo primordial de preparar un plan nacional para el manejo de especies invasivas (National Invasive Species Management Plan)[45], y de velar que las agencias federales pertinentes ejecuten las disposiciones de la orden ejecutiva, consignada en el "Management Plan". El plan preliminar debería estar preparado dieciocho meses después de firmada la orden ejecutiva[46], para el mes de agosto de 2000.[47]

P. de la C. 1502 / Ley Núm. 241: *nueva* ley de *vida* silvestre (1998 -1999)

A inicios de 1998 sería presentado en la Asamblea Legislativa un proyecto de ley para regir los destinos de la vida silvestre en Puerto Rico y para declarar propiedad del Estado todas las especies de vida silvestre en su jurisdicción.[48] El proyecto

---

[43] "United States" means the 50 States, the District of Columbia, Puerto Rico, Guam, and all possessions, territories, and the territorial sea of the United States.

[44] An Invasive Species Council (Council) is hereby established whose members shall include the Secretary of State, the Secretary of the Treasury, the Secretary of Defense, the Secretary of the Interior, the Secretary of Agriculture, the Secretary of Commerce, the Secretary of Transportation, and the Administrator of the Environmental Protection Agency. (EO-13112. Sec. 3. Invasive Species Council)

[45] EO-13112. Sec. 5. Invasive Species Management Plan.

[46] ...the Council shall prepare and issue the first edition of a National Invasive Species Management Plan (Management Plan), which shall detail and recommend performance-oriented goals and objectives and specific measures of success for Federal agency efforts concerning invasive species.

[47] Cada dos años, el Invasive Species Council debería "update" el plan de manejo, y cada cinco años evaluar su efectividad.

[48] P. de la C. 1502; Cámara de Representantes; 13ra Asamblea Legislativa; 3ra Sesión Ordinaria; 13 de febrero de 1988 (Presentado por el representante Jorge Acevedo Méndez y suscrito por el representante Rafael Caro Tirado; Referido a

legislativo contó de inmediato con el endoso del secretario del DRNA, Daniel Pagán Rosa.[49] A mediados de junio de 1999 la legislatura insular aprobó la *nueva* ley, derogando la ley 70, regente desde 1976. La ley 241[50], aunque fue presentada con motivo de "actualizar y reenfocar" los principios promulgados en la *vieja* ley - "en concordancia con la información científica recopilada...", se limitó a reciclarla en todos sus aspectos, refrendando el inmenso poder discrecional del Secretario del Departamento de Recursos Naturales y Ambientales (DRNA).

No obstante, a raíz de la intervención de la agencia federal FWS, una parte de ese poder discrecional sería eliminado y, en el acto, quedaría redefinida la política sobre control y manejo de especies en su conjunto, delimitando el poder del gobierno de Puerto Rico sobre las especies de fauna silvestre bajo su jurisdicción. La ley regente desde 1976 facultaba al Secretario del DRNA a regular la introducción de especies *exóticas* "que estime y crea necesarias para aumentar la diversidad y calidad de la vida silvestre" en función de los mejores intereses del ELA.[51] La funcionaria federal a cargo del FWS, *recomendó* la eliminación de esa sección instruyendo al cuerpo legislativo y al gobierno de Puerto Rico sobre los límites del poder discrecional admitidos por el gobierno federal:

> "Ninguna ley debe dar potestad al Departamento, ni a ninguna otra agencia, a la introducción y compraventa de especies de vida silvestre para 'aumentar la diversidad y calidad de vida silvestre'

---

la Comisión de Recursos Naturales y Calidad Ambiental y aprobado 3 de junio de 1999.

[49] Pagán Rosa, Daniel (secretario DRNA); "Correcciones y comentarios al P. de la C. 1502"; presentado a Jorge H. Acevedo Méndez, presidente de la Comisión de Recursos Naturales y calidad Ambiental de la Cámara de Representantes; 1998.

[50] Ley Núm. 241 (Nueva Ley de Vida Silvestre de Puerto Rico); 15 de agosto de 1999.

[51] Ley Núm. 70 (P. del S. 1210); Reglamentos; 1976.

sino para la protección de la fauna y flora que se encuentra en la isla."[52]

Según la funcionaria federal, debe eliminarse toda disposición que autorice al Secretario del DRNA o a cualquier otra agencia insular a "modificar la diversidad natural de la vida silvestre en la isla", y *explica* la razón de ello:

"La experiencia con especies exóticas de monos, mangostas, cotorras (...) nos presenta el impacto de éstas (...) especies a las especies nativas de vida silvestre. Puerto Rico goza de una diversidad sustancial de vida silvestre y su calidad no necesita ser mejorada."[53]

Para que no quede duda sobre la autoridad de su "recomendación", remite al cuerpo legislativo a la relación de subordinación política y jurídica de Puerto Rico al gobierno federal, representado para la ocasión por la FWS:

"En adición, el Departamento deberá cumplir con la Orden Ejecutiva 11987 sobre la introducción de especies exóticas que dice: '...to encourage States and local governments, and private citizens to prevent the introduction of exotic species into natural U.S. ecosystems as a result of activities they undertake, fund, or authorize, and restrict the use of federal funds, programs, or authorities to export native species for introduction into ecosystems outside the U.S. where they do not occur naturally."

---

[52] Silander, Susan R. (Supervisora Interina FWS); "Comentarios con relación al P. de la C. 1502", Fish and Wildlife Service, Caribbean Field Office; United States Department of Interior; 31 de marzo de 1998 (presentado a Jorge H. Acevedo Méndez, presidente de la Comisión de Recursos Naturales y calidad Ambiental de la Cámara de Representantes)

[53] Ídem.

El texto final del proyecto, que habría de convertirse en ley, acogería sin peros la *recomendación* de la funcionaria federal. La prohibición de incidir sobre la diversidad de la fauna que habita en Puerto Rico, y así mismo de diversificarla y ampliarla, revela que la existencia de las especies está condicionada por factores que no pertenecen al orden de la naturaleza o la casualidad. Las especies de flora y fauna que existen bajo la jurisdicción del ELA así como los ecosistemas constituidos en la actualidad, tienen su historia y pueden ser trastocados por diversos factores, algunos naturales, pero otros calculados por la razón humana, ya para conservarlos, ya para destruirlos o ya para establecer nuevos modelos. La prohibición de diversificar la fauna puertorriqueña pertenece a la racionalidad preservativa o conservacionista dominante en la jurisdicción estadounidense, y la distinción entre especies *exóticas* o *extranjeras* por contraposición a especies *endémicas* o *nativas* pertenece al dominio de la voluntad política de las autoridades regentes, no a la naturaleza de las mismas. De una parte, porque en realidad todas las especies existentes fueron introducidas, quizá con excepción de algunas aves o especies acuáticas migratorias. La decisión de privilegiarlas sobre las especies introducidas por humanos es una política, no científica; y tampoco tiene fundamento en la naturaleza de las especies ni en el conocimiento sobre sus relaciones de subsistencia.

La noción de *hábitat* o *ecosistema* "natural" también pertenece a esta mentalidad, que sirve de premisa dogmática en el orden del discurso de *conservación* imperante, pero que también revela la naturaleza política de la misma. Asimismo, las nociones relativas a lo que constituye una especie *perjudicial* o *dañina*, no revela un conocimiento *científico* sobre las especies, sino la fuerza de la autoridad regente para designarlas como tales. Esto se evidencia precisamente en los ejemplos citados por la agencia federal (monos, mangostas, cotorras, iguanas, etc.), que alega que ciertas especies *introducidas* (extranjeras) en Puerto Rico son *dañinas* a los *ecosistemas* de la Isla y *amenazan* la existencia de otras especies designadas como *nativas*. Lo cierto es que la *ejemplaridad* pretendida por la FWS ha sido sacada de proporción y carece de evidencia científica, lo que anula la autoridad del argumento y lo constituye en una farsa.

Ilustración 3[54]

Tal es el caso de la existencia de primates no-humanos en Desecheo, víctimas de la política de exterminio de especies designadas como *invasivas* por capricho de la FWS. En otras regiones del Caribe, al menos durante los últimos trescientos años, han coexistido primates no-humanos *introducidos* con las especies designadas como *nativas*, sin afectarlas de manera dramática o siquiera amenazar sus existencias. Han sido factores naturales (inundaciones, tormentas, sequías, etc.) y, sobre todo, humanos (cacerías irrestrictas, prácticas militares, desparrama-miento urbano, contaminación, progresiva destrucción de hábitats y ecosistemas para el *desarrollo*, etc.) las fuerzas directamente agravantes de las condiciones de existencia de las especies de flora y fauna en el planeta. La política de prohibición y exterminio de especies estigmatizadas como *exóticas* y *perjudiciales* por las agencias federales y locales, agrava dramáticamente el problema de la vida silvestre en Puerto Rico, tanto de las especies *nativas* como de la nueva fauna puertorriqueña...

Otro tema promovido categóricamente por la agencia federal para darle mayor fuerza de ley en la Isla, irónicamente, sería la cacería. Según la FWS, "...el uso de la cacería como herramienta de manejo es un mecanismo muy efectivo para mejorar las condiciones de los recursos naturales" y cita por

---

[54] Cría de la especie Patas. Fotografía por Gazir Sued (2010)

ejemplo el caso de la isla de Mona, y alaga la política de control y manejos implementada por el DRNA:

"La cacería en Mona sirve para controlar las poblaciones de cabros y cerdos, que si no fueran controlados destruirían el hábitat natural y afectarían directamente especies de animales y plantas en peligro de extinción."[55]

La alegada ejemplaridad de esta política del DRNA, no obstante, fue objeto de duro enjuiciamiento por parte de los propios cazadores puertorriqueños. La neurosis de los directivos de la agencia del gobierno insular, ocasionada por la creencia en la *peligrosidad* de las especies designadas por la propia agencia como *exóticas* y *perjudiciales* a las especies designadas como *nativas*, tendría por efecto la virtual extinción de éstas en la isla de Mona. Emulando las prácticas favorecidas por el FWS, el DRNA estimularía el *deporte* de la cacería como mecanismo de "control y manejo" de la vida silvestre, exterminándolas progresivamente.

Reprocha un ex-presidente de la Asociación de Cazadores de Puerto Rico (ACPR), que durante la administración de Rafael Hernández Colón, el entonces secretario del DRNA, Pedro A. Gelabert, ordenó la extinción de cabros y cerdos estimulando la cacería irrestricta de las especies.[56] Estas especies fueron introducidas durante el periodo de la colonización europea, hace cinco siglos, y hasta entonces habían coexistido con las especies de flora y fauna que le habían antecedido a su arribo en la isla, como una especie de Iguana clasificada como *nativa* y protegida por designio del DRNA. A la fecha, por efecto de las masacres autorizadas por el DRNA, "sólo se ven las Iguanas." La intensión del cazador era estimular la creación de reservas para la caza *deportiva* en Puerto Rico, por considerarla como beneficiosa para la

---

[55] Silander, Susan R. (FWS); "Comentarios con relación al P. de la C. 1502" (1998), op.cit.

[56] Olivo Montañez, Víctor (Asociación de Cazadores de P.R.); "Ponencia sobre el P. de la C. 1502" (presentado a Jorge H. Acevedo Méndez, presidente de la Comisión de Recursos Naturales y calidad Ambiental de la Cámara de Representantes); 1998.

conservación de la flora y fauna, que -según el cazador- integra las especies *nativas* y las que no los son. En su presentación, adjudica a la ACPR la responsabilidad por haber notificado a la FWS sobre las deterioradas condiciones de la vida silvestre en Puerto Rico, que afectaban los intereses de los cazadores en conservarlas y garantizar su reproducción para poder ejercer el *deporte* de matarlas. Así mismo, criticó el exceso de restricciones y prohibiciones a la cacería en la mayor parte de Isla, también dispuestas por el DRNA.

El representante de la ACPR listó entre los ciudadanos cazadores que han pertenecido a la organización, al juez del tribunal federal en Puerto Rico, Juan R. Torruellas y a empresarios privados, y citó a un reverendo andaluz, padre Horacio Martínez Aguirre, residente en la Isla y cazador, para legitimar sus reclamos: "Dios creó y nos dio esos animales y pájaros para disfrutarlos y servirnos de alimento..."[57]

La nueva ley integraría a un representante de los cazadores entre los *asesores* oficiales del secretario del DRNA e incentivaría la *industria* de la caza deportiva[58], valorando los caprichos recreativos de un reducido sector de la población puertorriqueña[59], y legitimando como valor social la sádica práctica de la cacería *deportiva*. El fundamento "científico" que habría de

---

[57] Ídem.

[58] El proyecto legislativo autorizaría a los propietarios de fincas privadas a convertir sus terrenos en cotos de caza como alternativa de usos de terrenos que redundaría en el beneficio de sus dueños y a la vez en el desarrollo económico general de la Isla.

[59] Para 1998 habían registrados menos de 5,000 cazadores en Puerto Rico. Oponiéndose a la intensión legislativa de establecer una industria de cacería deportiva, Abel Vale, presidente de Ciudadanos del Karso, sostuvo que no es viable en Puerto Rico, por limitaciones relativas a la condición de isla en contraste con los países que cuentan con extensiones de territorio más propicias para el desarrollo de la empresa; y porque no es un atractivo que pueda redundar en beneficios económicos, dada la progresiva merma de cazadores deportivos en los Estados Unidos... (Vale, Abel (presidente Ciudadanos del Karso); "Ponencia sobre el P. de la C. 1502" (presentado a Jorge H. Acevedo Méndez, presidente de la Comisión de Recursos Naturales y calidad Ambiental de la Cámara de Representantes); 23 de abril de 1998.

reciclar la *nueva* ley seguiría siendo la creencia en que la cacería es un mecanismo efectivo para el "manejo y control" de la vida silvestre en la Isla, a conveniencia de los cazadores, en consonancia con la política federal de la FWS y la política pública regente en Puerto Rico desde 1976...

Las escasas innovaciones recogidas en el texto de la ley 241 estarían relacionadas a la ampliación de la estructura burocrática de la agencia. El reglamento aprobado en 1987[60] retendría su vigencia hasta 2004, permaneciendo inalterada la política pública del Gobierno de Puerto Rico sobre la vida silvestre y dejando intacta sus prácticas de crueldad contra las especies estigmatizadas como "exóticas" y "perjudiciales" a los "mejores intereses" de Puerto Rico...

Cobertura mediática: propaganda de aversión (2000-2001)

El clima de histeria daría ocasión para que subieran a la escena mediática reacciones oportunistas de todo tipo, dentro del mismo cuadro ideológico estigmatizador contra las especies perseguidas. Tal es el caso de algunos "especialistas" ansiosos por ver sus nombres en la prensa y aparecer como autoridades en materia de "especies invasivas". En lugar de educar a favor de la coexistencia entre la ciudadanía y las nuevas especies de fauna en Puerto Rico, asumen postura dentro de la mentalidad dominante, la refrendan y la animan. Por ejemplo, a principios de 2001, el "biólogo" Gustavo Adolfo Rodríguez, que *alerta* sobre la posibilidad de que "se pueda desarrollar una epidemia de rabia si los monos tienen contacto con mangostas..."[61] Y añade: "...si un mono rabioso entra en contacto con un humano lo va a morder." La misma semana la prensa publicó varias cartas de ciudadanos animando el exterminio. Una de ellas, porque "no son parte de nuestra fauna y su presencia puede causar un desbalance en

---

[60] Reglamento Núm. 3416 para regir la conservación y el manejo de la fauna silvestre, las especies exóticas y la caza en el Estado Libre Asociado de Puerto Rico; Departamento de Recursos Naturales; 1986/1987.

[61] Mojica Franceschi, Karen; "Recomiendan la caza y el control biológico para los monos realengos"; *El Nuevo Día*, viernes, 2 de febrero de 2001.

nuestro ecosistema."[62] La otra, alentaba la cacería, con base al modelo del DRNA implementado años antes en la Isla de Mona, para *erradicar* cerdos y gatos designados como invasivos.[63]

Durante la primera semana de febrero, el alcalde de Lajas, Marcos Irizarry, reprochó que la existencia de primates no-humanos no fuse prioridad del DRNA y del DA, habidas denuncias previas por algunos terratenientes o agricultores privados.[64] Uno de los principales diarios del país *entrevistó* a los funcionarios ejecutivos del CPRC, a Janis González "especialista en ecología de primates" y "doctora en biología ambiental", y a Edmundo Kraiselburd, director del CPRC.[65] La entrevista omitió mencionar la relación entre el CPRC y el origen de la procedencia de los patas y rhesus dispersos en la zona oeste de la Isla, y se limitó a exaltar la autoridad de los funcionarios citados sobre el tema. Según González, "no debe haber miles de monos sueltos en el país como se especula..." Por su parte, especula que la población dispersa de patas no debe sobrepasar de 250, y la de rhesus de unos 80. El resto -según la cita- está en la estación del CPRC en Sabana Seca, con 700 rhesus en cautiverio para investigaciones biomédicas y otro millar en cayo Santiago.

Según los funcionarios corporativos *entrevistados*, la especie patas fue introducida en Puerto Rico por la FDA durante la década de los 70, "en momentos en que había una escasez mundial de monos para la investigación y la experimentación con vacunas." Aprovechando la ocasión para encubrir los hechos originarios y proteger la imagen corporativa del CPRC, Kraiselburd sostuvo que "...la UPR no es responsable por los

---

[62] Carrasquillo, Luis; "Debemos acabar con los monos"; *El Nuevo Día*, sábado, 10 de febrero de 2001.

[63] Quiñones, Teodoro; "Medidas contra los monos"; *El Nuevo Día*, sábado, 10 de febrero de 2001.

[64] Carlos Padín, secretario de DRNA. Fernando Toledo, secretario de Agricultura. Según el alcalde Irizarry, las fincas afectadas por los patas pertenecen a Santos Acosta y Félix Ferrer. (Saavedra Vargas, Maelo; "Los monos atacan las cosechas"; *Primera Hora*, viernes, 2 de febrero de 2001)

[65] Bauzá, Nydia; "Cuidado con tocarlos"; *Primera Hora*, viernes, 2 de febrero de 2001.

288

monos que están dispersos por el país." Además -según la entrevista- "...la problemática causada por los primates que se ven merodeando por varios campos de la zona suroeste y que destrozan las cosechas de agricultores, no es nueva pero las autoridades y los políticos 'no hacen nada'."[66]

El mismo día, el DRNA había *activado* la "Unidad Especial de Especies Exóticas para evaluar el impacto en las comunidades..."[67] Según cita el medio, el secretario del DRNA, Carlos Padín, "reconoció (...) que el problema de monos sueltos, comiendo a sus anchas las cosechas de los agricultores y asustando con su presencia a las comunidades, es uno serio...", que debe *trabajarse* en conjunto con el DA y la UPR (CPRC). Mientras tanto, el DRNA ponía trampas en sectores de Yauco aledaños al Bosque Seco de Guánica, para capturar a "los monos que mantienen con los pelos de punta a agricultores del suroeste", atendiendo la preocupación de vecinos del área que alegaron haberlos visto.[68] Uno de los empleados del cuerpo de vigilantes del DRNA, a cargo del operativo de captura, indicó que "...si los podemos capturar los trasladaremos al Centro de Primates para que la doctora Janis González determine qué se hará con los mismos."[69]

Las posturas críticas sobre la situación no aparecen representadas en los reportajes noticiosos, que se limitan a citar las fuentes entrevistadas y a repetir como propias las mismas conclusiones del entrevistado. Esta práctica editorial tiene por efecto ideológico legitimar a la fuente de referencia y refrendarla como autoridad exclusiva sobre el asunto. La impresión proyectada no informa a la ciudadanía sino que moldea la opinión pública a favor del discurso oficial, como si lo que dice la figura de autoridad citada fuera la verdad absoluta o representa una realidad objetiva ante la que hay que rendir toda posible divergencia. Por el contrario, ha sido de entre el sector civil de donde han surgido

---

[66] Ídem.

[67] Figueroa, Mabel M.; "Evalúan impacto de los primates"; *Primera Hora*; sábado, 3 de febrero de 2001

[68] Echevarría, José Daniel; "Trampas para atrapar a uno de los simios"; *Primera Hora*; sábado, 3 de febrero de 2001.

[69] Ídem.

reservas y críticas a la política de intolerancia y exterminio promovidas (in)directamente en los artículos y reportajes oficiales. Así, por ejemplo, una carta publicada en reacción a las elucubraciones del *biólogo* que advierte sobre la *posibilidad* de una epidemia de rabia por contacto de los primates con las mangostas, desmiente sus declaraciones como un "silogismo absurdo".[70] Otra carta publicada para la misma fecha exhorta *educar* a los "monofóbicos"[71], mientras que otra condena la falta de escrúpulos que caracteriza las posiciones que favorecen la erradicación de estas especies mediante cacerías, y deplora como una "glorificación de un acto criminal" la "torcida línea de pensamiento" que pretende exterminar a los "indefensos monos puertorriqueños."[72]

Revelado el lucrativo negocio de la venta de rhesus

Aunque pasaría sin causar revuelo y se perdería entre el tumulto de noticias diarias, en diciembre de 2001 quedaría revelado uno de los secretos más celosamente guardados por el CPRC: el precio de los primates rhesus en el mercado de experimentaciones "científicas". Un secreto compartido, sin embargo, entre los traficantes involucrados en el comercio ilegal de estas especies y el CPRC, que retiene el monopolio legal del "scientific monkey business" en la Isla.

Según declaraciones del *biólogo* Ernesto Márquez de León ("asesor del DRNA en relación a especies exóticas"), informes recientes de dos comisiones legislativas divulgaron que "los rhesus tienen un precio que oscila entre $2 mil y $3,500, y cuando son capturados, pueden venderse para estudios (...) y otras investigaciones científicas."[73] Por el contrario, los patas no tienen

---

[70] Watlington, Francisco; "No lo asustan los monos"; *El Nuevo Día*, sábado, 17 de febrero de 2001.

[71] Álvarez, Maritza; (sin título); *El Nuevo Día*, miércoles, 21 de febrero de 2001.

[72] (¿?); "Protejamos a los monos"; *El Nuevo Día*, miércoles, 21 de febrero de 2001.

[73] Garzón Fernández, Irene; "Son peligrosos"; *Primera Hora*, sábado 1 de diciembre de 2001.

demanda para investigación biomédica, según el informe de referencia...

Ilustración 4[74]

Plan Nacional contra las "especies invasivas" (2001-2003)

En enero de 2001 el comité designado por la orden ejecutiva 13112, el National Invasive Species Council (NISC)[75], sometería el primer plan nacional para el manejo de *especies invasivas* en Estados Unidos.[76] El caso de Puerto Rico no aparece mencionado explícita-mente, y tampoco las especies rhesus y patas están registradas en la lista de especies invasivas bajo jurisdicción federal. Ni siquiera la isla Desecheo, que desde 1976 fue reposeída por el gobierno federal bajo custodia de la USFWS, prohibiendo el acceso al público[77] y activando una política de exterminio de las

---

[74] Joven patas nativo, capturado por el DRNA y en cautiverio provisional en Cambalache. Fotografía por Gazir Sued (2010)

[75] http://www.invasivespecies.gov.

[76] Management Plan: Meeting the Invasive Species Challenge; National Invasive Species Council (NISC); January 18, 2001. http://www.invasivespeciesinfo.gov.

especies rhesus, entre otras. No obstante, en principio, el plan del NISC contempla la inclusión progresiva de nuevas especies bajo la categoría de invasivas[78], y Puerto Rico no está excluido de las jurisdicciones de la OE-13112. Según dramatiza el informe federal:

> "...invasive species are one of the most serious environmental threats of the 21st century."[79]

El lenguaje de la orden ejecutiva, y particularmente las definiciones establecidas, rigen sobre todas las regulaciones y leyes relativas al manejo de especies designadas como invasivas en todas las jurisdicciones de dominio estadounidense, incluyendo a Puerto Rico. Tanto las leyes insulares como los reglamentos concernientes permanecen subordinadas a esta racionalidad imperial, de manera tácita y sin derecho a excepciones. No obstante, existen variaciones regionales en el orden de la significación de los preceptos legales, tanto en los estados continentales como en los territorios coloniales. Una de las condiciones de estas variables interpretativas es de carácter general y aparece reconocida en el propio texto del plan de manejo sobre especies "invasivas":

> "How invasive species are viewed is molded by human values, decisions, and behaviors. The prevention and control of invasive species will require modifying behaviors, values, and beliefs

---

[77] La razón que alega la USFWS para la prohibición de acceso al público es la supuesta presencia de municiones sin detonar. (Desecheo: Refugio Nacional de Vida Silvestre; U.S. Fish and Wildlife Service.) http://www.fws.gov.

[78] "The United States needs to raise the profile of the invasive species issue, provide leadership in the management of invasive species, share information and technologies, and contribute technical assistance to address the problem on a global scale." (Management Plan (NISC-2001); Appendix 6: Guiding Principles; op.cit ., p.73)

[79] Management Plan (NISC-2001); op.cit., p.50.

and changing the way decisions are made regarding our actions to address invasive species."[80]

En el contexto insular, aunque las categorías calificativas son formalmente integradas (copiados y traducidos literalmente y sin modulaciones esenciales) en los textos de las leyes y reglamentos locales, las agencias de gobierno y cuerpos legislativos manipulan las definiciones, tergiversan y exageran sus sentidos por motivaciones de índole política o intereses económicos que desvirtúan los supuestos objetivos estatales del manejo y control de la vida silvestre en general. Una de las razones para ello es la mezquindad de las partes involucradas, que anhelan usurpar de las arcas públicas cuantiosas tajadas para beneficio propio. Otra razón es la ignorancia, que es a la vez motor de política pública y objeto de incontables manipulaciones.

Tal práctica acontece alrededor de la categoría "nativa", que desata pasiones y sentimientos regionalistas e irracionales contra las especies discriminadas como no-nativas, "exóticas" o "invasivas". No obstante, la definición en el texto de la ley -que no excluye la parte sentimental y subjetiva- privilegia la práctica técnica de la política de control y manejo, que responde al dominio administrativo de las especies de vida silvestre dentro de la racionalidad dominante, en función de presuntos intereses sociales.

> "This National Invasive Species Management Plan (Plan) focuses on those non-native species that cause or may cause significant negative impacts and do not provide an equivalent benefit to society."

La categoría *nativa* alude siempre a condiciones históricas puntuales, no a una representación de la naturaleza de la especie.

> "Native species means, with respect to a particular ecosystem[81], a species that, other than as a result of

[80] "A successful plan to address invasive species issues will depend on the public's understanding and acceptance of the actions needed to protect our valuable resources." (Management Plan (NISC-2001); op.cit., pp.7; 47)

an introduction, historically occurred or currently occurs in that ecosystem."[82]

La definición no contradice el hecho de que el espacio físico o ecosistema particular pudiera estar integrado por especies que en otro momento pudieron haber sido consideradas invasivas, ni tampoco descarta que en el futuro podrían clasificarse como tales. Asimismo, en principio, la categoría "invasiva" no remite a la naturaleza de la especie o a alguna cualidad de la misma sino a la circunstancia temporal en que ocupa un espacio físico determinado al que la autoridad de gobierno lo ha reservado en privilegio de otras especies, por lo general designadas como *nativas*. Cónsono a la OE-13112, el NISC define la categoría de especie invasiva:

> "An "invasive species" is defined as a species that is 1) non-native (or alien) to the ecosystem under consideration and 2) whose introduction causes or is likely to cause economic or environmental harm or harm to human health."

La política de exterminio de la población de rhesus en Desecheo evidencia el carácter arbitrario de las prácticas de manejo y control de especies implementadas por las agencias federales. En Desecheo no existen condiciones que pudieran ocasionar "daños" económicos o amenazar la salud humana. La alegada disminución de especies de aves marinas, acreditada a los rhesus por especulaciones circunstanciales, fue el pretexto para activar la orden de remoción y matanzas, con el alegado fin de restablecer las colonias de aves marinas. Durante el tiempo en que la isla fue utilizada para prácticas militares, los bombardeos constituyeron prioridad para el gobierno estadounidense por encima de la existencia de las especies de vida silvestre que habitaban la isla. Tampoco pareció serles de relevancia durante el tiempo en que fue usada por los NIH para experimentaciones con

---

[81] "Ecosystem" means the complex of a community of organisms and its environment.

[82] EO-13112. Sec. 2.

primates no-humanos. Lo cierto es que las aves, clasificadas en "peligro de extinción", emigraron a islas adyacentes y se asentaron en otros hábitats, menos hostiles, lejos de las bombas y de posibles depredadores. La USFWS se antojó de *habilitarles* la isla nuevamente, y por virtud de su capricho decidió exterminar a los pobladores rhesus, entre otras especies que habitaban la isla. La OE-13112 renovaría el capricho con fuerza de ley.[83]

La categoría *nativa* es una clasificación política similar a la categoría *invasiva*.[84] Ambas representan los designios puntuales de la autoridad nominal, no alguna cualidad propia de las especies. Según admite el propio texto de la OE-13112 y el plan del NISC, "For centuries, people have moved organisms around the world..." Es, pues, dentro un contexto histórico determinado y por designio de las autoridades con el poder político para clasificar, incluir o excluir especies, que se establecen las categorías que regulan el discurso estatal sobre las especies de la vida silvestre.

La relativa demonización de especies, con base en el binomio nativo/no-nativo, ignora el hecho de que el grueso de las especies de flora y fauna que existe dentro de las jurisdicciones estadounidenses, incluyendo a Puerto Rico, está clasificada como no-nativa. El NISC así lo reconoce:

> "Most U.S. food crops and domesticated animals are non-native species, and their beneficial value is obvious (...) However, a small percentage cause serious problems in their new environments and are collectively known as "invasive species.""[85]

---

[83] La OE-13112 requiere de las agencias federales "to provide for restoration of native species and habitat conditions in ecosystems that have been invaded." (Management Plan (NISC-2001); op.cit., p.40)

[84] Organisms that have been moved from their native habitat to a new location are typically referred to as "non-native," "non-indigenous," "exotic" or "alien" to the new environment.

[85] Management Plan (NISC-2001) "Nearly 98% of the food system in the U.S. is derived from introduced, invasive species (USBC 2001, Pimentel et al. 2005)" (EA-2008)

En Puerto Rico, sin embargo, el concepto de especie *nativa* acarrea connotaciones religiosas, obviando o ignorando el carácter político e histórico de la categoría y las variantes en sus definiciones. La creencia en que existen especies originarias en Puerto Rico es un equívoco generalizado en todas las esferas de la vida política de la Isla. Es sobre la base de esta ignorancia, promovida por las agencias de gobierno y reciclada en las instancias legislativas, que la imaginería popular asocia, mecánica e indiscriminadamente, la noción de no-nativa o exótica con las categoría invasiva, perjudicial o dañina. El hecho de que la agencia federal afirme que el estigma de especie invasiva es "collectively known", no evidencia el conocimiento social sobre el alegado problema, sino la relativa ignorancia e intolerancia generalizada sobre determinadas especies...

El plan del NISC, sin renunciar a la superioridad política de las autoridades federales[86], delega en las autoridades de gobierno y agencias reguladoras de cada territorio o Estado la responsabilidad de cumplir los requerimientos dispuestos en la OE-13112, en consonancia con las directrices y principios pautados en el *National Invasive Species Management Plan*.

> "Only those alien species that cause substantial, negative impacts to the environment, economies, and human health fall under the scope of the Invasive Species Council."[87]

Las autoridades de gobierno y agencias estatales deberían solicitar formalmente la asistencia de las agencias federales[88] y

---

[86] "Control actions are often carried out by or in cooperation with State or local agencies and may span jurisdictional borders." (Management Plan (NISC-2001); op.cit., p.37)

[87] Management Plan (NISC-2001); Appendix 6: Guiding Principles; op.cit., p.73.

[88] La principal agencia federal a cargo de implementar las directrices del plan del NISC, es la Animal and Plant Health Inspection Service (APHIS), del Department of Agriculture (USDA). Además, Wildlife Services (WS), a unit of APHIS, assists in solving problems involving damage or hazards caused by invasive species. When requested, WS provides help through technical assistance, direct control, and research of invasive vertebrate pest species to

contraer un pacto legal (Memorandum of Understanding), previo a la ejecución del plan...

Durante este periodo, las poblaciones de rhesus y patas silvestres todavía no ocupaban una posición de prioridad entre las autoridades del gobierno de Puerto Rico. No obstante, otras especies ya habían sido estigmatizadas como invasivas, desatando prácticas de intolerancia y crueldad en la ciudad Capital. En 2001, representantes del USDA, APHIS y WS se reunieron con oficiales del Servicio de Parques Nacionales y el alcalde de la ciudad de San Juan, Jorge Santini, para tratar el asunto de los gatos realengos ("feral[89] and free-ranging cats").[90] Según el informe final de las agencias federales, presentado en 2003, las agencias implicadas coincidieron en que:

> "...feral and free-ranging cats are a substantial health hazard and nuisance in the Old San Juan District and could potentially have a negative impact on tourism to this area."

De la reunión *surgió* el acuerdo de preparar una evaluación ambiental antes de implementar el plan de control sobre la población de gatos realengos. Por iniciativa de las agencias federales, la evaluación ambiental incluiría a toda la isla, para facilitar la asistencia del WS en caso de surgir alguna solicitud imprevista al momento. La propuesta de *acción* presentada por el WS fue un "Integrated Wildlife Damage Management approach":

Federal, State, local, tribal, and other partners. (Management Plan (NISC-2001); op.cit ., p.54.

[89] Feral (Nonnative) Wildlife Species- Generally, any animal commonly domesticated by humans that is no longer dependant on humans to survive and living in the wild (i.e., escaped livestock, poultry, fowl, dogs, cats, etc.). (Environmental Assessment: Management of Feral and Free-Ranging Cat Populations... (2003); op.cit; p.63)

[90] Environmental Assessment: Management of Feral and Free-Ranging Cat Populations to Reduce Threats to Human Health and Safety and Impacts to Native Wildlife Species in the Commonwealth of Puerto Rico; United States Department of Agriculture (USDA); Animal and Plant Health Inspection Service (APHIS); Wildlife Services (WS); December, 2003.

"...to reduce human health and safety concerns, alleviate nuisance issues, and reduce impacts to native wildlife species..."[91]

En principio, el plan de control y manejo de especies "invasivas" ya establecidas en una zona determinada enfatiza en adoptar medidas para prevenir la dispersión y paliar el impacto en áreas definidas, advirtiendo de antemano que "for certain invasive species, adequate control methods are not available or populations are too widespread for eradication to be feasible.[92] Las técnicas y métodos para la ejecución del plan, en estas condiciones, serían las implementadas en el manejo de plagas, según el *Integrated Pest Management* (IPM) approach.[93] Entre las razones de intolerancia expuestas como justificantes, la evaluación ambiental menciona: las molestias por aullidos, las peleas nocturnas y que, además, entran sin ser invitados a residencias y edificios; asustan a los pájaros y en ocasiones los matan. Además:

"...risk of attacks on babies, children or other pets; the possible risk from the transmissions of various diseases from cats to humans (particularly children)..."

...y la peste por la comida provista por "over-enthusiastic cat lovers." Sacados de contexto y proporción para dramatizar su

---

[91] Ídem.

[92] Management Plan (NISC-2001); op.cit ., p.37.

[93] Control and management objectives may include: eradication within a local area, population suppression, limiting dispersal, reducing impacts, and other diverse objectives. Control and management of invasive species populations is accomplished using an integrated pest management (IPM) approach. IPM is an approach to pest control (including invasive species) that flexibly considers available information, technology, methods, and environmental effects. Methods include physical restraints (e.g., fences and electric dispersal barriers), mechanical removal; judicious use of pesticides; release of biological control agents (such as host-specific predatory organisms); cultural practices (e.g., crop rotation), and interference with reproductive capacity (e.g., pheromone-baited traps and release of sterile males).

postura, la EA cita referencias de múltiples incidentes de gatos relacionados a enfermedades contagiosas en diversas partes del mundo. Cónsono con la postura histérica asumida, también acusa a los gatos realengos de incidir sobre las condiciones de vida de otras especies, aunque no guarda pertinencia o relación alguna con la realidad en Puerto Rico:

> "Reptiles are thought to provide an important food source when birds and mammals are less abundant, and in some situations cats have been observed to prey on threatened species of reptiles."[94]

La misma racionalidad la generalizaría hacia los perros realengos, incitando implementar las mismas medidas para controlar la población en la Isla. Las agencias de gobierno insular comparten los mismo entendidos, y consideran *plagas* a todos los animales que no son domésticos y no viven en cautiverio bajo dominio humano.

Cuando la ejecución se efectúa por el personal especializado del WS -afirma la EA-, la muerte del animal es rápida, y cónsona con los principios humanistas[95], pues "minimiza el sufrimiento". Además: "Direct impact to indoor cats with the appropriate tags or proof of ownership would be minimal to none."[96]

El 19 de diciembre de 2003, Charles Brown, Director Regional de USDA-APHIS-WS, aprobaría el EA y daría luz verde a la ejecución del *Integrated Wildlife Damage Management*[97], que

---

[94] Environmental Assessment: Management of Feral and Free-Ranging Cat Populations... (2003); op.cit. p.8.

[95] "Humaneness- The perception of compassion, sympathy, or consideration for animals from the view point of humans." (Op.cit., p.46)

[96] Op.cit., p.46.

[97] Brown, Charles (Director Regional de USDA-APHIS-WS); "Decision and Finding of no Significant Impact"; Environmental Assessment: Management of Feral and Free-Ranging Cat Populations...(http://www.aphis.usda.gov)

integra técnicas y métodos letales[98] para lidiar con los gatos realengos en Puerto Rico.

"Lethal methods (...) would include shooting and live trapping followed by euthanasia."[99]

A su entender, el plan de manejo propuesto por el WS ofrece la posibilidad de maximizar la efectividad de los objetivos trazados y ofrece una acercamiento *balanceado* sobre diferentes posiciones en cuanto al asunto del trato cruel e inhumano a los animales...

Cobertura mediática: propaganda de aversión (2002-2003)

Al tiempo en que el gobierno federal intensifica su campaña de prejuicios, intolerancias y hostilidades hacia las especies de la fauna silvestre designadas como "invasivas" y convertidas en objetos de su voluntad de exterminio, en la Isla empiezan a consolidarse fuerzas políticas y mentalidades que comparten las mismas creencias y los mismos fines. Paralelo al desenvolvimiento de estas prácticas de crueldad contra animales nativos y silvestres, el gobierno de Puerto Rico continuaría promoviendo un orden de violencia y crueldad similar dentro de las instituciones adscritas al sistema universitario del Estado. El recinto de Ciencias Médicas de la Universidad de Puerto Rico continuaría prestando legitimidad incondicional al "scientific monkey business" en la Isla, y el CPRC seguiría drenando fondos públicos, locales y federales, para ampliar su fraudulento negocio en nombre de la salud humana y la ciencia...

Durante la administración política del PPD, renovada en las elecciones de 2000, el comisionado residente en Washington, Aníbal Acevedo Vilá, cabildeó en el Congreso estadounidense

---

[98] "Lethal Management Methods/Technique- Wildlife damage management methods that result in the death of targeted animals..." (Op.cit., p.64)

[99] Op.cit., p.42.

para "allegar mayores recursos para la UPR..."[100] A principios de 2002, el presidente de la UPR, Antonio García Padilla, anunciaría la asignación de $440,000 al CPRC, "para el desarrollo de más instalaciones de seguridad para sus investigaciones científicas".[101] Por su parte, el director del CPRC, Edmundo Kraiselburd -según cita la noticia- *explicó*: "Del estudio de los monos, que son los modelos más parecidos al hombre, salen vacunas contra el Sida y el dengue..."[102]

En una serie de artículos clasificados bajo el título de "periodismo investigativo", el autor recita sin peros las aseveraciones de las autoridades "científicas" del DRNA y concluye: "La amenaza que representan los monos se agrava aún más debido a que la mayoría de estos son portadores de enfermedades dañinas al ser humano."[103] La referencia citada es de una de las "biólogas" del DRNA, María Camacho Rodríguez, que recita el discurso oficial de la agencia y lo revalida combinando una situación anecdótica y sus prejuicios personales. La anécdota remite a una ocasión en que un paramédico trató de salvar a "un mono atropellado en un accidente de tránsito", y no usó guantes. Según la *bióloga* citada: "Lo que preocupa es que muchos de estos monos portan enfermedades como sífilis, herpes y hasta sida", y "uno se pone a imaginar y fácilmente se pudo haber contagiado, porque es que las personas no conocen de las enfermedades que tienen estos animales".[104] Asimismo, la *bióloga* del DRNA *explica* al periodista el origen de las especies rhesus y patas dispersas en la Isla:

> "...los monos fueron introducidos por la Universidad de Puerto Rico (UPR) como parte de

---

[100] "Ayuda federal al Centro de Primates"; *Primera Hora*; martes, 5 de febrero de 2002.

[101] Ídem.

[102] Ídem.

[103] Cortés Chico, Ricardo; "Dañinas las especies invasoras"; Periodismo investigativo en Sagrado; Enero – Mayo 2002.

[104] Ídem.

unos experimentos médicos sobre enfermedades venéreas. En el 1989 el huracán Hugo destrozó sus jaulas provocando así que los mismos se escaparan y se establecieran en la vida silvestre."[105]

En el mismo reportaje, cita al director del Programa de Especies en Peligro de Extinción del DRNA, Miguel García, que representa el discurso oficial de la agencia y la racionalidad especulativa y disparatada sobre la que fundamenta su política de exterminio de especies clasificadas como *invasivas*:

> "...una de las causas para que los animales puertorriqueños se vean afectados tan drástica-mente es porque anteriormente, durante la evolución de estos animales, los mismos no tuvieron que enfrentarse a depredadores grandes..."[106]

Según el funcionario del DRNA: "Hay una vulnerabilidad peculiar en Puerto Rico por nuestra condición de Isla." Al margen de los posibles equívocos en la transcripción de notas y ajustes editoriales de las expresiones citadas, quedaría plasmada con nitidez la vaguedad teórica del discurso "científico" oficial del DRNA, así como el carácter prejuiciado e intolerante de sus funcionarios. No obstante, la crítica de la vaguedad teórica y de la naturaleza subjetiva de las impresiones citadas sería irrelevante dentro de la estrategia política general a la que deben lealtad los funcionarios "científicos" del DRNA. La relativa incongruencia de las premisas fundamentales de la política de control y manejo de especies silvestres, las especulaciones alarmistas y las consecuentes distorsiones, exageraciones y falseamientos de la realidad sobre las especies estigmatizadas como invasivas, son constitutivas de la campaña de aversión promovida por motivaciones políticas del gobierno. Los administradores de las agencias, si bien pueden *creer* en lo que promulgan, también procuran cuantiosas subvenciones económicas de sus creencias...

---

[105] Ídem.

[106] Ídem.

302

Plan interagencial para erradicar rhesus y patas silvestres (2003)

Dentro del marco jurídico-político federal regente sobre las especies de la fauna silvestre designadas como *invasivas* (OE-12112 y NISC) y en acorde a las disposiciones de ley y reglamentos locales, el gobierno insular anunciaría su determinación por erradicar del país a los rhesus y patas silvestres. A finales de 2003, el secretario del DRNA, Luis E. Rodríguez Rivera, el secretario del Departamento de Agricultura, Luis Rivero Cubano, y el epidemiólogo del Estado, Francisco Alvarado, anunciarían en conferencia de prensa un proyecto de $1.8 millones "para intervenir y eventualmente eliminar a los monos rhesus y patas (...) que han llevado a $30,000 en pérdidas a la agricultura del suroeste, amenazan a las especies endémicas y la salud de los puertorriqueños."[107] A los efectos, se haría un "acuerdo cooperativo" para *desarrollar* una "Evaluación Ambiental" con las agencias federales de la USDA, la APHIS y la WS. El plan, según reseñado en la prensa, se extendería por un periodo de cuatro años, y las alternativas "consideradas" para *disponer* de las presas capturadas incluirían el traslado a zoológicos o a laboratorios en el exterior, que paguen por el acondicionamiento y transporte, "...y la eutanasia o cacería de los monos sólo por personal autorizado del DRNA."[108] Según las agencias involucradas en el plan de exterminio, aunque no citan la fuente de referencia, la población de rhesus y patas asciende a 13,000.[109]

Aunque la descripción del *problema* había sido sacada de proporción y la cifra anunciada era, más que especulativa, irreal, la exageración cumplía una función precisa dentro del proyectado plan: asustar aún más a la ciudadanía, que ya cultivaba cierta aversión contra las criaturas estigmatizadas. Esta sería la primera condición para viabilizar la ejecución del plan, que procuraba un

---

[107] "Muerte al mono"; *Primera Hora*, 8 de diciembre del 2003.

[108] Ídem.

[109] Ídem. Es posible que la cifra de 13,000 fuera un error del redactor de Primera Hora, pues la cobertura en otro medio cita la cifra estimada de 1,200, que sería el número que habría de seguir usándose en años posteriores.

efecto político favorable para la imagen del gobierno de turno en las vísperas del año electoral. No se trataría de atender con seriedad el asunto, pues "el problema" mismo era efecto del propio discurso que lo creaba para manipular la opinión pública y hacer aparecer al gobierno como protector de la salud y la seguridad humana, las especies endémicas y la agricultura del país.

Para dramatizar el asunto, el secretario del DRNA anunciaría la inminencia del desplazamiento hacia la cordillera central, lo que "empeora la situación"; y los acusaría de haber acabado con más de 30 nidos de mariquitas, clasificadas en peligro de extinción. Ambas alegaciones carecen de evidencia y a la larga se demostrarían falsas. No obstante, la fuerza de autoridad investida en el secretario del DRNA, que ocupa una posición de confianza política dentro de la alta jerarquía del gobierno, le confiere cierta flexibilidad para manipular los asuntos bajo su encargo de modo que se adecúen a las expectativas políticas del partido en el gobierno, aunque falten a la realidad.

Consecuente con "el plan" anunciado, el agente de gobierno animaría la intolerancia y hostilidad hacia las especies proscritas, haciéndolas aparecer como perjudiciales a la economía agrícola de la región y, sobre todo, a la seguridad y la salud de la ciudadanía:

> "Los monos son portadores del virus simio y el contacto de una persona con alguna secreción del mono pudiera llevar al desarrollo de una condición mortal."[110]

En otro reportaje, el titular del DRNA invoca la supuesta *peligrosidad* de las especies, que "a los dos años de edad empiezan a demostrar mayor agresividad."[111] Por su parte, el epidemiólogo del Estado, advirtió que "los monos transmiten la rabia" y el virus B, "que puede causar encefalomielitis fatal en humanos que provoca

---

[110] "Muerte al mono"; Primera Hora; 8 de diciembre del 2003.

[111] Rivera Santos, Maricelis; "Estrategias para capturar monos"; *El Vocero*, 4 de diciembre de 2003.

la muerte en el 80% de los casos que no reciben tratamiento."[112] Asimismo, refrendó el estigma de peligrosidad: "Pueden ser impredecibles, atacar sin aparente razón o si se sienten amenazados." Además:

> "Los monos andan en manadas y se aconseja evitar cualquier contacto con ellos por su peligrosidad."[113]

Montado el libreto preliminar del plan, y subido el drama a la escena mediática por los funcionarios públicos, las autoridades federales correrían con el encargo de colaborar en su ejecución. A los efectos, y mientras se gestiona el financiamiento millonario de la empresa, la WS ofrecería entrenamiento a los ejecutores locales sobre los métodos y técnicas para cazar y matar, de la manera más humanamente posible, a sus víctimas...

Ilustración 5[114]

---

[112] Ídem.

[113] Ídem.

[114] Rhesus en el cayo Santiago. Fotografía por Gazir Sued (2011)

Reglamento 6765 del DRNA (2004)

A inicios de 2004, corriendo el año electoral, el DRNA adoptaría un *nuevo* reglamento (Núm. 6765) para regir sobre la fauna silvestre, las especies exóticas y la caza en la Isla.[115] Las innovaciones del nuevo reglamento se limitarían al orden semántico, dejando intacta la política pública inaugurada en 1976 y refrendada en la ley 241 de 1999. A tenor con el lenguaje de la OE-13112 y del NISC, a la definición de especies de vida silvestre clasificadas como "perjudiciales", le sería añadida la palabra "invasoras", como sinónimo del calificativo "exóticas". La definición de "especies invasoras" rezaría:

> "Especies exóticas, que a base de la información científica disponible en el Departamento (DRNA), se consideran que están o podrían causar daño económico, ambiental o a la salud humana."

Asimismo, la definición de las especies de vida silvestre discriminadas como "perjudiciales o invasoras" revalida la autoridad despótica del Secretario del DRNA y reza:

> "Especies, designadas por el Secretario mediante reglamento, que están o podrían causar daño económico, ambiental o a la salud humana."

Las especies "vulnerables" o en "peligro de extinción", según designadas "a juicio" del secretario del DRNA, continuarían apareciendo como que "requieren especial atención para asegurar su perpetuación en el tiempo y el espacio físico donde existen." Las regulaciones sobre la "caza deportiva" permanecerían dentro de la misma racionalidad sádica dispuesta en la ley de 1976, con algunas nuevas condiciones cosméticas sobre su práctica. Así:

---

[115] Reglamento (Núm. 6765) para Regir la Conservación y el Manejo de la Fauna Silvestre, las Especies Exóticas y la Caza en el Estado Libre Asociado de Puerto Rico; Departamento de Recursos Naturales; 11 de febrero de 2004. El nuevo reglamento derogaría el Reglamento Núm. 3416, regente desde febrero de 1987.

"Las especies invasoras (...) serán consideradas dañinas y podrán ser entrampadas y destruidas durante todo el año..."[116]

Los "monos ferales" (rhesus y patas) seguirán estigmatizados como especies invasoras, peligrosas y dañinas, y podrían seguir siendo *cazadas* irrestrictamente, al igual que el resto de especies enlistadas desde 1978 y las recién integradas a la fatídica lista del DRNA.[117]

Ilustración 6[118]

---

[116] Reglamento Núm. 6765 (2004); Art. 5.07 Caza Deportiva de Animales Invasores (Dañinos); pp.47-48.

[117] La lista en 2004 ascendería a 14 las especies calificadas "dañinas" por el DRNA. A la lista se sumarían la iguana verde, 6 tipos de ranas y sapos y un caracol. Reglamento Núm. 6765 (2004); Apéndice 2 Animales y Plantas Invasoras (Dañinos); p.87; y Apéndice 5 Especies Exóticas en el Estado Silvestre en Puerto Rico; p.92.

[118] Gazir Sued y joven patas en cautiverio del DRNA. Fotografía (auto-retrato) por Gazir Sued (2010)

P. de la C. 3452 / Ley Núm. 176 (2003-2004)

La obsesión creciente por *erradicar* los primates no-humanos silvestres y nativos en la Isla seguiría manifestándose en el cuerpo legislativo, que insistiría en promover medidas cada vez más represivas contra cualquier gesto de sensibilidad hacia las criaturas de la vida silvestre estigmatizadas como *invasivas*. Tras la aparente intención de *proteger* a la ciudadanía de sí misma y de la alegada *amenaza* que debería representarles a su salud y seguridad los rhesus y patas silvestres, la existencia de éstos quedaría restringida por ley al dominio exclusivo del CPRC (apadrinado sin condiciones por la UPR), favoreciendo el monopolio del negocio de primates no-humanos para usos experimentales y, por defecto, prohibiendo virtualmente cualquier otra relación de coexistencia con las nuevas especies de la fauna puertorriqueña.

A inicios de 2003 se radicaría un proyecto en la Cámara de Representantes a los efectos de enmendar la ley 241 (Nueva Ley de Vida Silvestre de Puerto Rico) para "prohibir la importación y posesión de cualquier clase de mono en los hogares puertorriqueños para la protección, seguridad, salud y vida de los seres humanos."[119] Aunque la potestad para regular la existencia de estas especies ya estaba investida en la autoridad del Secretario del DRNA[120], la medida legislativa procuraría (de)limitar su poder discrecional para hacer excepciones.[121]

---

[119] P. de la C. 3452 (Informe); Cámara de Representantes; 14ta Asamblea Legislativa; 6ta Sesión Ordinaria;12 de noviembre de 2003. (Presentado a la Comisión de Recursos Naturales y Calidad Ambiental de la Cámara de Representantes de Puerto Rico, por representantes Lydia Méndez Silva y Ramón Ruiz Nieves, 10 de febrero de 2003) La comisión estaba presidida por el representante Ramón Ruiz Nieves, miembro del PPD.

[120] Reglamento (Núm. 3416) para regir la conservación y el manejo de la fauna silvestre, las especies exóticas y la caza en el Estado Libre Asociado de Puerto Rico (1987); op.cit.

[121] El secretario del DRNA discrepó de la medida legislativa porque existen excepciones circunstanciales que deben ser atendidas diferencialmente, como es el caso de animales incautados o de zoológicos en Puerto Rico que cierran o no tienen la capacidad de mantenerlas. Dado el caso, el secretario puede otorgar permisos de confinamiento temporero a personas privadas, "en lo que se determina qué hacer con ellas." (Rodríguez Rivera, Luis E. (secretario del

La intervención del secretario del Departamento de Salud (División de Zoonosis) recitaría los mismos argumentos discriminadores, especulativos y sacados de proporción que hasta la fecha prevalecían entre las agencias de gobierno. La función política del secretario del DS, designado para ocupar la posición como puesto de confianza del gobernador, está predeterminada por la línea política del partido dominante en el gobierno, que propicia un clima de aversión e histeria entre la opinión pública y no una política de educación para la tolerancia y coexistencia con las especies proscritas. Desautorizado para contradecirla, el representante del DS la refrenda sin reservas sobre la carencia de evidencias y las evidentes exageraciones montadas con fines políticos, y recita el credo. Según cita el informe cameral sobre el P. de la C. 3452:

> "Los monos tienen un gran potencial para transferir enfermedades zoonóticas, por su proximidad evolutiva a los humanos.[122] Nuestro entorno o ambiente tropical es propicio para la reproducción de estos animales, lo que puede representar un mayor peligro para la ciudadanía."[123]

Asimismo, el DS recicla los argumentos prejuiciados y convertidos en dogma por la racionalidad imperante en el DRNA:

DRNA); "Comentarios al P.C. de la C 3452" ante la Comisión de Recursos Naturales y Calidad Ambiental de la Cámara de Representantes de Puerto Rico; 10 de abril de 2003)

[122] La misma argumentación sería utilizada para cualquier especie animal estigmatizada por las autoridades estatales y federales, indistintamente de la proximidad genética con la especie humana. La palabra "zoonótica" da la impresión de que se trata de algo serio y bien fundado en evidencia científica. Lo cierto es que la terminología se usa para efectos ideológicos y no educativos...

[123] Departamento de Salud, División de Zoonosis; "Comentarios al P.C. de la C 3452" según citado en informe cameral sobre P. de la C. 3452 (2003); op.cit.

"La agilidad e inteligencia de éstos hace difícil su captura, cuando escapan de los lugares donde están confinados. Además, estas especies no autóctonas, pueden alterar el balance que debe prevalecer en nuestros ecosistemas isleños."[124]

Atenuando el clima de histeria y aversión, sin fundamento científico y en función de propósitos políticos, el DS *considera* que "la interacción entre estas especies y el hombre no es saludable" y sostiene que "los monos son portadores del virus "Simian Inmunodefficiency Virus"(SIV)".[125] Alegato que, sin embargo, es falso...

Por otra parte, la ponencia del secretario del Departamento de Agricultura, cónsona con la política y racionalidad del DRNA y del DS, endosó el proyecto legislativo para proscribir la tenencia de primates no-humanos fuera de las excepciones permitidas para usos experimentales en condiciones de cautiverio, según dispuesto en las leyes y reglamentos vigentes. El secretario del DA, que también ocupa un puesto de confianza designado por el gobernador de turno, reiteró el credo de aversión promulgado como política de gobierno, destacando que "los monos están causando graves daños a nuestros cultivos" y que "a través del tiempo éstos han hecho daño a siembras, seguridad personal y otros."[126] Además, reza las mismas *advertencias* del DS, con fines alarmistas y sacados de proporción:

---

[124] Ídem.

[125] "Se cree que en África el "SIV" mutó a la variante "HIV". Especies de monos son utilizados en laboratorios, como modelo para el estudio de estos "retrovirus". Actualmente no hay evidencia de trasmisión de SIDA de monos a humanos, aunque se teoriza, que en condiciones de laboratorio, puede ser inducido." (Ídem)

[126] Departamento de Agricultura; "Comentarios al P.C. de la C 3452"; según citado en informe cameral sobre P. de la C. 3452 (2003); op.cit.

310

"Más del 74% de los Rhesus adultos portan el virus Herpes B, un patógeno que puede ser letal al ser humano en el 70% de los casos."[127]

En su exposición, el secretario del DA señaló la procedencia de las especies de rhesus y patas silvestres en la Isla para experimentos biomédicos del CPRC/UPR y los NIH, de cuyos dominios escaparon, y reiteró el compromiso de la agencia, conjunto al DRNA y al DS, para "erradicar el problema."

En representación del CPRC, su director Edmundo Kraiselburd reivindicó su poderío sobre la tenencia y usos de la especie rhesus, según la ley y reglamentos regentes en la Isla. Su intervención se limitó a repetir literalmente la propaganda corporativa del CPRC, en la que establece la relación con el recinto de Ciencias Médicas de la UPR, como "unidad de investigación"; las acreditaciones formales (AALAC y USDA) y el padrinazgo financiero de los NIH. A la transcripción literal del panfleto corporativo[128], Kraiselburd aprovechó la ocasión para distorsionar a su favor la historia del "scientific monkey business" en Puerto Rico, alegando que:

---

[127] Ídem.

[128] "Actualmente el Centro de Primates consiste de cuatro facilidades: (1) la colonia de monos rhesus (Macana mulata) en la isla de Cayo Santiago, ésta colonia es única en su clase y es utilizada primordialmente para investigaciones de comportamiento social, biomédicas y genéticas; (2) la Estación de Campo de Sabana Seca (SS) ésta facilidad mantiene monos rhesus provenientes de Cayo Santiago en una variedad de corrales para ser utilizados en estudios de comportamiento, genéticos y biomédicos de carácter más invasivo y manipulativos que lo permitido por la condición de libre albedrío en Cayo Santiago; (3) el Museo de CP, localizado en el Recinto de Ciencias Médicas de la Escuela de Medicina. Este contiene la Colección, localizado en el Recinto de Ciencias Médicas de la Escuela de Medicina. Este contiene la Colección Ósea del Centro de Primates, la cual es una de las colecciones más vastas de esqueletos enteros de primates no humanos para estudios anatómicos, biomédicos y antropológicos y (4) Laboratorio de Virología, localizado en el Recinto de Ciencias Médicas." (Kraiselburd, Edmundo; "Comentarios al P.C. de la C 3452" según citado en informe cameral sobre P. de la C. 3452 (2003); op.cit.)

"El origen del Centro de Primates puede ser trazado al establecimiento en 1938 de la colonia de monos rhesus en la isla de Cayo Santiago. (...) Por más de 60 años el Recinto de Ciencias Médicas de la Universidad de Puerto Rico ha llevado a cabo proyectos de investigación, de enseñanza y de estudios biomédicos en colaboración con instituciones locales, nacionales e internacionales utilizando monos del Centro de Primates."[129]

Sobre esta presunción, abogaría por retener intacta la potestad gerencial sobre los primates no-humanos bajo dominios del CPRC.[130] Poniendo en evidencia la función legitimadora del "scientific monkey business" encargada a la UPR, el rector del recinto de Ciencias Médicas, José R. Carlo, presentó una ponencia que sería copia exacta de la propaganda corporativa del CPRC, endosando el proyecto legislativo con las condiciones de excepción reclamadas.[131]

El primero de agosto de 2004 el proyecto legislativo se convertiría en ley. La racionalidad que habría de imperar en el lenguaje de la ley revalidaría la misma irracionalidad que le antecede y que sostiene la política de intolerancia y aversión del gobierno y sus agencias subordinadas. El plan de erradicación de los rhesus y patas silvestres seguiría siendo el horizonte de la nueva ley, que prohibiría cualquier vínculo de sensibilidad entre la ciudadanía insular y éstas especies, que ya se habrían integrado a la fauna puertorriqueña...

En su exposición de motivos, la Asamblea Legislativa recitaría a coro el credo de aversión y hostilidad dominante y lo

---

[129] Ídem.

[130] "Algunos proyectos requieren el transporte de monos a instituciones fuera del País para realizar pruebas y exámenes con equipo altamente sofisticado que no se puede transportar a Puerto Rico. Una vez se completan las pruebas, los monos son regresados al Centro Primates, cumpliendo con todas las regulaciones vigentes." (Ídem)

[131] Carlo, José R.; "Ponencia del rector del recinto de Ciencias Médicas de la Universidad de Puerto Rico con relación al P. de la C. 3452"; 9 de mayo de 2003.

fundamentaría en prejuicios, especulaciones y exageraciones dramáticas, acrecentando el clima de histeria que seguiría sirviendo a fines políticos y, a la vez, de motor ideológico a las crueles y sádicas prácticas de exterminio iniciadas desde la clasificación de los rhesus y patas como especies *invasivas*. El texto reza:

> "En los pasados años, unos grupos de monos se han establecido en el suroeste de Puerto Rico amenazando la agricultura y en algunas ocasiones interfiriendo vías de tránsito e incluso atacar seres humanos. Estos monos son portadores de diversas enfermedades que son malignas para la salud y hasta podrían ocasionar la muerte de una persona, de ser contagiado por uno de estos animales exóticos.
>
> En Puerto Rico hay personas que tienen en sus hogares como mascotas a animales que son peligrosos y que están ilegalmente en nuestra jurisdicción, entre ellos están los monos. Algunos de estos monos han sido atendidos y vacunados por veterinarios en conocimiento y a sabiendas de que la persona que lo posee, lo tiene de forma ilegal. Incluso, estos son inyectados con las vacunas provistas para perros y gatos, lo cual no brinda protección, ni salubridad a los efectos de contrarrestar las diversas enfermedades que portan o pueden portar los monos como lo son: el herpes, hepatitis, síndrome de "Simian Inmuno-defficiency Virus (SIV)", entre otras enfermedades y condiciones médicas."[132]

El texto de las *motivaciones* legislativas de la ley 176 evidencia el carácter prejuiciado de sus elucubraciones y representa la ignorancia general que sirve de base a su política discriminatoria:

---

[132] Ley Núm. 176 (P. de la C. 3452); 1 de agosto de 2004.

"Y es que la inmensa mayoría de los animales silvestres no se habitúan a ser animales domésticos. (...) A fin de cuentas, un mono será siempre un mono, un tigre siempre será un tigre, y una culebra siempre será una culebra, por más métodos de adiestramiento que utilicemos para domesticarlos por su instinto natural pueden revelar, y es un hecho irrefutable que en muchos casos atacan a sus dueños y otros seres humanos."[133]

La expresión xenófoba del discurso de la ley que rige sobre la vida silvestre en la Isla también aparece entre las motivaciones del cuerpo legislativo, que animan las matanzas a la par de exaltar el *deber* del gobierno insular de: "...fortalecer los hábitats de las especies de vida silvestre que son parte de nuestro país y evitar que sean afectadas por especies extranjeras y por las actividades humanas."[134] A los efectos, el discurso de la ley refuerza la fachada retórica que encubre su sádica hipocresía: "Tenemos el deber de respetar la diversidad de especies y la ecología de nuestro planeta."[135]

"Por tanto, esta Asamblea Legislativa en aras de proteger las especies de vida silvestre que son parte de nuestro país, la seguridad y vida humana prohíbe la importación o posesión de cualquier especie de mono o simio, exceptuando aquellos casos que por el reglamento de la Ley (...) estén exentos como lo son: los circos y los jardines zoológicos."[136]

---

[133] Ídem.

[134] Ídem.

[135] Ídem.

[136] Ídem.

La ley 176 dispondría para la creación de un comité interagencial que asistiría a los "biólogos especialistas" en vida silvestre del DRNA en la creación de una lista de especies exóticas cuya importación y posesión será permitida para ser poseídas como mascotas. En dicha lista no se incluiría a ninguna especie de monos o simios, y la importación y posesión de las especies que no estén incluidas en el listado estaría prohibida. Asimismo, el Secretario del DRNA sólo podría aprobar un permiso de corta duración para importar y exhibir animales en un circo o carnaval, siempre y cuando se determine que los animales a ser exhibidos serán manejados por un entrenador "profesional" y estén exentos de enfermedades contagiosas. Además, podría aprobar permisos de importación de especies *exóticas* "para fines científicos, entidades académicas o jardines zoológicos."[137]

Alianza federal e insular contra especies "invasivas" (2004)

Las autoridades reguladoras de la vida silvestre en Puerto Rico, principalmente el Departamento de Recursos Naturales y Ambientales (DRNA) y el Departamento de Agricultura (DA), están facultadas por las leyes del ELA a gestionar *asistencia* de las agencias federales para el control y manejo de las especies designadas como *invasivas*. No obstante, esta autoridad con fuerza de ley dentro del contexto insular está sujeta a la relación de subordinación político-jurídica con el gobierno federal, y la aprobación del contenido de las leyes y reglamentos locales está condicionada a no contradecir ninguna disposición legal establecida bajo sus dominios. Las leyes y reglamentos locales cumplen una función legitimadora de esta relación de subordinación político-jurídica, y las agencias que las ejecutan operan como intermediarias de la política federal en la Isla. Así, gran parte de las *iniciativas* locales para lidiar con determinados *problemas* de control y manejo de especies de la flora y fauna silvestre de Puerto Rico tienen su origen en las disposiciones federales, que no sólo regularían el orden de sus ejecuciones prácticas sino que, previamente, las ordena...

---

[137] Ídem.

A mediados de 2004, el mismo año en que sería aprobado el *nuevo* reglamento del DRNA para regir sobre la vida silvestre en Puerto Rico, y dentro del marco político-jurídico establecido en la OE-13112 (2001) y las disposiciones federales del NISC (2003), el DRNA contrajo una relación contractual con la WS-APHIS[138] para tratar la alegada *problemática* de la existencia de rhesus y patas silvestres en la Isla.[139] A los efectos, las agencias exterminadoras redactarían un documento de *Evaluación Ambiental* (EA)[140], en acorde a los términos establecidos en el *National Invasive Species Management Plan* por el NISC, y en afinidad con la ley de vida silvestre (ley 241) regente en Puerto Rico, que autoriza y estimula las matanzas de las especies "invasivas".[141]

Acogida sin miramientos la política del WS, de tratar como *plagas* a las especies designadas como *invasivas*, el plan de *manejo* de las especies rhesus y patas silvestres integraría técnicas letales y no-letales. Según la funcionaria de la WS -cita la prensa- "lo más importante es que se va a hacer lo más humanitario posible."[142] De acuerdo al informe del director regional de la USDA/APHIS/WS, el objetivo de la WS sería:

---

[138] El Wildlife Service (WS) (Servicio de Vida Silvestre) es una división del Servicio de Inspección de Salud Animal y de Plantas (APHIS) y el Servicio de Vida Silvestre (WS). Ambas agencias están adscritas al Departamento de Agricultura Federal (USDA).

[139] El anuncio se hizo en conferencia de prensa, el 28 de junio de 2004, en la que participaron funcionarios ejecutivos de ambas agencias, Alberto M. Lázaro Castro, subsecretario del DRNA y Bernice U. Constantin, de WS-APHIS.

[140] Environmental Assessment: Managing Damage and Threats Associated With Invasive Patas and Rhesus Monkeys In the Commonwealth of Puerto Rico; United States Department of Agriculture (USDA); Animal and Plant Health Inspection Service (APHIS); Wildlife Services (WS); April, 2008.

[141] Ese mismo año el DRNA y las agencias de la USDA iniciarían un programa de exterminio de cerdos y gatos silvestres en la Isla de Mona, porque son especies invasivas y "causan daño a la vegetación".

[142] Del Toro Cordero, Jackeline; "Dan primer paso para erradicar monos"; El Vocero; martes, 29 de junio de 2004.

"...responder a las solicitudes de ayuda para manejar los daños y las amenazas impuestos por la vida silvestre a la seguridad de los seres humanos."[143]

La WS sólo podría intervenir a solicitud de las autoridades locales y dentro de espacios delimitados. Con base a las disposiciones legales del gobierno federal, la WS sería la agencia de superior autoridad en la toma de decisiones y contenido de la EA. El DRNA y el DA, incluso la USFWS, aparecerían como "agencias colaboradoras"[144] subordinadas al poder político investido en la WS. De acuerdo al convenio:

"WS and cooperating agencies will only conduct damage management activities when requested by the appropriate property owner or manager. (...)Activities could also occur on property owned or managed by the DNER or the USFWS."[145]

El costo de los operativos, que se extenderían durante un periodo de cuatro años, ascendería a $1.8 millones...

Desde el último estimado del CPRC a principios de los 90 a la fecha de preparación del documento del WS (EA), casi diez años más tarde, el DRNA estimaba que la población de rhesus silvestres había ascendido a cerca de 400 a 600, y la patas ascendía a 450 aproximadamente. La cifra *estimada* para el año 2003 estaba

---

[143] Brown, Charles S. (Director Regional del Este); USDA/APHIS/WS; Decisión y hallazgo de impacto no significativo: Evaluación ambiental: manejo de los daños y las amenazas Relacionadas con los monos patas y rhesus invasores en el Estado Libre Asociado de Puerto Rico. 2008. Las "solicitudes de ayuda" no se limitan a responder a la jurisdicción de las agencias de gobierno, sino que atiende también las de empresas privadas y de terratenientes o administradores de fincas singulares.

[144] EA-2008; 1.5 Decision to be Made; op.cit., p.1.11.

[145] "Within the known range of monkeys in southwest Puerto Rico and the associated islands, activities could be conducted on the Cabo Rojo National Wildlife Refuge, Laguna Cartagena National Wildlife Refuge, and Desecheo Island National Wildlife Refuge." (EA-2008; 1.6.3 Site Specificity; op.cit., p.1.12)

basada, sin embargo, en especulaciones matemáticas, que partían de la premisa de un crecimiento anual de 15% dadas las condiciones *favorables* en las que habitaban ambas especies. Para 2006, Ricardo López Ortiz, coordinador del Proyecto para el Control de Primates del DRNA, estimaba la población patas entre 550 y 600. Los datos citados como referencia sobre la dispersión de las poblaciones en el suroeste de la Isla también eran especulativos o basados en anécdotas.[146]

Arraigado en un discurso de aversión a las especies de la vida silvestre estigmatizadas como "invasivas", las agencias federales e insulares en contubernio bajo las directrices del NISC, programarían la aniquilación de los rhesus y patas silvestres en la Isla. Basado en especulaciones y anécdotas aisladas, sacarían de proporción el asunto práctico del control y manejo de especies y lo convertirían en una cruzada de intolerancia y crueldad, como si en realidad la existencia de estas especies se tratase de una terrible *plaga* que, por su alegada naturaleza *dañina*, atenta contra los destinos de la vida humana en Puerto Rico. A los efectos de paliar los daños, prevenir su propagación y evitar contagios de enfermedades y riesgos a la seguridad humana, la Wildlife Service y el Departamento de Recursos Naturales convendrían en favorecer la opción de exterminio...

El recurso a la exageración en el texto del plan de *manejo* y *control* del WS, forma parte de la propaganda de terror de las agencias de gobierno, determinadas a manipular la realidad sobre las especies discriminadas y a tergiversar los hechos objetivos para lograr sus fines. La *Evaluación Ambiental*[147], lejos de procurar *educar*

---

[146] Según el oficial del DRNA, en 2004: "They appeared to be mostly restrained to the south of the PR-2 highway from Mayaguez to Yauco but apparently solitary males have been reported, by civilians, crossing northward the highway in Sabana Grande and Yauco. Most patas reports are from Cabo Rojo, Lajas and Guánica while rhesus appears to be more common in limestone haystack hills of the southern (in relation to the PR-2 highway) section of San Germán with few reports originated from the northern section of San Germán to Maricao."

[147] Environmental Assessment: Managing Damage and Threats Associated With Invasive Patas and Rhesus Monkeys In the Commonwealth of Puerto Rico (USDA/APHIS/WS); April, 2008. La versión final sería publicada en 2008, pero el plan de manejo de la WS, convenido con el DRNA, ya circulaba desde temprano entrado el año 2004.

318

a la ciudadanía y procurar la implementación de prácticas de manejo y control sensibles a la diversidad ecológica y sus dinámicas, acrecentaría los niveles de intolerancia y desprecio por la nueva fauna nativa, asentada en la zona suroeste de la Isla. De manera simultánea, incitaría actitudes de violencia extrema e histeria irracional hacia las especies, incluyendo a las figuras más influyentes en las altas esferas del gobierno y la legislatura, el sector privado y la prensa...

La racionalidad que impera en el discurso de la EA y en el plan de manejo del WS/DRNA desde 2004 es la misma dispuesta en la orden ejecutiva que crea el NISC, pero el grueso del contenido en el "plan" del WS no responde a la realidad específica de Puerto Rico sino que se trata de una copia literal de la estructura y contenido de las prácticas de intervención de la agencia sobre todas las especies de la vida silvestre discriminadas como perjudiciales bajo el signo de "invasivas". La integración de los datos sobre cada especie particular, en su mayoría especulativos y anecdóticos, son provistos por la literatura producida localmente, los informes de las agencias de gobierno insular y los relatos y posturas de otras empresas e individuos, terratenientes, comerciantes y políticos, interesados y comprometidos en los mismos fines. Tal sucede, por ejemplo con el plan ejecutado por el WS en 2001-2003 para erradicar los gatos realengos en el viejo San Juan. Así, el grueso del plan preparado con fines similares para los rhesus y patas silvestres sería una copia literal y genérica del plan para exterminar a los gatos realengos, en idénticos términos a los utilizados para exterminar perros sin dueño en 1995...

Basado en especulaciones, anécdotas de casos aislados, sacados de contexto y de proporción, la EA alega que a medida en que aumenta la población aumentan las posibilidades de contactos con humanos y, consecuentemente, los riesgos de contraer enfermedades:

"The potential for disease transmission between humans and non-human primates has increased

319

recently in Puerto Rico as populations of invasive monkeys increase and expand."[148]

Aunque no existe evidencia que sustente la *necesidad* de "proteger" a la ciudadanía de enfermedades contagiosas al precio de erradicar estas especies, el plan de manejo de la WS/DRNA promueve la falsa creencia en que es "necesario". Según la información citada -no obstante- la mayor parte de los incidentes de contagio de enfermedades se registra en laboratorios experimentales, donde las especies son forzadas a someterse a tortuosas prácticas, incluyendo la inoculación de enfermedades contagiosas, y en ocasiones resisten. En el caso particular de un elevado porcentaje de la especie rhesus, por ejemplo, se ha identificado un virus endémico, propio de la naturaleza biológica de la especie y que -en determinadas circunstancias- podría ser transmisible por contacto directo (mordedura, rasguño, contacto con fluidos corporales). El virus (Herpes-B), que por propiedad característica de ese tipo de virus habita latente en la especie[149], podría activarse bajo determinadas condiciones:

> "Stressing of the animal can lead to a shedding of the virus which can occur during illness, transport, breeding, confinement, and from other environmental stressors..."[150]

La base "científica" de la retórica alarmista, paranoide e hipocondriaca que impera en el discurso de la EA habría sido provista por funcionarios públicos del Departamento de Salud insular y corporativos del CPRC, en un artículo publicado en 2004.[151] Según el escrito y cita de la EA, se ha reportado un

---

[148] EA-2008; 1.3.1 Need for Damage Management to Protect Human Health & Safety; op.cit., p.1.5.

[149] "B-virus, like other herpesviruses, is characterized by latency periods where the virus lies dormant in the trigeminal and lumbosacral ganglia." (Ídem)

[150] Ídem.

[151] Jensen, Kristen; Alvarado-Ramy, Francisco; González-Martínez, Janis; Kraiselburd, Edmundo; Rullán, Johnny; "B-Virus and Free-Ranging Macaques,

incremento en la captura ilegal de primates no-humanos para el comercio de especies exóticas, lo que podría acrecentar la posibilidad de exposición y contagio:

> "Trapping and confinement can increase stress in monkeys leading to the shedding of reactivated latent viruses."[152]

A pesar de la retórica alarmista, desde los años 30 sólo se han reportado en el mundo 43 casos de muertes por contagio del virus B, a consecuencia de incidentes en laboratorios experimentales y algunos casos de personas que los tenían por mascotas.[153] Ni siquiera en los países de donde son oriundos (India, Nepal, Afganistán, China, etc.) se han reportado casos de transmisión de este virus a humanos, "a pesar de que la población vive en contacto directo con los monos."[154] En Puerto Rico nunca se ha registrado algún caso de contagio, ni en laboratorios ni por contacto con los silvestres.[155] Asimismo, el Departamento de Salud de Puerto Rico desmiente indirectamente la retórica alarmista de la WS y las agencias nativas colaboradoras. Según la agencia, el virus B es enzoótico en las poblaciones rhesus silvestres igual que en las cautivas en laboratorios:

> "Pero aún cuando la prevalencia del virus es relativamente alta (...) se excreta raramente (2-3%)". A pesar de las numerosas exposiciones a

---

Puerto Rico"; Center for Disease Control and Prevention; Volume 10, Number 3; March 2004; pp.494-496. (http://wwwnc.cdc.gov)

[152] Ídem. EA-2008; 1.3.1; op.cit., p.1.6.

[153] National Institute for Occupational Safety and Health (NIOSH) (2001); según citado en EA-2008; 1.3.1 Need for Damage Management to Protect Human Health & Safety; op.cit., p.1.6.

[154] Engel (2002) según citado en Kraiselburd, Edmundo; González, Janis; "Memorial Explicativo R.C. del S 834 (2007); op.cit., p.10.

[155] Kraiselburd, Edmundo; González, Janis; "Memorial Explicativo R.C. del S 834 (2007); op.cit., p.10.

mordeduras y rasguños de monos a humanos, la transmisión del virus es rara."[156]

Aunque la mayoría de las exposiciones presentan un riesgo de infección bajo y se pueden prevenir los efectos mortales del virus mediante tratamiento temprano (profilaxis antiviral)[157], la agencia federal y el gobierno insular insisten en amedrentar a la ciudadanía con especulaciones dramáticas disfrazadas de conocimiento "científico"...

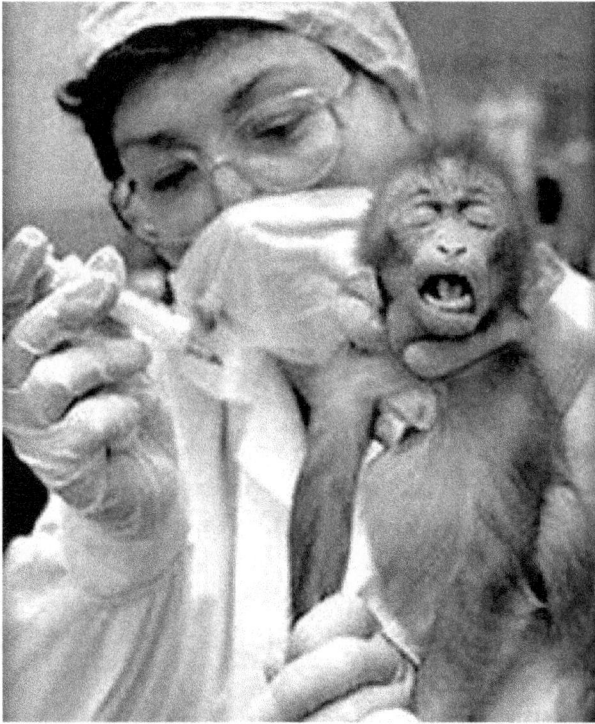

Ilustración 7[158]

---

[156] "Los monos rhesus y el Virus B: una guía general para personal médico sobre el manejo de posibles exposiciones a Herpesvirus B"; Departamento de Salud; Estado Libre Asociado de Puerto Rico.

[157] Ídem.

[158] Fotografía tomada de http://www.animalcute.net.

El interés del CPRC en el virus Herpes B no es de carácter científico ni lo anima una preocupación genuina por los supuestos riesgos que le representa a la salud humana. El interés es económico. Una parte sustancial de la demanda de primates no-humanos en el mercado de las experimentaciones biomédicas no interesa modelos *infectados* que alteren o dificulten las *investigaciones*. Muchos compradores interesan especímenes libres de patógenos (Specific Patogen Free (SPF)[159], como el herpes B, que es relativamente endógeno de la especie rhesus. Esta demanda afecta el comercio con los laboratorios estadounidenses, representándole un problema de mercadeo al lucrativo negocio del CPRC. Para satisfacer la demanda de su clientela, principalmente de los NIH, el CPRC identifica a los rhesus que no muestran signos de infección, los aíslan en jaulas individuales en las instalaciones experimentales de Sabana Seca, y les realizan pruebas durante un año hasta *cerciorarse* de que son especímenes SPF. A las crías las separan de sus madres a los 6 meses y enjaulan en solitaria por un periodo similar hasta *confirmar* que también son SPF. No obstante, aunque el programa del CPRC diagnostica resultados negativos, otros laboratorios en Estados Unidos reportan a los mismos especímenes como positivos, desacreditando el valor de uso para una clientela exigente de modelos SPF. Aunque el diagnóstico negativo varía por cada individuo imprevistamente con el tiempo, esta condición le representa un gran negocio a los *investigadores* del CPRC, que obtienen presupuesto recurrente de los NIH para continuar las *investigaciones*, a pesar de que por más de 70 años no han obtenido resultados definitivos. El negocio no está en resolver el aparente dilema, sino precisamente en no hacerlo...

---

[159] Sariol, C.A; Arana, T.; Maldonado, E.; González Martínez, J.; Rodríguez, M.; Kraiselburd, E.; "Herpes B-virus seroreactivity in a colony of Macaca mulatta: data from the Sabana Seca Field Station, a New Specific Pathogen-Free Program"; Journal of Medical Primatology; Vol. 34; 2005; pp.13-19.

Ilustración 8[160]

Los rhesus pueden coexistir apaciblemente entre la gente, y como con cualquier otra especie de primates, siempre existe la posibilidad de darse algún incidente imprevisto, igual a como pasa con casi cualquier especie de mamíferos terrestres o acuáticos, aves o reptiles. En estado silvestre quizá no actúen con la misma sociabilidad que los que están acostumbrados a coexistir o tolerar la presencia humana, pero eso no es indicativo de disposición a la agresividad o signo de una peligrosidad generalizable a toda la especie. La EA lo admite entre líneas:

> "Fortunately, the rhesus monkeys are currently shy and elusive and have not formed the type of commensal relationships with humans in Puerto Rico as they have with humans in India."[161]

Pero el propósito de la WS y del DRNA no es favorecer la relación humana con los primates no-humanos sino provocar

---

[160] Rhesus y cría nativos, capturados por el DRNA y en cautiverio provisional en Cambalache. Fotografía por Gazir Sued (2010)

[161] EA-2008; 1.3.1 Need for Action; op.cit., p.1.5.

aversión e intolerancia hacia ellos. A los efectos, engloba incidentes aislados y sacados de contexto para asustar a la ciudadanía e incitar prejuicios contra la especie:

> "In India, where rhesus monkeys are native, monkeys are often commensal with humans but aggressive behavior has lead to human injuries and fatalities."

El mismo estilo retórico ya había sido usado con relación a los gatos realengos del viejo San Juan, e insinuado "el plan" como valedero también para los perros sin dueño. De modo similar se adecuaría a cualquier otra especie de la vida silvestre designada como *invasiva*. Aunque se proyecta formalmente como una agencia con propósitos educativos, la WS manipula la ignorancia general y provoca miedos entre la ciudadanía, con el fin de legitimar el plan genérico propuesto para su negocio de exterminios...

En su empeño por hacerse aparecer como protectora de la seguridad y la salud humana, la WS no vacila en emplear todo tipo de artimañas retóricas. Paralelo al recurso de la exageración, la manipulación de datos singulares o aislados es constante en el discurso montado para la EA. La generalización indiscriminada es una de sus tretas para inculcar temores a la ciudadanía:

> "In addition to B-virus, monkeys have been known to transmit numerous other diseases to humans (…) Two types of viral hemorrhagic fevers, Ebola and Marburg, have been passed to laboratory researchers from infected monkeys (…) and several simian immunodeficiency viruses potentially may affect humans. Malaria may also be transmitted from infected monkeys to humans."[162]

Tomadas de diversas fuentes y sacadas de contexto las referencias citadas, la WS construye una imagen aterradora sobre la potencia infecciosa de los primates no-humanos en general. Al omitir las distinciones entre los casos específicos, las condiciones

---

[162] EA-2008; 1.3.1 Need for Damage Management to Protect Human Health & Safety; op.cit., p.1.6.

particulares y las diferentes especies, da la impresión de que cualquier primate no-humano es portador de enfermedades contagiosas, como el Ébola y la Malaria, el polio-virus, distintos tipos de herpes y "Monkeypox", entre otras. Esta confusión, provocada adrede, incidiría posteriormente en los proyectos y resoluciones legislativas para financiar el exterminio de los rhesus y patas en la Isla.

Pero la WS no se limita a mencionar la potencia dañina de los primates no-humanos. La agencia federal tiene el atrevimiento de presumir la legitimad de su argumento porque la literatura de referencia proviene de fuentes *científicas*. La referencia a "fuentes científicas" funciona, dentro del discurso de la WS, como argumento de autoridad y no como evidencia a favor del mismo, guarde o no relación con la realidad.

> "...however, there is the potential for other unidentified or undiscovered diseases to exist that could potentially infect humans."[163]

Para efectos de atenuar la percepción histérica sobre las especies en su mira, la WS omite que algunas de las enfermedades mencionadas son inoculadas en los laboratorios experimentales, y que otras son transmitidas a los primates no-humanos por humanos previamente contagiados...

La mangosta -otra especie designada como invasiva por el DRNA- aparece registrada como la principal fuente de rabia en la Isla. A tenor con el plan de engañar a la ciudadanía por recurso del miedo irracional, la WS la usa para construir una situación imaginaria y la dramatiza como si se tratase de una posibilidad real:

> "There have been concerns that interactions between monkeys and mongoose in Puerto Rico could lead to exposure of monkeys to the virus. If rabies becomes prevalent in the monkey population, human exposure through contact with monkeys could occur especially if monkey

---

[163] Ídem.

populations continue to increase and become commensal with humans."[164]

No obstante la actitud paranoide expresada en el documento, en lo que respecta a los rhesus y patas silvestres, ningún caso de contagio de enfermedades transmisibles a los humanos se ha registrado en Puerto Rico. La única excepción es un caso relacionado a la muerte de un empleado del CPRC, que murió a consecuencia de una enfermedad transmitida durante operaciones experimentales en sus laboratorios.[165]

> "Fortunately, historically few disease issues have emerged from the monkeys in southwest Puerto Rico; however (…) The threat of disease transmission from non-human primates to humans remains relatively low but does not decrease or invalidate the concerns of health officials of possible exposure of humans to enzootic diseases from encounters with monkeys."[166]

El mismo patrón retórico (alarmista, especulativo y anecdótico) prevalecería en todo el documento preparado por el WS en colaboración con el DRNA. Además de las justificaciones forzadas con el pretexto de implementar un plan de manejo y control de especies para *proteger* "la salud y la seguridad humana", de modo similar montaría argumentos igualmente exagerados y sacados de proporción, carentes de evidencia o simplemente especulativos o falsos, para justificar la *necesidad* de proteger la

---

[164] Op.cit., p.1.7.

[165] Milton Martínez Quianes fue empleado del CPRC desde el 16 de febrero de 1988 hasta su muerte, el 10 de noviembre de 2005. Los familiares radicaron una demanda en el Tribunal de Justicia de Puerto Rico, contra el CPRC y la UPR. El juez superior de San Juan, Luis Roque Colón, desestimó la demanda porque se había pasado el tiempo. Además, reconoció "inmunidad patronal" a la UPR y, por defecto, al CPRC. ("Desestiman millonaria demanda contra la UPR"; El Nuevo Día; 14 de febrero de 2008)

[166] EA-2008; 1.3.1 Need for Damage Management to Protect Human Health & Safety; op.cit., p.1.7.

agricultura[167], el medio ambiente y las especies de flora y fauna designadas en "peligro de extinción." Sobre este punto, el ejemplo de la política de exterminio en Desecheo es ilustrativo. En la isla no existen fuentes naturales de agua potable y, entre las escasas alternativas de hidratación, los rhesus que la habitan han aprendido a consumir las pulpas de los cactus. Aunque no es exclusiva en Desecheo, una de las especies de cactus en la isla (Higo Chumbo) ha sido designada por la agencia federal como en peligro de extinción, y para efectos de *protegerla*, ha determinado exterminar cualquier especie de vida silvestre que pudiera *amenazarla* con procurarse alimento e hidratación de su pulpa. Aunque no existe evidencia de que los rhesus se alimenten de este cactus *protegido* por la agencia federal, la posibilidad especulada de que podrían hacerlo basta a la FWS para justificar su exterminio. La exagerada racionalidad *preventiva*, de tipo paranoide, se ilustra ejemplarmente en esta cita:

> "The Higo Chumbo (*Harrisia portoricensis*) cactus plant is a federally threatened species in Puerto Rico, including a population on Desecheo Island. Though no documented events of feeding on Higo Chumbo has occurred, observations (…) of rhesus monkeys using cactus plants as a food and water source provides an indication that feeding on Higo Chumbo may be occurring on the island."[168]

De modo similar, la WS y el DRNA imaginan amenazas sobre la fauna silvestre que sólo existen en el orden de su discurso, arreglado para dramatizar la alegada *necesidad* de intervención para *protegerlas*. Las causas de la clasificación de la cotorra puertorriqueña dentro de las listas de especies en peligro de extinción -por ejemplo- se deben a múltiples factores, entre los que se incluyen las especies depredadoras nativas, la expansión

---

[167] Según la EA, los rhesus y patas "…have become an agriculture pest", y citan un estimado en de cerca de $300,000 en daños anuales. (EA-2008; 1.3.2 Need for Action to Protect Agriculture; 1.7)

[168] EA-2008; 1.3.3 Need for Action to Protect Natural Resources, including T&E Species; 1.9-10.

urbana y progresiva deforestación de las zonas de anidaje, y los eventos naturales, como tormentas y huracanes. Las agencias federales y locales acusan de manera *preventiva* (paranoide) a los rhesus y patas de constituir una amenaza latente para la existencia de la cotorra puertorriqueña:

> "Given the expanding population of monkeys in Puerto Rico, concern arises from the potential for monkeys to expand into areas where parrots are nesting which could lead to nest predation..."[169]

Dada la ausencia de justificaciones válidas para sostener la política de exterminio de los rhesus y patas en Puerto Rico, la WS y el DRNA han optado por inventar una amenaza inexistente, que la hace extensiva a la cotorra puertorriqueña y a otras especies de la fauna y la flora local:

> "Of concern are the potential negative impacts that an invasive species, such as the monkeys found in Puerto Rico, could have on native flora and fauna through exploitation and predation. (...) The opportunistic feeding habits of invasive monkeys in Puerto Rico have raised concerns of predation and excessive feeding on native fauna and flora, especially predation on several species considered threatened and endangered in Puerto Rico..."[170]

Para cada punto fabricarían una relación de causalidad entre las poblaciones rhesus y patas silvestres y la puesta en peligro o daños relativos a cada tema. La práctica estatal de manejo y control de la vida silvestre, que exige atenerse a principios de efectividad práctica sobre problemas concretos, quedaría desvirtuada y, en cierta medida, ridiculizada por las agencias federales y locales a su encargo. Incluso llegarían al extremo de condenar cualquier tipo de relación y trato sensible en

---

[169] Ídem.

[170] EA-2008; 1.3.3; op.cit., p.1.8.

que la ciudadanía pudiera incursionar. A los efectos, promueven la intolerancia y el desprecio sobre la base de prejuicios y miedos imaginarios, con el pretexto de *proteger* la seguridad y prevenir daños a la propiedad:

> "As populations expand into areas near residential areas, concerns arise from the potential for people to begin feeding monkeys which conditions the monkeys to associate people with food sources. This association can often lead to attacks on people and damage to property as monkeys search for food in residential areas..."[171]

En lugar de atender con seriedad el asunto, la WS y el DRNA optaron por concentrar esfuerzos en demonizar las nuevas especies de primates no-humanos nativos y silvestres en la Isla. A la secuela de tergiversaciones y manipulaciones ideológicas, le seguirían prácticas de intolerancia y crueldad sin precedentes. La alternativa de educar a la población humana que habita la Isla y de sensibilizarla para admitir la coexistencia entre nuevas especies sería sustituida por una mentalidad paranoide y asesina, acompañada de incentivos, técnicas y métodos letales, para exterminarlas...

Ilustración 9[172]

---

[171] EA-2008; 1.3.3 Need for Action to Protect Property; op.cit., p. 1.10.

[172] Jóvenes rhesus nativos, en cayo Santiago. Fotografía por Gazir Sued (2011)

Ética de la crueldad: métodos para matar *humanamente*

La posición de las agencias federales y locales que practican las matanzas como política de manejo y control de la vida silvestre también es abordada en el documento preparado por la WS y las agencias *colaboradoras* locales. Cónsono con la mentalidad sádica que anima las prácticas de exterminio de especies discriminadas como *invasivas*, la EA *advierte* que:

> "Pain and physical restraint can cause stress in animals and the inability of animals to effectively deal with those stressors can lead to distress. Suffering occurs when action is not taken to alleviate conditions that cause pain or distress in animals."[173]

A los efectos de *minimizar* el dolor y el sufrimiento a sus víctimas, las agencias implicadas en la EA acogen las indicaciones de la American Veterinary Medical Association (AVMA), que las estimula a ejecutar las matanzas del modo más *humano* posible:

> "...euthanasia is the act of inducing humane death in an animal" (and) "... the technique should minimize any stress and anxiety experienced by the animal prior to unconsciousness."[174]

No obstante, *reconoce* la AVMA:

> "For wild and feral animals, many of the recommended means of euthanasia for captive

---

[173] EA-2008; 2.3.4 Issue 4 - Humaneness of Management Methods; op.cit., pp.2.6-2.7.

[174] Según el director Brown: El uso de la palabra "eutanasia" en la EA cumple con la definición del término proporcionada por la Asociación Americana de Medicina Veterinaria. La Asociación Americana de Medicina Veterinaria define a la eutanasia como "...el acto de inducir la muerte con medidas humanitarias en un animal" y "...la técnica debe minimizar la ansiedad y el estrés experimentados por el animal antes de quedar inconsciente" (Asociación Americana de Medicina Veterinaria 2007). ." (Brown, Charles S. (USDA/APHIS/WS); Decisión y hallazgo de impacto no significativo: Evaluación Ambiental...; (2008); op.cit.)

animals are not feasible. In field circumstances, wildlife biologists generally do not use the term euthanasia, but terms such as killing, collecting, or harvesting, recognizing that a distress- free death may not be possible."[175]

En numerosas ocasiones el mismo argumento es repetido. La agencia federal alardea de contar con asesoramiento *científico* para legitimar sus técnicas y métodos de ejecución, y presume de evitar en lo posible el dolor y sufrimiento a las especies sacrificadas. No obstante, aunque existen métodos alternos, las matanzas encabezan la lista de opciones en acorde al orden de sus prioridades. Así, por ejemplo, para atender el problema de la presencia de primates no-humanos en alguna finca sembrada u hortaliza casera, descarta la opción de relocalizarlos en otras zonas, porque son *considerados*

"…a human health and safety threat. Conse-quently, WS and cooperating agencies will not relocate any invasive patas and rhesus monkeys captured during direct operations back into the wild."[176]

Descartada la opción de relocalizarlos resta decidir qué hacer con los capturados. Las técnicas no-letales -según el director del Departamento de Agricultura- no son efectivas:

"Given the behavior of patas and rhesus monkeys, very few non-lethal techniques have proven effective in adequately addressing damage and threats associated with monkeys to agricultural resources in Puerto Rico."[177]

---

[175] EA-2008; 2.3.4 Issue 4 - Humaneness of Management Methods; op.cit., pp. 2.6-2.7.

[176] EA-2008; 3.3.2 Trap and Relocate Back into the Wild; p.3-5.

[177] José E. Laborde (Secretario del Departamento de Agricultura de Puerto Rico); según citado en EA-2008; 3.3.3 Use of Non-Lethal Methods Only; op.cit., p.3-5.

Ilustración 10[178]

---

[178] Cría rhesus nativa, capturada por el DRNA y en cautiverio provisional en Cambalache. Fotografía por Gazir Sued (2010)

Las leyes de Puerto Rico que rigen sobre la vida silvestre disponen que toda la fauna silvestre bajo jurisdicción territorial del ELA le pertenecen al Estado. Con este entendido de trasfondo, en caso de efectuarse capturas, la WS delegaría sus destinos a las autoridades insulares.

> "All monkeys live-captured by WS would be relinquished to the DNER and/or the PRDA for determination of the fate. If requested, WS may euthanize live-captured monkeys using AVMA approved methods of euthanasia for non-human primates outside the view and presence of the public."[179]

Para efectos de certificar que las matanzas se ejecutan de manera *humana* y que se evita en lo posible el dolor y el sufrimiento "innecesario" a las víctimas, la agencia federal proveería adiestramiento "profesional" a gatilleros insulares:

> "Personnel of the respective agencies that employ firearms to address monkey damage or threats to human safety in Puerto Rico will be trained in the proper placement of shots to ensure a timely and quick death."[180]

Las agencias a cargo de las matanzas serían las mismas que evaluarían la efectividad de sus propias técnicas y juzgarían el nivel de *humanidad* practicado durante los sacrificios. Pero la razón por la que probablemente todos los informes de la WS y agencias colaboradoras presumen de gozar de un elevado nivel moral no se debe al humanismo de sus prácticas, sino a que cuando matan lo hacen "outside the view and presence of the public."

---

[179] EA-2008; 2.4.10 Increase in Biohazards Associated with Captured and Deceased Monkeys; pp.2-13.

[180] EA-2008;- Humaneness of Management Methods; 4.2.4 Issue 4; Alternative 1 – Integrated Wildlife Damage Management; op.cit., p.4-16.

El costo estimado para implementar el propuesto plan de manejo y control de especies *invasivas*, efectivo durante un periodo de cuatro años, ascendería a $1.8 millones, que habría de costearse con fondos públicos administrados por el gobierno de Puerto Rico...

Cobertura mediática: propaganda de aversión (2005 - 2006)

Paralelo al desenvolvimiento de las gestiones entre las agencias federales e insulares, el plan incluía el montaje de un clima político favorable entre la opinión pública como condición de su puesta en práctica, sobre todo por el historial de crueldad contra animales de la principal agencia a su encargo, la Wildlife Service. La función asignada a los medios de comunicación a tales fines jugaría un papel influyente y determinante. La cobertura noticiosa, aunque en apariencia opera de manera independiente, continuaría acrecentando los prejuicios e intolerancias sociales contra las especies en la mira del DRNA y del WS.

Para el mes de abril de 2005 el DRNA anunciaría el estado de situación del proyecto convenido con la USDA (APHIS-WS) para *controlar* las poblaciones de rhesus y patas silvestres. A la fecha, las agencias ya habían completado los requerimientos de la WISC para la preparación de la Evaluación Ambiental y estaban a la espera de la aprobación del presupuesto de $1.8 millones, que habría de discutirse próximamente en la Asamblea Legislativa de Puerto Rico.[181] Aunque el DRNA tenía asignado un presupuesto fijo de $64 millones, la ejecución del plan estaba condicionada a la adquisición de una partida adicional del erario público. Según la ayudante especial del secretario del DRNA, Leila Andreu:

"Luego que se asigne el presupuesto (...) se hará un contrato con el Servicio de Vida Silvestre para que con su personal y equipo y con biólogos locales se

---

[181] González Rodríguez, Miried; "Visto bueno para control de monos"; Primera Hora; viernes, 22 de abril de 2005. De acuerdo a la noticia citada, el lunes 25 de abril comenzarían las vistas del presupuesto "especial" requerido por el DRNA.

inicie el recogido de monos Rhesus y Patas en la Isla, principalmente en la zona oeste."[182]

Para la fecha, todavía no existían estudios sobre la cantidad de rhesus y patas dispersos en la zona oeste, y los argumentos alarmistas seguían basados en especulaciones agenciales y anécdotas intermitentes de vecinos quejosos, que la agencia usaría para rellenar los vacíos de evidencia. Ante la incertidumbre, el DRNA adoptaría las impresiones del CPRC, que desde los 90 *alertaba* sobre la posibilidad de dispersión hacia la cordillera central y la consecuente imposibilidad de erradicarlos. Incluso, anteriormente, ya había considerado las intensas cacerías entre las causales de la dispersión, y el negocio del tráfico ilegal de animales "exóticos" como uno de los principales incentivos. La agencia promueve la aversión y el miedo hacia las criaturas, y autoriza y estimula las cacerías, pero ilegaliza las capturas con fines comerciales. Según el secretario designado durante el cuatrienio en curso, Javier Vélez Arocho -cita un medio de la prensa local-:

> "El tráfico ilegal de animales exóticos en Puerto Rico se está convirtiendo en un serio problema que, además de ser un delito, constituye un peligro para la salud de los humanos y atenta contra el balance ecológico de la Isla."[183]

La paradoja es que el comercio de estas especies está proscrito en Puerto Rico, pero el gobierno asiste un negocio similar operado por el CPRC, con la justificación de que se trata de cuestiones "científicas", presumidas para el beneficio de la humanidad y no para el lucro privado. Los rhesus capturados y vendidos a la industria del "scientific monkey business" oscilan

---

[182] Ídem. Leila Andreu había sido presidenta de la Asociación de Periodistas de Puerto Rico (ASPPRO) (1993–1998) y, posterior al puesto de confianza política en el DRNA (2002-2005), sería contratada como reportera y editora de noticias del periódico *Primera Hora* (2010-2011). La política editorial del Primera Hora sería cónsona con el discurso oficial del DRNA en todos sus aspectos.

[183] González Rodríguez, Miried; "Visto bueno para control de monos"; *Primera Hora*, viernes, 22 de abril de 2005.

entre $2,000 y $3,500, mientras que en el mercado clandestino en la Isla apenas se venden por lo general entre $500 y $1,000. Del mercado clandestino tampoco se tiene más información que la obtenida de casos aislados, por intervenciones casuales del cuerpo de vigilantes del DRNA.[184]

> "Conocemos casos donde se han detenido a traficantes que ya tenían vendidos a los animales por $3,000 (...) Es obvio, que se trata un negocio lucrativo."[185]

Se sabe, sin embargo, que el interés de los compradores de especies exóticas como mascotas no guarda la intensión de hacerles daño, mientras que, por el contrario, el negocio de las experimentaciones las adquiere precisamente para dañarlos. Las leyes que rigen sobre la vida silvestre no aplican a los centros experimentales, y a la ciudadanía la priva de brindarle cuido y bienestar a los animales *exóticos*, e incluso la penaliza severamente. La justificación del secretario del DRNA continúa siendo la misma:

> "Es importante entender que estos primates fueron introducidos a Puerto Rico para experimentos científicos, pero siguen siendo salvajes, no son domesticables ni sirven como mascotas, y pueden transmitir enfermedades."[186]

---

[184] "El Secretario indicó que la agencia ha conocido mediante el Cuerpo de Vigilantes del DRNA sobre la práctica cruel de matar a las hembras recién paridas de la población de monos silvestres en el suroeste de Puerto Rico para quitarles sus crías con el fin de venderlos en el mercado clandestino de mascotas." (González Rodríguez, Miried; "Visto bueno para control de monos"; op.cit.)

[185] La cita es del capitán del Cuerpo de Vigilantes del DRNA, Enrique Rodríguez Picorelli (en Del Valle, Liz Yanira; "¡Hé visto un lindo monito!"; ENDI.com, 19 de junio de 2006, en http://www.cienciapr.org)

[186] Ídem.

Reforzando las acusaciones (in)directas del DRNA, el alcalde de Lajas, Marcos Irizarry, ya había emplazado entre líneas a la UPR y, por defecto, al CPRC. En conferencia de prensa en 2005, el alcalde:

"Lamentó que los científicos de la Universidad de Puerto Rico que conocen el problema, porque fue desde el Recinto de Ciencias Médicas que se inició el experimento con monos en un islote frente a La Parguera, no se preocupen por ayudar a la captura de los monos que desde hace décadas se han estado reproduciendo en esa zona."[187]

De manera simultánea, la cobertura noticiosa sobre avistamientos en la zona metropolitana estaría saturada de un exagerado dramatismo, eco de la retórica de las agencia de gobierno, pero, a la vez, de las expresiones histéricas de ciudadanos desinformados y asustados. Englobando testimonios de vecinos de Toa Baja, en las inmediaciones del centro de operaciones experimentales del CPRC en la antigua base naval de Sabana Seca, un reportero *anuncia*:

"When hordes of monkeys began invading Puerto Rico's agricultural fields, devastating crops and eluding capture, the major concern was trapping them before they reached urban areas, where they would pose a public health hazard and be nearly impossible to round up.

Fear is turning to outrage. Authorities recently acknowledged a clan of these pesky moneys, escapees from defunct medical-research laboratories along Puerto Rico's southern coast, has turned up just 20 minutes outside metropolitan

---

[187] Vargas Saavedra, Maelo; "Turín pide Legislatura no se olvide de los monos"; *Primera Hora*, jueves, 30 de junio de 2005.

San Juan — home to 1.5 million residents and a
virtually unlimited number of hiding places."[188]

Por su parte, las principales figuras de autoridad del CPRC
seguirían siendo favorecidas sin reservas por la prensa local, que
citaría sin cuestionamientos e incluso asumiría sus palabras como
propias, sirviendo de vocero corporativo al CPRC y como pieza
clave en el esquema de encubrimiento de la procedencia de rhesus
y patas silvestres en la Isla. Según un reportaje publicado en uno
de los diarios de mayor circulación en el País: "Ambos primates
provinieron de colonias que fueron utilizadas por el Gobierno
federal para experimentos de conducta y de reproducción..." y
asevera: "La entidad dirigida por Kraiselburd, adscrita al Recinto
de Ciencias Médicas, no guarda relación alguna con los primates
que se hallan en regiones rurales de Puerto Rico pero que ya se
están divisando en algunos pueblos de la zona metropolitana,
como Guaynabo y Bayamón."[189] En otro diario, Janis González,
"especialista en primatología" y subdirectora del CPRC, "especula
que la distribución de los monos por diversos puntos de la Isla se
debe a la magnitud de la compra y venta ilegal de esta especie en el
suroeste."[190]

Según el "especialista" Kraiselburd, "que trabaja en una
vacuna para el virus HIV con primates", "todos los pronósticos
apuntan a que el crecimiento de la población de monos alcanzará
cifras alarmantes..."[191] y promociona al CPRC como la entidad que
cuenta con los "especialistas" para "lidiar con la propagación de
los animales, que están causando pérdidas considerables en la
industria de la agricultura."[192]

---

[188] Quintanilla, Ray; "Monkeys threaten San Juan"; *The Seattle Times*; 1 de agosto
de 2005.

[189] Rodríguez-Burns, Francisco; "Plagas 'monas' que atentan contra la salud";
Primera Hora; 12 de junio de 2006.

[190] Del Valle, Liz Yanira; "¡Hé visto un lindo monito!"; op.cit.

[191] Rodríguez-Burns, Francisco; "Plagas 'monas' que atentan contra la salud";
op.cit.

[192] Ídem.

Las quejas y presiones políticas de terratenientes privados y de los alcaldes de la región aparecen repetidas cada vez con más frecuencia en los medios noticiosos, principalmente por intermedio de las agencias de gobierno y del CPRC, que compiten por obtener la subvención millonaria del erario público para *atender* la situación. La cobertura de la prensa reproduce el discurso de aversión y hostilidad hacia los rhesus y patas, acusados de agravar las precarias condiciones de los agricultores del área oeste de la Isla...

Aprovechando la coyuntura, a mediados de 2005, el alcalde de Lajas, Marcos Irizarry, emplazó a la legislatura para que asignase los fondos necesarios para atender el "problema que representan los monos salvajes" en las fincas agrícolas de la región suroeste.[193] Según cita la prensa, el alcalde Irizarry se proponía gestionar una alianza entre los alcaldes de la región para presionar al gobierno central y a la legislatura a tomar con *seriedad* el asunto.[194] La alianza prevista nunca llegó a concertarse, posiblemente porque sólo se trataba de una táctica oportunista de presión política a favor de un puñado de propietarios de fincas privadas y no de un problema real de la "industria agrícola" de la región...

Consecuentemente, en abril de 2006, en un artículo del *Tribune* de Chicago, aparece un grupo de "angry farmers" de Cabo Rojo quejándose de los daños que ocasionan hordas de "feral monkeys" a las cosechas.

"In reaction, farmers are taking matters into their own hands and shooting the wild monkeys."[195]

---

[193] Vargas Saavedra, Maelo; "Turín pide Legislatura no se olvide de los monos"; op.cit.

[194] La alianza, que nunca se materializaría, habría sido entre los alcaldes, Santos Padilla Ferrer, de Cabo Rojo; Isidro Negrón, de San Germán; Martín Vargas, de Guánica; Miguel Ortiz, de Sabana Grande; y Abel Nazario, de Yauco.

[195] Quintanilla , Ray; "Monkeys Ruin Crops in Puerto Rico"; *Chicago Tribune*, April 11, 2006.

Las referencias a quejas y denuncias de agricultores, reseñadas en el *Tribune*, fueron citadas del alcalde de Lajas, Marcos Irizarry, quien también era propietario de fincas agrícolas en la zona. Semanas antes, el secretario del DRNA había anunciado que debido a la condición de crisis fiscal en San Juan se hacía imposible financiar un programa de capturas para *venderlos* al CPRC "for medical research." Asimismo, un oficial del DRNA entrevistado, *advierte* a la ciudadanía que no se les acerquen, porque son "wild animals that carry deseases and could bite."[196]

Atenuado el clima de histeria y alegada la supuesta carencia de presupuesto del DRNA para atender la situación, el cuerpo legislativo insular tomaría partido en el asunto...

R. C. de la C. 1683 (2006)

A la fecha del pacto entre la WS y el DRNA, el PPD había revalidado la administración del poder político formal, pero el cuerpo legislativo había sido cooptado por el partido de oposición.[197] Las pugnas internas entre ambos partidos incidirían en los destinos de los trámites legislativos, particularmente sobre los proyectos presentados por la parte en minoría, representada durante este periodo por legisladores del PPD. Sobre todo, cuando solicitaban desembolsos del presupuesto nacional para atender reclamos e intereses de alcaldes de su propio partido. Dentro de este esquema de rivalidades viciosas, característico y redundante en la historia política y legislativa de la Isla, el tema sobre el manejo de las poblaciones de rhesus y patas silvestres sería atendido diferencialmente por los cuerpos legislativos, Cámara y Senado, de Puerto Rico.

La impresión equívoca, no obstante, sería la de suponer que existían diferencias ideológicas esenciales entre las partes contendientes. Aunque los conflictos de intereses entre ambos partidos incidirían sobre las condiciones económicas de las agencias de gobierno para desarrollar un plan de manejo de los rhesus y patas silvestres, la naturaleza de la disputa sería política.

---

[196] Ídem.

[197] Aníbal Acevedo Vilá reemplazó a Sila M. Calderón en la gobernación, y la presidencia del Senado sería ocupada por Kenneth D. McClintock, del PNP.

De una parte, la alta jerarquía de la representación cameral y senatorial en mayoría, perteneciente a las filas del Partido Nuevo Progresista, opondría resistencia a delegar la responsabilidad del asunto en el secretario del DRNA, que habría sido designado al puesto de confianza por el gobernador Acevedo Vilá. Por el contrario, aunque sin expresar la distinción de manera abierta, la delegación novoprogresista habría de favorecer para el encargo al CPRC/UPR, obviando adrede su rol protagónico en la génesis del alegado problema.

Pero en el fondo del asunto se trataba de a qué organismo se le confiaría una partida presupuestaria de $1.8 millones del erario público para atender un problema que, en gran parte, sería construido para justificar el cuantioso desembolso de dinero, para los que los rhesus y patas silvestres sólo servirían de subterfugio ideológico...

Así las cosas, el contenido de ambos proyectos legislativos y resoluciones posteriores se confundiría en un mismo lenguaje, montado previamente por el discurso genérico del DRNA - copiado de las instancias federales de la USDA (APHIS y WS)- sobre las especies estigmatizadas como invasoras y perjudiciales. El clima de histeria montado para la ocasión, exacerbado por la cobertura mediática, posibilitaría las resoluciones conjuntas, al margen de la racionalidad política predominante en la esfera legislativa...

A principios de octubre de 2006, los representantes Lydia R. Méndez Silva[198], José Rivera Guerra[199] y Javier A. Rivera Aquino[200], presentaron una resolución conjunta para asignar $1.8

---

[198] Lydia R. Méndez Silva; representante por el PPD en el distrito 21 (Lajas, Guánica Yauco, Maricao, Sabana Grande).

[199] José L. Rivera Guerra; representante del PNP por el distrito 17 (Aguadilla, Moca). Rivera Guerra sería investigado por el Departamento de Justicia por ilegalidades relativas a evasiones contributivas, robo de agua y electricidad. En 2012 sería desertificado como representante por decisión política del PNP y la mayoría en el cuerpo legislativo.

[200] Javier A. Rivera Aquino, representante del PNP por el distrito 22 (Lares, Utuado, Adjuntas, Jayuya). Sería designado Secretario del Departamento de Agricultura por el gobernador Luis Fortuño, en 2009. Renunció antes de finalizar el cuatrienio.

millones al Departamento de Recursos Naturales y Ambientales (DRNA), "para llevar a cabo el *Plan de Trabajo* para el manejo de la población de monos patas y rhesus...":

> "...para reducir las amenazas a la salud y seguridad humana, agricultura, molestias e impactos a las especies de vida silvestre en el Estado Libre Asociado..."[201]

Según los alarmados legisladores, durante los últimos años se ha *observado* una proliferación de estas especies en los municipios de San Germán, Cabo Rojo, Lajas, entre otros de la Región Sur, "lo que ha causado daños de consideración en los cultivos de la Zona Oeste." Además, inadvertidos de las causas de la aparente dispersión, dan voz de alarma: "...la movilización de estas especies a las zonas montañosas de Puerto Rico, es inminente." Exagerando aún más el asunto, repiten ingenuamente las falsedades más dramáticas de la Evaluación Ambiental (EA) de la WS/DRNA, y dramatizan el imaginario estado de situación:

> "Actualmente, estos monos son considerados una plaga, ya que amenazan a la salud y seguridad humana, a la agricultura, e impacta a las especies de vida silvestre (...) Algunos de estos monos están infectados con patógenos que pueden ser mortales para los humanos, como por ejemplo: Herpes B, Monkeypox, Ébola, Tuberculosis, Malaria, entre otros."[202]

Procurando abultar el clima de histeria, los representantes del cuerpo legislativo no guardaron reparo alguno en reciclar la argumentación manipulada de la EA, que era la fuente de referencia principal de sus argumentos. La retórica *salubrista* de la

---

[201] R. C. de la C. 1683; Cámara de Representantes; 15ta Asamblea Legislativa; 4ta. Sesión Ordinaria (Presentado por la representante Méndez Silva y los representantes Rivera Guerra y Rivera Aquino); Estado Libre Asociado de Puerto Rico; 2 de octubre de 2006.

[202] Ídem.

resolución 1683, que estigmatiza a las especies rhesus y patas como portadoras de enfermedades altamente contagiosas y mortales, revela el carácter oportunista de la misma, y pone en entre dicho las motivaciones que la subyacen. De ser cierto que estas especies representan un riesgo inminente a la salud pública, y de existir evidencia contundente sobre la posibilidad de transmisión del Ébola, por ejemplo, que ocasiona terribles fiebres hemorrágicas con una tasa de mortalidad del 90% de los infectados, sería poco probable que la atención del asunto se diluyera entre los trámites burocráticos formales del cuerpo legislativo. La sistemática manipulación de datos y la constante práctica de tergiversar las fuentes de referencia denotan, además de la ignorancia de los legisladores, la mezquindad de sus intensiones...

Consecuente con la retórica alarmista del DRNA, la resolución 1683 recicla otro de los argumentos medulares de la mortal política *preservativa* de la agencia, que ha designado ciertas especies bajo la categoría de *vulnerables* o en *peligro de extinción*, y las ha hecho aparecer como víctimas de los rhesus y patas silvestres. Alega la resolución 1683 que se han *observado* rhesus y patas en el Bosque Estatal de Boquerón, un "hábitat critico" para especies en peligro de extinción, como la mariquita (yellow-shouldered blackbird):

> "Científicos a cargo de la recuperación de esta especie han encontrado que estos monos han afectado los esfuerzos de recuperación de esta especie, y entienden que otras especies en peligro de extinción se están viendo amenazadas."[203]

Aunque los representantes legislativos no citan la referencia a la EA, plagian sus textos a conveniencia, e incluso no escatiman en sacarlos de contexto y alterarlos para dramatizar sus posturas. Lo cierto es que, en lo que respecta a los alegados daños y amenazas a las especies de flora y fauna designadas como "nativas" y en "peligro de extinción", el propio documento sólo se limita a citar algunos argumentos especulativos y anecdóticos,

---

[203] R.C. de la C. 1683 (2006)

preparados por las mismas agencias a cargo de justificar las matanzas.[204]

De aprobarse la resolución 1683, la Asamblea Legislativa de Puerto Rico, siguiendo la *sugerencia* de las agencias federales, asignaría $1.8 millones al DRNA, con cargo al Fondo de Emergencia[205]:

> "...para llevar a cabo la implantación del *Plan de Trabajo para el manejo de la población de monos patas y rhesus, ferales y silvestres*, para así reducir las amenazas que representa a la salud y seguridad humana de nuestra ciudadanía, así como las molestias e impactos que esta situación causa a las especies de vida silvestre y a nuestra agricultura en el Estado Libre Asociado de Puerto Rico."

La determinación final sobre la resolución 1683, a pesar del exagerado dramatismo expresado, quedaría en suspenso durante más de un año...

CPRC vs WS/DRNA: conflicto de intereses

En octubre de 2004, el CPRC ya había opuesto reservas críticas al plan propuesto por el WS y el DRNA.[206] En su exposición, la directora asociada y "Staff Scientist" del CPRC, Janis González, satirizó el documento preparado bajo el título de

---

[204] Según el coordinador del proyecto para el control de primates del DRNA, Ricardo López (2004), "There is also anecdotal evidence that invasive monkeys in Puerto Rico have depredated nests of the endangered yellow-shouldered blackbird (mariquita)..." (EA-2008; 1.9)

[205] "...comenzando el año fiscal 2006-2007 con una asignación de setecientos cincuenta mil (750,000) dólares; y los tres años fiscales subsiguientes, la cantidad de trescientos cincuenta mil (350,000) dólares cada año..." (R.C. de la C. 1683 (2006))

[206] González Martínez, Janis (Associate Director and Staff Scientist, CPRC); "Comentarios de parte del Centro de Primates sobre el plan propuesto por el Departamento de Recursos Naturales y Ambientales y USDA-Wildlife Services"; 29 de octubre de 2004.

Evaluación Ambiental (EA). Según la funcionaria, la EA no demostró la existencia de amenazas significativas a la salud y seguridad humana, adjudicadas a los rhesus y patas que habitan la zona oeste de la Isla[207]; tampoco proveyó evidencia científica de que impactaran negativamente a las poblaciones de fauna nativa. Asimismo, contradijo la aserción de la WS sobre la viabilidad de reducir o eliminar la población de los "free-ranging" rhesus y patas en la Isla. De acuerdo a González, tal aseveración es "...fanciful and unfortunately not supported by any evidence, nor by any experience with these species." Como ejemplo, remitió a la fallida experiencia de la FWS en Desecheo, que a pesar del uso intensivo de métodos letales en una isla tan pequeña, los rhesus todavía subsisten y ni siquiera puede estimarse el número de sobrevivientes. Además, en lo que respecta al proyecto propuesto para la región oeste de la Isla, comentó:

> "The active pursuit, shooting and harassment of the monkey populations is likely to cause the dispersal and spread of the monkey populations to new areas, thus worsening the problem."[208]

Según González, las elucubraciones y falsas expectativas de la WS y el DRNA se deben a que carecen de "scientific understanding of the ecology and biology of these species". Asimismo, reprocha que el DRNA no hubiera acogido las propuestas del CPRC para lidiar con el problema -según alega- presentadas desde 1995; ni que la

---

[207] El director regional de la USDA/WS, Charles Brown, contradice este argumento señalando que "la EA no afirma que ocurrirá la transmisión de dichas enfermedades, sino únicamente que existe el potencial de transmisión de enfermedades." (Brown, Charles S. (USDA/APHIS/WS); Decisión y hallazgo de impacto no significativo: Evaluación Ambiental...; (2008); op.cit.)

[208] González Martínez, Janis; "Comentarios de parte del Centro de Primates..." (2004); op.cit. Por su parte, contradiciendo a la funcionaria del CPRC, el director Brown remite al documento de la EA y añade: "Desde que se supo por primera vez que los monos se escaparon de los centros de investigación de la isla, se han capturado y hasta disparado a monos invasores en Puerto Rico por diversos motivos (es decir, investigación, daños económicos)." (Brown, Charles S. (USDA/APHIS/WS); Decisión y hallazgo de impacto no significativo: Evaluación Ambiental...; (2008); op.cit.)

agencia federal a cargo de la EA lo haya considerado para coordinar conjuntamente la remoción de las especies. Para sustentar su reproche, exalta el valor del CPRC por *suplir* a la "comunidad científica" nacional e internacional con rhesus "for use in studies for numerous diseases that inflict humans."[209]

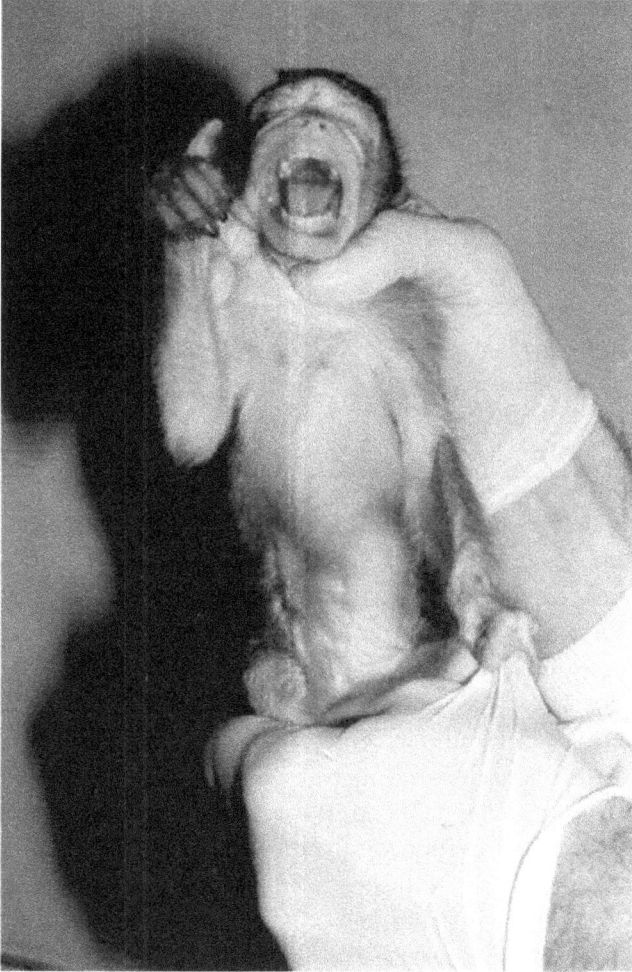

Ilustración 11[210]

---

[209] González Martínez, Janis; "Comentarios de parte del Centro de Primates..." (2004); op.cit.

[210] Joven rhesus sometido a tormentos experimentales. Fotografía tomada de:

Revelada la intensión mezquina del CPRC, de apropiarse de los rhesus y patas capturados, los reclama para sí, a favor del "scientific monkey business". A los efectos, González dramatiza el estado de situación:

> "The national shortage of rhesus monkeys is so great that it is common for researchers to have to delay their studies for years for lack of animals."

Como es habitual, la retórica académica de la crítica fue trocada por la empresaria en propaganda corporativa del negocio de primates experimentales del CPRC:

> "Although alternative nonhuman primates are available, researchers hesitate to use them because of their extensive knowledge of the rhesus immune system."[211]

Incluso no vaciló en inventar un pretexto más dramático aún para justificar sus pretensiones:

> "The shortage problem has increased with the unfortunate terrorist events and as a result, bioterrorism research has placed increased demands on the already strained supply of monkeys available for research."

No es el bienestar de los animales ni una ética contra la crueldad lo que anima las posturas del CPRC contra la WS y el DRNA. La funcionaria corporativa del CPRC se opone a las matanzas porque interesa adquirirlos y usarlos en la cruel empresa que representa. Y no sólo invoca la función de suplir al mercado vinculado al complejo biomédico-industrial estadounidense, sino que además aboga por una supuesta necesidad que apremia a la industria militar, en su empresa contra el bioterrorismo:

---

http://media.photobucket.com.

[211] Ídem.

"The expansion of a breeding program at the CPRC-Sabana Seca facility with the introduced rhesus macaques removed southeast PR to the CPRC will ensure the continued availability of an important research resource for National bio-medical and biodefense research initiatives."[212]

Las críticas y reproches del CPRC al plan de la WS y del DRNA fueron refutadas por el director regional de la USDA-APHIS-WS, Charles Brown, que refrendó las argumentaciones de la EA sin modulaciones ni reservas. En términos generales, se limitó a re-citar el texto literal de la EA para contradecir algunas críticas y acusaciones, y optó por ignorar los reproches de la funcionaria corporativa del CPRC. En su defensa, revirtió las acusaciones contra el propio CPRC que, también había acusado al WS de incurrir en prácticas crueles y anti-éticas contra animales.

Ilustración 12[213]

El funcionario directivo de la USDA/WS recuerda que la procedencia de origen de los rhesus y patas en la mira de la

---

[212] Ídem.

[213] Rhesus adulto cautivo para experimentaciones del CPRC en Sabana Seca. Fotografía por Gazir Sued (2012)

agencia es de las instalaciones a cargo del CPRC, y advierte que también la práctica de "investigación sobre primates puede ser controversial para muchos segmentos de la sociedad, tal como se demuestra en muchos sitios Web y organizaciones dedicadas a detener la investigación sobre primates."[214] Y reitera:

> "La investigación biomédica puede ser una preocupación altamente controversial. Por consiguiente, existe la posibilidad de preocupaciones controversiales de humanitarismo (*humaneness*) en Puerto Rico al realizarse investigaciones sobre los monos en los centros de investigación."[215]

R.C del S. 834 / OE-2007: en competencia política la voluntad de exterminio

Ignorada la resolución cameral 1683, el 13 de abril de 2007, dos senadores novoprogresistas presentaron una resolución conjunta (R.C del S.834) similar, pero asignando la partida de $1.8 millones del erario público al CPRC y no al DRNA, como había convenido la propuesta original.[216] Según la "exposición de motivos" de la resolución, el CPRC aparece "fundado en 1938" y la colonia de rhesus en cayo Santiago como establecida "con el propósito de proveer un campo de estudios del comportamiento de esta especie." Para efectos de legitimar la empresa a la que serían destinados los fondos públicos, los senadores recitaron al pie de la letra la propaganda corporativa del CPRC:

---

[214] Brown, Charles S. (USDA/APHIS/WS); Decisión y hallazgo de impacto no significativo: Evaluación Ambiental...; (2008); op.cit.

[215] Ídem.

[216] R.C. del S. 834; Senado de Puerto Rico; 15ª Asamblea Legislativa; 5ª Sesión Ordinaria; (Presentada por Margarita Nolasco Santiago y Carlos Pagán González); 13 de abril de 2007. "Para ordenar al Centro Caribeño de Investigación de Primates, adscrito al Recinto de Ciencias Medicas de la Universidad de Puerto Rico, a desarrollar con carácter de urgencia un plan para capturar y detener la expansión de los primates en el área oeste de Puerto Rico."

"La población de monos del Cayo Santiago habita en un ambiente libre de elementos patógenos y son monitoreados diariamente. Estos son utilizados para investigaciones en el área de biomédica, anatómica, genética molecular, fecundación "In Vitro", osteoporosis, diabetes y otras como la cura del Síndrome de Inmunodeficiencia Adquirida (SIDA) y el Dengue..."[217]

Los senadores proponentes omiten la relación entre el CPRC y la dispersión de las especies rhesus y patas en el área oeste de la Isla, procurando de la omisión el efecto político de absolver de culpa a los culpables. Sobre esta base, reciclan el discurso de terror sobre estas especies, que -según recitan los senadores- alteran el ecosistema del área[218], afectan "adversamente" la agricultura[219] y ponen en "peligro la tranquilidad, la salud y la seguridad de los residentes", en el municipio de Lajas y adyacentes. Sobre este tópico, los senadores hacen referencia a supuestos informes del Colegio de Agrónomos de Puerto Rico (CAPR), que "...han reportado muertes a causa del virus de Hepatitis B y ataques de estos animales..." y también señalan que "...es posible que elementos de estas especies puedan ser portadores del VIH."[220] A consecuencia de los alegados informes del CAPR:

---

[217] R.C. del S.834 (2007)

[218] Aunque sin mencionar la referencia ni proveer evidencia, recitan la política preservativa del DRNA como fundamento adicional para justificar la resolución: "Estos monos (...) también han provocado daños a los nidos de aves en peligro de extinción."

[219] La resolución 834 cita la cifra estimada por el secretario del Departamento de Agricultura, ascendente a $200.000, "sin incluir el costo de oportunidad que representa para los agricultores lo que han dejado de sembrar por la presencia de los monos en sus fincas."

[220] R. C del S.834 (2007)

"...los residentes del área consideran a estos primates como amenaza para la seguridad y la salud de la ciudadanía en general."

Por tales *razones* -según los senadores-: "...es necesario que se establezca un plan para el control y manejo de dichas poblaciones." A los efectos, concluyen que es *necesario* que se invista al CPRC[221] del encargo de atender el problema, "porque cuenta con todos los recursos profesionales necesarios para la articulación del mismo."[222] De aprobarse la resolución, el "plan" habría de desarrollarse con carácter de urgencia, "para capturar y detener la expansión de los primates en el área oeste de Puerto Rico." A los efectos, resolvería la Asamblea Legislativa:

> Sección 2. – Se asigna al Centro Caribeño de Investigación de Primates, adscrito al Recinto de Ciencias Medicas de la Universidad de Puerto Rico la cantidad de, un millón ochocientos mil ($1,800,000) dólares del Fondo General, en un periodo de cuatro años; comenzando en el año fiscal 2007-2008 hasta el año fiscal 2010-2011, para implantar un plan de control y manejo de los primates que están afectando la calidad de vida en el área oeste de Puerto Rico.

De ser aprobada la resolución, el CPRC gozaría del poder de autonomía fiscal para administrar el presupuesto asignado...

La resolución 834 fue sometida a la consideración de la Comisión de Agricultura, Recursos Naturales y Asuntos Ambientales del Senado de Puerto Rico.[223] Como parte del protocolo de los trámites legislativos, el presidente de la comisión refirió la resolución a las agencias de gobierno que estimó

---

[221] El texto de la resolución 834 lee, por aparente equívoco, Centro de Investigaciones del Caribe.
[222] R. C del S.834 (2007)

[223] La Comisión de Agricultura, Recursos Naturales y Asuntos Ambientales del Senado de Puerto Rico estaba presidida por el senador Carlos Díaz Sánchez, del Partido Nuevo Progresista.

pertinentes, para "expresar su posición y recomendaciones". La *expresión* de las posiciones oficiales de las agencias de gobierno sería sometida por cuenta gotas en el curso de los meses por venir. Mientras tanto, el alcalde del municipio de Lajas presentaría ante la comisión senatorial su posición de apoyo incondicional.[224] La exagerada retórica alarmista del alcalde elevaría el tono del drama a un nivel de histeria teatral, demonizando las especies y haciendo aparecer al pueblo como víctima sufrida y sufriente por el hecho de sus existencias:

> "Reitero lo alarmante de nuestra situación, el impacto negativo que este problema ha causado en la salud física y mental de mis compueblanos; en los frágiles sistemas de las reservas naturales de la Parguera y Sierra Bermeja donde habitan especies protegidas; y el desastre económico que ha representado para los agricultores del Valle de Lajas."[225]

El alcalde Irizarry, del PPD, favoreció la propuesta para que el Gobierno de Puerto Rico financiara al CPRC en la empresa de contener la "plaga" de rhesus y patas, que también calificó de "especie invasora". En su dramática exposición concluyó:

> "Reclamo acción a nombre de los ciudadanos lajeños temerosos de ser atacados por estos animales salvajes, de ser infectados por las enfermedades que acarrean, y de ver las cosechas que con tanto esfuerzo y sudor siembran ser saqueadas y destruidas por esta plaga..."[226]

---

[224] Irizarry Pagán, Marcos (Alcalde del Municipio de Lajas); "Ponencia acerca de la R. C. del S. 834" (presentado ante la Comisión de Agricultura, Recursos Naturales y Asuntos Ambientales del Senado de Puerto Rico); 2 de mayo de 2007.

[225] Ídem.

[226] Ídem.

A mediados de junio, el CPRC presentó su posición al cuerpo legislativo, reiterando las mismas críticas y reproches que le hiciera a la EA -preparada por la WS/DRNA-, y favoreciendo la medida senatorial 834 en función de sus propios intereses corporativos. En esta ocasión, el CPRC enfatizaría su relación con la UPR para legitimar las operaciones del "scientific monkey business" en la Isla y sus pretensiones de apropiarse de los primates rhesus silvestres para su negocio. En su exposición, los directivos del CPRC, Edmundo Kraiselburd y Janis González, *proponen* que "los monos capturados (...) se hagan disponibles para el avance científico de la Universidad de Puerto Rico y de nuestro país."[227] Enmarcada su postura dentro de la propaganda corporativa del CPRC, los ejecutivos de la empresa enfatizan su crítica sobre las implicaciones políticas de la metodología propuesta en la EA, insistiendo en que el uso de técnicas letales y métodos de captura podrían traer repercusiones negativas en la opinión pública, afectar la imagen de Puerto Rico ante el mundo y, consecuentemente, impactar la economía insular. Según Kraiselburd y González, la estrategia del CPRC:

> "...es más costo-efectiva que tener que lidiar con los grupos pro derechos de animales y no afectaría la imagen de PR en el exterior, y por ende no causaría pérdidas económicas que podrían resultar de un boicot turístico..."[228]

Para la gerencia del CPRC, "el problema no es solamente hacia la actividad agrícola", sino que hay que "hay que tener en cuenta el efecto en la salud de los habitantes...", y alude a los "riesgos" de transmisión de enfermedades que anteriormente había desmentido como irreales, exagerados y carentes de fundamento. No obstante, por mezquino interés corporativo, retoma el argumento alarmista en los mismos términos de la EA

---

[227] Kraiselburd, Edmundo; González, Janis; "Memorial Explicativo R.C. del S 834; Universidad de Puerto Rico, Recinto de Ciencias Médicas, Unidad de Medicina Comparada, Caribbean Primate Research Center; 13 de junio de 2007.

[228] Ídem.

que critica, y se hace aparecer como protectora de la seguridad y la salud de la población. Asimismo, reitera insistentemente la alarma sobre las implicaciones políticas y económicas del plan de la WS y del DRNA:

> "...se debe tener en cuenta el efecto en organizaciones pro derechos de animales y el impacto que esto pueda ocasionar para el turismo en PR, actos de violencia y vandalismo que ya han ocurrido en Estados Unidos y Europa."[229]

Contradiciendo sin explicaciones la postura asumida previamente ante la EA, los funcionarios corporativos del CPRC comparten el objetivo de las agencias del gobierno insular, encabezadas por el DRNA, de erradicar totalmente las poblaciones de rhesus silvestres y nativos en Puerto Rico. Para "garantizar el éxito" de la macabra empresa, Kraiselburd y González abogan por que la legislatura le conceda un presupuesto recurrente anualmente, con la garantía de que no será suprimido por los cambios en la administración política del país. Parte del presupuesto asignado habría de invertirse en la obtención y habilitación de nuevos terrenos para establecer una nueva base del CPRC en la región oeste de la Isla, porque en las facilidades de Sabana Seca "...no hay espacio disponible para alojar a los monos del oeste."[230]

Para sustentar su propuesta, el CPRC volvió a arremeter contra el plan del DRNA y la WS presentado en diciembre de 2004. En esta ocasión, aunque reciclaron las acusaciones - presentadas como preocupaciones- serían más directas:

> "El plan (...) propone utilizar métodos letales, violentos e inhumanos para 'erradicar' las poblaciones de monos en la región en supuesta-mente un plazo de 5 años. Esta aseveración es fantasiosa y no se sustenta por ninguna evidencia ni tan siquiera con experiencia previa con ninguna

---

[229] Ídem.

[230] Op.cit., p.23.

especie de primate, de parte de las agencias que lo proponen."[231]

La oposición reiterada a la cacería y otras técnicas letales no se debe a una posición a favor de las víctimas. Tampoco el reproche a la violencia o falta de humanismo por los métodos de la WS puede acreditarse a un sentimiento por el bienestar, la seguridad y la salud de los rhesus y patas capturados. La oposición general es metodológica, no de principio. Ambas agencias, el DRNA y el CPRC, interesan deshacerse en definitiva de los rhesus y patas nativos y silvestres en la Isla. La diferencia estriba en que para el DRNA el negocio principal termina con la captura y aniquilamiento de las especies; mientras que, para el CPRC, el negocio con los rhesus prospera a partir de las capturas, y le precisa postergar el aniquilamiento para reserva de usuarios de primates no-humanos en experimentos. La crítica a los métodos de captura tampoco se debe a consideraciones éticas contra la crueldad hacia los animales. Por el contrario, tienen el propósito de hacer más efectivos los operativos de captura y controlar la calidad de la mercancía...

Para la especie patas, que no le es de interés comercial ni experimental al CPRC, Kraiselburd y González proponen una política genocida más efectiva que la propuesta por la WS y acogida por el DRNA:

"Los monos patas serán eliminados a través de la reducción de la fertilidad total de la población, a largo plazo, y la total extinción de la población, ya que no quedará ninguna hembra fértil en el campo. Todo individuo morirá en el campo sin reemplazarse, sin exponer indebidamente al público a ningún peligro y también aliviando al gobierno del enorme costo de disponer de tantos animales muertos."[232]

---

[231] Ídem.

[232] Op.cit., pp.19; 25; 31.

El total de presupuesto estimado por el CPRC para el primer año es de $2,704,500. Durante el transcurso de los años subsiguientes: $929,500 + 5% de aumento anual.[233]

A tenor con el clima de histeria montado para el escenario de época, y al margen de los trámites legislativos concernientes a la resolución 834, el gobernador Aníbal Acevedo Vilá firmó una orden ejecutiva (OE-2007[234]) ordenando el desembolso de $1.8 millones del Fondo de Emergencias[235], "para el manejo de la población de monos patas y rhesus, ferales y silvestres." La orden ejecutiva dramatizaría el estado de situación con el mismo lenguaje que habría dado rienda suelta al clima de histeria reinante, y sin reservas de ninguna índole, refrendaría la racionalidad estigmatizadora del DRNA y legitimaría la cruel política pública a su encargo, según dispone la ley y el reglamento sobre especies *invasoras y perjudiciales*, regentes desde los años 70.[236]

A diferencia del relato de *trasfondo histórico* presentado en la resolución 834, que omite la relación de responsabilidad directa del CPRC en las fugas y consecuente dispersión de los rhesus y patas en el suroeste de la Isla, la OE-2007 la advierte y reconoce explícitamente. A los efectos, copia la historia reseñada en la resolución cameral de 2006 (R.C. de la C. 1683[237]), aunque no la cita de referencia y de la que, a la fecha, todavía guardaba vigencia

---

[233] Op.cit., pp.29-30.

[234] Boletín Administrativo Núm. OE-2007; "Orden Ejecutiva del Gobernador del Estado Libre Asociado de Puerto Rico para autorizar el desembolso de hasta un millón ochocientos mil dólares del Fondo de Emergencias para el manejo de la población de monos patas y rhesus, ferales y silvestres"; Estado Libre Asociado, La Fortaleza, San Juan, Puerto Rico; 18 de junio de 2007.

[235] La Ley Núm. 91 de 21 de junio de 1966, según enmendada, que crea el Fondo de Emergencia, establece la disponibilidad de los recursos económicos en dicho Fondo a discreción de la Gobernación, "para atender situaciones de emergencias, con el fin de proteger vidas y propiedades."

[236] Ley Núm. 70 (1976); Ley Núm. 241 (1999); Reglamento Núm. 2373 (1978); Reglamento Núm. 3416 (1987); Reglamento Núm. 6765 (2004).

[237] R.C. de la C. 1683; Cámara de Representantes; 15ta Asamblea Legislativa; 4ta. Sesión Ordinaria (Presentado por la representante Méndez Silva y los representantes Rivera Guerra y Rivera Aquino); Estado Libre Asociado de Puerto Rico; 2 de octubre de 2006.

dentro de los trámites legislativos. Asimismo, favorecería el desembolso del presupuesto para el DRNA y no para el CPRC.

Articulado con la misma retórica alarmista y reciclando sin alteraciones los principios, exageraciones y falsedades de la EA, la orden ejecutiva se justifica: "...la movilización de estas especies a las zonas montañosas de Puerto Rico es inminente y su población se estima en sobre mil monos."[238]

> "Estos monos, que no son especies oriundas de nuestro País, son considerados una plaga, ya que amenazan a la salud y seguridad humana, la agricultura[239], e impacta negativamente a las especies de vida silvestre en Puerto Rico.[240] Incluso, algunos de estos monos están infectados con patógenos que pueden ser mortales para los humanos, tales como: Herpes B, *MonkeyPox,* Ébola, Tuberculosis y Malaria, entre otros."[241]

Según la OE-2007, el 8 de marzo de 2007 el DRNA y el DA había firmado un acuerdo *cooperativo* con las agencias del USDA (APHIS y WS) denominado "Plan de Trabajo para el Manejo de la Población de Monos Patas y Rhesus, Ferales y Silvestres en el Estado Libre Asociado de Puerto Rico".[242] Para

---

[238] Boletín Administrativo Núm. OE-2007.

[239] Aunque el texto de la OE-2007 copia casi todo el texto de la R.C. de la C. 1683, se abstiene de citar la cifra de $20,000,000 en pérdidas estimadas, posiblemente porque reconoce que la exageración es insostenible, y no cuenta con datos fiables para ofrecer un número aproximado a la realidad. La OE-20007 se limita a mencionar que en 2000, durante un periodo de seis meses, "los monos causaron daños ascendentes a decenas de miles de dólares..." (Ídem)

[240] La Mariquita de Puerto Rico sería el ave, clasificada en peligro de extinción por el DRNA, que el gobernador usaría de referencia para dramatizar la "amenaza" que representan las especies rhesus y patas a la fauna "nativa".

[241] OE-2007.

[242] Mediante el acuerdo, el Departamento de Agricultura, se compromete a destinar la suma de ciento sesenta y cinco mil dólares para la construcción de

efectos de la "ejecución del plan", el gobernador ordenó al secretario del Departamento de Hacienda "liberar" $1.8 millones del Fondo de Emergencia, y los asignó al DRNA, con el encargo de "implementarlo".

Al margen de la aprobación oficial del gobierno para el desembolso de la cuantiosa cifra de fondos públicos, la resolución 834 continuaba vigente en la esfera legislativa. En carta fechada el 27 de junio, el secretario de DRNA respondió al requerimiento de la comisión *senatorial*, señalando que "la medida no es necesaria" ya que el gobierno de Puerto Rico, representado a través del DRNA y del DA, estaba trabajando con el problema, en conjunto con las agencias federales APHIS y WS, adscritas al Departamento de Agricultura Federal (USDA).[243]

> "...hemos trabajado extensamente sobre la problemática de los monos salvajes y silvestres que constituyen un riesgo sustancial a la salud pública, a la seguridad y a la agricultura en Puerto Rico."[244]

El secretario del DRNA señaló que como parte de esos *esfuerzos* se preparó la *Evaluación Ambiental* en la que la WS propuso "la incorporación de un programa de manejo integrado utilizando técnicas letales y no letales, que reducirían o probablemente eliminarían las poblaciones..." de rhesus y patas en la Isla. A los efectos -añade- lo único que faltaba era la asignación de presupuesto ($1.8 millones) y ya el gobernador había autorizado el desembolso (OE-2007).

---

las jaulas y el adiestramiento del personal para la instalación y captura de los monos. (Ídem) Asimismo, las disposiciones de la OE-2007 fueron previamente avaladas por el Secretario del Departamento de Hacienda, el presidente de la Junta de Planificación y el secretario del DTOP. (Ídem)

[243] Vélez Arocho, Javier (secretario del DRNA); "Posición y recomendaciones sobre la R. C del S.834"; presentado ante la Comisión de Agricultura, Recursos Naturales y Asuntos Ambientales del Senado de Puerto Rico; 27 de junio de 2007.

[244] Ídem. Aunque el secretario del DRNA no da crédito a la referencia, las palabras citadas son copia exacta del texto de la OE-2007.

Desentendida del conflicto de intereses políticos, con fecha del 3 de agosto de 2007, la secretaria del Departamento de Salud endosó sin peros la resolución a favor del CPRC:

"...por entender que estos primates, a pesar de su valor científico, bajo las condiciones actuales se han convertido en una plaga que amenaza, no solamente la agricultura y el ambiente en general, sino la salud y seguridad de nuestra población."[245]

Por su parte, el director de la Oficina de Gerencia y Presupuesto del ELA, reafirmó el compromiso de la administración de gobierno del PPD para "atender con premura la problemática que representan" la población de patas y rhesus:

"...toda vez que representa una plaga que amenaza la vida humana y silvestre, así como la propiedad tanto pública como privada del País."[246]

No obstante, aunque no presentó oposición de principio al desembolso de fondos públicos para el CPRC, según propuesto en la resolución 834, sostuvo que los recursos del Fondo General para el año fiscal en curso ya habían sido totalmente distribuidos, "por lo que no existe margen para asignaciones adicionales para estos propósitos."[247] A tales efectos -apuntó el director de la OGP,

---

[245] Pérez Perdomo, Rosa (Secretaria del Departamento de Salud); "Posición y recomendaciones sobre la R. C del S.834"; 3 de agosto de 2007. La carta de endoso del DS fue dirigida al representante José L. Rivera Guerra, presidente de la Comisión de Recursos naturales, Conservación y Medio Ambiente de la Cámara de Representantes.

[246] Dávila Matos, José Guillermo (Director de la Oficina de Gerencia y Presupuesto del Estado Libre Asociado de Puerto Rico); "Comentarios relacionados a la R. C del S.834"; presentado ante la Comisión de Agricultura, Recursos Naturales y Asuntos Ambientales del Senado de Puerto Rico; 14 de agosto de 2007.

[247] Ídem.

se autorizó y ordenó al Secretario de Hacienda[248] a liberar la suma de hasta $1,800.000 del Fondo de Emergencia, a ser designados al DRNA para la ejecución del "Plan de Trabajo" para el *manejo* de las poblaciones rhesus y patas...

A tenor con las directrices políticas del gobernador Acevedo Vilá y en consonancia con la política sobre *manejo* de vida silvestre del DRNA, a principios de agosto de 2007 el secretario del Departamento de Agricultura (DA), José O. Fabre Laboy, radicó un nuevo reglamento de la agencia para " designar como animales perjudiciales a ciertas especies detrimentales a los intereses de la agricultura y de la salud pública."[249] El reglamento prohibiría el comercio (introducción, importación, posesión, adquisición, venta o traspaso) de tres especies de primates no-humanos, rhesus, patas y el mono ardilla (squirrel monkey[250]), designados por el secretario del DA como "perjudiciales a los intereses de la agricultura y de constituir una amenaza o riesgo a la vida o seguridad de los humanos." Las disposiciones del reglamento no aplicarían "a las agencias gubernamentales o entidades públicas o privadas, como la Universidad de Puerto Rico, que requieran tener, para llevar a cabo algunos de sus fines, los animales designados como prohibidos."[251] Excluido el CPRC de las restricciones de la ley, el nuevo reglamento se limitaría a integrar una condición de naturaleza cosmética:

---

[248] El secretario del Departamento de Hacienda, Juan C. Méndez Torres, había indicado a la comisión senatorial que no estaba en su jurisdicción legal disponer del presupuesto según solicitado en la resolución 834, y sugirió referir el asunto a la OGP. (Méndez Torres, Juan C.; "Comentarios y análisis sobre la R. C del S.834"; presentado ante la Comisión de Agricultura, Recursos Naturales y Asuntos Ambientales del Senado de Puerto Rico; 27 de abril de 2007.

[249] Reglamento (Núm. 7399) para designar como animales perjudiciales a ciertas especies detrimentales a los intereses de la agricultura y de la salud pública; Estado Libre Asociado de Puerto Rico; Departamento de Agricultura; San Juan, Puerto Rico; radicado 7 de agosto de 2007 / efectivo 5 de septiembre de 2007.

[250] Ejemplares de esta especie escaparon del cautiverio en las instalaciones experimentales del CPRC en Sabana Seca. (EA-2008; WS/DRNA)

[251] Reglamento Núm. 7399 (2007); Art. V - Excepciones.

"En el caso de las autorizaciones para investigaciones científicas con animales en cautiverio como las que realiza el Centro de Primates de la Universidad de Puerto Rico (...) con los monos rhesus, el Secretario sólo requerirá, para su evaluación, un protocolo con las medidas de seguridad que la institución ha implantado para garantizar que los animales prohibidos no escapen."[252]

Ilustración 13[253]

Enmarcado en la retórica alarmista sobre especies invasivas en la Isla y dentro del clima de histeria montado por las agencias de gobierno, otro esfuerzo legislativo estimularía las masacres. A mediados de agosto, el representante cameral por el distrito 18[254], Julio C. Román González -del PNP- presentó un proyecto a la Asamblea Legislativa a los efectos de:

---

[252] Ídem.

[253] Joven rhesus enjaulado para experimentaciones del CPRC en Sabana Seca. Fotografía por Gazir Sued (2012)

[254] El distrito 18 integra los municipios de Aguada, Rincón, Añasco y partes de Mayagüez y Moca.

362

"...crear un procedimiento especial en el DRNA para la concesión de permisos especiales de caza no deportiva a personas que maten o capturen a los monos patas y rhesus, ferales y silvestres a fin de controlar la población de estos; para resarcir económicamente a los cazadores por ésta tarea..."[255]

El representante novoprogresista enmarcó el proyecto de ley dentro de las disposiciones de la OE-2007, copiada intacta en la exposición de motivos. El "permiso especial" sería promulgado al margen de la ley 241 (Nueva ley de vida silvestre) con el fin de:

"...permitir al Secretario del DRNA ser más flexible y atender más expeditamente la grave crisis que enfrenta nuestro hábitat por la rápida propagación de los monos patas y rhesus, ferales y silvestres."[256]

Los cazadores serían resarcidos con $50.00 por cada captura o muerte. Según el informe final de la EA:

"El establecimiento de una temporada de caza y el pago de dinero por matar monos (recompensa) se llevarían a cabo bajo la autoridad y la dirección del DRNA conforme a la Nueva Ley de Vida Silvestre de Puerto Rico."[257]

Todavía entrado el mes de septiembre, aunque el presupuesto de $1.8 millones del Fondo de Emergencia ya había

---

[255] P. de la C. 3754; Cámara de Representantes; 15ta. Asamblea Legislativa; 6ta Sesión Ordinaria (Presentado por el representante Román González); Estado Libre Asociado de Puerto Rico; 14 de agosto de 2007.

[256] Ídem. El proyecto fue sometido a la Comisión de Recursos Naturales, Conservación y Medioambiente. No aparece registro de la determinación final.

[257] Referencia a la sección 3.3.6 de la EA; Brown, Charles S. (USDA/APHIS/WS); Decisión y hallazgo de impacto no significativo: Evaluación Ambiental (2008)

sido comprometido por orden ejecutiva del gobernador Acevedo Vilá, quedaba sin atender la resolución 1683 sometida en la Cámara de Representantes en 2006. A finales de mes, la resolución fue desaprobada por la Comisión de Presupuesto y Asignaciones del cuerpo legislativo, que indicó: "estos fondos no están disponibles".[258] La determinación final no hace alusión a la OE-2007, y trató la resolución 1683 al margen de sus disposiciones. Probablemente, la dilación se debió a la pugna de intereses entre partidos. No obstante, la omisión a la referencia abre la sospecha de que, de haber contado con el favor de las posiciones de mayoría, el cuerpo legislativo habría desembolsado una partida similar para exterminar primates no-humanos en la Isla...

Concertado el financiamiento del macabro plan para exterminar las especies silvestres de rhesus, patas y monos ardilla, el saldo político favorecería al PPD, que aparecería ante la opinión pública atendiendo los problemas de la industria agrícola, protegiendo las especies de vida silvestre en peligro de extinción y la salud y la seguridad de la ciudadanía. Dentro de este escenario, el partido de oposición, que dominaba en número el poder legislativo, en noviembre de 2007, enmendó la ley 67 de 1973 (Ley para la protección de Animales), a los efectos de hacer más severas las penas impuestas a los *ofensores* de la ley. La exposición de motivos reza:

> "Los animales son parte de nuestra naturaleza, por lo que merecen ser protegidos con las mayores garantías y recursos disponibles en nuestro ordena-miento jurídico. Es nuestra responsabilidad el legislar, de manera que continuemos desalentando la conducta maltratante y negligente hacia los animales..."[259]

---

[258] R.C. de la C. 1683 (Informe Negativo); Comisión de Presupuesto y Asignaciones; 26 de septiembre de 2007.

[259] Ley Núm. 235 (P. de la C. 1349) (Enmienda a la Ley Núm. 67 de 1973); "Ley Para la Protección de Animales"); 3 de noviembre de 2006.

Para el Gobierno de Puerto Rico resulta una grave ofensa el maltrato que pueda ocasionarle un ciudadano común a un animal cualquiera; pero cuando el maltrato lo causa una corporación privada o alguna agencia de gobierno, lo celebra como reivindicación del Pueblo. Para la razón de Estado, es delito maltratar a un sólo animal, pero maltratar a cientos es ciencia...

Ilustración 14[260]

Cobertura mediática: propaganda de aversión (2007)

La influencia ideológica del discurso corporativo del CPRC continuaría ejerciendo su dominio en los medios de comunicación, que producirían una cobertura noticiosa dentro del marco preestablecido para favorecer su monopolio del "scientific monkey business" en Puerto Rico. Asimismo, las disputas entre el CPRC y el DRNA seguirían girando en torno a diferencias metodológicas, pero compartiendo de fondo los mismos principios de aversión y hostilidad contra la existencia de las

---

[260] Rhesus bajo tormento experimental. Fotografía tomada de: http://invitro.org.

especies rhesus y patas silvestres en la Isla. Obtener subvenciones públicas para sus respectivos negocios sería el motor de las pugnas y aparentes *diferencias.*[261]

Antes de la intervención directa del gobernador, mediante la OE-2007, y mientras todavía se discutía en el cuerpo legislativo la resolución senatorial 834, a favor de asignar $1.8 millones del presupuesto nacional al CPRC, la cobertura mediática fortalecía la imagen de la corporación ante la opinión pública, repitiendo literalmente los estribillos ideológicos de su propaganda corporativa. Así, el cayo Santiago reaparecería en el escenario mediático como "uno de los mejores laboratorios para estudiar la conducta de los primates y, por consiguiente, de los humanos por las grandes similitudes genéticas que existen entre las dos especies."[262] La absurda premisa de que por recurso del *estudio* de los primates no-humanos se puede "explicar el comportamiento humano", la hace en referencia a las elucubraciones de Edward O. Wilson (especialista en la "sociobiología" de la hormigas) y de Stuart Altmann, su discípulo y ex-funcionario del CPRC, que oportunamente estaban en la Isla para participar de un documental de la PBS sobre los "descubrimientos científicos" en el cayo Santiago. Según cita: "los principales problemas sociales que enfrentan los humanos guardan estrecha relación con el comportamiento de los rhesus..."[263] Oportunamente, el director del CPRC, Edmundo Kraiselburd, anunciaría su alegada intención de crear un programa de estudios primatológicos "para que las

---

[261] El presupuesto anual fijado para el CPRC a la fecha, es de entre $3 a $5 millones, de los que al menso $1 millón proviene del presupuesto asignado a la UPR. Durante los últimos seis años ha recibido $46 millones por contratos federales, más que ningún otro programa de la universidad del Estado. (Rodríguez Burns, Francisco; "Rhesus macaco: Gran valor científico"; *Primera Hora*, viernes 20 de abril de 2007) El presupuesto del DRNA asciende a $62 millones, de los que $42 millones provienen de las arcas públicas. (Hernández Cabiya, Yanira; "No podrá el DRNA cumplir con unión"; *El Nuevo Día*; miércoles, 30 de mayo de 2007)

[262] Rodríguez Burns, Francisco; "Rhesus macaco: Gran valor científico"; op.cit.

[263] Ídem.

nuevas generaciones de puertorriqueños busquen estas carreras en su tierra..."[264]

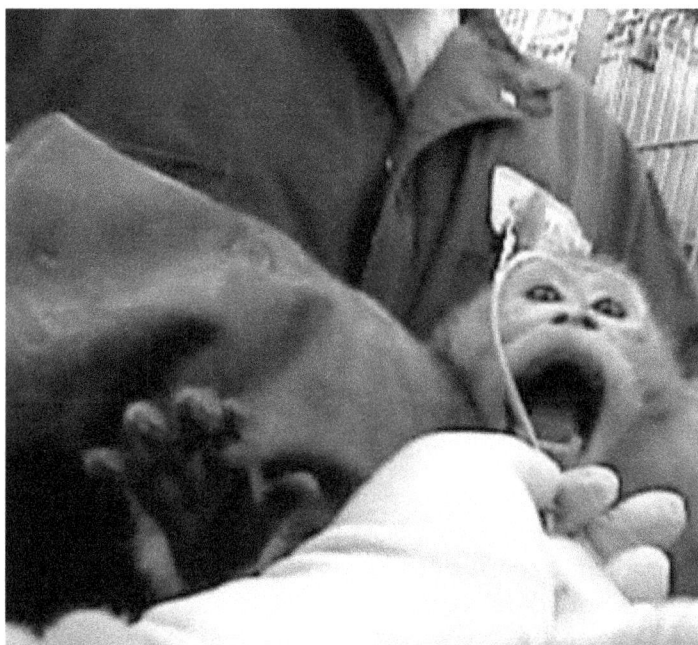

Ilustración 15[265]

En competencia por apropiarse de fondos públicos para su negocio, el DRNA procuraría ganar el favor de la opinión pública más allá de las expresiones retóricas publicadas en los medios. A los efectos, las agencias de gobierno (DA y DRNA) movilizaron recursos para contrarrestar las críticas y acusaciones de inacción y desidia, y para finales de mayo de 2007 instalarían trampas en fincas privadas de la zona oeste.[266] La gestión no convencería a los

---

[264] Ídem.

[265] Primate rhesus forzado a someterse a sus torturadores. Fotografía tomada de http://www.taringa.net/posts/ciencia-educacion/6342050.2/_-No-mas-pruebas-Ni-experimentos-en-Animales-_.html

[266] La acción estaría encabezada por los secretarios José Orlando Laboy, del Departamento de Agricultura y por Javier Vélez Arocho, secretario del DRNA.

agricultores que, por *experiencia*, auguraban que sería inefectiva. Coincidente con el alcalde de Lajas, Marcos Irizarry, para el presidente del Frente Unido de Agricultores del valle de Lajas, George Ferrer -según reseña la cobertura-

> "...la única solución es sacrificar a los monos porque son una plaga para la agricultura y una amenaza para la salud."[267]

Para mediados de junio del mismo año, el secretario del DRNA anunciaría la determinación del gobernador Acevedo Vilá, que firmaría la orden ejecutiva concediendo a la agencia un presupuesto anual (por cuatro años) ascendente a $450,000, "para erradicar a los monos".[268] La reseña de la agencia EFE dramatizó el estado de situación y abono al clima de histeria y animosidad hacia los rhesus nativos y silvestres:

> "...causan estragos en las cosechas, degradan el ecosistema de las especies autóctonas, asustan a los habitantes de la zona con sus afilados incisivos, y son portadores de bacterias."[269]

Iniciada la primera fase del proyecto de captura y erradicación un mes antes de la OE-2007, y mientras todavía se ventilaba la resolución 834 en el cuerpo legislativo, Ferrer reclamaría oportunamente que se le pague $100 a cada agricultor por cada captura, en lugar de gastar en recursos para el

---

Las trampas serían colocadas en la finca privada del agricultor Félix Ferrer, en el sector Pitahaya, en Cabo Rojo. Por su parte, el DA aportó $165,000 para la construcción de las jaulas y para financiar el adiestramiento de a especialistas para la captura de monos..." (EFE; "Gobierno y agricultores de Puerto Rico tratan de erradicar una plaga de monos"; Terra; 12 de junio de 2007)

[267] Vargas Saavedra, Maelo; "Colocan trampas"; *Primera Hora*; jueves, 31 de mayo de 2007.

[268] EFE; "Gobierno y agricultores de Puerto Rico tratan de erradicar una plaga de monos"; op.cit.

[269] Ídem.

DRNA. La propuesta desataría de inmediato una controversia entre la organización de agricultores, respaldada por el alcalde Irizarri, y la agencia del gobierno, que sería humillada públicamente para justificar el negocio oportunista de ciertos agricultores sobre la base de la ignorancia de los *especialistas* del DRNA. Según relata un medio local, un agricultor tardó sólo 25 minutos en capturar dos patas en su finca, mientras que durante más de un mes el DRNA no había logrado captura alguna.[270]

Demostrado el derroche de presupuesto incurrido por el DRNA[271] y la ineptitud de los funcionarios públicos para tratar el asunto con eficacia, quedaría desmentida a la par la naturaleza oportunista del discurso oficial sobre los alegados "estragos" a la agricultura de la región y las dramáticas quejas de algunos agricultores. Si tan fácil se les hacía capturarlos, ¿por qué no lo hacían desde que empezaron a molestarlos?

Otra razón humillante para el secretario del DRNA la subiría a la escena mediática el CPRC, que ridiculizaría la alegada intención de la agencia de suplir a modo de donativo a la industria biomédica estadounidense con los rhesus y patas capturados. De una parte, porque los rhesus no frecuentan las granjas afectadas y, de otra, porque las capturas que habrían de efectuarse en las fincas agrícolas de la región sólo afectarían a la especie patas, que no es de interés "científico". Contrario al entendido del director del DRNA, Javier Vélez Arocho, que alega que "los monos tienen una gran salida"[272] en el mercado, el director del CPRC, Edmundo Kraiselburd, augura que las especies capturadas "no se las va a

---

[270] Vargas Saavedra, Maelo; "Agricultor le come los dulces al DRNA"; *Primera Hora*; miércoles, 13 de junio de 2007. Según Ferrer, presidente del Frente Unido de Agricultores del valle de Lajas: "El agricultor es la persona idónea para poder coger a estos animales debido a que es el que conoce el movimiento de los monos, su conducta y su alimentación y los técnicos de Recursos Naturales no tienen ese 'expertise'". (Nieves Ramírez, Gladys; "Poco onerosa la captura de monos"; *El Nuevo Día* (13 de junio de 2007 en http://www.cienciapr.org)

[271] A mediados de junio de 2007 el secretario del DRNA anunciaría la "inversión" de $330,000 para comprar 20 jaulas. (Marrero Rivera, Mildred; "Firme rechazo a que se maten los monos"; *El Nuevo Día*; (18 de junio de 2007, en http://www.cienciapr.org)

[272] Marrero Rivera, Mildred; "Atrapa el DRNA 60 monos"; *El Nuevo Día*, 5 de noviembre de 2007 (en http://www.cienciapr.org)

comprar nadie", si no cuentan con una certificación de salud de una agencia acreditada y con recursos para hacerlo.[273] En Puerto Rico sólo el CPRC está cualificado para exportar (vender) primates no-humanos para experimentaciones biomédicas en los Estados Unidos, por lo que insistió en el plan propuesto por el CPRC, que requiere $2.7 millones el primer año y cerca de un millón anual por el curso de los próximos cinco a siete años.[274]

El CPRC promueve el exterminio de la población patas silvestre en la Isla, y la apropiación de los rhesus para acondicionarlos para la venta y uso experimental. La política del DRNA, de capturarlos para regalarlos si fuera posible, es contraria a los intereses económicos del CPRC que pretende conservar el monopolio insular del "scientific monkey business" y ganar por cada rhesus vendido entre $2 mil y $3,500 para experimentaciones...

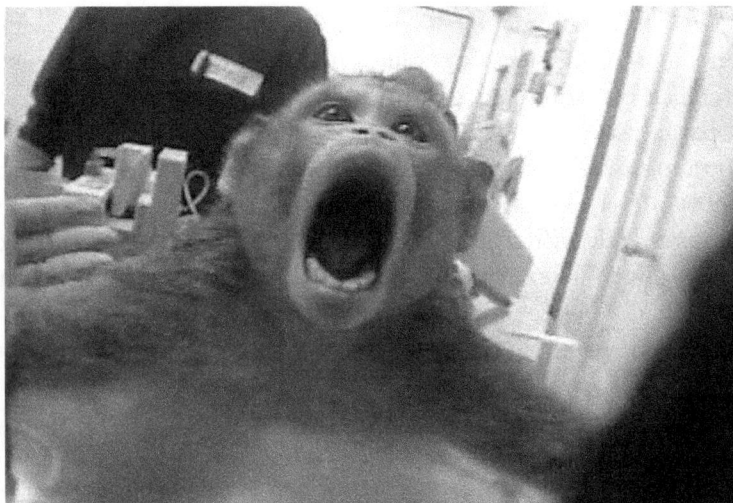

Ilustración 16[275]

---

[273] Marrero Rivera, Mildred; "'Errado' el plan de manejo de primates"; *El Nuevo Día*; (18 de junio de 2007, en http://www.cienciapr.org)

[274] Ídem. A mediados de 2007 -según el artículo citado- el CPRC posee 2,600 primates no-humanos, cuenta con una asignación de presupuesto ascendente a los $5 millones y un personal de 70 empleados. (Ídem)

[275] Fotografía tomada de: http://www.taringa.net.

Aún después de anunciada la determinación del gobernador Acevedo Vilá de aprobar el presupuesto por orden ejecutiva (OE-2007) a favor del DRNA, el CPRC persistiría en su campaña mediática a través de periodistas de los principales medios noticiosos del País, que se harían eco incondicional de su propaganda corporativa y asistirían a la millonaria empresa a consolidar su imagen ante la opinión pública. A mediados de 2007, coincidente con la fecha de aprobación de la OE-2007, y aprovechando el coqueteo político del gobierno del PPD con los sectores soberanistas de su partido y de alguna parte del independentismo en la Isla, el CPRC apuntaría una parte de su discurso a desviar la atención sobre sus vínculos con la existencia de primates no-humanos realengos. Ahora aparecería el gobierno federal, mediante los NIH y posteriormente por la FDA, como el responsable exclusivo de las fugas y migraciones iniciadas desde la década de los 60 hasta mediados de los 80. Aunque el CPRC no puede ocultar que aceptó el contrato federal para establecer, acrecentar y administrar las poblaciones en las colonias reproductivas desde los años 70, el director Kraiselburd y la subdirectora Janis González insisten en culpar a las agencias federales. La excusa para el abandono de los esfuerzos de captura y traslado tras el cierre oficial de operaciones en los islotes Cuevas y Guayacán fue la misma que ya habían presentado al cuerpo legislativo sobre la resolución 834[276], alegando que los NIH/FDA aumentaron la población pero no los fondos.[277] Asimismo -recita el reportaje- los funcionarios corporativos recuerdan que entre 1979 y 1989 el CPRC contrató varias empresas de cazadores privados (operadores independientes), y capturaron a 221, "pero el programa cerró en 1985 por falta de fondos."[278] En lo que no enfatizan es en que el CPRC aceptó el contrato federal a sabiendas de que las fugas eran previsibles...

---

[276] Kraiselburd, E.; González, J.; "Memorial Explicativo R. C. del S 834" (2007); op.cit.

[277] Marrero Rivera, Mildred; "Traídos los monos por los federales"; *El Nuevo Día*;18 de junio de 2007 (en http://www.cienciapr.org)

[278] Ídem.

Al margen de la política de encubrimiento del CPRC, esporádicamente se cuelan entre los reportajes noticiosos anécdotas que ponen en entredicho las alegaciones categóricas sobre el presumido control para evitar fugas de sus instalaciones. Aunque por lo general la presencia de rhesus y patas en áreas alejadas de las ocupadas durante los pasados 30 años suele atribuirse al tráfico ilegal y a escapes o liberaciones del cautiverio de ciudadanos privados, los avistamientos de primates no-humanos en la zona metropolitana no dejan de abrir la sospecha de que también puede tratarse de fugas no informadas de las instalaciones del CPRC en Sabana Seca, colindantes y cercanas con los pueblos donde se han reportado avistamientos, como Bayamón, Cataño, Guaynabo e incluso Sabana Seca. Durante el huracán Hugo se reportaron jaulas destruidas y fugas, pero la gerencia corporativa del CPRC jura que fueron capturados nuevamente y que, desde entonces, no ha habido más incidentes. Además de las anécdotas recurrentes sobre avistamientos en el área metropolitana, durante el año de 2007, el DRNA habría realizado tres operativos de captura en Sabana Seca, Cataño y Guaynabo.[279]

Al margen de la campaña de aversión, miedo e intolerancia promocionada por el gobierno de Puerto Rico, las reacciones del público que los han visto, según registradas en los medios, no responden de manera mecánica a sus pretensiones alarmistas y paternalistas. Tanto en el área oeste como en la zona metropolitana, aunque algunos no dejan de espantarse, otros curiosean y hasta disfrutan la experiencia de presenciar las especies *exóticas* de la nueva fauna puertorriqueña. Incluso algunos les proveen alimento, de modo similar a como debe ocurrir con naturalidad en las zonas urbanas en India, Afganistán y China. Para las agencias de gobierno esta práctica sensible de algunos ciudadanos le representa un escándalo, ya porque ponen en entredicho la alegada *peligrosidad* de las especies; ya porque cuestiona su racionalidad y el orden de su autoridad en ley; o bien porque los funcionarios del DRNA creen en las exageraciones y miedos que han inventado, al extremo de *temer* ellos también.

---

[279] "Pierde su libertad mono 'urbano'"; *El Nuevo Día*, 9 de agosto de 2007 (en http://www.cienciapr.org)

Según Ángel Atienza Fernández, oficial a cargo del Depósito de Especies del Cuerpo de Vigilantes del DRNA:

"Es un error darles comida, los están atrayendo a los sitios donde están las poblaciones de ciudadanos y esto provoca que se acostumbren a merodear y llegar hasta los humanos. El problema es que si se sienten acorralados, pueden atacar..."[280]

No es por miedo sino por obediencia a la ley que rige sobre la vida silvestre en Puerto Rico que prevalecen las aversiones y hostilidades de los funcionarios públicos hacia estas especies, designadas como "invasivas". La ley es explícita y no promueve su bienestar o el trato sensible. Por el contrario, -advierte Atienza- "establece que los monos están en la categoría de animal dañino y pueden ser entrampados y destruidos."[281]

Ilustración 17[282]

---

[280] Otero, Yamileth; "De palo en palo en Combate"; 20 de julio de 2007 (en http://www.cienciapr.org)

[281] Ídem.

[282] Patas nativo y en cautiverio provisional en Cambalache. Fotografía por Gazir Sued (2012)

Los signos de histeria, de trastornos paranoides e hipocondría, vinculados en la campaña de aversión e intolerancia del gobierno, también se verían representados entre la ciudadanía, incluyendo a los sectores sociales "defensores" de los derechos de los animales. Imposibilitados anímica y mentalmente para concebir la idea de que estas especies forman parte de la nueva fauna puertorriqueña, se limitan a *denunciar* el maltrato relativo a los métodos de captura, sin cuestionar las motivaciones de las capturas. Incluso, hasta favorecen su progresivo exterminio, ya por métodos de esterilización; ya por recurso a la eutanasia, es decir, a tiros. Así, por ejemplo, la *bióloga* Stephanie Boyle, de la organización mundial PETA (People for the Ethical Treatment of Animals) sostuvo en prensa:

> "Si el Gobierno de Puerto Rico no adopta la esterilización, debe fomentar formas más humanas, como referir los monos a santuarios o someterlos a eutanasia de formas más humanas."[283]

Asimismo, la escritora puertorriqueña Mayra Montero denunció las torturas a las que son sometidos y emplazó a las organizaciones defensoras de los derechos de los animales a interceder contra estas prácticas. No obstante, tampoco cuestionó el hecho de las capturas, y se resignó a favorecer la razón caricaturizada del agricultor que prefiere, en lugar de usarlos para experimentos, matarlos.

> "Los monos merecen compasión. Son demasiados, y se trata de una población esquiva, enferma (...) que no interesa en ningún zoológico ni en ningún lugar. ¿Es suficiente excusa para hacinarlos y hacerlos sufrir? A tiros, insisto, no queda de otra..."[284]

---

[283] Justica, Sara M; "Inaceptable para PETA"; *Primera Hora*; 22 de mayo de 2007.

[284] Montero, Mayra; "Monos"; *El Nuevo Día*; 20 de mayo de 2007.

La cobertura mediática durante el 2007 integró, de manera intermitente, nuevos anécdotas triviales y casuales que no podrían generalizarse sobre el sentir general, pero dentro del registro de la propaganda corporativa del CPRC, aunque indirectamente, le resultarían favorables. La creencia generalizada en que la experimentación con primates no-humanos redunda en el bienestar general domina entre la opinión pública. Aunque puede inferirse que la ciudadanía insular comulga con la propaganda de aversión contra las especies "invasivas" -promocionada por el DRNA y convertida en política pública del gobierno de Puerto Rico- la balanza en el juico final sobre las víctimas pesa contra las matanzas, y se inclina a favor de las capturas para "fines científicos".

La cuestión genética: reinvención del fraude experimental

Mientras en las instancias máximas de gobierno en Puerto Rico se disputaba sobre los métodos para exterminar las especies rhesus y patas silvestres, circulaba mundialmente la noticia sobre la reciente decodificación de la secuencia del genoma del primate rhesus, revalidando y resaltándose su imaginario valor de uso experimental para beneficio de la salud humana y la ciencia.[285] El *descubrimiento* estaría enmarcado dentro de la ideología dominante en el complejo biomédico-industrial estadounidense y serviría de propaganda internacional del "scientific monkey business":

> "Nonhuman primates have been critically important in developing medical advances that have saved human lives."[286]

Aunque, en principio, las disciplinas biomédicas basadas en los estudios sobre genética podrían prescindir de las experimentaciones invasivas para propósitos comparativos entre

---

[285] "The Rhesus Macaque Genome"; Science, Vol. 316; 13 April 2007; pp.215-346.

[286] Zahn, Laura; Jasny, Barbara; Culotta, Elizabeth; Pennisi, Elizabeth; "A Barrel of Monkey Genes"; Science, op.cit., p.215.

especies, la realidad es que ésta fatídica práctica experimental continuaría en todo su apogeo y sin reservas sobre su inutilidad práctica para la salud humana. El informe *científico* se convertiría de inmediato en propaganda corporativa, saturado de retóricas fantasiosas para legitimar, de manera abstracta e idealista, las mismas prácticas de torturas experimentales a las que obsesivamente han estado sometidas todas las especies de primates no-humanos bajo sus dominios. Intacta la creencia matriz del "scientific monkey business", el *descubrimiento* de la relativa similitud genética vendría a reforzarlo...

> "The relationship between humans and macaques is even more important because biomedical research has come to depend on these primates as animal models. (...) macaques exhibit greater similarity to human physiology, neurobiology, and susceptibility to infectious and metabolic diseases."[287]

El discurso con base en la disciplina genética se integraría como mecanismo ideológico regulador en el imaginario experimental de la industria biomédica, dejando intactos los credos y prácticas operadas hasta entonces al margen de las elucubraciones genéticas.[288] No obstante, la augurada prohibición de chimpancés para usos experimentales en los Estados Unidos representa una amenaza a los intereses económicos del "scientific monkey business", que, previniendo su impacto, manipularía el valor de los atributos genéticos de la especie rhesus en función del lucrativo negocio...

La premisa fundacional de esta *creencia* se basa en una interpretación especulativa, idealizada y manipulativa de la teoría

---

[287] Rhesus Macaque Genome Sequencing and Analysis Consortium; "Evolutionary and Biomedical Insights from Rhesus Macaque Genome" (Research Article); Science, op.cit 222-233.

[288] La mentalidad de los "científicos" no parece evolucionar al ritmo de los avances en la genética, y, a falta de evidencias sustanciales sobre el valor real de los primates para la salud humana todavía creen que juegan un papel significativo en la comprensión del comportamiento humano.

de la evolución de las especies, sobre el supuesto teórico de que la genética develada de los primates no-humanos *revela* la historia evolutiva de la genética humana y, consecuentemente, sirve para *comprender* las bases genéticas de los males que aquejan la salud humana.[289] No obstante, aunque se ha evidenciado una similitud genética de un 98% entre los chimpancés y los humanos, la utilidad de éstos como modelos suplentes ("surrogates") para experimentaciones sobre enfermedades y condiciones de salud humanas ha sido un fracaso probado. La especie rhesus se asemeja genéticamente sólo en un 93% a la especie humana, y la secuela de fracasos experimentales evidencia su inutilidad práctica para los fines *comparativos*, según promocionado por el "scientific monkey business" del complejo biomédico-industrial estadounidense.

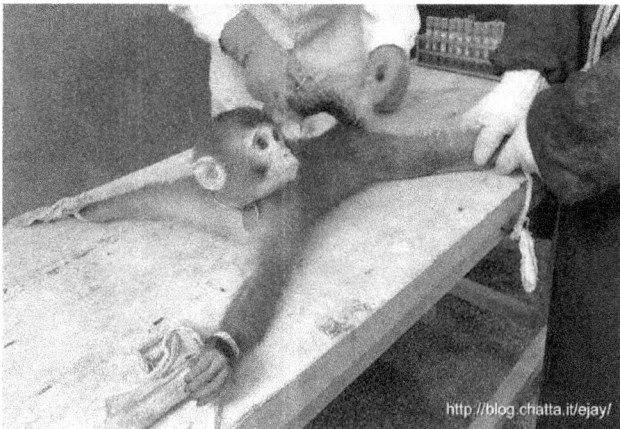

http://blog.chatta.it/ejay/

---

[289] Desde el discurso de propaganda del "scientific monkey business" con base en la ciencia genética, la especie rhesus aparece distanciándose de la especie humana hace 25 millones de años, a diferencia de los chimpancés, de los que se registra un distanciamiento posterior en cerca de 6 millones de años. La relativa proximidad del chimpancé con el humano aparece como un obstáculo para la investigación biomédica, porque no permite registrar las variaciones genéticas - efectos de selección natural- que ya habrían acontecido en los chimpancés, limitando las posibles comparaciones con las variantes o símiles del genoma humano. Es decir, la similitud genética entre el chimpancé y el humano es tal (98%), que entorpece la identificación de variaciones genéticas (a nivel molecular) que se suponen determinantes para dar cuenta de la especificidad constitutiva, también a nivel molecular, de lo humano. Es por esta razón que es preferible el rhesus al chimpancé, y sin embargo, por encima también de otras especies que comparten un ancestro común anterior, como con los roedores hace 70 millones de años...

A pesar de las marcadas diferencias genéticas entre especies, que sirven de base para desmentir su valor experimental y no lo contrario, el rhesus seguiría apareciendo como el "animal model" por excelencia para los *estudios* de enfermedades humanas, idealizado como sustituto ("surrogate") de los humanos en experimentos. Un *estudio* citado como modelo ejemplar en la revista *Science* evidencia, no obstante, el carácter fraudulento de la experimentación invasiva con base en la "genética":

> "...the first task has been to understand how the monkeys react at the genetic level to potentially deadly viral infections..."[290]

Los investigadores, de la Universidad de Wisconsin:

> "...infected seven close relatives of the rhesus with a reconstructed version of the flu virus that killed more than 50 million people in the infamous 1918 epidemic..."

Varios días después:

> "...they killed a few of the macaques and analyzed their blood and lungs, using microarrays to study gene expression."

Y así lo hicieron, y nada abonó a nada excepto al enriquecimiento personal de los investigadores, que ahora dispondrían de un recurso retórico adicional para perpetuar el lucrativo negocio de experimentar con animales a nombre de la salud humana. El mismo libreto seguiría repitiéndose sin trastoques mayores, a pesar del desarrollo de nuevas tecnologías experimentales que hacen innecesarias las experimentaciones

---

[290] Pennisi, Elizabeth; "Boom Time for Monkey Research"; Science; op.cit., p.217; y en Rhesus Macaque Genome Sequencing and Analysis Consortium; "Evolutionary and Biomedical Insights from Rhesus Macaque Genome"; op.cit., p.232.

invasivas y, aún cuando el cúmulo de fracasos evidencia la farsa de su propaganda.

> "Rhesus and humans (...) share a large number of fundamental biological characteristics, including many underlying genetic and physiological processes that lead to disease. For that reason, rhesus macaque have become a model organism for vaccine research..."[291]

Uno de los más grandes fraudes contemporáneos se evidenciaría con relación a los *estudios* del SIDA, particularmente en la secuela de fracasos relativos a la producción de vacunas para contrarrestar sus efectos.[292]

El síndrome de inmunodeficiencia adquirida (SIDA) es una de las áreas de mayor demanda para el uso experimental de primates no-humanos. No obstante, desde la fecha de su descubrimiento, en 1985, hasta la actualidad, de la experimentación invasiva con primates no-humanos en cautiverio (chimpancés[293] o rhesus) no se ha obtenido progreso médico

---

[291] Hernández, R.; Hubisz, M.; Wheeler, D.; Smith, D.; Ferguson, B.; Rogers, J.; Nazareth, L.; Indap, A.; Bourquin, T.; McPherson, J.; Muzny, D.; Gibss, R.; Nielsen, R.; Bustamante, C.; "Demographic Histories and patterns of Linkage Disequilibrium in Chinese and Indian Rhesus Macaques."; Science, Vol. 316; 13 April 2007; pp.240-243.

[292] El sistema inmunológico del rhesus es diferente al del humano, y no se afecta con el virus de inmunodeficiencia adquirida. No obstante, desde 1985 los experimentadores insisten obsesivamente en infectarlos artificialmente para probar tratamientos sobre las enfermedades producidas. Los rhesus son usados como "surrogates" de los humanos porque: "...they can be infected by a simian cousin of the HIV virus that can cause a progression of disease similar to that in humans." (Pennisi, Elizabeth; "Boom Time for Monkey Research"; Science, op.cit., p.216; y en Rhesus Macaque Genome Sequencing and Analysis Consortium; "Evolutionary and Biomedical Insights from Rhesus Macaque Genome"; op.cit., p.232)

[293] Bailey, Jarrod; "An Assessment of the Role of Chimpanzees in AIDS Vaccine Research"; New England Anti-Vivisection Society, Boston, MA, USA; ATLA 36, pp.381–428; 2008; Bailey, Jarrod; "A Brief Introduction to Human/Chimpanzee Biological Differences, Their Negative Impact on

alguno. La justificación para retenerlos en cautiverio y seguir reproduciendo modelos experimentales *invasivos*, aún a sabiendas de su futilidad e inoperancia, sigue basándose en la misma premisa, ilusoria y especulativa.

La infección viral que afecta el sistema inmune en los simios es diferente y se comporta de manera radicalmente diferente en los humanos. La industria biomédica ha creado virus híbridos[294] que, a pesar de las semejanzas estructurales y genéticas, manifiesta diferencias significativas que imposibilitan la aplicación de los remedios efectivos en rhesus o chimpancés a los humanos. No obstante, se continúa infectando obsesivamente a miles de primates no-humanos y los resultados siguen siendo los mimos. Esto, a pesar de que la primera droga efectiva (AZT) para tratar la enfermedad se descubrió mediante estudios *in vitro*, y no mediante tortuosos e inefectivos métodos invasivos. De modo similar, se realizan estudios mediante técnicas alternativas, como la réplica de modelos virales diseñados en computadora sobre información procedente directamente de la especie humana, haciendo irrelevante las pruebas preliminares en animales. A todas cuentas, sólo las investigaciones clínicas realizadas en humanos pueden revelar la información pertinente sobre este virus, la viabilidad de tratamientos efectivos y la posibilidad de la cura...

De acuerdo al genetista Jarrod Bailey, los avances científicos realizados mediante experimentos *in vitro* han permitido elucidar la estructura del virus y sus ciclos de vida, posibilitando la creación y aplicación de drogas diseñadas en función de las particularidades manifiestas en la condición humana, sin dilaciones especulativas y riesgos imprevisibles propios de la experimentación con modelos supletorios no-humanos. No obstante, la relativa similitud genética entre los primates no-humanos y humanos no garantiza que las pruebas experimentales con drogas y químicos tengan resultados similares en el sujeto humano. Aún cuando las diferencias genéticas entre primates no-humanos y

---

Research into Human Conditions, and Scientific Methods for Better and More Humane Research"; 2007.

[294] Entre el HIV (Human Inmunodeficiency Virus) y el SIV (Human Inmunodeficiency Virus), alrededor de 40 a 60% de similitud genética.

humanos sólo varíen de un 5% (chimpancés) a un 7% (rhesus), éstas poseen ramificaciones que determinan las relaciones de incompatibilidad tanto bajo el registro experimental como en el de aplicabilidad clínica. La acumulación de fracasos en las investigaciones experimentales biomédicas con primates no-humanos lo evidencia.[295] Además, aún de obtenerse resultados efectivos de manera absoluta (100%) en modelos animales, la vacuna o droga diseñada no necesariamente es segura para el sujeto humano. Incluso puede provocar efectos perjudiciales o mortales. La evidencia apunta a que el ideal de efectividad absoluta es irrealizable y la traslación por analogía es peligrosa e inefectiva.[296] Según Bailey:

> "The salient point is that small, subtle differences in genes can manifest in massive biochemical and physiological differences in the whole organism. (…) Genes can have 'global' effects in an organism, and a small change can cause an avalanche of detrimental sequel..."[297]

Según el discurso biomédico a favor de la experimentación con primates no-humanos, la especie animal más próxima en similitud genética al humano sería la especie ideal para realizar investigaciones sobre enfermedades que afectan a los seres humanos. Esta especie es el chimpancé. Sin embargo, la industria biomédica no la utiliza en áreas que, según su propia descripción,

---

[295] "These differences have manifested in any number of problems for HIV/AIDS research. For example: • In the 'French blood transfusion scandal,' HIV was thought to be harmless on basis of chimpanzee experiments, and so contaminated blood was allowed to be used in transfusions that infected 8000 people with HIV. • More than 80 proposed AIDS vaccines, 'proven' safe and effective in animals (often NHPs including chimpanzees), have failed in over 100 human clinical trials. One of the latest was 'AIDSVAX' which, though safe in chimpanzees, failed to protect over 3000 volunteers in clinical trials." (Idem)

[296] Por ejemplo, existen vacunas que pueden inducir respuestas inmunológicas en los primates y contrarrestar la infección viral pero exacerbar la enfermedad en los niños.

[297] Bailey, Jarrod; "A Brief Introduction to Human/Chimpanzee Biological Differences (…), op.cit.

sería indispensable e irremplazable, tales como las relativas al cáncer, al derrame cerebral, ataque al corazón, Alzheimer, Parkinson, etc. Los chimpancés ya no se utilizan en los estudios sobre el cáncer, pero la propaganda que giraba a mediados de los 70 sobre su utilidad es idéntica a la que usan hoy para dramatizar el valor de uso de los rhesus, como sustitutos:

> "The importance of biomedical research in human cancer is more evident today than ever before, the obvious important role that the subhuman primate play in this continued research is evident. Research data accumulated using this experimental animal, so close to man, has in the past and will continue in the future to be directly applicable to the human situation and thus, permits vital investigation that for moral and ethical reasons could have never been considered using human volunteers."[298]

La razón por la que ya no se usan chimpancés en las investigaciones relacionadas al cáncer -concluye Bailey- es simple: "it didn´t work."[299] En lugar de centrar la atención investigativa directamente en modelos humanos, por recurso de métodos experimentales alternativos, los ideólogos y propagandistas del "scientific monkey business" han optado por suplantar al chimpancé por el rhesus como "surrogate" del humano, no por las cualidades celebradas ni porque representen un modelo experimental más efectivo, sino porque es más barato, existen suplidoras en suelo estadounidense y gozan de menos presiones éticas y políticas sobre sus usos.

Al margen de la inaplicabilidad mecánica de los resultados experimentales en animales, los estudios comparativos y experimentaciones para detectar diferencias o similitudes

---

[298] Seigler, H. F. "Immunology and Melanoma"; In Progress in Ape Research; GH Bourne (ed). Academic Press Inc. New York. 1977; pp. 227-23; según citado en Bailey, Jarrod.; "A Brief Introduction to Human/Chimpanzee Biological Differences (…), op.cit.

[299] La explicación elaborada con relación a la genética está en el trabajo citado.

biológicas entre primates no-humanos y humanos (enfermedades, agentes infecciosos, etc.) pueden hacerse fuera del cruel confinamiento en laboratorios, mediante muestras de tejidos o cultivo de células vivas, por ejemplo. Existen las tecnologías para hacerlo, y aunque no deja de tratarse de un ejercicio vicioso y fútil en lo concerniente a la especificidades de la salud y las enfermedades humanas, queda al descubierto el gran fraude de las corporaciones biomédicas y farmacéuticas que insisten en experimentar invasivamente con animales. De acuerdo con el genetista Jarrod Bailey:

> "We now know too much about the differences between species that make animal based research – even in our closest relatives, chimpanzees – confounding and even futile. To persist with it eschewing better human specific options that technology has provided is a dereliction of duty that will continue to keep the treatments we seek for so many human diseases at arms' length."[300]

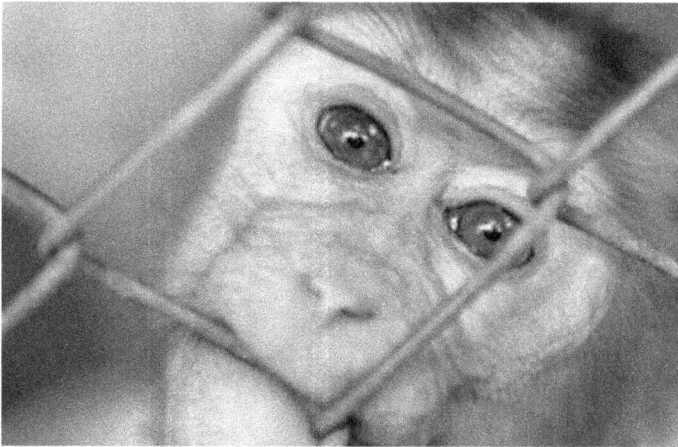

Ilustración 18[301]

---

[300] Bailey, Jarrod.; "A Brief Introduction to Human/Chimpanzee Biological Differences (…), op.cit.

[301] Rhesus enjaulado para experimentaciones invasivas. Fotografía tomada de: http://mundoplath.com.

No obstante, en el contexto local seguiría ignorándose el emplazamiento ético y las advertencias científicas sobre la crueldad e inutilidad de las experimentaciones invasivas con primates no-humanos. Con el aval institucional de la UPR y el consentimiento de los gobiernos insulares, el esquema de fraude relacionado a la experimentaciones invasivas con la supuesta finalidad de producir una vacuna contra el SIDA continuaría encabezado por el CPRC. La cobertura mediática le seguiría sirviendo de plataforma política y publicitaria:

> "Mientras que 33 millones de personas en todo el mundo sufren de SIDA y el número de nuevas infecciones ronda las 7,500 diarias, el director del Centro de Primates de la UPR, Edmundo Kraiselburd, criticó el hecho de que la política pública local no es cónsona con las aspiraciones de que la Isla se encamine a una economía del conocimiento."[302]

Ignorando las críticas científicas, éticas y políticas, que circulan en el mundo y que han evidenciado el carácter fraudulento de la propaganda corporativa del "scientific monkey business" en general, el director del CPRC se aferra a la cruel e inútil -pero lucrativa- empresa. Según cita la prensa:

> "Desde hace años, la comunidad científica reveló que el mono rhesus es el modelo animal más adecuado para hacer investigaciones de vacunas contra el SIDA, el dengue, la malaria y el virus del Nilo debido a que el genoma humano de los rhesus es 93% similar al del ser humano. El único animal con más coincidencias es el chimpancé con un 99% por ciento."[303]

---

[302] Álvarez, Jennifer; "Cuesta arriba la vacuna contra el SIDA"; *Diálogo*, enero, 2009.

[303] E. Kraiselburd, según citado en Álvarez, Jennifer; "Cuesta arriba la vacuna contra el SIDA"; op.cit.

Dentro del escenario dominado por la política genocida del gobierno insular, obstinado en exterminar las especies de primates no-humanos silvestres, el funcionario del CPRC arremete a favor de su empresa:

> "Es un error grave lo que está haciendo el Departamento de Recursos Naturales y Ambientales (DRNA) y esto tiene un impacto sobre el mundo entero. (...) Estos primates son los que precisamente necesitan las universidades debido a la escasez de estos animales para investigación..."[304]

Ilustración 19[305]

---

[304] Ídem.

[305] Rhesus sometido a tortura experimental. Fotografía tomada de: http://www.campagneperglianimali.org.

P. del S. 2552 / Ley Núm. 154: legalización del maltrato a los animales (2008)

El historial de violencia, maltrato y crueldad hacia los animales está directamente relacionado con la percepción que la ciudadanía tiene de éstos y, sobre todo, con la que promueve con fuerza de ley el Estado y las agencias de gobierno que llevan por encargo implementarla y hacerla valer. La poderosa influencia ideológica que ejercen las agencias estatales sobre las percepciones sociales incide de manera dañina y perjudicial sobre las especies de animales que, con fuerza de ley, ha condenado al exterminio o ha autorizado para usos experimentales. Esta es, quizá, la expresión más dramática de la crueldad institucional y legal ejercida sobre la fauna en la Isla. No obstante, otros modos de violencia y crueldad se practican, de manera más discreta y sutil, sobre las especies privilegiadas y protegidas por la mirada estatal dominante. El arrogado poder de regir sobre la vida animal, sobre toda la fauna silvestre y las especies consideradas domésticas, desvirtúa sus existencias y las subordina a sus caprichos, incluyendo el de conservarlas y protegerlas en sus propios términos y a conveniencia de sus deseos e intereses; a merced de sus temores, pasiones sádico/recreativas (como la cacería) y prejuicios...

La ley es efecto y a la vez subterfugio de la (in)tolerancia social y cultural hacia los animales. A consecuencia, el discurso oficial y las autoridades que la implementan predisponen la psiquis de la ciudadanía a la aversión contra ciertas especies, del mismo modo que condiciona la sensibilidad hacia otras. En todos los casos, antecede una apropiación imaginaria de la vida de las especies animales no-humanas, que se materializa nítidamente en el discurso imperante de la ley, que declara propiedad del Estado a todas las especies de vida silvestre en su jurisdicción.[306] En Puerto Rico, la vida de los animales autorizados a coexistir entre la población humana queda reducida a la condición de mascota y condicionada su existencia a la tenencia de dueño, ya sea el propietario una persona singular, una institución "científica" o el gobierno...

---

[306] Ley Núm. 241 de 15 de agosto de 1999 (Nueva Ley de Vida Silvestre de Puerto Rico)

Dentro de este cuadro de época, la política de exterminio de especies "invasivas" y de animales realengos, así como las experimentaciones invasivas en laboratorios, continuarían practicándose al amparo de la ley y con el aval incondicional del Gobierno de Puerto Rico y de su cuerpo legislativo. El valor de los animales no-humanos y sus condiciones de vida, incluso el derecho a existir, continuarían subordinados a la creencia en la superioridad absoluta de la especie humana...

Ilustración 20[307]

---

[307] Madre rhesus y cría nativas, capturadas por el DRNA y en cautiverio provisional en Cambalache. Fotografía por Gazir Sued (2010)

En mayo de 2008 el senador Jorge de Castro Font presentó un proyecto de ley para establecer la "Ley para el Bienestar y la Protección de los Animales"[308], que habría de *derogar* la ley 67, regente en Puerto Rico desde 1973.[309] El proyecto recibiría el endoso de las diversas agencias de gobierno[310] y organismos cívicos[311] auscultados por el cuerpo legislativo, que habría de *recomendar* su aprobación el mes entrante.[312] Aunque no contó con el endoso de la Asociación de Alcaldes[313], el proyecto

---

[308] P. del S. 2552; Senado de Puerto Rico; 15ta Asamblea Legislativa; 7ma Sesión Ordinaria; (presentada por el senador Jorge de Castro Font; referido a la Comisión de Agricultura, Recursos naturales y Asuntos Ambientales; y de los Jurídico y Seguridad Pública); 19 de mayo de 2008.

[309] Ley Núm. 67 de 31 de mayo 1973 (Ley de Protección de Animales)

[310] El secretario de Agricultura, Gabriel Figueroa Herrera endosó incondicionalmente el proyecto. (Figueroa Herrera, Gabriel (secretario del DA); "Carta de endoso al p. del S. 2552"; 19 de junio de 2008) Endosó también la secretaria del Departamento de Salud, Rosa Pérez Pedromo (Pérez Pedromo, Rosa; "Carta de endoso al P. del S. 2552; 25 de junio de 2008); por el director de OECA, Carlos Carazo (Carazo, Carlos M (Director División Zoonosis y OECA); Departamento de Salud; 9 de junio de 2008); y por el superintendente de la Policía, Pedro Toledo (Toledo Dávila, Pedro (Superintendente de la Policía de Puerto Rico); "Análisis y comentarios sobre el P. del S. 2552"; 11 de junio de 2008), entre otros.

[311] El proyecto fue endosado sin condiciones ni reservas por el Colegio de Abogados. Según Yolanda Álvarez, presidenta de la Comisión Especial sobre Protección de los Derechos de los Animales del Colegio de Abogados: "Hay que llevar el mensaje a los ciudadanos de que este tipo de conducta no será tolerado (...) En las manos de nuestra Legislatura está el lograr que la protección y el bienestar de los animales para que éstos se desarrollen en un ambiente saludable que propenda en beneficio de la familia puertorriqueña y que nos identifique como una sociedad de vanguardia y mentalmente saludable." (Álvarez, Yolanda; "Contra el maltrato de animales"; *El Nuevo Día*; 1998)

[312] P. del S. 2552 (Informe); 19 de junio de 2008. (La Comisión de Agricultura, Recursos Naturales y asuntos Ambientales, presidida por el senador Luis Daniel Muñiz)

[313] La Asociación de Alcaldes de Puerto Rico presentó oposición al proyecto de ley, porque "responsabiliza a los municipios del fiel cumplimiento con las disposiciones que se legislan..." e "impone responsabilidades al municipio sin tomar en consideración la situación fiscal de éstos y sin proveer los recursos

388

sería firmado por el gobernador Acevedo Vilá y convertido en ley recién iniciado el mes de agosto.[314]

El texto de la ley 154, expone como propósito formal servir de *disuasivo* del maltrato a "los animales", enjuiciar y penar de manera más severa "a aquellos que abusan de éstos.": "Hay que llevar el mensaje a los ciudadanos de que este tipo de conducta no será tolerada."

> "Puerto Rico debe destacarse como una sociedad sensible y vanguardista, que respeta, protege y cuida de sus animales. Una nueva ley es necesaria no sólo para la protección de estos seres indefensos, sino para colaborar a desarrollar una sociedad puertorriqueña mentalmente saludable."[315]

La versión original de la exposición de motivos no sufriría alteración alguna durante todo el trámite legislativo, y el texto de la ley la integraría intacta. Reducida la existencia de los animales a la condición de mascotas, la ley dispondría de penas severas a los dueños que *abandonan* a estas "criaturas inocentes". El significado del verbo *abandonar* y la base de la prohibición legal, estarían entrelazados a la aversión social por la existencia de animales realengos (sin dueño) en los espacios urbanos, atenuada progresivamente desde mediados de la década de los 80. Para el discurso de la ley, los animales que habitan en los márgenes del dominio humano, fuera del cautiverio doméstico, sufren. Establecida esta premisa imaginaria y arbitraria, el Estado aparece como protector y celador del bienestar de los animales, y se arroga la potestad de castigar a quienes los liberen. Sobre esta base,

---

económicos..." Asimismo, levantó dudas sobre la efectividad disuasiva de agravar las penas de multas y encierros, sin antes implementar un proyecto de educación a la ciudadanía. (García, Jaime L. (Director Ejecutivo); Asociación de Alcaldes de Puerto Rico; "Posición sobre el P. del S. 2552"; presentado ante la Comisión de Agricultura, Recursos naturales y Asuntos Ambientales; y de los Jurídico y Seguridad Pública); 17 de junio de 2008)

[314] Ley Núm. 154 "Ley para el Bienestar y la Protección de los Animales" (P. del S. 2552); 15 de agosto de 2008.

[315] Ídem.

ordena que en lugar de liberarlos sean entregados a refugios, donde habrían de decidir sobre sus destinos finales y, por lo general, sacrificados para que no sufran los males de la libertad...

La referencia que serviría de trasfondo histórico a la retórica del senador de Castro Font, y que habría de representar la postura oficial del gobierno de Puerto Rico al convertirse en ley, sería la Declaración Universal de los Derechos de los Animales (DUDA), decretada en 1977 en Londres y posteriormente suscrita por la UNESCO y la ONU.[316] El texto y la intensión de la declaración de 1977 sería manipulado a conveniencia y sin reserva ética alguna, sacando de contexto u omitiendo las partes que pudieran contradecir o entorpecer la finalidad política del proyecto de ley. Además, la *nueva* ley es copia fiel de los entendidos prevalecientes en la legislación y reglamentos regentes, y exime de la definición de "maltrato"[317] las prácticas de maltrato autorizadas por la ley:

> "Se exceptúa de esta definición aquellas gestiones necesarias y contempladas en la Ley Núm. 241 de 1999, conocida como la Nueva Ley de Vida Silvestre de Puerto Rico y el Reglamento Núm. 6765 de 12 de marzo de 2004, según enmendado, del Departamento de Recursos Naturales y Ambientales."[318]

Discriminadas las especies por decretos legales, la *nueva* ley revela su carácter demagógico y contradice la alusión al supuesta

---

[316] Declaración Universal de los Derechos del Animal; Londres, 23 de septiembre de 1977; Adoptada por la Liga Internacional de los Derechos del Animal y las Ligas Nacionales afiliadas en la Tercera reunión sobre los derechos del animal, celebrada en Londres del 21 al 23 de septiembre de 1977. Proclamada el 15 de octubre de 1978 por la Liga Internacional y las Ligas Nacionales. Aprobada por la Organización de las Naciones Unidas para la Educación la Ciencia y la Cultura (UNESCO), y posteriormente por la Organización de las Naciones Unidas (ONU).

[317] "Maltrato"- significa todo acto u omisión en el que incurre una persona, sea guardián o no, que ocasione o ponga a un animal en riesgo de sufrir daño a su salud e integridad física y/o emocional. (Ley Núm. 154 (2008); op.cit.)

[318] Ídem.

vínculo político y moral con la citada Declaración Universal de los Derechos de los Animales (DUDA), acogida por la ONU. En contraste a la disposición de la ley 154, que refrenda la autoridad de las agencias de gobierno, principalmente del DRNA, a *maltratar* a los animales según considere *necesario*, la DUDA declara: "Ningún animal será sometido a malos tratos ni actos crueles."[319]

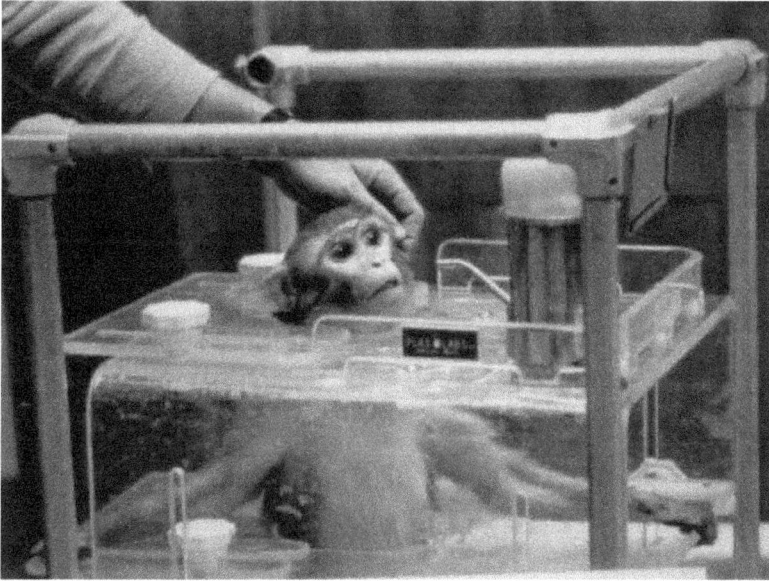

Ilustración 21[320]

En acorde a este principio ético y político, antagónico e irreconciliable con las leyes y reglamentaciones regentes sobre la fauna en Puerto Rico, la Declaración Universal de los Derechos de los Animales proclama:

"Todos los animales nacen iguales ante la vida y tienen los mismos derechos a la existencia."[321]

---

[319] Artículo 3; Declaración Universal de los Derechos del Animal (1977); op.cit.

[320] Rhesus sometido a tortura experimental en la Universidad de Wisconsin. Fotografía tomada de: http://www.all-creatures.org/anex/monkey-chair-08.html

[321] Artículo 1; op.cit.

La política de exterminio de las especies estigmatizadas como *invasivas* por el gobierno de Puerto Rico y refrendada en el texto de la ley 154, es contraria a los principios de los derechos de los animales que alega representar:

> "El hombre, en tanto que especie animal, no puede atribuirse el derecho de exterminar a los otros animales o de explotarlos violando ese derecho."[322]

Contrario a la política del DRNA y de las demás agencias locales y federales afines, la declaración de los derechos de los animales, no establece distinción discriminatoria entre especies nativas o extranjeras. Antagonizando con las leyes regentes en Puerto Rico, la DUDA declara:

> "Todo animal perteneciente a una especie salvaje, tiene derecho a vivir libre en su propio ambiente natural, terrestre, aéreo o acuático y a reproducirse."[323]

E incluso condena categóricamente la política de matanzas como práctica genocida:

> "Todo acto que implique la muerte de un gran número de animales salvajes es un genocidio, es decir, un crimen contra la especie."[324]

Asimismo, la política de prohibición de especies realengas y su consecuente aprisionamiento en *refugios* también contradice los principios de la declaración de los derechos de los animales adoptada por la ONU:

---

[322] Artículo 2; op.cit.

[323] Artículo 4; op.cit.

[324] Artículo 12; op.cit.

"Todo animal perteneciente a una especie que viva tradicionalmente en el entorno del hombre, tiene derecho a vivir y crecer al ritmo y en las condiciones de vida y de libertad que sean propias de su especie."[325]

De modo similar, los principios de la DUDA repudian la cacería deportiva, promovida en Puerto Rico por el gobierno insular y federal como industria legítima y de valor económico y social:

"Ningún animal debe ser explotado para esparcimiento del hombre."[326]

No obstante, la ley 154 incluso hace una salvedad arbitraria y reconoce como excepción las peleas de gallos, reguladas y celadas como "deporte de caballeros" por el Departamento de Recreación y Deportes, y promocionadas por el gobierno como parte de la industria económica de la Isla.[327]

La ley 154 prohíbe y pena severamente a cualquier sujeto o institución que, además de *maltratar* al animal (ocasione o ponga a un animal en riesgo de sufrir daño a su salud e integridad física y/o emocional), le ocasione "sufrimiento innecesario"[328] y/o "trauma físico".[329] No obstante, integra copia exacta del texto de la

---

[325] Artículo 5; op.cit.

[326] Artículo 10; op.cit.

[327] "Ninguna persona causará, patrocinará, organizará, llevará a cabo, o promoverá que cualquier animal pelee, amenace o lesione otro animal con propósito deportivo, de entretenimiento, ganancia económica o cualquier otro propósito, a excepción de gallos de peleas, cuya práctica está reglamentada por la Ley Núm. 98 de 2007." (Ley Núm. 154 (2008); Artículo 8 - Peleas de animales; op.cit.)

[328] "Sufrimiento innecesario"- significa causar sufrimiento que no es necesario para la seguridad, salud o bienestar del animal o de otros seres en su ambiente.

[329] "Trauma físico"- significa fracturas, cortaduras, quemaduras, hematomas u otras heridas y/o lesiones físicas al cuerpo del animal.

ley núm. 67, regente desde 1973[330], que legitima la experimentación invasiva con animales vivos y en condiciones de cautiverio[331], a sabiendas de que irremediablemente serán objeto de maltratos[332], se les ocasionará sufrimiento y daños a su salud e integridad física y emocional; traumas y tormentos; torturas y muerte[333]:

> "Los experimentos estarán restringidos a casos en que sean considerados absolutamente esenciales para propósitos de investigación científica en centros universitarios."[334]

Sin embargo, elimina las disposiciones dispuestas en la ley 67 (Artículos 2 al 5), amplificando y desregulando el poder discrecional sobre la trata de animales de los ejecutores de experimentaciones en "centros universitarios".[335] La alegada suscripción de la ley 154 a los principios establecidos en la

---

[330] Ley Núm. 67 (Ley para la Protección de Animales); 1973.

[331] "Confinamiento de animales" - Cualquier persona que encierre, amarre o de otro modo limite el movimiento de un animal causándole sufrimiento innecesario, cometerá delito menos grave. (Ley Núm. 154 (2008); Artículo 2)

[332] "Maltrato de animales": Una persona comete el delito de maltrato de animales si la persona intencionalmente, a sabiendas, (...) causa alguna lesión física o sufrimiento al animal. (Ley Núm. 154 (2008); Artículo 5)

[333] "Maltrato agravado de animales": Una persona comete el delito de maltrato agravado de animales si la persona intencionalmente o a sabiendas: Tortura un animal; o Mata a un animal bajo circunstancias que demuestren malicia premeditada o un grave menosprecio por la vida. (Ley Núm. 154 (2008); Artículo 7)

[334] Ley Núm. 154 (2008); Artículo 19 -Experimentos; op.cit.

[335] El señalamiento crítico fue presentado por el secretario del Departamento de Justicia, que sugirió que fueran reintegrados. (Sánchez Ramos, Roberto J. (secretario del Departamento de Justicia); "Estudio y análisis sobre el P. del S. 2552" (presentado ante la Comisión de Agricultura, Recursos Naturales y Asuntos Ambientales del senado de Puerto Rico); 19 de junio de 2008) Los señalamientos del secretario de Justicia serían obviados...

declaración de los derechos de los animales quedaría desmentida nuevamente:

> "La experimentación animal que implique un sufrimiento físico o psicológico es incompatible con los derechos del animal, tanto si se trata de experimentos médicos, científicos, comerciales, como toda otra forma de experimentación."[336]

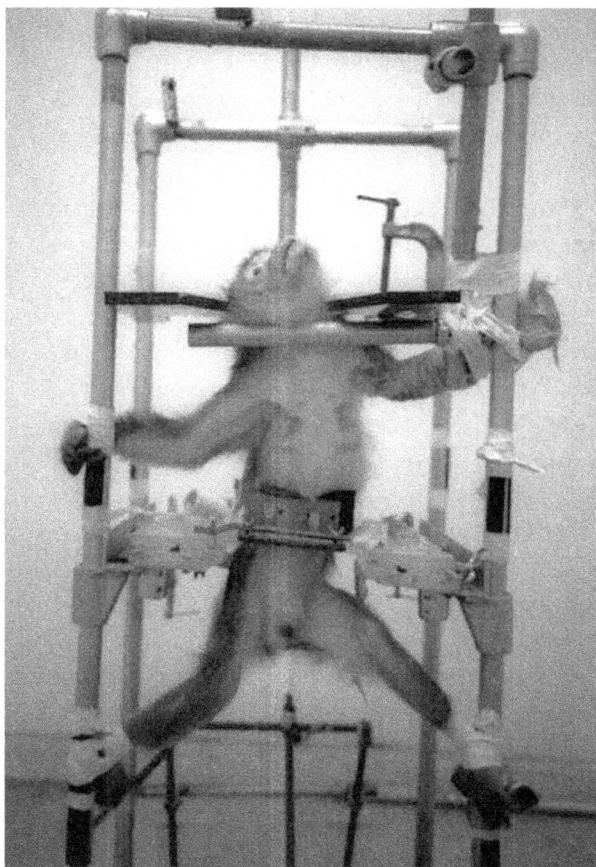

Ilustración 22[337]

---

[336] Declaración Universal de los Derechos del Animal; 1977; Artículo 8; op.cit.

[337] Tortura experimental. Fotografía tomada de: http://es.wikipedia.org.

El texto del proyecto legislativo, integrado en la ley, también establece un vínculo mecánico entre el *abuso* a los animales y la psicopatología humana, en versión de "conducta criminal". Según el superintendente de la Policía, Pedro Toledo, el registro de patrones de maltrato a los animales permite identificar a un ser humano "potencialmente criminal". Por ejemplo -señala- "...la inclinación del niño a torturar animales, entre otros factores, podrían prefigurar un potencial criminal en el mismo."[338]

> "Y es que desde un ámbito de seguridad pública, existen estudios científicos que demuestran el vínculo entre la mente criminal y el maltrato a los animales en la infancia, como uno de los indicadores de violencia que tiene esa persona."[339]

Cónsono a este entendido, la ley dispone severas penalidades para el sujeto *maltratante* y tipifica como delito las prácticas o *conductas* que no serán *toleradas* por el Gobierno de Puerto Rico. Así, dispone legislación para "la protección de estos seres indefensos" con el fin, además, de "colaborar a desarrollar una sociedad puertorriqueña mentalmente saludable."[340]

No es una creciente sensibilidad entre los puertorriqueños hacia los animales lo que se representa en la ley 154, sino los límites de la tolerancia social a coexistir con ellos sin ejercer dominio y control absoluto sobre sus vidas. La ley no estimula la tolerancia sino que provee argumentos dramáticos para limitarla cada vez más. El discurso de la ley hace aparecer toda relación entre los animales no-humanos y humanos como una de subordinación/dominación sin un afuera posible. La depreciación de la existencia de los animales domésticos por la condición de mascotas supone la conversión del sujeto humano en propietario y/o guardián, objeto de severas penalidades aún si sostiene

---

[338] Toledo Dávila, Pedro; "Análisis y comentarios sobre el P. del S. 2552"; (2008); op.cit.

[339] Ídem.

[340] Ley Núm. 154 (2008)

relaciones sensibles y humanas porque han sido tipificadas como delito (poseer un animal "exótico" sin autorización del Estado; alimentar animales silvestres que han sido proscritos por las agencias estatales; liberar animales domésticos en lugar de entregarlos a los mataderos del Estado (refugios), etc.) La ley obliga al ciudadano que no interese mantenerlo en cautiverio o no pueda costear los gastos de cuido, a entregar al animal a un refugio o albergue para que el Estado disponga de él. De no hacerlo, sería acusado del "delito de abandono", y reprochado moralmente por "desamparar" a la criatura.[341]

Irónicamente, la ley prohíbe y pena severamente el confinamiento de animales tipificados como mascotas y cualifica esta práctica bajo la categoría de maltrato. No obstante, da rienda suelta a las experimentaciones invasivas sobre animales vivos y en cautiverio; promociona la cacería *deportiva*; favorece las matanzas de las especies de la fauna designadas como "invasivas"; autoriza las peleas de gallos y se toma la libertad de discriminar contra razas de animales de una misma especie[342] por virtud de prejuicios, intolerancias, intereses económicos y presiones políticas...

Dentro de este tétrico escenario, el Estado confiere potestad a sus agencias sobre la vida de los animales, no para garantizar su bienestar, alimentarlos o curarlos, sino para determinar si le permiten vivir temporalmente en cautiverio o son sacrificados enseguida según sus criterios. La existencia de perros

---

[341] La Oficina Estatal para el Control de Animales (OECA) dispone que: "Es inhumano y contra la ley abandonarlos a su suerte en las calles" y para sostenerlo cita a San Francisco de Asís... La ley núm. 242 (30 de agosto de 2000), enmendó la ley núm. 36 (30 de mayo de 1984), para crear la Oficina Estatal de Control Animal (OECA) "cuya finalidad era facilitar el establecimiento y operación de Refugios Regionales y Animales en el Estado Libre Asociado de Puerto Rico. Esta legislación respondía a la dificultad que en aquel momento enfrentaba la Isla con respecto a la sobrepoblación animal." La ley núm. 427 la enmendaría para adscribirla al Departamento de Salud y asignar nuevos encargos como: procurar el recogido de animales realengos y colaborar con los municipios para el alojamiento temporal de los mismos. (Ley Núm. 427 (P. del S. 2306); (Oficina Estatal de Control Animal (OECA) adscrita al Departamento de Salud); 22 de septiembre de 2004)

[342] Tal es el caso de la ley 158 de 1998, que proscribe y penaliza severamente la tenencia de perros de la raza "Pitbull". (Ley Núm. 158 (P. de la C. 595); 23 de julio de 1998)

y gatos realengos, por ejemplo, está sujeta a una política racista del Estado, que privilegia a los animales de raza sobre los satos. El destino seguro de los animales atrapados y retenidos en cautiverio temporal en los refugios o albergues del Estado, por razones económicas, es la muerte. A no ser que un ciudadano interese *adoptar*, y por lo general prefieren los animales de raza a los satos. Asimismo, los animales incautados por los funcionarios de la ley serían entregados a los refugios, donde el personal designado por el Departamento de Salud los "evaluaría":

> "Los animales incautados deberán ser evaluados
> por el Departamento de Salud que llevará a cabo
> una evaluación de la peligrosidad de los animales y,
> de determinar que son peligrosos, dispondrá de
> ellos mediante la eutanasia por un veterinario."[343]

De surgir alguna situación en la que no fuera posible entregar al animal a un *refugio*, dada la potestad de sus administradores para aceptarlos o no, el veterinario del Departamento de Salud podría instruir al oficial de la Policía o del DRNA que realizó la incautación "...para que éste le dé una muerte compasiva al animal por medio de un "tiro de gracia".[344]

Desde la perspectiva ética y política proclamada en la Declaración Universal de los Derechos de los Animales, la ley regente en Puerto Rico no contribuye a disuadir las prácticas de violencia y crueldad contra animales, porque ella misma las legitima y las estimula. Asimismo, lejos de contribuir al desarrollo de una "sociedad puertorriqueña mentalmente saludable", revela el carácter enfermizo de las autoridades reguladoras del Estado, y encubre los actos criminales practicados con fuerza de ley en instituciones *universitarias* y centros de investigación experimental invasiva; devela la ignorancia y el carácter prejuiciado de sus

---

[343] Ley Núm. 154 (1998); Artículo 8 - Peleas de Animales; op.cit. "Eutanasia" - La terminación de la vida de un animal sólo puede llevarse a cabo por un veterinario o por personal adecuadamente adiestrado y bajo la supervisión de un veterinario, mediante las técnicas aprobadas por el AVMA (American Veterinary Medical Association)... (Ley Núm. 154 (1998); Artículo 13. – Eutanasia; op.cit)

[344] Ídem.

entendidos, al discriminar entre razas designadas *peligrosas*; y evidencia la naturaleza sádica, neurótica y paranoide que se manifiesta concretamente en las matanzas de especies estigmatizadas como "invasivas"...

Ilustración 23[345]

---

[345] Cría patas nativa y en cautiverio provisional en Cambalache. Fotografía por Gazir Sued (2011)

Cobertura mediática: propaganda de aversión (2008)

A mediados de 2008 todavía las agencias de gobierno no tenían un estimado fiable de la cantidad de rhesus y patas dispersos en el área suroeste de la Isla, avistados predominantemente en Lajas, Guánica, Sabana Grande, Cabo Rojo y San Germán. La cobertura mediática se limitaba a reseñar las especulaciones de los funcionarios públicos a cargo del exterminio de las especies, estimadas en cerca de 600 cada una. La queja principal seguiría girando en torno a los supuestos *estragos* que ocasionaban anualmente al sector agrícola de la región, favoreciendo la impresión engañosa de que el principal problema de la economía agrícola era "por culpa de estos monos". Las noticias publicadas se limitarían a reproducir el contenido provisto por los funcionarios de gobierno, sin cuestionamientos de ningún tipo. Incluso continuarían repitiendo los estribillos ideológicos que justifican las matanzas, saturados de exageraciones y falsedades. Tal sucede con el caso de los rhesus, que aunque no estaban vinculados directamente a los supuestos daños a la agricultura, estaban estigmatizados como *peligrosos* porque "muchos de ellos están infectados con el virus herpes-B."[346] Según José Laborde, asesor del Secretario del Departamento de Agricultura y representante de la agencia en el programa gubernamental de *manejo* de estas poblaciones: "La mordida de un mono Rhesus con el virus activado podría ser mortal para un humano."[347]

A la fecha, las agencias de gobierno insular (DRNA y DA) y federal (USDA-WS) aún no completaban la primera la fase del proyecto de exterminio, financiado con cerca de $2 millones provenientes de fondos públicos. Todavía estaban siendo construidas las jaulas y las capturas eran esporádicas. La cobertura en los medios repite la información tal y como le era suplida y no advertía las contradicciones de los funcionarios citados. Según Laborde, los primates aprisionados son mantenidos en la finca

---

[346] Alfaro, Aura N.; "Los monos espantan a muchos agricultores"; El *Nuevo Día*, 23 de junio de 2008.

[347] Laborde, José ; según citado en "Amenaza animal a la agricultura"; *El Nuevo Día* (Negocios); 22 de junio de 2008.

Providencia, de la Autoridad de Tierras, "para ser enviados a Florida", de donde serían relocalizados en parques zoológicos. No obstante, alega que los están capturando "para ponerles radio-transmisores y luego soltarlos, para obtener datos sobre su conducta, dónde habitan y así encontrar a los diferentes grupos."[348] A finales de año, sólo dos de los 16 capturados fueron *liberados* con collares radiotransmisores, y los demás "eliminados a balazos de calibre 22."[349] Según cita del secretario del DRNA, Javier Vélez Arocho:

> "Las autoridades determinaron que balearlos era un final más humanitario que una inyección letal (...) Agregó que lamenta tener que matar animales pero no tuvo otra alternativa tras ser rechazados por 92 organizaciones."[350]

No obstante el insinuado *consenso social* a favor de las matanzas, el exterminio de las especies sería efectuado a espaldas de la mirada pública, y la presencia ciudadana estaría prohibida en el lugar de las ejecuciones. La campaña de exterminio de primates rhesus y patas restringiría la información sobre ésta y no invertiría más capital en publicidad que la que pudiera ofrecer la cobertura mediática. La política interagencial de mantener al margen de su empresa a la ciudadanía sería justificada por el secretario del DRNA:

> "'No quiero protestas de gente que no entiende esto (...) Encaramos una plaga de animales que no son de Puerto Rico y que son muy peligrosos."[351]

---

[348] Ídem.

[349] La misma cita y cobertura general se repite en dos artículos: Linsley, Brennan (AP); "Cazan monos para evitar infecciones en Puerto Rico"; *La Prensa*; 22 de diciembre de 2008; y en Fox, Ben; "Se les termina el guiso a los monos"; *El Nuevo Día*; 23 de diciembre de 2008.

[350] Ídem.

[351] "Para evitar infecciones inician la cacería de monos 'rhesus' y 'patas' en Puerto Rico"; 22 de diciembre de 2008 en: http://www.eltiempo.com.

La clase periodística local no reclamaría derecho a informar directamente sobre las matanzas, y se conformaría con citar los informes oficiales y a reseñar los comunicados de prensa sin reservas. Las noticias publicadas en los principales medios de información de la Isla asumirían como propia la campaña de exterminio de especies designadas como "invasivas", repitiendo al pie de la letra el discurso paranoide e hipocondriaco del Estado, y acrecentando el clima de histeria social, neurosis y fobias entre la ciudadanía...

Haciendo uso de un lenguaje superfluo y cargado de exageraciones y falsedades, pensadas para efectos comerciales, una noticia publicada en agosto de 2008 representa el entramado de creencias dominantes:

> "Como si se tratara de la época de la conquista, en la que los colonizadores provocaron la extinción de la población taína, de igual manera las especies de animales exóticos amenazan acabar con la flora y fauna nativas."[352]

Interiorizados los dogmas de las agencias exterminadoras, la prensa del país continuaría participando del mismo discurso genocida de las agencias de gobierno y del cuerpo legislativo, encubriendo la naturaleza política del mismo y, a los efectos, distorsionando la realidad sobre la procedencia y existencia de las especies animales en la Isla. Con base en la ignorancia, la intolerancia y el prejuicio, cultivadas con fuerza de ley en Puerto Rico, los medios de información acusarían al tráfico ilegal de especies *exóticas* como el principal responsable de la existencia de estas especies en la Isla. La política prohibicionista del gobierno federal, impuesta al gobierno insular, es ignorada u omitida en la racionalidad noticiosa. Prohibida la posibilidad de diversificar las especies de flora y fauna en la Isla, aparece como *natural* la falsa idea de que las especies "introducidas" (exóticas, invasivas) son perjudiciales a las designadas como *nativas*...

La clave para el funcionamiento efectivo de esta retórica no es su relación con la realidad objetiva de las especies, sino su

---

[352] Jiménez Torres, Stephanie; "Exótica la amenaza para los nuestros"; *El Nuevo Día*; 12 de agosto de 2008. (http://www.elnuevodia.com)

encubrimiento. En Puerto Rico, las especies designadas como *exóticas* por el Departamento de Agricultura (DA) y el Departamento de Recursos Naturales y Ambientales (DRNA), coexisten entre las especies designadas como *nativas,* sin ocasionar *daños* reales al ecosistema o *amenazar* la biodiversidad en la Isla. Los alegados perjuicios son producto de la imaginación de supuestos *especialistas,* principalmente *biólogos,* contratados para cumplir encargos de celadores de las leyes regentes, no para dar cuenta de la realidad que se impone sobre sus especulaciones. Tal es el caso de los caimanes en la laguna Tortuguero y de las iguanas en los manglares; de los gatos, cabras y cerdos en la isla de Mona, y de los primates rhesus en Desecheo; de los gatos y perros realengos en las zonas urbanas, y de los primates no-humanos (rhesus, patas y monos ardilla) dispersos en la Isla. Todas estas especies coexisten con las demás especies de la fauna puertorriqueña y forman parte de ésta sin alterar la naturaleza de sus existencias...

La cita del funcionario de la agencia federal FWS, Carlos Díaz, evidencia el carácter especulativo, paranoide e hipocondriaco, de la política de exterminio de especies *exóticas* en Puerto Rico:

> "El problema es que estas especies pueden competir con las nativas por el hábitat, la comida, los lugares de anidaje y pernoctación. Además, muchas de ellas son parásitos, depredadores y portan enfermedades contagiosas"[353]

Asimismo, el funcionario del DRNA, José Luis Chavert, recita el credo impuesto por orden de ley federal, heredado por el Gobierno de Puerto Rico y la industria noticiosa:

> "...las especies invasoras se han convertido en un problema muy serio, pues ocasionan impactos negativos a la diversidad biológica de la Isla, a

---

[353] Ídem.

sectores de la economía, como la agricultura y constituyen un riesgo a la salud pública."[354]

La misma retórica seguiría repitiéndose sin alteraciones mayores durante el resto del año, y el contenido de los reportajes noticiosos seguiría aferrado a la práctica de repetirla sin cuestionamiento, contribuyendo a desensibilizar a la ciudadanía y a acrecentar los niveles de intolerancia social con base a prejuicios, fobias e hipocondrías...

A diciembre de 2008 habría iniciado la segunda fase del proyecto de exterminio. Del $1.8 millones asignado por la OE-2007 se habrían gastado $700,000 y *removido* cerca de 200 primates rhesus y patas, de los 1,500 estimados por las autoridades regionales de gobierno...

CPRC vs WS/DRNA: continúan las disputas (2008)

Al margen de los conflictos de intereses políticos en el escenario legislativo insular, e ignorando las críticas y reproches del CPRC, el informe final de la *Evaluación Ambiental* (EA[355]) del WS/DRNA sería aprobado a finales de agosto de 2008.[356] El contenido definitivo no alteró las versiones preliminares y su puesta en práctica ya era conocida y hasta promovida por los principales medios noticiosos del país. No obstante, representando los intereses del "scientific monkey business" en Puerto Rico, el director del CPRC, Edmundo Kraiselburd,

---

[354] Ídem.

[355] Environmental Assessment: Managing Damage and Threats Associated With Invasive Patas and Rhesus Monkeys In the Commonwealth of Puerto Rico; United States Department of Agriculture (USDA); Animal and Plant Health Inspection Service (APHIS); Wildlife Services (WS); April, 2008.

[356] Brown, Charles S. (Director Regional del Este); USDA/APHIS/WS; Decisión y hallazgo de impacto no significativo: Evaluación Ambiental: manejo de los daños y las amenazas Relacionadas con los monos patas y rhesus invasores en el Estado Libre Asociado de Puerto Rico; 29 de agosto de 2008.

mantendría en la escena mediática, y favorecido por ella[357], la disputa sobre el destino final de los primates rhesus capturados...

Antes de finalizar el año, el secretario del DRNA, Javier Vélez Arocho, *explicó* a la prensa que sacrificaban a los rhesus en lugar de entregarlos al CPRC porque no cuenta con la capacidad para almacenarlos[358], y el propio centro rechazó la oferta.[359] Kraiselburd reaccionaría de inmediato, *desmintiendo* las alegaciones del secretario del DRNA, relativas al supuesto desinterés del CPRC de recibir los rhesus porque están "contaminados".[360] Según Kraiselburd -cita la prensa- "...todos los monos de Cayo Santiago están sucios (contaminados con algunos virus) (...) y eso no ha impedido que los hayan podido vender o que se puedan hacer investigaciones con ellos."[361] Lo cierto es que las expresiones del funcionario corporativo del CPRC sobre su alegada disposición a "aceptar" los rhesus capturados seguiría condicionada a que el Gobierno de Puerto Rico le asignara fondos millonarios y recurrentes del erario público, para adquirir terrenos, ampliar las instalaciones experimentales y construir nuevos albergues en la zona oeste de la Isla.

Al parecer, Kraiselburd creía poder presionar al gobierno para que cediera ante los intereses corporativos del CPRC mediante chantajes indirectos, acusaciones y expresiones

---

[357] La cobertura en los medios seguiría inclinada a favor de la empresa dirigida por Kraiselburd, subordinándose ante la propaganda corporativa y las figuras de autoridad que la representan. En contraste a la presentación parca del secretario del DRNA -por ejemplo- Kraiselburd aparece en la noticia como "el doctor Kraiselburd"; "experto reconocido internacionalmente que cuenta con más de 30 años de experiencia en el campo de la investigación y manejo de primates." (Delgado Castro, Ileana; "Error grave matar a los rhesus"; *El Nuevo Día*; 8 de diciembre de 2008)

[358] Gaud Carrau, Frank (AP); "Sin ambiente para entrega de monos a investigadores" *Primera Hora*; 18 de diciembre de 2008.

[359] Cortés Chico, Ricardo; "Disputa por el manejo de los monos en Lajas"; *El Nuevo Día*; 26 de diciembre de 2008.

[360] Delgado Castro, Ileana; "Error grave matar a los rhesus"; *El Nuevo Día*; 8 de diciembre de 2008.

[361] Ídem.

difamatorias en la prensa. Una de las tácticas retóricas sería la de hacer aparecer al Gobierno de Puerto Rico como desinteresado en los avances científicos e incluso como obstáculo para los mismos. Según Kraiselburd, las experimentaciones con primates rhesus sirven para buscar vacunas para enfermedades como el sida, el dengue, la malaria, la diabetes y la obesidad y -aunque el CPRC es propietario de entre 2,300 y 3,000 primates rhesus- alega que "no hay monos rhesus suficientes para poder hacer los experimentos necesarios."[362] Invocando la mitología biomédica para legitimar la avaricia corporativa del CPRC, Kraiselburd alega que:

> "El mono es el animal más similar a nosotros desde el punto de vista fisiológico, inmunológico y genético (...) Eso lo podríamos capitalizar porque cualquier descubrimiento que se haga con ellos, puede ser patentable."[363]

Otra artimaña retórica sería la desviación del discurso paranoide e hipocondriaco del Estado contra sus propias agencias de gobierno. Según Kraiselburd -en entrevista con AP- el método de captura implementado por el DRNA "podría poner en peligro la vida de los ciudadanos", porque "permite un contacto 'letal' entre el ser humano y el mono":

> "Los monos rhesus están infectados con el virus Herpes B. Si un mono muerde y tiene ese virus en la saliva le va a transmitir ese virus a la persona. Ese virus va a ocasionar la muerte en menos de dos semanas."[364]

Según cita la entrevista, "por el bien del país" habría que detener al DRNA, que si no se abstiene de seguir con el método

---

[362] The Associated Press; "Advierten peligro de monos rhesus"; 19 de diciembre de 2008 (en http://www.wapa.tv)

[363] Delgado Castro, Ileana; "Error grave matar a los rhesus"; op.cit.

[364] The Associated Press; "Advierten peligro de monos rhesus"; op.cit.

implementado, *podría* provocar "daños irreparables" a la salud pública, la economía y el turismo.[365]

R. C. de la C. 63 (2009)

Derrotado el Partido Popular Democrático en las elecciones de noviembre de 2008, el Partido Nuevo Progresista volvería a asumir las riendas del gobierno en la Isla. En enero de 2009, de la autoría de la representante Lydia Méndez Silva, se presentaría una resolución legislativa a los efectos de "realizar una abarcadora investigación sobre la etapa de los procedimientos en que se encuentra el Proyecto de Control de Monos" del DRNA.[366] La resolución fue aprobada por unanimidad en la Cámara de Representantes, disponiendo un plazo de 120 días para que las Comisiones de Recursos Naturales, Ambiente y Energía; y de Agricultura de la Cámara de Representantes hicieran entrega de las investigaciones. La resolución final sería postergada hasta agosto de 2011, cuando se cumpliría el término de cuatro años, según dispuesto en la OE-2007.

Cobertura mediática: propaganda de aversión (2009)

A raíz del cambio de mando político en el gobierno, nuevos *jefes* de agencias habrían sido designados para ocupar los puestos de *confianza* política del gobernador. En sustitución de Vélez Arocho, sería designado Daniel Galán Kercadó como secretario del DRNA. Según reseña la prensa, Galán interesaba *revisar* el plan iniciado por su antecesor, "para la captura de monos que por décadas han angustiado la vida de los residentes de la zona suroeste del país" e *incorporar* al CPRC "para hacerle llegar los animales..."[367] Respondiendo a las demandas de apropiación y reproches públicos de Kraiselburd, Kercadó anunció que pondría

---

[365] Ídem.
[366] R. de la C. 63; Cámara de Representantes; 16ta. Asamblea Legislativa; 1ra Sesión Ordinaria; (Presentado por la representante Méndez Silva); Estado Libre Asociado de Puerto Rico; 7 de enero de 2009.

[367] Gaud Carrau, Frank (AP); "Nuevo secretario del DRNA revisa plan de captura de monos"; 21 de enero de 2009.

a disponibilidad del CPRC/UPR los rhesus capturados "que ellos entiendan que puedan servir para sus investigaciones."[368]

Durante el 2009 la cobertura de los medios de información en Puerto Rico se limitaría a publicar los comunicados de prensa oficial del DRNA, cediendo el espacio informativo a la función de vocero público de la agencia de gobierno, legitimando una versión única sobre el proyecto de *control* de primates rhesus y patas y, consecuentemente, encubriendo las matanzas. La campaña pública del DRNA imitaría la de su antecesor, evitando atraer la atención pública a través de los medios para evitar posibles críticas y protestas ciudadanas. En abril, el Cuerpo de Vigilantes del DRNA enfocó su estrategia de encubrimiento en una campaña para "orientar a la comunidad sobre los riesgos de obtener animales exóticos", centrada en los primates rhesus y patas. Según el *biólogo* Ángel Atienza, sargento a cargo del Centro de Confinamiento de Especies del DRNA en el bosque Cambalache, Arecibo:

> "En Puerto Rico existe una gran preocupación por la propagación de los monos (...) ya que éstos se comen los cultivos de los agricultores. Los monos rhesus y patas son capaces de morder y arañar. Además, pueden ser portadores de un virus de herpes B y otros patógenos que serían letales para el ser humano."[369]

Según Atienza:

> "Los monos de la especie rhesus son sacrificados porque son portadores de enfermedades..."[370]

La campaña de aversión del DRNA continuaría proyectando una preocupación obsesiva e irracional sobre los riesgos a la salud pública (hipocondría), con miras a consolidar la

---

[368] Ídem.

[369] DRNA; Comunicado de Prensa; Abril 2009 (http://www.drna.gobierno.pr)

[370] Maldonado Arrigoitía, Wilma; "Repleto el bosque de los monos"; *Primera Hora*, 23 de agosto de 2008.

impresión de la existencia de un *consenso social* sobre la política genocida de la agencia. Además, aprovecharía asentar sobre fobias, prejuicios e intolerancias, una imagen de benevolencia en el trato de animales, omitiendo la práctica de balear a sus víctimas -según convenido con la agencia federal WS-. Ante la opinión pública presentaría un cuadro falseado de la realidad, exaltando en su lugar algunas anécdotas que sirven a sus propósitos. Según el comunicado de prensa:

> "El DRNA se ha dado a la tarea de capturar estos monos y buscarle hogar fuera de Puerto Rico, exportándolos a zoológicos mayormente en los Estados Unidos."[371]

A finales de diciembre de 2008 -según la información publicada por el DRNA- apenas se iniciaba la segunda fase del proyecto y en conjunto se habían *removido* unos 200 primates rhesus y patas, de 1,500 estimados por las autoridades. A principios de abril, tras el cambio de gobierno y la designación del nuevo secretario del DRNA, todavía prevalecía una cifra relativamente similar. No obstante, antes de finalizar el mes de abril de 2009, el secretario Galán Kercadó emitió otro comunicado de prensa alegando que a la fecha:

> "...se ha logrado reducir el potencial problema de salud pública y el impacto de estos primates a la agricultura y vida silvestre, reduciendo la población estimada de monos patas a cerca de una centena (...) y contenido el crecimiento poblacional de los rhesus..."[372]

Según el coordinador del Proyecto para el Control de Primates del DRNA, Ricardo López Ortíz, en 2008 habían 1,126 primates patas y 802 rhesus entre Sabana Grande y Cabo Rojo. En total, para abril de 2009 el DRNA habría *removido* 1,639

---

[371] Ídem.

[372] DRNA; "Exitoso el proyecto de control de primates del DRNA" (Comunicado de Prensa); Abril 2009 (http://www.drna.gobierno.pr)

primates.[373] No existe evidencia del número real de envíos a zoológicos estadounidenses; ni de los rhesus *entregados* al CPRC; y el Centro de Confinamiento del DRNA, administrado por el sargento Atienza, sólo tiene capacidad para albergar un número reducido de primates, en 24 jaulas pequeñas en las que no puede aprisionarse más de un macho con varias hembras. La efectividad del proyecto, celebrada por Galán, no anuncia habérseles conseguido "hogar" fuera de Puerto Rico, sino haberlos exterminado sin mayores obstáculos a tiros...

> "El plan es continuar con este esfuerzo y así continuar protegiendo la fauna, la flora y la agricultura."[374]

Ilustración 24[375]

---

[373] DRNA; "Exitoso el proyecto de control de primates del DRNA" (2009); op.cit.

[374] Ídem.

[375] Fotografía por Gazir Sued (2012)

410

Convertida la práctica genocida del DRNA en propaganda política del Gobierno de Puerto Rico, el secretario Galán Kercadó recita las *razones* que legitiman los sacrificios:

> "Entre las repercusiones reales y potenciales del establecimiento de éstos primates de forma silvestre en Puerto Rico, está el potencial de transmisión de enfermedades a los ciudadanos y animales domésticos, la destrucción de cosechas y el potencial efecto nocivo a la vida silvestre."[376]

Comprometido a dar continuidad al proyecto de matanzas, el DRNA exalta que cuenta con cerca de 25 "expertos certificados en captura, inmovilización y eutanasia de animales peligrosos", y con el apoyo de sobre 50 terratenientes privados y veterinarios, "que conocen la realidad de la situación de las especies invasoras en Puerto Rico."[377] Sobre el tema no se volvería a emitir comunicación oficial hasta septiembre del mismo año. El recuento oficial trastocaría el orden de los acontecimientos y falsearía los hechos para efectos publicitarios de la agencia, alterando datos y cifras previamente publicadas en los medios, sin fiscalización alguna. Según Galán Kercadó, la especie patas es la que representa "el peligro mayor peligro para los agricultores":

> "Estos monos han sido reubicados en entidades dentro del territorio de los Estados Unidos de América, Asia, África, el Caribe, América del Sur y Centro América."[378]

Los que no pueden ser reubicados inmediatamente -añade- serían enviados al Centro de Confinamiento de Especies del DRNA en el Bosque Cambalache, en Arecibo, "hasta que puedan

---

[376] Ídem.

[377] Ídem.

[378] DRNA; "Muy exitoso el proyecto de control de primates del DRNA" (Comunicado de Prensa); septiembre de 2009 (http://www.drna.gobierno.pr)

ser ubicados en alguna institución que los solicite." Asimismo, los rhesus capturados habrían sido transferidos al CPRC/UPR, según *acordado*. De esto no hay evidencia documentada o accesible al dominio público, y tampoco hay evidencia sobre la cifra de primates patas exportados fuera de Puerto Rico, y ni siquiera si en realidad un número significativo fue solicitado por algún organismo en alguno de los continentes del planeta. Tampoco hay registro de los traslados al CPRC ni de los confinados "temporal-mente" en el precario centro del DRNA en Cambalache. Omitida la información por decreto oficial y silenciada la prensa del país, el secretario del DRNA concluyó su comunicado anunciando que continuaría en el 2010 con el Programa de Control de Primates (con ayuda del DA), con miras a erradicar las especies...

Ilustración 25[379]

---

[379] Rhesus nativo capturado por el DRNA y en cautiverio provisional en Cambalache. Fotografía por Gazir Sued (2012)

De la *industria* agrícola y las "plagas invasivas": un subterfugio paranoide

El fundamento principal de las matanzas de primates rhesus y patas es la impresión fabricada de que se trata de "plagas invasivas" que afectan severamente la industria agrícola comercial de la región suroeste de la Isla. Según las agencias del gobierno federal (USDA/APHIS/WS) y local (DRNA, DA), estas especies no sólo agravan la condición de crisis económica del comercio agrícola del país sino que son constitutivas de la misma, incluso la señalan como causa principal del desfalco agrícola de la región.[380] La cobertura mediática ha repetido el estribillo acusatorio sin cuestionamientos, contribuyendo a propagar esta falsa impresión y, consecuentemente, a generalizar el desprecio discriminatorio hacia las especies rhesus y patas silvestres en Puerto Rico. Sin embargo, no existe relación de causalidad entre la realidad objetiva de la industria agrícola comercial y la existencia de éstas especies. Las quejas de algunos terratenientes privados han sido sacadas de proporción para atender fines políticos coyunturales, y el progresivo exterminio de primates en sus fincas no ha implicado el mejoramiento significativo de sus respectivos negocios. Además, los relativos daños a las cosechas en fincas privadas han sido mínimos y esporádicos, y no justifican la política genocida del Estado...

El único *estudio* publicado al respecto, realizado en 2010 por las agencias exterminadoras del gobierno federal y local, evidencia la grave manipulación de la que ha sido objeto y, a la

---

[380] El deterioro de la industria agrícola es de carácter general en todo Puerto Rico, y se ha venido exacerbando en las últimas décadas. La progresiva disminución en la producción comercial es patente en todos los renglones de la economía agrícola de la Isla. El desparramamiento urbano es una de las principales causas, paralelo al progresivo desinterés de los propietarios de las tierras cultivables. Además, el desarrollo de la economía agrícola en Puerto Rico no está sustentado prioritariamente por las administraciones de gobierno, que centran sus favores en el desarrollo industrial y manufacturero. Otro factor determinante de la crisis agrícola insular es la dependencia en las importaciones de cosechas extranjeras, principalmente del mercado estadounidense, que desincentivan el negocio de la agricultura comercial local y animan a los terratenientes privados, incapaces de competir a su favor en los juegos del "libre" mercado, a hacer usos de sus propiedades en negocios más rentables económicamente.

vez, motor de acción, la política pública sobre estas especies de la fauna puertorriqueña.[381] Según el *estudio*, de las 217 fincas comerciales registradas en el suroeste de Puerto Rico, sólo en 135 (62%) los agricultores comerciales reportaron avistamientos de primates no-humanos en sus propiedades. El 99% de éstos corresponden a la especie patas. Solamente 21 del total de los agricultores comerciales (16%) reportaron daños en las cosechas, aunque no implicaron como causa única la presencia de patas en sus fincas. Según el informe gubernamental, menos de la mitad de las quejas, asociaron directamente a los patas con daños sustanciales a las cosechas. De los 21 agricultores comerciales que reportaron daños, 12 habrían alternado cultivos u optado por usos alternos de las tierras de manera parcial o total, aunque el citado *estudio* no distingue entre ambos registros. Estos cambios, no obstante, se habían hecho antes de 2004 y el vínculo causal con los primates se haría posteriormente, con base a recursos anecdóticos y posiblemente exagerados o falsos...

Algunos de estos 12 agricultores comerciales optaron por el negocio de producción de heno o por hacer uso de sus tierras para pastoreo, en lugar de mantener la producción de frutas y vegetales (calabazas, melones, maíz, pepinillos, guineos, papayas y plátanos).[382] Según alega el informe de gobierno, el cambio de cultivos o usos alternos de las propiedades privadas no se debió a las presiones del mercado ("market forces") sino a los daños ocasionados por los primates patas, de naturaleza herbívora. Manipuladas las estadísticas sobre los ingresos del comercio agrícola a favor de la política genocida del gobierno, el informe oficial *estima* que las pérdidas económicas entre 2002 y 2006 ascienden entre $1.13 y $1.46 millones. La cifra la *determina* considerando el alza en los precios de los cultivos dejados de cultivar, según sus respectivos valores en el mercado comercial...

---

[381] Engeman, Richard M.; Laborde, José E.; Constantin, Bernice U.; Shwiff, Stephanie A.; Hall, Parker; Duffiney, Anthony; Luciano, Freddie; "The economic impacts to commercial farms from invasive monkeys in Puerto Rico"; Crop Protection, Núm. 29, 2010; pp.401-405.

[382] De éstos, 5 agricultores comerciales alegaron relativas pérdidas económicas debido al cambio de producción, porque supuestamente el valor en el mercado de los antiguos cultivos es superior al de los alternos.

El *estudio* gubernamental sobre el impacto de estas especies en la industria agrícola comercial es predominantemente especulativo y se limita a recitar anécdotas de terratenientes privados que, aún de prestárseles entera credibilidad, no son suficientes para justificar la política genocida del Estado. El cálculo de los alegados daños, aunque la evidencia demuestra que proporcionalmente es mínimo y lo sufre un reducido puñado de comerciantes agrícolas, ha sido inflado para efectos dramáticos con fines políticos. Existen múltiples alternativas y métodos para lidiar con los animales que afectan las granjas comerciales[383] y que, de hecho, no se limitan al control de las especies en cuestión.[384] Las circunstancias específicas de cada caso han sido omitidas para dar la impresión de que se trata de un problema singular y único, compartido por igual entre todos los agricultores de la región, aunque evidentemente se trata de un problema que afecta sólo a unos cuantos. Esta omisión -propagada en los medios- cumple una función ideológica precisa: justificar la política genocida del Estado.

No obstante, ni la credibilidad intacta de los agricultores comerciales, ni las suposiciones imaginarias sobre los alegados daños económicos, son suficientes para justificar las matanzas indiscriminadas. Las agencias de gobierno, para justificar su intromisión directa en defensa de los intereses privados de terratenientes y comerciantes singulares de la industria agrícola, se han visto en la necesidad de inventar un escenario mucho más dramático que el realmente existente. A tales efectos, por ejemplo, aunque la especie rhesus silvestre, que habitaba la región desde antes de los años 70 y no había sido acusada de daños a la agricultura, sería convertida en objeto de la política de exterminio y estigmatizada como plaga invasiva, no por referencia a daños reales sino a suposiciones imaginarias ajustadas viciosamente para la ocasión. Así, el estudio citado repite las elucubraciones paranoides de la EA (habitual en la retórica de la USDA/WS):

---

[383] Por ejemplo, el uso de verjas, eléctricas o no; de perros guardianes; de alarmas, etc. Cada finca tiene sus características particulares y los métodos para lidiar con los problemas varían de acuerdo a cada caso particular.

[384] Los primates rhesus no son las únicas especies de animales que afectan los cultivos frutales o de verduras, ni las más perjudiciales...

"However, we speculate that as both species expand their ranges towards the forested hills and mountains to the north, the patas monkeys may be deterred by the increasingly heavily forested habitats, but the rhesus monkeys would thrive. We expect that if monkey range expansions are permitted to reach these areas, the rhesus macaques will dominate the agricultural damage there through depredations in fruit crops."[385]

En esta clave, la justificación para el exterminio de las poblaciones de rhesus silvestres no se limitaría al ámbito de la agricultura. Otras amenazas imaginarias habrían de servir de soporte a las prácticas genocidas de las agencias de gobierno:

"Moreover (…) the rhesus macaques likely would predominate the damage to native wildlife, property, and through disease transmission."[386]

Del mismo modo que en lo que respecta a la cuestión de la agricultura, los funcionarios públicos repetirían las especulaciones histéricas e infundadas del EA-2008: de adentrarse en la región montañosa central de la Isla, la especie rhesus amenazaría a la cotorra puertorriqueña y otras especies nativas en peligro de extinción; en la medida en que acreciente la población aumenta la posibilidad de contacto con humanos y, por ende, de transmisión de enfermedades fatales como el herpes B, e incluso de desatarse una epidemia de rabia por mordeduras de mangostas; y, asimismo aumentarían los riesgos de graves daños a propiedades, toda vez que la ciudadanía comenzara a relacionarse sociablemente con las criaturas, como sucede a bien en otras partes del mundo...

La obsesión enfermiza por exterminar a los rhesus y patas se evidencia en las argumentaciones formales que sirven de justificación de la política genocida de las agencias de gobierno. La

---

[385] Engeman, Richard M.; et. al., 2010; "The economic impacts to commercial farms from invasive monkeys in Puerto Rico"; op.cit.

[386] Ídem.

naturaleza absurda y ridícula de las elucubraciones oficiales queda expresada nuevamente en esta cita:

> "Currently, damage to property from invasive monkeys in Puerto Rico is not well documented and is likely limited to isolated incidents where monkeys cause damage while searching for food, or through such means as automobile accidents incurred while avoiding a collision with a monkey."[387]

La exagerada preocupación de fondo, que revela la condición psicopatológica que anima la política genocida del Estado, es que la ciudadanía descubra que le han mentido, que la base de sus miedos son prejuicios inducidos y que al fin reemplace las prácticas de intolerancia y aversión por relaciones de coexistencia con las nuevas especies nativas, prohibidas en la Isla por decreto federal y consentimiento mezquino del gobierno local.

El encargo político de las agencias federales y locales no es ingeniárselas para asistir en los procesos de adaptación de las nuevas especies de fauna en Puerto Rico, sino exterminarlas. El carácter irracional de esta mentalidad dominante requiere, para justificarse y legitimarse, fabricar un discurso de terror que desaliente a la ciudadanía a considerar positivamente la existencia de estas especies en la Isla. Con tales fines en mira, la manipulación de la percepción general apuntaría esfuerzos en hacer aparecer al gobierno como garante de la seguridad y la salud ciudadana, protector de los recursos naturales, de la flora y fauna nativa, de la propiedad privada y los negocios agrícolas. Dentro de este cuadro, las agencias encargadas del exterminio aparecerían ante la opinión pública como única opción legítima y necesaria para atender problemas y temores inventados, sostenidos y perpetuados por ellas mismas. En esta condición reside la motivación lucrativa del negocio genocida.

> "Now a far greater effort will be needed to hold the line in their advances in number and range, let

---

[387] Ídem.

alone reduce their populations, or even eradicate them. If the problem is allowed to persist, the difficulties in management will be magnified many fold and losses could well be incalculable."[388]

Para los departamentos de agricultura federal y local, toda especie de la fauna herbívora es considerada como una peligrosa plaga en potencia. Trátese de insectos o de pájaros, de mamíferos, reptiles o microorganismos, indistintamente, la práctica de control de las agencias se reduce a una de exterminio indiscriminado. Las matanzas de primates rhesus y patas pertenece a esta racionalidad genocida. En apariencia, se pone en práctica en función de los intereses de terratenientes privados y sus negocios agrícolas comerciales. No obstante, desde una perspectiva política, la mascare de estas especies es un subterfugio para encubrir la política de menosprecio y abandono de la industria agrícola por las administraciones de gobierno en la Isla, nada más.[389]

R. del S. 513 vs. Bioculture: veda a criadero de primates experimentales (2008 - 2010)

Al tiempo en que el Gobierno de Puerto Rico sacrificaba viciosamente a los rhesus y patas silvestres, el cuerpo legislativo *investigaba* las denuncias relativas a un proyecto para establecer en la Isla un nuevo criadero de primates no-humanos para experimentaciones. La empresa Bioculture, de origen israelí, había iniciado la construcción de sus instalaciones en un barrio de Guayama, a inicios de 2009, sin contar con todos los permisos requeridos por las leyes insulares. En agosto de 2009 el proyecto de construcción sería detenido por orden del Tribunal Superior de Guayama, por conducto de una demanda incoada por un grupo de residentes opuestos al proyecto. Dentro de este escenario, el director del CPRC, Edmundo Kraiselburd, promovía la campaña

---

[388] Ídem.

[389] Sin embargo, es posible que las autoridades de gobierno crean genuinamente lo que dicen. En tal caso, se trataría de un desorden paranoide e hipocondriaco compartido entre las agencias...

de propaganda mediática del CPRC a favor de los usos experimentales invasivos con primates no-humanos, como *claves* para "el avance de la medicina y de la economía del conocimiento", a la vez que endosaba el establecimiento de la empresa Bioculture en la Isla.[390] Saliéndole al paso para desmentir las declaraciones de Kraiselburd, el presidente del Colegio de Médicos y Cirujanos de Puerto Rico (CMC), Eduardo Ibarra sostuvo en entrevista:

> "En estos momentos en que la comunidad científica internacional se encuentra cuestionando seriamente el uso de animales en la experimentación con fines médicos o cosméticos, resulta impropio y, a mi juicio, incluso irrespetuoso hacia los más altos conceptos de la ética y la moral de este pueblo, el pretender establecer en Puerto Rico el proyecto anunciado para competir con otras instalaciones de ese tipo..."[391]

Antes de finalizar el año 2009, tal vez por vez primera en Puerto Rico, el cuerpo legislativo insular abordaría el tema del "scientific monkey business" desde una óptica *diferente* a la programada exclusivamente por los intereses del complejo biomédico-industrial y las compañías farmacéuticas animadas por fines de lucro, encubiertos en el nombre sacralizado de la ciencia y la salud humana. Quizá por primera vez en la historia legislativa del país se cuestionaría el principal fundamento legitimador de las prácticas experimentales con primates no-humanos: la creencia en la aplicabilidad mecánica y por analogía con la especie humana. De (in)cierto modo se agrietaría la complicidad silente de la Razón de Estado con el negocio de las investigaciones experimentales con animales, dejando al descubierto la naturaleza mercantil de las

---

[390] Alvarado León, Gerardo E.; "Defienden uso de monos en estudios de enfermedades"; *El Nuevo Día*; 4 de septiembre de 2009 (en http://www.cienciapr.org)

[391] "...tales como Nafovanny en Vietnam que mantiene a 30,000 de esas criaturas en cautiverio y Huazheng en China...". Ibarra es citado en Toro, Ana Teresa; "Complicado debate de los monos"; 9 de septiembre de 2009 (en http://www.junteambiental.com/noticias/detalle/1491)

farmacéuticas y la industria biomédica o, al menos, abriendo la duda sobre la finalidad real del gran negocio que les representan las enfermedades humanas y sus remedios...

Ilustración 26[392]

---

[392] Macaco Fascicularis (Cangrejero). Fotografía de Josep Almirall. Tomada de: http://www.fotonatura.org.

En enero de 2009, la empresa Bioculture Puerto Rico Inc.[393], subsidiaria de Bioculture Mauritius, había iniciado la construcción de un centro de (re)producción, experimentación y venta de primates[394] para la industria farmacológica y biomédica.[395] Desde que inició la construcción de las instalaciones, en el barrio Pozo Hondo, en Guayama, surgieron disputas entre residentes del área, opuestos al proyecto, y la empresa. A mediados de año, el senador Carlos J. Torres sometió una resolución al cuerpo legislativo a los efectos de ordenar a la Comisión de Recursos Naturales y Ambientales (CRNA) realizar una investigación sobre el asunto.[396] El 25 de marzo de 2010, la comisión rindió el Informe Final sobre la R. del S. 513.[397] La empresa Bioculture sería acusada de incurrir en engaños y artimañas retóricas para burlar las regulaciones legales regentes en Puerto Rico sobre permisos de construcción, condiciones sobre tenencia de animales para fines comerciales y experimentales, etc. Y aunque el informe centraría la investigación formal en los procesos burocráticos relativos a la

---

[393] En el 2008 esta compañía se registró en el Departamento de Estado como Bioculture Puerto Rico.

[394] El proyecto de Bioculture programaba la crianza de 5,000 primates no-humanos, de la especie Cynomolgus (Macaco Fascicularis) o macaco cangrejero.

[395] La empresa proyectaba exportar 2,200 a Europa y 3,000 a Estados Unidos. El precio promedio de cada espécimen sería de $10.000.

[396] R. del S. 513; Senado de Puerto Rico; 16ta Asamblea Legislativa; 1ra Sesión Ordinaria; 29 de junio de 2009. (Texto aprobado por los senadores Torres Torres, Rivera Schatz; Nolasco Santiago; Arango Vinent, Seilhamer Rodríguez, Ríos Santiago; Padilla Alvelo, Arce Ferrer; Berdiel Rivera, Bhatia Gautier; Burgos Andújar; Dalmau Santiago, Díaz Hernández, Fas Alzamora, García Padilla; González Calderón; González Velázquez, Hernández Mayoral, Martínez Maldonado, Martínez Santiago, Muñiz Cortés, Ortiz Ortíz; Peña Ramírez, Raschke Martínez, Romero Donnelly, Santiago González; Soto Díaz; Soto Villanueva; Tirado Rivera, Torres Torres; Vázquez Nieves)

[397] R. del S. 513 (Informe Final); Senado de Puerto Rico; Diario de Sesiones; Procedimientos y Debates; 16ta Asamblea Legislativa; 3ra Sesión Ordinaria; San Juan, Puerto Rico; Vol. LVIII, Núm. 19; jueves, 25 de marzo de 2010. (El informe final original ya había estaba preparado y sometido desde el 10 de noviembre de 2009) Luz M. Santiago González preside la Comisión de Recursos Naturales y Ambientales del Senado.

obtención de permisos[398], también integraría juicios críticos y cuestionamientos sobre "la deseabilidad de la actividad de la experimentación en animales como una actividad económica que debe ser parte del proyecto de desarrollo económico de Puerto Rico."[399]

> "Independientemente que el uso que se le dará al primate sea para tratar de evaluar los efectos de medicinas y sus dosis en los seres humanos, o que sean utilizados para evaluar la toxicidad de cosméticos en la piel u otros tejidos, la realidad inescapable es que precisamente estos primates son en cierta forma (genética) unos primos lejanos de nuestra especie. Plantear su crianza como una meramente de animales que se reproducen para servir al ser humano, ya no como alimento, que alguna justificación guarda, sino para exponerlos a compuestos químicos que con toda probabilidad causarán su muerte a corto o largo plazo, con el fin de que corporaciones se enriquezcan, levanta toda una serie de interrogantes morales y de política pública."[400]

A diferencia del escenario de época en que se instauró la primera "breeding colony" en Puerto Rico, a finales de los años 30, cuando las regulaciones legales eran prácticamente inexistentes y la complicidad gubernamental y mediática virtualmente absolutas, las condiciones políticas actuales sumirían al nuevo proyecto en procesos burocráticos más complejos y lentos; y las leyes regentes limitarían la función del Estado a regular la obtención de permisos para establecer negocios similares, sin alterar la posición de incondicionalidad política con la experimentación de animales. Dentro de este contexto, las

---

[398] El 22 de septiembre de 2008 el proyecto de Bioculture fue sometido a ARPE. Al día siguiente había sido certificado el permiso de construcción.

[399] R. del S. 513 (Informe Final); 2010; op.cit. p.14883.

[400] Op.cit., p.14887.

posturas oficial de las agencias de gobierno se limitarían al encargo de regular los trámites de permisos para el nuevo "scientific monkey business". Y aunque sus intervenciones estarían directamente relacionadas y condicionadas por las presiones políticas relativas al proyecto de exterminio de rhesus y patas silvestres en la Isla, ninguna agencia de gobierno opondría reservas al negocio de animales para experimentos...

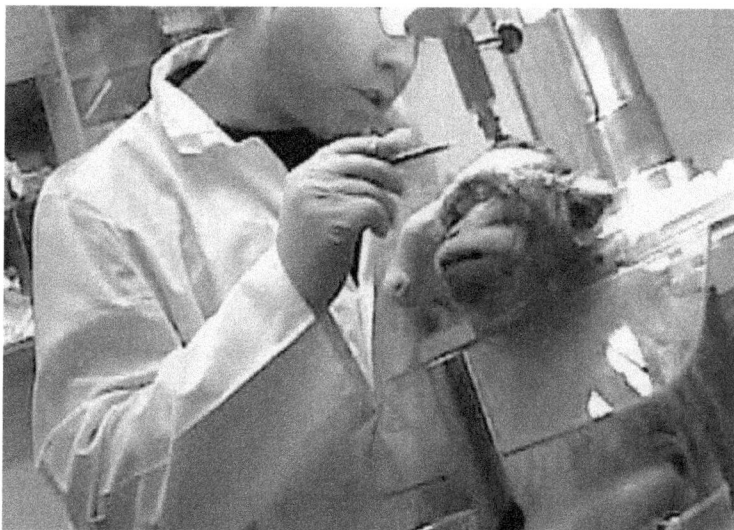

Ilustración 27[401]

Según su representante local, Moshe Bushmitz, "Bioculture se dedicará a la crianza, reproducción y exportación de animales (SPF Gynos) y a la realización de proyectos de investigación en el campo de la biomedicina..."[402] A mediados de mayo, la Administración de Reglamentos y Permisos (ARPE) había detenido el proyecto de construcción "por entender que el proyecto conllevaría un laboratorio de investigación con los

---

[401] Tortura experimental en laboratorio. Fotografía tomada de http://www.ldf.org..

[402] R. del S. 513 (Informe Final); 2010; op.cit. p.14887.

primates…"[403] Durante el periodo de la investigación senatorial, la empresa Bioculture retiró el proyecto ante ARPE. Acto seguido lo sometió ante otra agencia de gobierno, alterando las *razones* originales para instalarse en Puerto Rico. Para efectos de burlar las regulaciones legales al negocio de crianza, venta y experimentación con animales en la Isla, eliminó del proyecto la parte concerniente a la experimentación.[404]

Entre las artimañas empresariales de Bioculture, la investigación senatorial revela que había solicitado al Departamento de Agricultura certificar la empresa bajo la categoría de "Agricultor Bonafide", haciendo aparecer la *crianza* de primates no-humanos como una operación agrícola. El DA denegaría su solicitud por considerar el proyecto uno de carácter industrial y no agrícola. No obstante, no se opuso al proyecto y se limitó a condicionar su endoso a que la empresa cumpliera con los requerimientos de la ley:

> "…el Departamento [de Agricultura] tiene serias preocupaciones por la situación particular de lo ocurrido en el municipio de Lajas, donde la fuga de primates ha ocasionado serios problemas a la agricultura. A tenor con lo antes expresado el Departamento de Agricultura estará dispuesto a no oponerse al proyecto siempre y cuando se demuestre que esta compañía Bioculture de Puerto Rico tendrá la responsabilidad primaria con

---

[403] Ídem.

[404] El "portavoz" de Bioculture, Jacinto Rivera Sólivan, en audiencia pública del 26 de agosto de 2009, declaró que la empresa no era un centro para experimentos con primates. Según el informe senatorial: "Esta expresión, hecha ante una agencia gubernamental, con el propósito de obtener créditos y exenciones contributivas y de otra índole como "agricultor bonafide", contradice las expresiones públicas que han hecho los portavoces de la empresa. Esta inconsistencia fue motivo de que la Presidenta de la Comisión de Recursos Naturales del Senado vertiera, para el récord legislativo y público, unas expresiones poniendo en duda la credibilidad de la empresa." (R. del S. 513 (Informe Final); 2010; op.cit. p.14888-89)

cualquier situación que ocurriere, en la que se vean afectado (sic) los agricultores de la zona..."[405]

Aunque Bioculture había iniciado la construcción de las instalaciones de crianza y laboratorios experimentales, no contaba con la autorización del DRNA para introducir especies *exóticas* en la Isla (Ley Núm. 241).[406] No obstante, el ex-secretario del DRNA, Javier Arocho, no presentó oposición de principio al negocio, sino que condicionó el endoso al proyecto al compromiso de cumplir con los requerimientos de la ley. La postura oficial del DRNA sería la prescrita en ley, y su función política (paranoide), la de *prevenir* a la ciudadanía sobre los posibles riesgos:

> "...entendemos que la propuesta de traer 2,000 *Macaca fascicularis* a Puerto Rico puede ser detrimental para la biodiversidad de la Isla. Esta especie ha sido clasificada por la Unión Mundial de Conservación (en inglés IUCN) como una de las 100 peores especies invasivas del mundo."[407]

Y recordó que:

> "Actualmente, existe un problema con otras especies de monos traídas a la Isla para investigaciones biomédicas que escaparon y se han dispersado por la zona suroeste. Debido al impacto ecológico y socioeconómico de estas especies el gobierno ha establecido un programa de control de

---

[405] R. del S. 513 (Informe Final); 2010; op.cit. p.14890.

[406] A pesar de las reservas éticas sobre la experimentación con animales, el informe del Senado refrendaría las disposiciones de la ley 241 de manera absoluta: "Todo este andamiaje reglamentario y legal existe para evitar que especies introducidas compitan y amenacen a las especies nativas, ya sea porque ocupan el mismo espacio, o nicho ecológico; porque la exótica depreda a la nativa; o porque compiten por los mismos alimentos, albergues o áreas de reproducción." R. del S. 513 (Informe Final); 2010; op.cit. p.14896-97)

[407] DRNA (14 de noviembre de 2008) según citado en R. del S. 513 (Informe Final); 2010; op.cit. p.14890.

estas poblaciones cuyo costo sobrepasa el millón de dólares. …"[408]

A diferencia del DRNA y del DA, que condicionaron sus endosos al proyecto de Bioculture por consideraciones burocráticas formales, el Departamento de Salud (DS) favorecería incondicionalmente el *nuevo* "scientific monkey business":

"Desde que estudié el proyecto de BCPR (Bioculture Puerto Rico) he reconocido la importancia de este para el desempeño futuro de Puerto Rico en el amplio mundo de la investigación científica dirigida a la Biología. El establecimiento de este centro de investigaciones, reproducción y exportación, para trabajar con una especie de monos adicional al Rhesus, especie Cynos, (sic) trae una serie de ventajas permanentes a la posición de privilegio que ya ostentamos... .

Desde mi punto de vista las ventajas que trae el establecimiento de las facilidades de este grupo BCPR a Puerto Rico son notables. Es mi entender que tanto el Centro de Primates del Caribe como este nuevo Centro propuesto, van a jugar un papel protagónico en el campo amplio de la investigación clínica...

Sirva este endoso para informar que el Departamento de Salud se une a PRIDCO apoyando el desarrollo en Puerto Rico del Proyecto de la Compañía Bioculture Puerto Rico, Inc."[409]

---

[408] Ídem. La postura del Senado en su Informe Final acogería sin reservas el discurso paranoide del DRNA y del DA sobre los riesgos que supuestamente representan las especies designadas como invasivas: "La Unión Internacional para la Protección de la Naturaleza, que (...) mantiene una lista de las cien peores especies invasivas del mundo, colocó a Macaca fascicularis en esta lista (...) Razones sobradas existen para preocuparnos de la posibilidad de que individuos de esta especie escapen y se ubiquen en la zona." (R. del S. 513 (Informe Final); 2010; op.cit. p.14895)

[409] El endoso al proyecto de Bioculture por parte del DS fue firmado el 21 de octubre de 2008, por el Dr. Carlos Carazo, Doctor en Medicina Veterinaria y

426

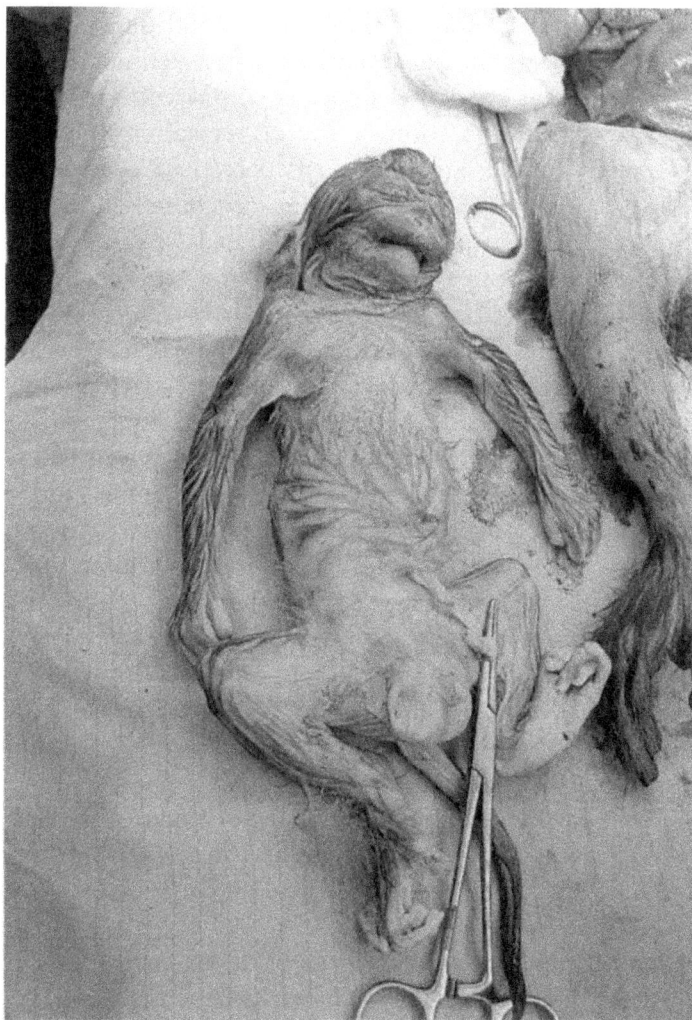

Ilustración 28[410]

Director de la División de Zoonosis del Depto. de Salud, con el visto bueno del Dr. Johnny Rullán, Secretario del Departamento entonces. (R. del S. 513 (Informe Final); 2010; op.cit. p.14891)

[410] Cría y madre rhesus asesinados durante una práctica experimental. Fotografía tomada de http://www.negotiationisover.net.

La Comisión investigadora del Senado celebró varias audiencias públicas, donde depusieron entidades, agencias e instituciones, y algunas personas en su carácter individual. Las deposiciones de los residentes opuestos al proyecto de Bioculture giraron mayormente en torno a cuestiones administrativas y de procedimiento formal, incluyendo sus percepciones especulativas sobre la *posibilidad* de fugas y sus consecuencias, encarnando la aversión e histeria promovida por el Estado en relación a los rhesus y patas silvestres. Según el informe senatorial, Roberto Brito, del Comité Cero proyecto de Monos en Guayama: "Preguntó una y otra vez sobre qué tipo de garantía existe para asegurar que en Guayama no ocurrirá la grave situación de monos escapados que ocurre en Lajas y otros pueblos del suroeste."[411]

Por otra parte, las deposiciones de los favorecedores del proyecto de Bioculture se limitaron a recitar la propaganda de la empresa al pie de la letra. El informe senatorial citó una carta de apoyo entregada a la alcaldesa de Guayama[412], firmada por unos 300 residentes y encabezada por la directora de una escuela elemental de la zona. Según los vecinos que endosan el proyecto: "Bioculture lleva 25 años operando y nunca se les ha escapado ningún mono de las 18 instalaciones que operan alrededor del mundo"; "los monos vienen libres de enfermedades" y el proyecto "creará empleos".[413]

Durante otra sesión de audiencias públicas, a finales de agosto de 2008, la Compañía de Fomento Industrial (CFI) endosó a la empresa matriz de Bioculture alegando que es una:

> "...líder mundial en la crianza de primates para fines de investigación biomédica y hoy día cuenta con 17 centros de primates alrededor del mundo."

---

[411] R. del S. 513 (Informe Final); 2010; op.cit. p.14897-98.

[412] La alcaldesa de Guayama, Glorimari Jaime, fue citada a comparecer ante la comisión senatorial y "declinó participar en la misma, aduciendo que no estaban preparados." Se le citó posteriormente a otra de las Audiencias, "más nunca compareció ni se excusó". R. del S. 513 (Informe Final); 2010; op.cit. p.14898)

[413] R. del S. 513 (Informe Final); 2010; op.cit. p.14898.

Además,

> "…son suplidores claves de compañías farmacéuticas como Roche, GlaxoSmithKline, Astra Zeneca, entre otros."[414]

Según Víctor Merced, representante de la corporación pública CFI, el proyecto de Bioculture "…es importante para el fortalecimiento y diversificación del sector farmacéutico, y, por ende, para nuestra economía." Además:

> "El futuro de la industria farmacéutica en Puerto Rico depende en gran medida de viabilizar el andamiaje necesario a nivel industrial, empresarial y académico para propiciar el establecimiento de nuevos componentes en la cadena de investigación y desarrollo. Esto es clave no sólo para atraer nuevas empresas, sino para retener las actuales…"[415]

Y añade:

> "La presencia de Bioculture en Puerto Rico representa una oportunidad sin precedentes para la Isla, ya que nos convertiría en una jurisdicción atractiva para atraer actividades de investigación y desarrollo y poder potenciar una economía basada en el conocimiento. Bioculture proveerá parte de los especímenes que se utilizarán para la investigación científica en la Isla por parte de la academia, farmacéuticas u organizaciones de investigación por contrato en conjunto con la academia."[416]

---

[414] Op.cit., pp.14898-99.

[415] Op.cit., pp.14899.

[416] Ídem.

Además, señaló que "el proyecto complementaría las actividades de investigación con primates que realiza la Universidad de Puerto Rico desde la década del 1930" y que:

"...los primates que cría Bioculture son de alto valor e interés para la investigación de terapias noveles para condiciones en las cuales no existen tratamientos, y que se estima que la demanda por primates en la industria farmacéutica aumente entre 15% a 20% en los próximos dos años."[417]

Ilustración 29[418]

---

[417] Ídem.

[418] Rhesus enjaulado para experimentación. Fotografía tomada de: http://www.fromdusktildawn.org.

Según el funcionario de la CFI, Bioculture se establecería con unos 1,000 primates, los cuales procrearán unos 3,000 primates anuales, que luego de un periodo de crecimiento, estarán disponibles para el mercado. Las ventas de la compañía serán de aproximadamente $12 millones anuales. Además:

> "...el Gobierno de Puerto Rico reconoce que si no fuera posible el estudio científico responsable en animales, no existiría el desarrollo de medicinas que tratan nuestras condiciones y enfermedades."[419]

Enmarcado en la campaña de propaganda del Gobierno de Puerto Rico como "Bioisland", dirigida por la CFI desde la administración del PPD, los empresarios de Bioculture[420] justificaron su determinación de asentar el negocio en la Isla desde 2006. Incluso plantearon que había sido a través de la CFI que se habían asesorado para obtener los permisos de construcción en Guayama.[421] Según los empresarios, no se trata de un centro de investigación de primates, "sino de una empresa que se dedica a la reproducción y crianza de *Macaca fascicularis* libres de virus y enfermedades, para fines de exportación."[422] Según los empresarios de Bioculture:

---

[419] R. del S. 513 (Informe Final) 2010; op.cit. p.14900.

[420] Comparecieron por la empresa Bioculture Puerto Rico, Inc., su vicepresidente, Dr. Moses Bushmitz; el Director de Desarrollo y Relaciones con la Comunidad, Jacinto Rivera Solivan; el Lcdo. Emir Rodríguez, representante legal; el Ing. Heriberto Torres Olivieri; y el Ing. Germán Torres.

[421] R. del S. 513 (Informe Final); 2010; op.cit. p.14900.

[422] Según Solivan, "es precisamente la ausencia de patógenos virales y bacterianos lo que hace su producto uno muy atractivo en el mercado." Estos primates se venden como "SPF", o Specific Pathogen Free. Esta categorización se refiere a que están libres de SRV (Simian Type Retrovirus); STLV1 (Simian T Cell Lymphotrophic/Leukemia Virus); SIV (Simian Inmunodeficiency Virus) y el Virus Herpes B. Estos cuatro tipos de virus, según los investigadores, causan enormes problemas en las investigaciones de laboratorio, pues interfieren con múltiples compuestos farmacológicos y ocultan manifestaciones diversas...

"...en el 2008 se utilizaron unos 110,000 primates en todo el mundo con propósitos de experimentación e investigación. En los Estados Unidos solamente, se utilizan unos 70,000 de éstos. Que la demanda de primates se ha incrementado en un 40% en los últimos años y que esperan un incremento de 10-20% adicional."[423]

Reaccionando a las *inquietudes* del cuerpo legislativo, las agencias de gobierno y la ciudadanía, el empresario Solivan, de Bioculture, alegó que "sobre veinticinco años de existencia de la compañía, nunca se les ha escapado un solo primate, a pesar de poseer 21,000 primates en 19 centros alrededor del mundo." Además, "los primates se alojan en jaulas donde habitan grupos permanentes de dos machos y treinta hembras en instalaciones que asemejan dormitorios, para facilitar una convivencia armoniosa"[424] y que las jaulas son "a prueba de huracanes..." A la fecha del informe, los empresarios alegaron que los permisos estaban al día...

La tercera audiencia pública se celebró el 28 de agosto de 2009. Entre los comparecientes que favorecieron incondicional-mente a la empresa Bioculture, destaca el director del Caribbean Primate Research Center (CPRC), Edmundo Kraiselburd. Su postura estuvo enmarcada dentro de la misma propaganda corporativa que habría recitado anteriormente en múltiples ocasiones en los medios de información y ante el cuerpo legislativo. Las variaciones de su discurso serían mínimas pero reveladoras. Para reforzar la imagen de autoridad del "scientific monkey business" no presentó evidencia alguna sobre los alegados adelantos a la ciencia y aportaciones a la salud humana.[425] Por el

---

[423] R. del S. 513 (Informe Final); 2010; op.cit. p.14902.

[424] Según los empresarios de Bioculture: "Los monos se separan de la madre al cumplir 1 año; y se venden a los dos años de edad. ...una mona pare un infante cada dos años, por lo que tendrán 3,000 madres y 2,000 hijos a la vez para un total de 5,000 individuos máximo, en plena operación." (R. del S. 513 (Informe Final); 2010; op.cit. p.14902)

[425] A la fecha de la ponencia, en agosto de 2009, Kraiselburd indicó que el CPRC contaba con una colonia de aproximadamente 950 rhesus en el cayo

contrario, enfatizó en el aspecto económico del negocio indicando que el CPRC había *logrado* obtener más de $53 millones para su empresa y se limitó a enlistar los tópicos de las "investigaciones" en curso, "para obtener vacunas, medicinas y tratamientos para condiciones e infecciones que nos afectan."[426] La aseveración se mantendría en el plano retórico, apelando a la imaginación estimulada por la propaganda *biomédica* y sin mostrar evidencia...

Kraiselburd centró su endoso a Bioculture mediante una defensa férrea a la experimentación con animales, y la enmarcó dentro de la anacrónica y falsa creencia en la aplicabilidad mecánica en la especie humana de los *estudios* experimentales en primates no-humanos. A los efectos y sacando de contexto el dato, señaló que la especie rhesus comparte un 93% de similitud genética con el ser humano:

"Por lo tanto, todo descubrimiento hecho en estos monos, tiene alrededor de 93% de probabilidad de ser directamente aplicable a la población humana."[427]

Y enfatizó -según cita el informe senatorial- que la experimentación con animales:

"...sigue siendo la forma más barata, adecuada, y para muchas cosas, única, de probar un fármaco."[428]

Santiago, y cerca de 2500 enjaulados en la estación de Sabana Seca. (R. del S. 513 (Informe Final); 2010; op.cit. p.14905)

[426] Según Kraiselburd, en la actualidad el CPRC realiza experimentos en células madres; vacunas contra el Virus de la Inmunodeficiencia Humana (VIH) y el homólogo en los simios (SIV); en vacunas y tratamientos para la infección con los virus de Dengue; en degeneración macular; en enfermedades degenerativas como Parkinson y Alzheimer; en derrames cerebrales; en conducta y comportamiento. (Ídem)

[427] Ídem.

[428] Ídem.

Kraiselburd aprovechó la ocasión para eximir de responsabilidad al CPRC-UPR de las fugas en el área suroeste de la Isla, y acusar a las agencias del gobierno federal "que los abandonó hace muchos años." Asimismo, reprochó al gobierno de Puerto Rico la negativa a financiar sus propuestas para las capturas, a sabiendas de que "...estos monos sueltos están infectados con Herpes B, que es letal para los seres humanos." Además, cónsono con la política de encubrimiento del CPRC, negó tener constancia de fugas en las instalaciones de Sabana Seca y de cayo Santiago...

En contraste con las posturas de los representantes de las corporaciones y agencias públicas que endosaron sin condiciones los fines del proyecto de Bioculture (DS, CFI, CPRC-UPR), compareció el Colegio de Médicos y Cirujanos de Puerto Rico (CMC), representado por el Dr. Eduardo Ibarra, presidente, y el Dr. Víctor Marcial, oncólogo.[429] La intervención del CMC, aunque inserta dentro del discurso histérico, hipocondríaco y paranoide del Estado[430], cuestionó la deseabilidad y conveniencia de autorizar el establecimiento de Bioculture en la Isla[431], y enmarcó su postura dentro de la crítica internacional a los modelos experimentales invasivos con primates no-humanos:

> "Existe un patrón mundial de no investigar más con los primates. (...) Las acciones de estos países están basadas en dos elementos: el reconocimiento que hay problemas serios con estos experimentos; y conocimiento de que estos animales tienen una

---

[429] R. del S. 513 (Informe Final); 2010; op.cit. p.14903-04.

[430] Según Ibarra: "Los primates, al igual que los humanos, comparten la afinidad para muchos agentes infecciosos, especialmente los virus. Una concentración alta de primates tan cerca de grandes centros urbanos, probablemente compartiendo agua potable y aguas servidas presenta la posibilidad de un contagio humano por agentes infecciosos provenientes de los primeros." (Ídem)

[431] A Bioculture le fue denegado permiso para establecer el mismo proyecto que propone para Puerto Rico, en Israel, de donde es oriunda; así como también en toda Europa y en algunos países de África -según el presidente del CMC. (Ídem)

rica vida desde el punto de vista emocional y social, y por ende, el sufrimiento causado por enjaulamiento y hacinamiento es inaceptable."[432]

Ilustración 30[433]

Desmintiendo las alegaciones del CPRC, según expuestas por Kraiselburd en las audiencias públicas y en la prensa, el

---

[432] Inglaterra prohibió desde 1997 experimentos en chimpancés, Nueva Zelanda lo prohibió en 2000; Holanda en 2002; Suecia lo prohíbe y Australia lo limita en 2003; Austria en 2006 y Bélgica en 2008 y en ese mismo año, el Parlamento Español recomienda mediante Resolución otorgarle derechos legales a los grandes simios. En mayo de 2009, el Parlamento Europeo votó abrumadoramente a favor de someter legislación en los países miembros prohibiendo el uso de los grandes primates (chimpancés, orangutanes, gorilas) para la investigación. Aunque la intención original era prohibir el uso de todos los primates para investigación, hubo mucha presión de parte de grupos en contra de la legislación y la medida se diluyó. Estados Unidos es el único país desarrollado que aún utiliza chimpancés para procedimientos invasivos a gran escala, pero ya existen iniciativas para prohibirlo. (Ídem)

[433] Fotografía tomada de: http://www.one-voice.fr.

presidente del Colegio de Médicos y Cirujanos de Puerto Rico, sostuvo que:

> "A pesar de que nuestra cercanía genética con los chimpancés y otros primates ha justificado su uso histórico en investigaciones médicas, la diferencia genética existente es suficiente para que los resultados de los experimentos no sean aplicables a los humanos."[434]

La crítica del CMC al modelo de experimentación invasiva con primates no-humanos sería reforzada con alusión a la existencia de métodos experimentales alternativos.[435] Más enfática aún en la crítica al modelo experimental invasivo fue la cardióloga Gloria Colón, del CMC, que además denunció en la audiencia pública que "...la comunidad cercana ha sido expuesta a engaño, puesto que les han señalado que oponerse a este proyecto es oponerse a la ciencia, a la vacunas y a los adiestramientos de los estudiantes de medicina."[436]

---

[434] "Además, se ha comprobado que condiciones de enjaulamiento y hacinamiento ha producido resultados erróneos por la simple razón de que afectan grandemente la fisiología de los animales. A manera de ejemplo, después de décadas de investigaciones de más de 85 vacunas VIH/SIDA, que han demostrado ser extremadamente eficaces en chimpancés, pero ninguna de ellas ha funcionado en humanos." (R. del S. 513 (Informe Final); 2010; op.cit. p.14904)

[435] Por ejemplo, las investigaciones in vitro o el cultivo de células humanas vivas y tejidos humanos; modelos virtuales (imagen humana cerebral, evaluación computarizada (modeling), etc. Aunque el CMC no provee evidencia de la necesidad real del uso de animales en laboratorios y tampoco de su alegado vínculo con el mejoramiento de la salud humana, el CMC -según reseña el informe senatorial- "admite que si bien es cierto que se necesitan animales para algunos experimentos, la política pública debe ser: Reducir; Reemplazar y Refinar la experimentación con animales. Coincidentemente, el Colegio de Médicos Veterinarios de Puerto Rico (CMV) -aunque enmarcado dentro de la creencia en la utilidad de los primates no-humanos por su similitud genética con los humanos- favorece la progresiva extinción de las prácticas experimentales con animales. (R. del S. 513 (Informe Final); 2010; op.cit., p.14907-08)

[436] Op.cit., p. 14908-09.

"...no quisiera que Puerto Rico sea reconocido a nivel mundial como un pueblo caritativo que no cree en la pena de muerte, y sin embargo, cree en la experimentación con animales con probada capacidad intelectual, que no pueden defenderse y en muchos casos sufren la agonía de una muerte lenta y cruel debido a la experimentación a la que están sujetos."[437]

Su postura la valida refiriéndose a ejemplos concretos que desmienten el valor de las experimentaciones invasivas favorecido incondicionalmente por el CPRC y Bioculture. Poniendo en entredicho la credibilidad de las elucubraciones de Kraiselburd y la propaganda corporativa del "scientific monkey business", sostiene Colón:

"En el caso del SIDA, al menos 37 vacunas han sido evaluadas en los últimos 25 años, muchas de ellas resultando exitosas en animales, pero ninguna en humanos. En el caso de infartos cerebrales, por 170 años se ha experimentado en primates 95 drogas distintas y hasta ahora todas han fallado en humanos. En cuanto a la terapia de reemplazo hormonal, que se ha recetado a millones de mujeres utilizando resultados de experimentos con primates, ahora se ha encontrado que aumenta el riesgo de enfermedades del corazón e infartos en mujeres, e incluso que aumenta la incidencia de cáncer del seno."[438]

---

[437] Ídem.

[438] Concluye la cardióloga que las reacciones adversas a los medicamentos se considera la cuarta causa de muerte en el mundo occidental, a pesar de la seguridad aparente en los experimentos con animales, muchos de estos primates. La comunidad científica y médica sabe que los modelos preclínicos, incluyendo el uso de primates, no han podido evaluar lo que ocurrirá en humanos en la etapa de prueba de la droga; como ésta se absorbe, distribuye, metaboliza, y elimina, además de identificar sus propiedades toxicológicas (ADMET).

Entre las conclusiones del informe final del P. del S. 513, la comisión investigadora reconoció la existencia de *evidentes* conflictos morales, éticos y políticos entre los ponentes y senadores con respecto a la deseabilidad de la experimentación con animales, principalmente sobre las especies de primates no-humanos.[439] Según concluye el informe -aunque no presenta evidencia alguna- todavía "...a pesar de los extraordinarios avances en la investigación biomédica y farmacológica, hay ciertas pruebas para las cuales, en el proceso de evaluación pre-clínico de medicamentos, se necesita utilizar animales para probarlos."[440] No obstante la ambivalencia política, guarda distancia crítica de los entendidos dominantes promovidos por la industria internacional y local del "scientific monkey business"...

Sin posicionarse fuera del imaginario cuadro de *necesidad* imperativa de la experimentación de animales para la salud humana, el informe de la comisión senatorial hace la salvedad:

> "...esto de forma alguna significa que en ese proceso se condone o se incluya como estrictamente necesario la experimentación en animales con cosméticos u otros productos de la enorme industria química internacional que nada tienen que ver con enfermedades críticas humanas; así como tampoco se puede condonar o justificar el trato cruel e inhumano hacia estos sujetos de los experimentos más allá que el que tendrán por la naturaleza misma de la experimentación."[441]

Asimismo, la comisión senatorial reivindica una percepción sobre los primates no-humanos, antagónica a la versión utilitarista y antropocéntrica del negocio de la experimentación farmacológica y biomédica con fines comerciales,

---

(Op.cit., p. 14909)

[439] R. del S. 513 (Informe Final); 2010; op.cit. p.14912-13.

[440] Ídem.

[441] R. del S. 513 (Informe Final); 2010; op.cit. p.14913.

en función de la demanda para complacer vanidades humanas. Según el informe, los primates no humanos:

> "...son animales en extremos sociales, sujetos a cambios en su comportamiento, incluyendo el endocrino, cuando ocurren cambios drásticos en su ambiente, por ejemplo, el cautiverio. En ese sentido, es muy difícil separar el comportamiento general de nuestra especie de la del resto de los primates."

Y añade:

> "Se nos hace muy difícil considerar como trato humanitario, digamos, el inducir un tumor cancerígeno en un primate, independientemente de que se le alimente adecuadamente y se le provean juguetes para que se entretenga."

Asimismo, aunque no cuestiona la naturaleza oportunista y falseada de la creencia en las virtudes de la similitud genética entre especies de primates no humanos y humanos, el informe senatorial presente reservas éticas sobre sus usos para justificar las prácticas experimentales invasivas.

> "La proximidad genética, por otro lado, de los primates con los seres humanos, si bien es precisamente la base y justificación para haberlos seleccionado para la experimentación, en lugar, por ejemplo, de los perros, también nos plantea una consideración ética más amplia. Desde el punto de vista genético, experimentar con un primate es igual a decir que experimentamos en un primo lejano."[442]

En acorde con las posturas críticas al modelo experimental invasivo, expuestas por el Colegio de Médicos y Cirujanos de

---

[442] Ídem.

Puerto Rico, el informe final enlista una serie de ejemplos que desmienten la *creencia* en la aplicabilidad mecánica de *estudios* en primates no-humanos (pruebas de fármacos), y las consecuencias fatales de la misma.[443] Asimismo, contradice la alegada utilidad práctica para la salud humana de las *investigaciones* actuales del CPRC sobre condiciones como el Parkinson y el Alzheimer.[444] El informe final sobre el P. del S 513 concluye:

> "...no es prudente, desde el punto de vista del futuro de la investigación y el desarrollo biomédico y bioquímico, que promovamos la reproducción y crianza industrial de animales para la investigación y experimentación. No sólo porque hacerlo es caminar en la dirección contraria a lo que debe ser el futuro de las ciencias biológicas y médicas; sino porque también estaríamos enviando un mensaje

---

[443] "En cuanto al primer tipo de investigaciones, pesa sobre nuestro análisis las distintas experiencias con diversos tipos de medicamentos que pasaron pruebas pre-clínicas positivas al probarse en primates, pero que sin embargo resultaron un desastre al ser usadas en miembros de la especie humana. La primera experiencia que se nos trae es la del medicamento talidomida, desarrollado al inicio de la segunda mitad del Siglo XX, que por tener un efecto inhibidor en las náuseas típicas de los primeros meses del embarazo (nuestra "mala barriga"), fue ingerido por un gran número de mujeres encinta, provocando deformidades en al menos 10,000 niños y niñas en 46 países. Este fármaco aparentemente no tuvo en las pruebas pre-clínicas en primates los efectos que posteriormente tuvo en seres humanos. Al igual que la talidomida, otros medicamentos como Vioxx, Isoprenolina y los utilizados para la Terapia de Reemplazo Hormonal Humana han corrido la misma suerte. En el caso de la droga Vioxx, un tratamiento antiartrítico retirado en 2004, se estima que 140,000 personas murieron debido al uso del mismo, a pesar de haber sido probado en primates y certificado como un medicamento seguro debido en parte a esas pruebas." (Ídem)

[444] "En cuanto al segundo tipo más extenso de investigación en primates, la investigación en las funciones cerebrales, resulta que las más dramáticas diferencias entre humanos y otros primates es, precisamente, el cerebro. Por ejemplo, todo lo que conocemos del Alzheimer y Parkinson provienen del estudio de pacientes, sus tejidos y sus familias." (Ídem)

equivocado al resto de los países del planeta sobre nuestra actitud y trato hacia los animales."[445]

Rendido el 10 de noviembre de 2009, sería el 25 de marzo de 2010 que el cuerpo legislativo aprobaría el informe final. En mayo de 2010, el secretario del DRNA, Daniel Galán Kercadó, otorgaría los permisos gestionados por la empresa Bioculture...

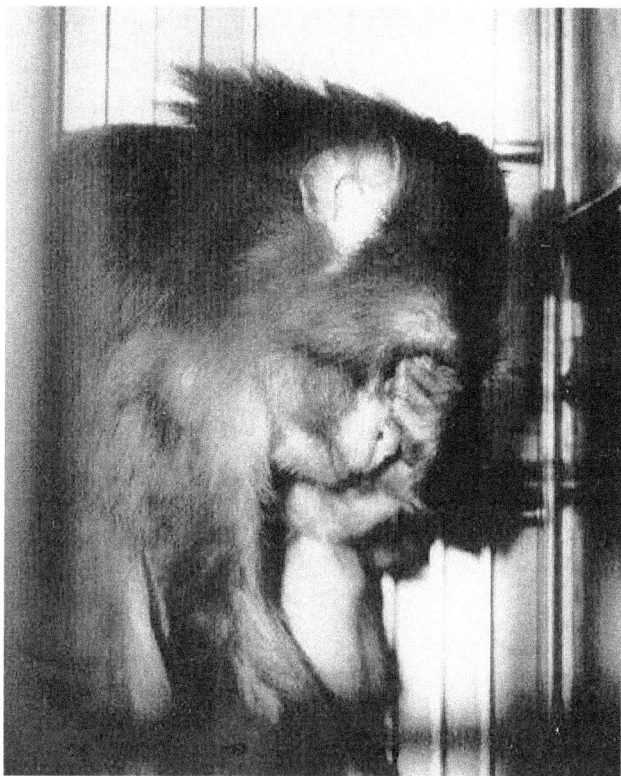

Ilustración 31[446]

---

[445] R. del S. 513 (Informe Final); 2010; op.cit. p.14913.

[446] Desesperado. Fotografía tomada de: http://www.nocompromise.org.

Cobertura mediática: propaganda de aversión (2010)

Al tiempo en que en el cuerpo legislativo insular se abría al cuestionamiento y la denuncia de las prácticas de crueldad relativas a las experimentaciones invasivas con primates no-humanos, el DRNA continuaba las capturas y masacres. Recién iniciado el año 2010, uno de los principales medios informativos del país anunciaría el saldo de las matanzas:

> "Al menos 800 primates - de los 900 que fueron atrapados por el DRNA entre marzo y noviembre de 2009- fueron 'sacrificados de forma humanitaria' porque la agencia no pudo reubicarlos."[447]

La cifra la proveyó el director del Negociado de Pesca y Vida Silvestre del DRNA, Miguel García. Según el funcionario público, "Unos 800, la gran mayoría, fueron eutanizados con inyección letal. El animal no sufrió."[448] Las declaraciones del funcionario del DRNA desmienten al secretario del DRNA, Galán Kercadó, que había anunciado que los primates capturados serían relocalizados en zoológicos alrededor del mundo. Sólo se exportaron cerca de 100, y los demás fueron sacrificados, porque -según García- "no los quieren, no tienen ninguna utilidad."[449] Al día siguiente, el secretario del DRNA confirmó a los medios que:

> "...la agencia sacrificará todos los primates que no puedan ser reubicados dentro o fuera de Puerto Rico. (...) No hay muchas opciones. La eutanasia es

---

[447] Alvarado León, Gerardo; "Sacrificio masivo de monos"; *El Nuevo Día*; 8 de enero de 2010.

[448] Ídem.

[449] Ídem. Al día siguiente, el secretario del DRNA corregiría la cifra anunciada por su subordinado, alegando que la cifra de exportaciones era de 207, no de 100. No proveería evidencia al respecto.

lo único que nos queda después de haber intentado reubicar a los primates..."[450]

Reaccionando a la información circulada en los medios de comunicación, la agencia emitió un comunicado de prensa exaltando la situación actual de la cruel empresa como *exitosa*, con el fin político de legitimar las matanzas. Según el coordinador del Proyecto para el Control de Primates (PCP) del DRNA, Ricardo López:

> "Este proyecto ha sido tan exitoso que hemos podido reducir la población de monos patas (...) de unos 928 estimados en el 2008 (población total desde Sabana Grande hasta Cabo Rojo), a 229 individuos estimados para la misma zona hasta el día de hoy. Esto equivale a que se ha reducido la población en un 75% en menos de dos años."[451]

De la población de primates rhesus -según López- se habían *removido* 248, y se estimaba que aún quedaban en la zona cerca de 719.[452] En total, para enero de 2010, se habrían *removido*

---

[450] Alvarado León, Gerardo; "DRNA seguirá sacrificando monos"; *El Nuevo Día*; 9 de enero de 2010.

[451] DRNA (Comunicado de Prensa); "Exitoso el proyecto de control de primates del DRNA"; enero, 2010; en http://www.drna.gobierno.pr/. El grueso del texto enviado a los medios repetiría literalmente el contenido del último, circulado en septiembre de 2009.

[452] Según el coordinador del PCP del DRNA, el CPRC "tiene un acuerdo con el DRNA para recibir los primates rhesus, no así los patas." (DRNA; "Exitoso el proyecto de control de primates..."; op.cit.) No obstante, en declaraciones a los medios, el director del CPRC, Edmundo Kraiselburd, señaló que el DRNA le había entregado entre 40 y 50 primates rhesus, pero que "la instalación ubicada en Sabana Seca, está a su máxima capacidad, por lo que no podrán recibir más..." (Alvarado León, Gerardo; "Sacrificio masivo de monos"; op.cit.) La información sobre la indisposición del CPRC a recibir más sería confirmada por Galán Kercadó. (Alvarado León, Gerardo; "DRNA seguirá sacrificando monos"; op.cit.)

1,432 primates rhesus y patas.[453] Una vez sacrificados, serían dispuestos por una compañía privada a cargo de desperdicios biomédicos...

Ilustración 32[454]

La neurosis paranoide e hipocondría compartida entre las agencias exterminadoras del Estado y los grupos *defensores* de los derechos de los animales en Puerto Rico sería puesta nuevamente en evidencia en enero de 2010. Según cita de prensa, Leisha Swayne (consultora de investigaciones de maltrato de animales) "...el sacrificio de estos 800 primates fue 'un mal necesario'". Asimismo, la activista ("defensora de los derechos de los animales"), Carla Capalli, coincidió en que las matanzas eran un

---

[453] El funcionario mencionó que se han registrado avistamientos de primates no-humanos en Yauco, Patillas, Guaynabo, Bayamón, Guaynabo, Ponce, entre otros. (DRNA; "Exitoso el proyecto de control de primates..."; op.cit.)

[454] Hembra rhesus nativa, capturada por el DRNA. Fotografía por Gazir Sued (2010)

444

"mal necesario" y *explicó*: "Cuando un animal no tiene que morir y se le practica la eutanasia, no es maltrato porque no se hace adrede. Esa práctica está regulada."[455] La impresión general subida a la escena mediática sería que la política genocida contra las nuevas especies de la fauna nativa es consentida y consensual en Puerto Rico, incluso por los más sonados defensores de los derechos de los animales...

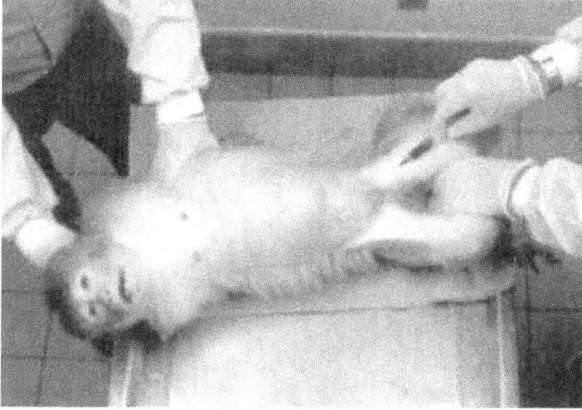

Ilustración 33

Así como las matanzas no serían consideradas actos de crueldad, las críticas vertidas durante las audiencias públicas del P. del S. 513 sobre las prácticas experimentales invasivas en primates no-humanos quedarían trocadas en reproches morales, sin fuerza política real para materializarse en hechos concretos. Mientras la empresa Bioculture continuaba gestionando los trámites burocráticos para establecerse en la Isla, en mayo de 2010, el gobierno federal aprobaría un subsidio de $4 millones para "investigaciones científicas" en Puerto Rico, que habría de ser administrado por el CPRC. Según Janis González, "vicedirectora" de la empresa, los fondos serían usados "para construcción y reparación de instalaciones biomédicas y de investigación en las cuales se utilizan monos rhesus como modelos para estudiar enfermedades que sufren los humanos."[456]

---

[455] Alvarado León, Gerardo; "Sacrificio masivo de monos"; op.cit.

[456] "Fondos para los primates"; El Nuevo Día; 15 de mayo de 2010.

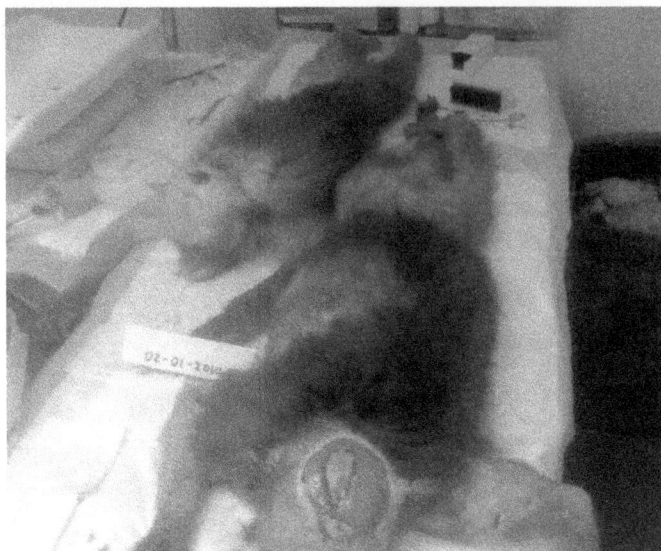

Ilustración 34[457]

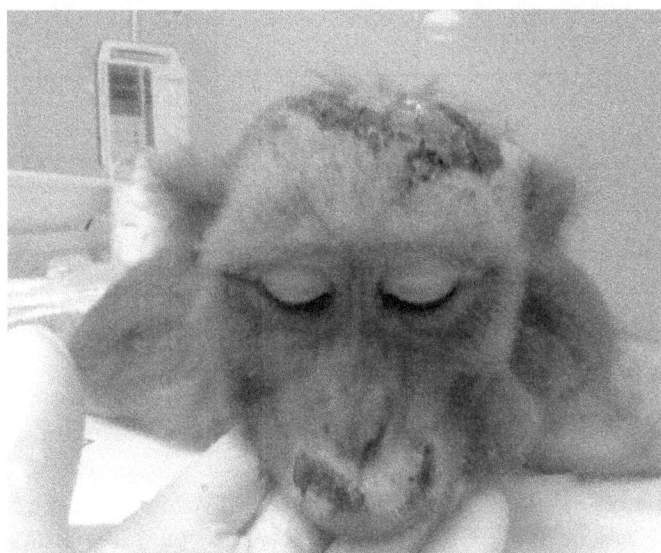

Ilustración 35[458]

---

[457] Fotografía tomada de: http://smashhls.com.

[458] Ídem.

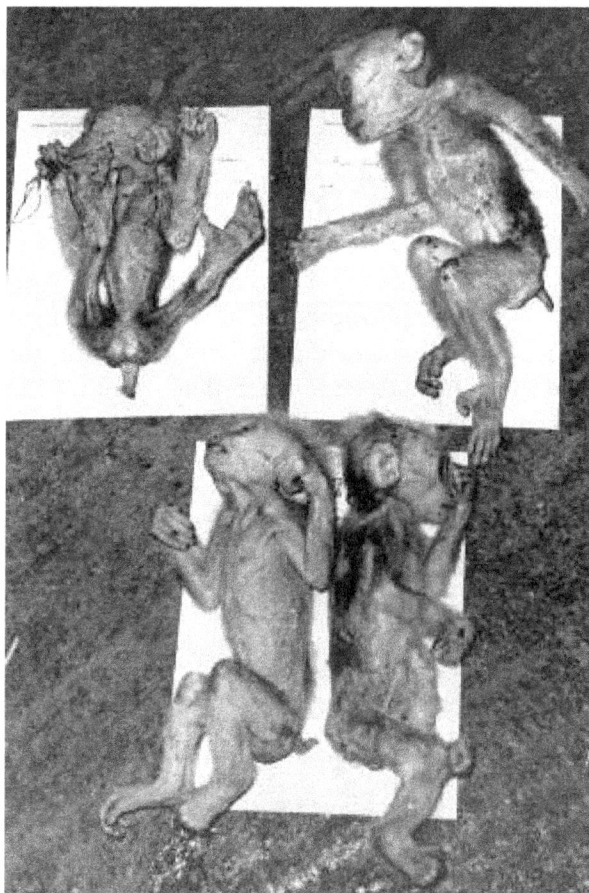

Ilustración 36

Desensibilizada la clase periodística del país ante las matanzas de rhesus y patas silvestres y exaltada la opinión de la ciudadanía *defensora* de los derechos de los animales, que *considera* las masacres como un "mal necesario" (de modo similar a las agencias exterminadoras del Estado), la opción del CPRC, de usarlos para experimentaciones invasivas, continuaría siendo favorecida en los espacios de cobertura mediática. Antes de finalizar el 2010, las críticas ventiladas en las audiencias públicas sobre el P. del S. 513 se habrían desvanecido de la atención de los medios, y el CPRC aprovecharía para promover el "scientific monkey business" como alternativa *legítima* y *humana* ante las matanzas del DRNA. La millonaria subvención federal contribuiría a legitimar la propaganda corporativa del CPRC, y los medios de información continuarían sirviéndole de vocero. Un reportaje publicado en octubre, en uno de los principales medios de información del país, asume como propia la postura corporativa del CPRC y reza:

> "A pesar de que en Puerto Rico existe uno de los principales centros en el mundo especializados en la investigación de primates, el Gobierno no ha tomado en consideración su asesoramiento para atajar el problema de monos realengos en la Isla y continúa utilizando técnicas que han probado ser ineficaces."[459]

Dentro de este marco, el reportaje cita al director del CPRC, Edmundo Kraiselburd, que alega que desde los años 70 el CPRC ha ofrecido asistencia al Gobierno de Puerto Rico para las capturas y reprocha que "El propio Gobierno ha hecho difícil el control de estos monos."[460] Kraiselburd se aferró a la táctica demagógica del discurso de aversión estatal contra las especies estigmatizadas como *invasivas*, para hacer aparecer la reciclada *alternativa* del CPRC como única solución legítima y urgentemente necesaria. Según cita el medio, "el experto" indicó que:

> "...es imperativo, controlar estas especies para evitar una plaga que afecte, no sólo las comunidades agrícolas, sino las zonas urbanas. (...) Si no se toman medidas efectivas, la situación llegará a ser tan grave como en India, que los monos entran a las casas, los supermercados y andan libres por todas partes."[461]

---

[459] Criollo Oquero, Agustín; "Resultan erráticas las estrategias del DRNA"; *El Nuevo Día*; 27 de octubre de 2010.

[460] Ídem.

[461] Ídem.

Asimismo, Kraiselburd aprovechó para *enfatizar* que, aunque proliferan los avistamientos de primates no-humanos en la zona metropolitana de la Isla:

> "...ninguno de los monos realengos pertenece al Centro de Primates. (...) Todos nuestros monos están tatuados en el pecho como parte de nuestras regulaciones. Además, tenemos medidas de seguridad muy rigurosas que impiden que ningún espécimen se escape."[462]

Al día siguiente, en reacción a las expresiones de Kraiselburd, el DRNA circularía de manera intacta el mismo comunicado de prensa que ya había emitido en enero.[463] Entre líneas quedaría ridiculizada la frivolidad de las acusaciones del principal ejecutivo del CPRC. La evidencia, además, era inequívoca. Las tácticas letales acordadas entre las agencias federales y locales para exterminar las poblaciones de rhesus y patas silvestres estaban siendo efectivas. Aunque la cifra no habría sido alterada desde enero, las capturas y consecuentes sacrificios de más de 800 criaturas confirmaba su efectividad...

P. del S. 1811: Código de ~~Bienestar~~ *Crueldad* Animal (2010-2011)

Desde la óptica valorativa, ética y política, de la Declaración Universal de los Derechos de los Animales, acogida por la ONU en 1978, cualquier modalidad de la crueldad y del maltrato de animales (incluyendo las masacres selectivas de ciertas especies designadas *invasivas* o domésticas realengas), son prácticas genocidas, crueles e inhumanas. Estas prácticas -consentidas y legales en Puerto Rico- son insostenibles moralmente; políticamente absurdas; y social y mentalmente enfermizas y enfermantes. Es con referencia a los principios de esta declaración que se fundamentarían las resoluciones y proyectos legislativos

---

[462] Ídem.

[463] "Dicen que colonia de monos silvestres de ha reducido en 75%"; *Primera Hora*, 28 de octubre de 2010.

contemporáneos sobre el trato a los animales.[464] Entre éstos, la senadora novoprogresista, Melinda Romero, sometería un *nuevo* proyecto de ley para *crear* el *Código de Bienestar Animal, Vida Silvestre y Flora de Puerto Rico.*[465]

Aunque se limitaría a reciclar todas las disposiciones de las leyes 154 (2008) y 241 (1999), el proyecto 1811 propondría derogarlas y suplantarlas, fusionándolas en un código único, bajo la jurisdicción primaria del Cuerpo de Vigilantes del DRNA. Aunque todavía en 2012 el proyecto permanecería en suspenso, de aprobarse finalmente, las condiciones de existencia de la fauna puertorriqueña no habrían de mejorar en lo absoluto. De aprobarse la nueva ley, ésta cumpliría una función ideológica con premeditados fines políticos que nada tienen que ver con las condiciones reales de existencia de la fauna silvestre y doméstica en Puerto Rico.[466]

La política pública del Gobierno de Puerto Rico con respecto a la "protección y bienestar" de los animales

---

[464] La ley núm. 154, regente desde 4 de agosto de 2008 ("Ley para el Bienestar y la Protección de los Animales"), por ejemplo, enmarcó su pertinencia con relación a estos principios éticos y políticos. En idénticos términos lo hizo la R. del S. 759 (2009 - 2011).

[465] P. del S. 1811; Senado de Puerto Rico; 16ta Asamblea legislativa; 4ta Sesión Ordinaria; 13 de octubre de 2010; (presentado por la senadora Melinda Romero Donnelly); (Referido a las Comisiones de Recursos Naturales y Ambientales; de Jurídico Penal; y de Hacienda) Para crear el Código de Bienestar Animal, Vida Silvestre y Flora de Puerto Rico; establecer la política pública; enmendar la Sección 1 de la Ley Núm. 70 de 23 de junio de 1971, según enmendada; derogar la Ley Núm. 36 de 30 de mayo de 1984, según enmendada, conocida como "Ley de Refugios de Animales Regionales"; derogar la Ley Núm. 241 de 15 de agosto de 1999, según enmendada, conocida como "Nueva Ley de Vida Silvestre de Puerto Rico"; derogar la Ley Núm. 154 de 4 de agosto de 2008, conocida como "Ley para el Bienestar y la Protección de los Animales"; y para otros fines.

[466] Así lee el proyecto de ley: "...surge la inminente necesidad de implantar una regla general que sirva como un conjunto ordenado y sistematizado de normas y principios jurídicos que le permitan al estado implantar y ejecutar de manera efectiva las normas prevalecientes (...) Con esta medida se pretende incorporar todos los estatutos que han resultado ser viables de las leyes anteriormente señaladas e incluir otras medidas necesarias para hacerla más completa y rigurosa..." (P. del S. 1811 (2010)

permanecería relativamente intacta, así como la finalidad ideológica que la soporta y la voluntad política que la anima: crear una impresión general ante el mundo "que nos identifique como una sociedad de vanguardia y mentalmente saludable."[467] No obstante, esa función política e ideológica ya estaba cubierta en las leyes que la senadora pretendía derogar y absorber en el código de su autoría. Aunque no habrían cambios sustanciales, el código integraría algunas variantes menores que levantarían oposiciones categóricas de algunos sectores con influencia política, incluyendo al gobernador Luis Fortuño, que amenazaría con vetar el proyecto de ley...

Al margen de la irracionalidad representada en su postura, Fortuño se opuso de inmediato a la propuesta de legalizar la tenencia de perros pitbulls[468] en la Isla, prohibidos desde 1998 por la razón paranoide, prejuiciada y fóbica del secretario del Departamento de Agricultura y otros representantes de agencias de gobierno y del cuerpo legislativo.[469] La criminalización de esta raza de perros había sido refrendada por el gobernador Fortuño en 2009, vetando un proyecto de ley (P. de la C. 1890) que anularía la prohibición.[470]

La segunda razón de la amenaza de veto sería motivada por oportunismo político. El proyecto de la senadora Romero ordenaría el registro de todas las mascotas en la Isla, a un costo de

---

[467] Ídem.

[468] Cybernews; "Posible veto al proyecto de Melinda"; 15 de octubre de 2010 (http://www.wapa.tv)

[469] Ley 158 del 23 de julio de 1998 (P. de la C. 595; 23 de abril de 1997; presentado por la representante Iris Miriam Ruiz Class): Se prohíbe (...) la introducción, importación, posesión, adquisición, crianza, compra, venta y traspaso de cualquier naturaleza en la isla de Puerto Rico de los perros conocidos como 'Pitbull Terrier', e híbridos producto de cruces entre éstos y perros de otras razas.")

[470] En 2009, el representante novoprogresista Eric Correa sometió un proyecto legislativo para enmendar la ley 158, "...a los fines de no criminalizar una raza de perro en específico sino requerir que se atienda el problema desde la perspectiva de cada caso en particular." (P. de la C. 1890; Cámara de Representantes; 16ta Asamblea Legislativa; 2da Sesión Ordinaria; 18 de agosto de 2009) (Presentado por el representante Eric Correa Rivera) La medida sería vetada por el gobernador Luis Fortuño...

$20 por cada una; pero el gobernador no interesaba suscribir medidas que acrecentaran la carga económica de la ciudadanía, y contradijeran la campaña política de su gobierno, diseñada para paliar las tensiones sociales creadas por una supuesta crisis fiscal generalizada en toda la Isla...

Otra oposición al proyecto 1811 provendría del sector vinculado a la millonaria industria de peleas de gallos. Aunque el código propuesto por Romero no hace referencia directa al asunto, se sobreentiende que la intención legislativa incluye la de prohibir esta práctica de la crueldad legal en Puerto Rico. Además de las entrevistas televisivas a galleros y las alusiones a alcaldes que practican esta modalidad del maltrato de animales bajo el eufemismo del "deporte de caballeros", la cobertura mediática favoreció el lucrativo negocio en todos sus aspectos. Asimismo, el secretario del Departamento de Recreación y Deportes, Henry Neumann (empleado de confianza del gobernador Fortuño), declaró en prensa que la medida "es un suicidio político" que "nunca se va a aprobar", porque "se trata de una industria que genera oficialmente alrededor de $30 millones anuales por concepto de apuestas."[471]

Otro asunto añadido al código propuesto por la senadora Romero, tal vez el único cualitativamente innovador y políticamente controvertible, es con relación a las prácticas experimentales con animales vivos. Aunque la senadora reproduce el credo dominante en los mismos términos de la ley 154[472], el nuevo código de ley ordenaría al Gobierno de Puerto Rico a gestionar el establecimiento de "centros de estudio para el desarrollo de alternativas al uso de animales en procesos de experimentación científica".[473] De manera tácita quedaría manifiesto un voto de impugnación a la confianza incondicional e irreflexiva de la que ha gozado históricamente la experimentación

---

[471] Bauzá, Nydia; "Melinda Romero Donnelly busca prohibir peleas de gallo"; *Primera Hora*, 14 de octubre de 2010.

[472] "Los experimentos estarán restringidos a casos en que sean considerados absolutamente esenciales para propósitos de investigación científica en centros universitarios debidamente acreditados"

[473] P. del S. 1811 (2010)

invasiva con animales en Puerto Rico. Pero a pesar de la relevancia política de este artículo, su proposición no atrajo la atención de los medios y pasó inadvertida entre la ciudadanía...

La pertinencia política de este artículo, así como los principios críticos, éticos y políticos en que se fundamenta, ya se había expresado con fuerza, aunque marginalmente, en el contexto de la pugna entre el cuerpo legislativo y la empresa Bioculture, obstinada aún en establecerse en la Isla...

R. del S. 2145 vs DRNA/Bioculture (2011)

Previniendo la posibilidad de que la empresa Bioculture obtuviese todos los permisos requeridos por el Gobierno de Puerto Rico para instalarse en definitiva en la Isla, el gobierno municipal de Guayama aprobó dos ordenanzas municipales prohibiendo el establecimiento de la industria propuesta.[474] Ignorando los aspectos políticos y éticos ventilados en las audiencias públicas del Senado, y desentendido de la postura de oposición aprobada en marzo por el cuerpo legislativo, el 26 de mayo de 2010, el secretario del DRNA otorgó permiso a Bioculture a los fines de establecerse legalmente en la Isla como empresa de "investigación científica". La vigencia del permiso sería extensiva hasta abril de 2016.

Reaccionando a las presiones políticas de los opositores del proyecto, que ahora incluirían formalmente a la alcaldesa de Guayama, Glorimari Jaime Rodríguez, la senadora Melinda Romero radicaría una resolución en el cuerpo legislativo a los efectos de investigar sobre la otorgación de permiso emitida por el DRNA a Bioculture.[475] En agosto de 2010, Romero radicaría una resolución en repudio al proyecto de Bioculture y peticionando a las agencias del gobierno federal (USDA y FWS) a que se abstuvieran de otorgar permisos a la empresa. El texto original de la resolución 1514, presentado por la senadora Romero, leía:

---

[474] Ordenanzas Núm. 9 y 11, Serie 2010-2011.

[475] R. del S. 2145; Senado de Puerto Rico; 16ta Asamblea Legislativa; 5ta Sesión Ordinaria; 27 de mayo de 2011; Referida a la Comisión de Asuntos Internos; (Presentada por Melinda K. Romero Donnelly) Texto Aprobado, 30 de junio de 2011.

"To express the most forceful objection, on behalf of the Puerto Rico Senate, to the intentions of Bioculture Puerto Rico, Inc. of importing over four thousand (4000) primates of the macaca fascicularis to the island of Puerto Rico, for the purpose of breeding them for later use in experimentation; and request that the United States Department of Agriculture (USDA) and the Fish and Wildlife Services (FWS) deny any and all permit requests to import *macaca fascicularis* into Puerto Rico."[476]

El texto original de la resolución sería enmendado significativamente antes de ser aprobado. Los cambios no se harían para refinar cuestiones semánticas sino para responder a presiones de naturaleza política, tácitas en el contenido final de la resolución. Las alusiones relativas a los fines experimentales del negocio serían eliminadas, silenciando la crítica implícita a las prácticas de experimentación invasiva con primates no-humanos. La resolución original, que habría sentado un precedente político de refuerzo adicional a la R. del S. 513, ahora centraría su atención en el aspecto burocrático formal, reduciendo el asunto contra Bioculture a uno de carácter meramente legal. Efectuadas las modulaciones ideológicas pertinentes, la resolución sería aprobada el cuerpo legislativo en octubre de 2011:

"To express the most forceful objection, on behalf of the Puerto Rico Senate, to the blantent and consistent violations to Puerto Rico and United State laws and regulations, during the permit processes by Bioculture Puerto Rico, Inc. and thus request that the United States Department of Agriculture (USDA) and the Fish and Wildlife Services (FWS) deny any and all permit request by Bioculture Mauritis, any of its subsidiaries or

---

[476] S. R. 1514; Puerto Rico Senate; 16th Legislative Assembly; 4th Ordinary Session; August 27, 2010. (Autora: Sen. Melinda K. Romero Donnelly)

Bioculture Puerto Rico, Inc. with the purpose of importing *macaca fascicularis* into Puerto Rico."[477]

Además del marcado revés ideológico representado en el texto de la resolución 1514, entrelíneas se estarían manifestando las tensiones políticas y conflictos de intereses al interior del Partido Nuevo Progresista, entre el liderato senatorial, presidido por el senador Thomas Rivera Schatz, y el gobernador Luis Fortuño, que indirectamente y sin hacer pública su postura, favorecía a la empresa Bioculture por conducto de los directores de las agencias públicas designados a puestos de confianza, como el DS, la CFI y el DRNA.

A finales de noviembre de 2011 la empresa recurriría al Tribunal Supremo con miras a revocar la decisión del Tribunal de Apelaciones. Según el vicepresidente de Bioculture, Moshe Bushmitz, el proyecto contaba con el respaldo de la comunidad guayamesa así como del gobernador Fortuño. Además, la Asociación de Industriales de Puerto Rico y el Fideicomiso de Ciencia y Tecnología lo endosarían como *Amicus Curiae* ante el Tribunal.[478] Según el empresario:

> "...el proyecto de Bioculture Puerto Rico ayudará a propulsar a Puerto Rico a la vanguardia de la investigación a nivel internacional y del desarrollo de nuevos medicamentos y terapias que permitan mejorar y salvar vidas de millones de personas y animales en todo el mundo."[479]

---

[477] S. R. 1514; Puerto Rico Senate; 16th Legislative Assembly; 4th Ordinary Session; August 27, 2010. (Texto final aprobado el 11 de octubre de 2011) (Autora: Sen. Melinda K. Romero Donnelly; Suscribiente(s): Sen. Migdalia Padilla Alvelo, Sen. Evelyn Vázquez Nieves, Sen. Kimmey Raschke Martínez, Sen. Luz M. Santiago González, Sen. Cirilo Tirado Rivera, Sen. Carlos Javier Torres Torres, Sen. Thomas Rivera Schatz, Sen. Luis A. Berdiel Rivera, Sen. José L. Dalmau Santiago, Sen. Jorge I. Suárez Cáceres, Sen. José R. Díaz Hernández, Sen. Eder E. Ortiz Ortiz)

[478] CyberNews; "Bioculture apela al Supremo por los monos"; 28 de noviembre de 2011.

[479] Ídem.

Ilustración 37[480]

El 9 de diciembre de 2011, el Tribunal Supremo de Puerto Rico, en votación 6-3, denegaría el aval a la construcción de

---

[480] Enjaulados para experimentaciones. Fotografía tomada de: http://help-animals.blog.

Bioculture[481] y en abril de 2012 la Junta Revisora de Permisos y uso de Terrenos de Puerto Rico revocaría los permisos obtenidos...

R. de la C. 63: *exitoso* el proyecto genocida del DRNA (2011)

A inicios de abril de 2011, el coordinador del Proyecto para el Control de Primates del DRNA, Ricardo López Ortiz, rindió informe al cuerpo legislativo sobre el saldo y curso actual de las capturas y matanzas de rhesus y patas silvestres, según había sido requerido por orden de la R. de la C. 63 en julio de 2009. A mediados de agosto, el cuerpo legislativo aprobaría el informe final.[482] El contenido del informe final integraría las *razones* de la agencia pública que dieron base al proyecto genocida de las especies "exóticas invasoras", iniciado formalmente en 2008.[483] Según cita el informe:

> "Entre las repercusiones reales y potenciales del establecimiento de estos primates de forma silvestre en Puerto Rico, está el potencial de transmisión de enfermedades a los ciudadanos y animales domésticos, la destrucción de cosechas y el potencial efecto nocivo a la vida silvestre."[484]

A la fecha del informe, el DRNA habría *removido* 1,639 primates rhesus y patas, y proyectaba dar continuidad al *esfuerzo*,

---

[481] 2011 TSPR 185; Resolución del Tribunal; CC-2011-929 y CC-2011-931; Brito Díaz y otros v. Bioculture Puerto Rico, Inc. y otros; 9 de diciembre de 2011. (http://www.ramajudicial.pr)

[482] R. de la C. 63 (Informe Final); Cámara de Representantes; 16ta Asamblea Legislativa; 6ta Sesión Ordinaria; Gobierno de Puerto Rico; 15 de agosto de 2011.

[483] Según el informe del DRNA, el Cuerpo de Vigilantes del DRNA atiende las querellas relacionadas a los avistamientos de primates, removién-dolos de la vida silvestre desde agosto de 2006. (Ídem)

[484] Ídem.

que habría *logrado* "reducir el potencial problema de salud pública y el impacto de estos primates a la agricultura y vida silvestre."[485] El cuerpo legislativo, conforme y satisfecho con el *informe* del DRNA, lo admitió como "evidencia" de que el proyecto "se encuentra cumpliendo cabalmente con los propósitos que les fueron encomendados" y, sin más, aprobó el informe final de la R. de la C. 63.[486]

Cobertura mediática: propaganda de aversión (2011)

Las matanzas de primates rhesus y patas silvestres seguiría pasando sin enfrentar oposición por parte de la sociedad civil y de las organizaciones *defensoras* de los derechos de los animales en Puerto Rico, que comulgaban con los credos de la política genocida del Estado, asentada en la *creencia* de que se trataba, en fin, de especies *invasivas*, *dañinas* y *perjudiciales* a la industria agrícola, y que representaban *posibles* riesgos a la salud y la seguridad de la ciudadanía y de las especies de la flora y la fauna *nativas*. A todas luces, la impresión generalizada en los medios de información y las agencias gubernamentales sería la de la existencia de un *consenso social* sobre la *necesidad* de exterminarlas. Las masacres de estas especies de la fauna nativa continuaría apareciendo entre la opinión pública como un "mal necesario"...

R. del S. 759: consentimiento a la masacre de animales (2009-2011)

El consentimiento generalizado a favor de las matanzas de especies de la *nueva* fauna puertorriqueña (primates rhesus y patas, monos ardilla, iguanas, cerdos y gatos silvestres, etc.) no se limita a las especies discriminadas y estigmatizadas por el Estado como "exóticas" e "invasivas". También se hace extensivo sobre las especies usadas para experimentaciones invasivas en laboratorios biomédicos y farmacéuticos, con probados fines inútiles para la

---

[485] Ídem.

[486] El informe final sería sometido por Eric Correa Rivera, presidente de la Comisión de Recursos Naturales, Ambiente y Energía; y por Arnaldo I. Jiménez Valle, presidente de la Comisión de Agricultura.

salud humana y animadas por intereses mezquinos. No obstante, son animales clasificados como domésticos, primordialmente perros y gatos, los que en mayores cantidades y por razones de intolerancia social se masacran con fuerza de ley y el aval popular en Puerto Rico...

La resolución senatorial 759, presentada en octubre de 2009, ordenó a su Comisión de Recursos Naturales y Ambientales investigar el estado de situación de la ley 154 de 2008 (Ley para el Bienestar y la Protección de los Animales), en lo relativo al "grado de cumplimiento" por parte de los municipios y agencias gubernamentales.[487] El primer informe *parcial* sería presentado en abril de 2011.[488] El encargo principal de la ley 154 era *disuadir* del maltrato a los animales, disponiendo regulaciones más estrictas que las que regían hasta entonces, y estableciendo penas más severas a los infractores.

La Razón de Estado, representada en la ley 154 -reciclada de la ley 67, de 1973- privilegia ciertas especies de animales no-humanos sobre otras, discriminando contra las especies de la fauna estigmatizadas como *invasivas* a favor de las designadas *nativas*. También mantiene vigente la exclusión de sus *cuidos* a los animales usados para fines experimentales, y aunque entrelíneas reconoce y advierte las crueldades relativas a tales prácticas, las legitima como *necesarias* sin explicar por qué. La omisión de una racionalidad explícita, que justifique el estatuto de alegada *necesidad* para la experimentación invasiva con animales, revela dos aspectos sintomáticos de la mentalidad reinante. De una parte, manifiesta la relativa ignorancia del cuerpo legislativo del país con respeto a la utilidad real de la experimentación invasiva con animales; y aunque impone estrictas regulaciones y penas severas al experimentador

---

[487] R. del S. 759; Senado de Puerto Rico; 16ta Asamblea Legislativa; 2da Sesión Ordinaria; 28 de octubre de 2009 (presentada por las senadoras Santiago González y Romero Donelly). La ley 154, entre otras disposiciones, responsabiliza de forma primaria a los municipios por el manejo de los llamados animales realengos así como también ordena a éstos a colaborar con la Policía de Puerto Rico; agencias gubernamentales; e instituciones privadas que enfrenten situaciones donde esté en riesgo la salud, seguridad e integridad física de animales, sean estos realengos o no.

[488] R. del S. 759 (primer informe parcial); Senado de Puerto Rico; 16ta Asamblea Legislativa; 2da Sesión Ordinaria; 5ta Sesión Ordinaria; 15 de abril de 2011.

maltratante, lo enaltece como única autoridad legítima para emitir juicio sobre sus propias prácticas...

De otra parte, la omisión de explicaciones sobre la supuesta *necesidad* de experimentar con animales, revela la poderosa influencia política e ideológica que ejerce sobre la práctica legislativa en Puerto Rico el complejo biomédico-industrial estadounidense y los intereses económicos de la industria farmacéutica, que justifican la experimentación invasiva en animales como imperativos para el mejoramiento de la salud humana. Para ninguno de los dos registros, dominantes en el discurso de la ley y en los credos de la clase política y legislativa puertorriqueña, se presenta evidencia. Toda oposición a las prácticas de crueldad experimental aparece tergiversada como oposición a la ciencia y a la salud humana. La acusación, injustificada y frívola, se repite con referencia a sí misma, a la autoridad idealizada y sacralizada de la ciencia, siempre de manera abstracta, y nunca remite a situaciones reales que demuestren su valor o pertinencia para la salud humana. Dentro de este cuadro ideológico, la resolución senatorial 759 reivindica la ley 154 y, con respeto a la experimentación con animales, se limita a *repetir* que los experimentos con animales vivos serán practicados sólo en casos en que resulten "absolutamente esenciales para propósitos de investigación científica en centros universitarios".[489]

Pero el tópico de la experimentación con animales vivos no es central en la ley 154, ni tampoco en la resolución 759. Los animales realengos (sin dueño), predominantemente perros y gatos, ocupan la atención central del cuerpo legislativo porque supuestamente existe un *problema* de "sobrepoblación" y no hay *albergues* suficientes para contenerlos. Según *revela* la investigación ordenada por el Senado:

> "La cantidad de animales huérfanos en las calles y en los albergues de animales en Puerto Rico refleja un serio problema de sobrepoblación de animales."[490]

---

[489] Ídem.

[490] Ídem.

El Estado ilegaliza la existencia de animales realengos y sin dueño y, con arreglo a una imaginería fóbica, paranoide e hipocondriaca, condona sus vidas al precio de ser reducidas a la condición de "mascotas", y enseguida los condena al cautiverio perpetuo bajo el dominio absoluto de sus tenedores, dueños o guardianes. Dentro de esta (i)racionalidad, la ley condena severamente a quienes los liberen o se nieguen a retenerlos cautivos. La ley criminaliza al ciudadano que libere a un animal/mascota, que lo convierte en víctima de "maltrato" por "abandono". No obstante, obliga a que lo entregue a un *albergue*, para enjaularlos y disponer de sus destinos.[491] Los albergues o refugios de animales, sin embargo, encubren la fatalidad que irremediablemente les sería impuesta.

> "Los refugios reciben cientos de mascotas y crías no deseadas semanalmente, animales que son abandonados por sus dueños o sencillamente carecen de hogar y en la mayoría de los casos éstos tienen que ser sacrificados."[492]

Según las organizaciones que proveen *albergues* a los animales -revela la investigación- "de cada cien que se reciben, cinco logran ser adoptados, y noventa y cinco son sacrificados."[493] Los albergues o refugios de animales son palabras suaves para encubrir la terrible crueldad practicada en los mataderos del Estado...

La intolerancia social y la aversión a la posibilidad de coexistencia con los animales no-humanos en libertad también representa un negocio lucrativo a las empresas privadas contratadas por los municipios para incautar animales domésticos en residenciales públicos (prohibidos por leyes federales) o capturar y disponer de los que vivan realengos; sin dueños. Según

---

[491] Ley Núm. 36; 30 de mayo de 1984 (Ley de Refugios de Animales Regionales)

[492] R. del S. 759 (primer informe parcial) (2011); op.cit.

[493] En Puerto Rico se entregan alrededor de 50,000 animales anualmente en los diferentes albergues en la Isla. El 95% de estos animales son sacrificados, sólo el 5% de ellos son adoptados. (Ídem)

revela la investigación senatorial, "un contrato promedio en un municipio mediano con una empresa que se dedique al manejo y disposición de animales puede significar la erogación de $50,000 a $70,000 anuales."[494]

El drama mortal se torna más tétrico aún, dada la incapacidad económica y estructural de los albergues (que tienen la potestad de aceptarlos o no) para encerrarlos y *disponer* de ellos "humanitariamente", por un verdugo acreditado (veterinario) y por recurso de una ejecución más *humana* (eutanasia). Una dramática manifestación de esta cruel política estatal, posibilitada por la intolerancia social hecha ley (que autoriza a las empresas "recolectoras" a sacrificar a los animales incautados o capturados), fue el lanzamiento de ochenta perros y gatos vivos desde el puente Paso del Indio entre Barceloneta y Vega Baja, en 2007.[495] La empresa cobró $5,000 por sus servicios...

Dentro del marco de la ley, cerca de 400 caballos de carrera son sacrificados anualmente por inyección letal[496], no para evitarles sufrimientos por alguna lesión física, sino porque ya no sirven a la codicia de sus dueños. Asimismo, la ley insular seguiría promocionando las peleas de gallos como parte de la industria económica y atractivo turístico en la Isla; y celando como *derecho* la cacería "deportiva", practicada por un puñado de la población para satisfacer pulsiones sádicas y el vicio recreativo de matar por placer. Fuera de las zonas urbanas, cerca de 2,153 primates rhesus y patas silvestres habrían sido ejecutados por el DRNA en los últimos cuatro años[497]; y las cifras de matanzas en laboratorios

---

[494] 18 de los 78 municipios tienen contratos con instituciones privadas para el recogido de animales realengos. 4 tienen refugios (Arecibo, Toa Baja, San Juan y Ponce) (Ídem)

[495] El operativo, encabezado por la compañía Animal Control Solution, se hizo al amparo de la política sobre mascotas (Pet Policy) del Departamento de Vivienda federal que prohíbe animales en los residenciales públicos. (AP; "Denuncia la matanza d 80 perros en Puerto Rico arrojados de un puente"; (Univision.com)17 de octubre de 2007)

[496] R. del S. 759 (2011); op.cit.

[497] DRNA; "Manejo de las poblaciones de monos en el suroeste de Puerto Rico"; febrero de 2012; http://www.drna.gobierno.pr

experimentales, el Estado seguiría ignorándolas o guardándolas de la mirada pública, en complicidad y secretamente...

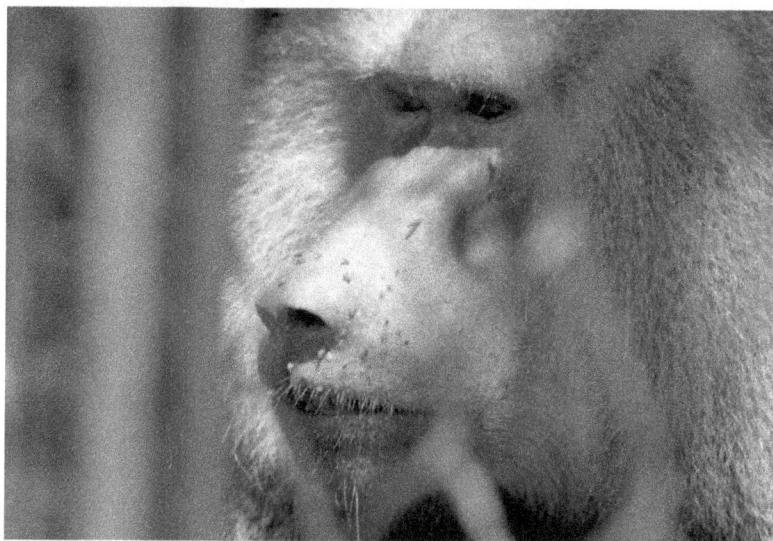

Ilustración 38[498]

El fantasma de Desecheo

Prohibido el acceso a la isla de Desecheo, la erradicación de la especie rhesus permanece entre las tareas genocidas de la agencia federal que la custodia, la Fish and Wildlife Service.

"Actualmente, se sabe que sólo un individuo permanece en la isla. El personal del Servicio continuará su esfuerzo hasta que la completa erradicación de monos haya sido confirmada."[499]

---

[498] Mandril confinado provisionalmente bajo la custodia del DRNA, en Cambalache. De no disponerse un lugar alterno será ejecutado... Fotografía de Gazir Sued (2012)

[499] Evaluación Ambiental Final: Proyecto de Erradicación de Ratas en el Refugio Nacional de Vida Silvestre de Desecheo; Departamento del Interior de los Estados Unidos; Servicio de Pesca y Vida Silvestre de los Estados Unidos (preparado por: Sistema nacional de Refugios de Vida Silvestre de las islas del Caribe, Puerto Rico; Noviembre, 2011; p.77.

Ilustración 39[500]

Cobertura mediática: propaganda de aversión (2012)

La ley insular -imitando y suscribiendo la ley federal-
prohíbe el comercio y tenencia privada de especies *exóticas* en
Puerto Rico que no estén permitidas por los departamentos de

---

[500] Rhesus solitario, en el cayo Santiago. Fotografía por JAOS (2011)

Agricultura (DA) y de Recursos Naturales y Ambientales (DRNA), y las presume potencialmente perjudiciales por *temor* a que pudieran escapar del cautiverio o control de sus dueños (guardianes). Sin embargo, la alegada existencia de peligros reales sobre la seguridad y la salud humana, la flora y la fauna en la Isla, carece de evidencia científica sustantiva, es anecdótica y especulativa y, en el mayor de los casos, distorsionada o manipulada la información, sacada de contexto y de proporción. La prohibición discriminatoria no tiene por fundamento un conocimiento profundo y certero sobre la naturaleza real de las especies proscritas, sino la arrogada potestad del Estado para regular sobre la existencia de toda la fauna bajo sus dominios. A nombre del bienestar y la seguridad de la ciudadanía, prohíbe, confisca y penaliza severamente como medida *preventiva*. Con base en la misma (i)racionalidad, estigmatiza especies enteras o determinadas razas, y las extermina...

Ilustración 40

Tal ha sido la suerte de los primates rhesus, patas y monos ardillas silvestres, entre otros. Aún cuando existe información alternativa y crítica accesible, la prensa insular se limita a recitar al pie de la letra el discurso de la ley, así con respecto al orden de las matanzas de especies, así con relación a los tormentos experimentales. Por más de setenta años los medios de comunicación del país han sido voceros acríticos de las prácticas estatales y privadas de la crueldad contra animales...

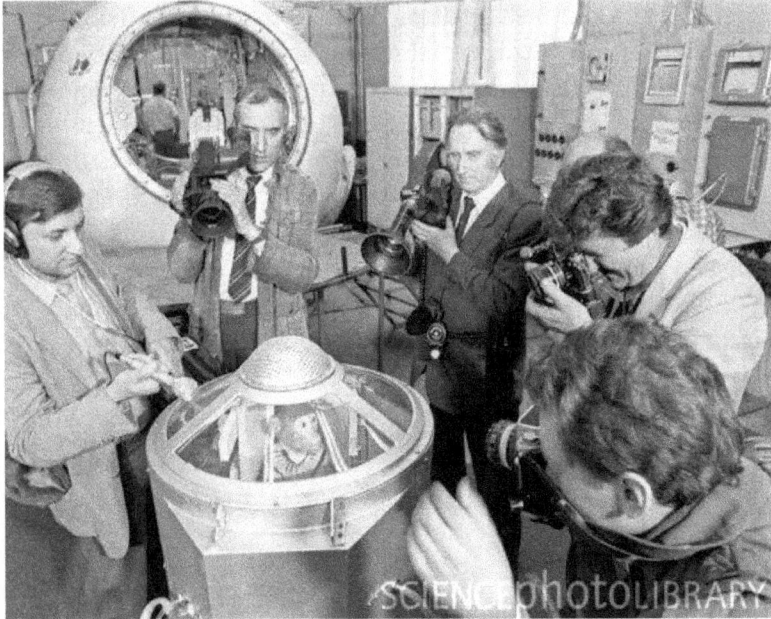

Ilustración 41

Sin reparos, la prensa local continúa promocionando la campaña de terror y aversión contra estas especies:

"Los expertos le recomiendan a la ciudadanía no acercarse a los monos ya que pueden transmitir enfermedades como distintos tipos de hepatitis."[501]

Y concluye:

"En los avistamientos en San Juan se ha notado que los monos no temen a los humanos. Al

---

[501] Justicia Doll, Sara M.; "Mono de Altamira es viejo y sabio"; *Primera Hora*; 9 de febrero de 2012.

contrario, lucen desafiantes, por lo que es importante que las personas llamen al Cuerpo de Vigilantes para su captura."[502]

SE BUSCA

Mono fugitivo de Altamira

RECOMPENSA
Tranquilidad
para vecinos de
Altamira, en
Guaynabo

Nombre: **rhesus macaque** (lo conocen como *Macaca mulatta*)

Marcas y características físicas: su cara es roja. Tiene su cuerpo cubierto de pelo color marrón y blancuzco.

Medidas: puede medir hasta dos pies de alto y pesar no más de 15 libras.

Nacionalidad: no se sabe si es boricua, pero tiene parientes lejanos en la

India y China.

Pistas: janguea en la urbanización Altamira de Guaynabo. Se le ve con regularidad en un solar baldío que colinda con algunos patios de esa comunidad, donde utiliza piscinas de vecinos y se come sus jardines. Le fascina el mangó y toma agua de una quebrada.

SI USTED HA VISTO A ESTE PRÓFUGO COMUNÍQUESE AL:

(787) 230-5550 o al (787) 815-1575

Ilustración 42[503]

[502] Ídem.

[503] http://www.primerahora.com/monodealtamiraesviejoysabio-611453.html
La información hace referencia a un primate rhesus pero la fotografía es de un primate de la especie patas.

Durante el mes de agosto de 2012 se reportaron varios avistamientos en Yauco y en Santurce. El estilo de las noticias continuaría haciéndose eco de las retoricas alarmistas del DRNA, y el público entrevistado recitaría como propios los prejuicios, intolerancias y aversiones programadas desde la razón de Estado. La prensa local reforzaría la política desinformativa y embrutecedora de las agencias de Gobierno, sin menoscabo sobre sus efectos en sus víctimas.

> "Hoy día las poblaciones de monos silvestres representan un grave problema para la salud pública (potenciales portadores de fiebre hemorrágica amarilla, rabia, herpes B, entre otros) la agricultura (...) y la vida silvestre (depredación de especies nativas)."[504]

Paralelamente, además de reciclar las fórmulas de aversión paranoide e hipocondriaca del Estado, la cobertura mediática participa de las prácticas de encubrimiento del CPRC: "Aunque no se sabe a ciencia cierta cómo llegaron, lo cierto es que..."[505]

Simultáneamente, la prensa comercial y dominante en los Estados Unidos continuaría reproduciendo y favoreciendo el mismo discurso de propaganda del complejo biomédico industrial, obstinado con preservar las prácticas experimentales invasivas y el comercio de primates no humanos para tales fines. El revés congresional a favor de la progresiva prohibición de usos de chimpancés no parece frenar el cruel negocio, a pesar de que ha sido desmentida su relación con las ciencias de la salud humana. El gobierno federal continúa financiando las experimentaciones invasivas y, aunque el gobierno de India no flexibiliza las restricciones legales para la trata de la especie rhesus, ésta se ha convertido en el objeto primario del "scientific monkey business". Su relativa abundancia en esa región del planeta y su bajo precio en el mercado siguen siendo los principales resortes del interés en

---

[504] Texidor Guadalupe, Darisabel; "Monos de palo en palo"; *Primera Hora*, jueves, 2 de agosto de 2012.

[505] Figueroa Rosa, Bárbara J.; "Décadas de monerías en Puerto Rico"; *Primera Hora*, jueves, 2 de agosto de 2012.

la especie, indistintamente de los fracasos clínicos del pasado y los previsibles en el porvenir.

> "In December, the U.S. National Institutes of Health suspended all new grants for biomedical and behavioral research on chimpanzees and accepted an expert committee's recommendation to place restrictions on any further such research. The result is that many research facilities will soon be looking for a replacement species, and the already-popular rhesus macaques could fit the bill."[506]

Según el reportero del New York Times:

> "Whether monkeys from urban settings like Delhi might suffice is not clear, but for India, which is – struggling under a mounting trade deficit – any increase in exports might help."[507]

Al pie del artículo aparecen reacciones publicadas que evidencian el malestar de la ciudadanía india con la *propuesta* de Gardiner:

> "This idea is so stupid and cruel, leave the poor animals ALONE. Gardiner, you really have no clue, please read at least some of those books on India and Hinduism recommended to you. We Indians love and hate our monkeys, sometimes in equal measure. But, no way does that mean subjecting these intelligent fun loving creatures to cages and experiments."

El "scientific monkey business" con base en Puerto Rico, administrado por el Caribbean Primate Research Center, adscrito a

---

[506] Harris, Gardiner; "A Modest Monkey Proposal"; 23 de mayo de 2012 en http://india.blogs.nytimes.com/2012/05/23/a-modest-monkey-proposal/

[507] Ídem.

la Universidad de Puerto Rico, sería el principal beneficiario de la veda legal a la experimentación con chimpancés en los Estados Unidos, convirtiéndose en uno de los principales suplidores de la demanda continental y regional. Protegido por el sistema de justicia local, aunque de manera inconstitucional, el CPRC mantiene una política de encubrimiento absoluto, y los principales medios de comunicación en el ámbito insular, por complicidad o desidia, participan del encubrimiento...

Ilustración 43[508]

---

[508] Cría rhesus nativa, capturada por el DRNA y entregada al CPRC para experimentaciones. Fotografía por Gazir Sued (2010)

Parque zoológico / bestiario nacional

Aunque la ley regente en Puerto Rico condena y penaliza con relativa severidad el trato cruel a los animales, formaliza bajo sus dominios una serie de excepciones que contradicen sus preceptos y, en el acto, no sólo anulan su fuerza moral para reprochar y castigar tales prácticas sino que, además, las consiente y legitima, las realiza y hasta las anima. Durante los pasados setenta años así lo ha hecho con relación a las prácticas experimentales, autorizando infinidad de torturas y tormentos para satisfacer intereses corporativos, anhelos y caprichos de las hordas *científicas* del complejo biomédico industrial estadounidense. Desde décadas anteriores la ley insular también ha estimulado la crueldad contra animales mediante la cacería *deportiva*, para satisfacer la demanda sádica de unos cuántos. Desde finales del siglo XX la ley en la Isla promociona las matanzas de especies animales nativas, estigmatizadas como "invasivas" (primates rhesus, patas, monos ardilla, iguanas, etc.). Lo mismo haría con otras especies designadas como domésticas, pero convertidas en excedentes indeseables y en objetos desechables, a merced de los refugios y la mano asesina de veterinarios contratados para su exterminio, pero de manera más *humana*, mediante la eutanasia, si acaso disponen de recursos económicos; o mediante un tiro certero, si aprieta la economía (perros y gatos realengos; caballos mal heridos; cerdos y cabras silvestres, etc.). Para todas éstas prácticas la ley ha convenido en justificarlas como *necesidades* sociales y humanas, y aunque la experiencia histórica la ha desmentido, se obstina en preservarlas casi de manera intacta y en salvarlas para las generaciones futuras. Los medios de comunicación, casi sin excepciones, le han hecho el juego a la ley, a las instituciones y agencias del Estado encargadas de ponerla en vigor; así como a las corporaciones experimentales, universidades y demás negocios que se lucran de estas fatídicas crueldades...

La relativa naturalidad con la que acontece esta violenta realidad está arraigada en un acondicionamiento psicológico general, que nos programa para desensibilizarnos desde niños ante las aberraciones de la ley, de sus custodios y celadores. La crueldad contra los animales pertenece a *nuestra* cultura y por ende no ocasiona revuelo significativo entre la ciudadanía. Una cierta predisposición anímica a tratar con crueldad a los animales forma parte de la identidad del puertorriqueño; es tenida como valor social, como forma legítima del saber; como garante de la seguridad y como procurador indispensable de la salud humana.

La existencia del zoológico nacional refuerza la evidencia. El hábito cruel de enjaular animales para fines de entretenimiento familiar y de prestigio nacional es muestra del carácter perturbado de la mentalidad del puertorriqueño. Someter estas criaturas sintientes a condiciones de cautiverio es una práctica de crueldad inexcusable. Algunos *biólogos* contratados por la compañía de parques nacionales jurará que éstas especies viven mejor aprisionadas que en libertad, y tienen a bien condenarlas al tormento existencial del aburrimiento, a cambio de un bienestar raquítico y una suerte de seguridad imaginaria. Así, secuestran y mercadean con animales de todas partes del mundo; los arrancan de sus hábitats naturales, de sus círculos sociales, rompen sus vínculos familiares y los encierran para el disfrute hedonista y antojadizo de algunos curiosos, que pagan para *verlos* sin reservas de conciencia ni remordimientos...

Una sociedad que *enseña* a sus niños a disfrutar del animal cautivo por capricho humano no puede esperar que aprenda a respetarlo y a ser compasivo cuando se haga adulto. Nuestro Estado de Ley no tiene la fuerza moral para castigar el maltrato a los animales, porque sus propias leyes refuerzan las condiciones psicológicas que hacen posibles los malos tratos, ya bajo la modalidad experimental, ya en los corredores de la muerte en los refugios; ya en las matanzas oficiales por imponerles el estigma de especies extranjeras; ya por estimular legalmente las peleas de gallos, o por el placer de matar de los cazadores *deportivos*; ya por el vicio de encerrarlos en estrechas jaulas como negocio de entretenimiento público, en los zoológicos como en los circos...

Ilustración 44[509]

Una sociedad que enseña a sus niños a ignorar que estos animales sufren porque están forzados a vivir en cautiverio, en

[509] Mandril en cautiverio provisional del DRNA en Cambalache. Fotografía por Gazir Sued (2012)

verdad no *enseña* sino que *embrutece*. Enseñémosle en vez que sienten, que sufren y se entristecen como sentimos y sufrimos y nos entristecemos nosotros, animales de la especie humana. Enseñémonos que también padecen los males anímicos de la nostalgia y del tedio; que se angustian y se hastían; que se deprimen y que algunos, por aliviar la carga insoportable del encierro, se suicidan o se mueren por dentro. Y todo ¿a cambio de qué? A cambio de un goce egoísta e insensible; enajenado e inconsecuente: ya por ánimo lucrativo, ya por la sonrisa fugaz de nuestras crías al precio de atormentar animales de por vida...

Ilustración 45[510]

---

[510] Rhesus en cautiverio, asustado. Fotografía por Gazir Sued (2012)

Nadie se confunda: cuando los niños ríen y gozan el pasadía en el zoológico no los estamos educando. Por el contrario, estamos adoctrinándolos en los vicios sádicos de *nuestra* cultura de crueldad. Y no, no aprenden nada de valor social. Más bien los domesticamos como se domestican también a los explotadores, a los abusadores y a los tiranos...

Quizá la esperanza de cambio en las mentalidades y hábitos culturales todavía sea utópica, sobre todo cuando se vive en una sociedad que encierra en jaulas a su propia gente, y cree que encerrando puede docilizar a los más salvajes de su propia especie; y si no, se place con saber que los marcados como indomeñables al menos sufren, y de saberlos sufrientes, satisface su propia sed de venganza, reteniéndolos encarcelados...

Mientras tanto, en *nuestro* zoológico nacional, en Mayagüez, el anciano simio ni se inmuta por las griterías de las hordas infantiles, aburridas e inquietadas por su arrogante desidia, hecha figura enmudecida y petrificada de hastío. Él sufre en silencio, y en su mirada yace impresa la huella imborrable de la crueldad humana...

Ilustración 46[511]

---

[511] Chimpancé anciano, en cautiverio en el zoológico nacional de Puerto Rico. Fotografía por Gazir Sued (2012)

CONSPIRA
contra la CRUELDAD

NO consientas
las MATANZAS

PROTEGE LA NUEVA FAUNA PUERTORRIQUEÑA

Ilustración 1[512]

[512] Rhesus y cría en cautiverio en Cambalache, capturados por el DRNA. Fotografía / poster de campaña *No consientas las matanzas: conspira contra la crueldad / protege la nueva fauna puertorriqueña* por Gazir Sued (2010)

Documentos

I

Comunicado de Prensa

martes, 6 de diciembre de 2011

Denuncia complicidad y encubrimiento de directivos del Recinto de Ciencias Médicas con trato cruel y matanza de primates[1]

Edmundo Kraiselburd, director del Centro de Primates (adscrito al Recinto de Ciencias Médicas (RCM) de la UPR), denegó autorización de acceso a las facilidades del Centro al profesor/investigador Gazir Sued, quien realiza un proyecto de investigación y documental sobre la historia de los primates en Puerto Rico.

"Solicité intervención a mi favor al rector del RCM, Rafael Rodríguez, y le pedí que instruyera al Dr. Kraiselburd a que se atenga a los protocolos de acceso reglamentados y facilite la información que he solicitado insistentemente, o al menos se abstenga de obstruir y entorpecer, arbitraria e injustificadamente, mis trámites y gestiones investigativas" -relató el Dr. Sued-

Hoy en la mañana fui citado para "discutir" mi solicitud y denuncia en la oficina del rector. Ahí, su asistente, Lyvia Álvarez, me entrampó con un abogado que se negó a identificarse, y quien se limitó a advertirme que las instalaciones del Centro de Primates son Propiedad Privada. Reiterada entre líneas la negativa a acceder a mi solicitud, la asistente del rector suspendió la reunión y pidió llamar a la seguridad del recinto- relató el Dr. Sued en comunicado de prensa-

"El Dr. Kraiselburd y la administración del recinto de Ciencias Médicas de la UPR encubren sistemáticamente las operaciones del Centro de Primates, especialmente las relativas a las experimentaciones invasivas con los primates rhesus." -denunció Sued.-

Según declaraciones del investigador Gazir Sued, "No existe consenso en la comunidad científica internacional sobre los fundamentos y utilidad real de las experimentaciones invasivas con

---

[1] http://noticieropr.com/encubrimiento-de-miembros-del-rcm-con-trato-cruel-y-matanza-de-primates/

los primates. Además, existen serias reservas éticas sobre el trato cruel contra éstos animales."

"La política de secretividad y de ocultamiento de información e impedimento arbitrario e injustificado para visitar las facilidades (adscritas a la UPR) es un abuso de la autoridad formal del director Kraiselburd y de la administración del RCM, y abre ante la ciudadanía razones para sospechar encubrimientos de maltrato de animales y posibles fraudes."-advirtió el Dr. Sued-

Gazir Sued, Ph.D
Profesor/Investigador

II[2]

Miguel A. Muñoz, Ph.D.
Presidente
Universidad de Puerto Rico (UPR)

Saludos.

Realizo en la actualidad un proyecto de investigación base de un documental y libro sobre la historia de los primates en Puerto Rico. A los efectos he solicitado documentación informativa y acceso a las facilidades del Centro de Primates adscrito al RCM de la UPR, dirigido por el Dr. Kraiselburd. Tras un periodo de insistencia mediante cartas y llamadas infructuosas, recibí comunicación oficial vía correo electrónico, denegándome acceso a las facilidades así como cualquier otra información concerniente.

Entendido que el Centro de Primates y sus divisiones están adscritos al RCM de la UPR, solicité mediante carta la intervención a mi favor al rector Rodríguez Mercado. Para el sexto día del presente mes fui citado a reunión en su oficina para "discutirla." Inesperadamente protagonizó la reunión un representante legal del rector, quien me interrogó sobre las motivaciones de mi investigación y se limitó a advertir que las facilidades del CP son propiedades privadas de la UPR...

La hostilidad del personal del Centro de Primates, tanto del Dr. Kraiselburd como de la Dra. Janis González y sus subordinados, así como la negativa a brindar información básica que les he requerido a ambos, y el empeño en obstruir caprichosamente mis gestiones investigativas, es inaceptable. (...)

Ante este deplorable estado de situación, que debiera resultarle bochornoso a la institución que usted preside, me veo obligado a solicitarle formalmente intervención inmediata a mi favor:

Solicito formalmente que instruya a los subordinados del rector de Ciencias Médicas, principalmente al Dr. Kraiselburd, a que se atengan a los protocolos de acceso reglamentados y faciliten la información que he solicitado formal e insistentemente, o al menos se abstengan de obstruir y entorpecer, arbitraria e injustificadamente, mis trámites y gestiones investigativas.

---

[2] Esta carta ha sido editada por razones editoriales. Los detalles omitidos aparecen en el documento del caso en el Tribunal, adjunto a continuación.

Para efectos de referencia bibliográfica, agradeceré se me facilite copia de la documentación oficial donde se establece la relación entre la UPR, el RCM y el Centro de Primates (contratos, reglamentación institucional, legislación, etc.)

Reitero mi solicitud de autorización de acceso a las instalaciones y facilidades del Centro de Primates para documentar visuales (video digital y fotografía) para el proyecto de investigación y documental referido. (...)

Lamento ocuparle en estos asuntos, pero mi labor investigativa está siendo obstruida por completo por estas personas, que han optado por ignorar los debidos procedimientos normativos de la Institución para la que laboran, y me han sometido injustificadamente a un trato hostil, hostigador y discriminatorio.

Sin más, agradezco su atención y diligencia,

Quedo a su disposición,

Gazir Sued, Ph.D
Profesor/Investigador

III

Viernes, 23 de diciembre de 2011

Miguel A. Muñoz, Ph.D.
Presidente
Universidad de Puerto Rico (UPR)

Como será de su conocimiento, la semana pasada le hice llegar una carta denunciando la injustificada y bochornosa situación a la que me han sometido algunos funcionarios de esta institución, impidiéndome arbitrariamente que realice mi labor investigativa y documental, explicada en la carta de referencia y que adjunto. Durante varios meses el director del Centro de Primates, Edmundo Kraiselburd, ha estado abusando de su poder de autoridad para negarme información y acceso a las facilidades institucionales bajo su inmediata jurisdicción. Sabrá también que reclamé intervención a mi favor al superior inmediato del Sr. Kraiselburd, al rector del Recinto de Ciencias Médicas, Rodríguez Mercado. Como le informé, en lugar de atender mi petición y viabilizar mis gestiones investigativas, me citaron a una reunión en la que fui objeto de una encerrona anti-ética por parte de su asistente, Lyvia Álvarez, y del representante legal del RCM, que se negó a identificarse. Detallo lo acontecido en la carta de referencia.

Este martes pasado me presenté en el laboratorio/museo de morfología en el RCM. La encargada me negó permiso de entrada porque debía tener autorización previa de Kraiselburd. Enseguida cerró la puerta y apresuradamente llamó a la seguridad del recinto, que no demoró en presentarse y seguirme de cerca todo el recorrido, anunciando por los aparatos de comunicación cada paso que daba. Esta práctica absurda, de acoso y hostigamiento, es inaceptable.

Estos funcionarios de la UPR, principalmente el director Kraiselburd, se han obstinado en obstruir caprichosamente mi investigación y al parecer no tienen intenciones de desistir. Dada la situación y las implicaciones de la misma, me veo en la necesidad de reiterarle todo lo expuesto en la carta del pasado 14 de diciembre y reclamar su inmediata atención.

No quisiera pensar que la demora en recibir su respuesta es parte de la misma treta de encubrimiento y de abuso de autoridad en la que han incursionado los mencionados funcionarios de la institución que usted preside. Bien sabrá usted que todo ciudadano tiene derecho –bajo protección constitucional- a tener acceso a información gubernamental, y esto sin que sea necesario dar

483

explicaciones para justificar dicho acceso. En estos momentos la Universidad de Puerto Rico, en su obstinada negativa a garantizarme ese derecho constitucional, se expone a que me vea obligado a tomar las medidas legales correspondientes. En sus manos está evitar que lleguemos a esa eventualidad.

La proximidad del receso de labores institucionales abona la premura, aunque no sería admisible usarlo como excusa para continuar dilatando mi trabajo. Todos sabemos que, al menos las facilidades de Cayo Santiago y del Centro de Primates, por su particularidad, no están sujetas a las limitaciones del calendario institucional, por lo que insisto en apelar a su autoridad para garantizarme acceso a éstas antes de que finalice el año en curso.

Sin más, por el momento, quedo a su disposición.

Gazir Sued, Ph.D
Profesor/Investigador

IV

Comunicado de Prensa

jueves, 02 de febrero de 2012

Investigador demanda directivos de UPR y Centro de Primates por
violación a derechos de información, expresión y prensa[3]

San Juan, PR. El Tribunal General de Justicia emitió una Orden al presidente de la Universidad de Puerto Rico, al rector del recinto de Ciencias Médicas y al director del Centro de Primates para que respondan a la Demanda de *Mandamus* presentada por el sociólogo e investigador Gazir Sued. El Tribunal concedió un término de diez días a la parte demandada para comparecer por escrito y mostrar causa por la que el Tribunal debiera abstenerse de conceder la orden de *Mandamus* presentada por el Dr. Gazir Sued. Según reza la Orden: "...el incumplimiento de esta Orden llevará a que este Tribunal concluya que la demanda acepta las alegaciones de la Demanda y se allana a que se expida la Orden de *Mandamus* solicitada."

La demanda presentada por el Dr. Sued, el 18 de enero de 2012, ordena a la parte demandada que sin mayor dilación facilite la información solicitada por parte del Demandante, y garantice el acceso inmediato a documentar las facilidades, usos y disposiciones, para efectos investigativos, periodísticos y documentales.

Según la demanda del Dr. Sued, quien realiza un proyecto de investigación y documental sobre la historia de los primates rhesus en Puerto Rico y sus usos experimentales en laboratorios biomédicos en la isla: "El derecho a obtener acceso a estas facilidades (del Centro de Primates), para realizar un reportaje investigativo y documental, guarda estrecha relación con el derecho a expresar libremente el pensamiento y, por ende, comprende los principios constitucionales que sostienen y garantizan la libertad de buscar, recibir y difundir información de toda índole, por escrito o en forma impresa o artística, o por cualquier otro medio, recurso de comunicación o expresión ciudadana."

Además, "El Caribbean Primate Research Center y las facilidades que operan bajo su nombre son parte de la UPR y, consiguientemente, constituyen dependencias del Estado Libre Asociado de Puerto Rico. Por lo tanto, el acceso a la información y el

---

[3] http://www.telemundopr.com; http://www.noticel.com; http://pr.indymedia.org; http://www.wapa.tv

acceso para documentar las facilidades, sus usos y disposiciones, es un derecho amparado en la Constitución del ELA y cualquier ciudadano puede exigir su respeto y cumplimiento por recurso del Tribunal de Justicia de Puerto Rico." -sostiene Sued en su demanda-

Gazir Sued, es además coordinador de la campaña *Conspira contra la Crueldad: No Consientas las Matanzas*, en oposición y denuncia a las matanzas de primates de las especies rhesus y patas, llevadas a cabo por el Departamento de Recursos Naturales.

La demanda está dirigida contra Edmundo Kraiselburd, director de Caribbean Primate Research Center; Janis González Martínez, Deputy Director del CPRC; Rafael Rodríguez Mercado, rector del Recinto de Ciencias Médicas y Miguel A. Muñoz, presidente de la Universidad de Puerto Rico (UPR)

Copia de la Demanda de Mandamus y de la Orden del Tribunal ha sido adjuntada a este comunicado.

CONTACTO:

Gazir Sued, Ph.D

V

ESTADO LIBRE ASOCIADO DE PUERTO RICO
TRIBUNAL DE PRIMERA INSTANCIA
SALA SUPERIOR DE SAN JUAN

Gazir Sued

vs.

Edmundo Kraiselburd
Janis González Martínez
Rafael Rodríguez Mercado
Miguel A. Muñoz

CIVIL NUM: K PE2012-0199
SALÓN 907
SOBRE: MANDAMUS

MOCIÓN

AL HONORABLE TRIBUNAL:

COMPARECE ___Gazir Sued_____ por derecho propio y con
carácter de urgencia expone, alega y solicita:

1. Gazir Sued, ciudadano, mayor de edad y vecino de San Juan;
sociólogo y doctorado en Filosofía del Derecho y Ética; profesor
universitario e investigador independiente; escritor y realizador
(cineasta, artista gráfico y fotógrafo)[4]; comparece en adelante como
Demandante.

2. La **parte demandada** es: Edmundo Kraiselburd[5], director de
Caribbean Primate Research Center[6] (CPRC), adscrito al Recinto de
Ciencias Médicas de la Universidad de Puerto Rico; Janis González
Martínez, Deputy Director del CPRC[7]; Rafael Rodríguez Mercado,

---

[4] Véase Anejo #1 Currículum Vitae de Gazir Sued.

[5] Dirección: Caribbean Primate Research Center, SNRP Program, Unit
Comparative Medicine, UPR -RCM; Correo Electrónico:
ekraiselburd@rcm.upr.edu /edmundo.kraiselburd@upr.edu; Tel. (787)764.4325

[6] http://cprc.rcm.upr.edu/

[7] jagonzalez@rcm.upr.edu

rector del Recinto de Ciencias Médicas (RCM)[8], Universidad de Puerto Rico y Miguel A. Muñoz[9], presidente de la Universidad de Puerto Rico (UPR)[10.]

3. A la fecha del **14 de octubre de 2011**, el Demandante solicitó formalmente acceso a información y facilidades del Caribbean Primate Research Center (CPRC) a su director, Edmundo Kraiselburd, y a Janis González, "Deputy Director", para la realización de un proyecto documental y un reportaje investigativo sobre las especies de primates no-humanos en Puerto Rico.[11]

4. El **31 de octubre** el demandante envió correo electrónico a las diversas facilidades adscritas al CPRC solicitando información y acceso para realizar el reportaje investigativo y documental.[12]

5. El martes **8 de noviembre** el Demandante visitó la oficina del CPRC en Humacao y recibió orientación sobre el protocolo de visita a una de las facilidades del CPRC.

6. El lunes **14 de noviembre**, el Demandante se comunicó por teléfono con Nahirí Rivera, la autoridad a cargo de la división del CPRC en Humacao[13], según acordado previamente, para indicarle que ya había realizado las pruebas de laboratorio requeridas en el protocolo de acceso a investigadores y visitantes, y que una vez entregados los resultados llamaría para acordar una fecha de visita, según pautado en la orientación del 8 de noviembre y a tenor con el documento de regulación oficial del CPRC.

---

[8] RCM-UPR: Apartado 365067, San Juan, PR 00936-5067 Tel. (787)758.5067 / http://www.rcm.upr.edu/rcm/

[9] Oficina del Presidente UPR: Tel. (787) 759.6061

[10] http://www.upr.edu/directorio/directorio-ac-js.pdf

[11] Véase Anejo #2 Carta a E. Kraiselburd del 14 de octubre de 2011.

[12] Véase Anejo #3 Laboratory of Primate Morphology and Genetics: cprc.rcm+LPMG@upr.edu; Anejo #4 Cayo Santiago: cprc.rcm+cayo@upr.edu; Anejo #5 Virology Lab: cprc.rcm+VL@upr.edu>; Anejo #6 Sabana Seca Field Station: cprc.rcm+SSFS@upr.edu

[13] Teléfono del CPRC en Humacao: (787)853.0690. Personal a cargo: Nahirí Rivera (nahiririvera@up.edu.)

Rivera indicó al Demandante que no sería autorizada la entrada al Cayo Santiago por indicaciones de Janis González, Deputy Director del CPRC. El Demandante solicitó vía telefónica y mediante correo electrónico que por escrito se le informase de las razones para impedir la visita al Cayo Santiago.[14]

7. A la fecha del **17 de noviembre**, el Demandante reiteró formalmente la solicitud de referencia a la carta del 14 de octubre, exigió mediante carta al director del CPRC el trato correspondiente a la reglamentación y protocolo institucional y denunció la hostilidad y encubrimiento arbitrario del personal vinculado al CPRC.[15]

La respuesta del director del CPRC, Edmundo Kraiselburd, por carta enviada mediante correo electrónico[16], fue denegar acceso a la información solicitada:

> "Con relación a su solicitud de información, toda la información requerida obra en posesión de las agencias gubernamentales reguladores del Centro de Primates. Usted podrá obtener dicha información a través de dichas agencias."[17]

Asimismo, desautorizó al Demandante sobre la base de criterios falsificados y carentes de todo sentido real y, de hecho, contrarios a la reglamentación institucional, el derecho constitucional y la ley. Además de mentir al respecto, articuló una retórica irrespetuosa e insultante contra la dignidad del Demandante y su trabajo profesional:

> "...su solicitud de acceso al Centro de Investigación en Cayo Santiago es denegado ya que tenemos la obligación legal y moral en evitar que nuestro primates se contagien con desperdicios humanos, y cuya

---

[14] Véase Anejo #7 Comunicación con N. Rivera (CPRC), 14 de noviembre de 2011.

[15] Véase Anejo #8 Carta a E. Kraiselburd, 17 de noviembre de 2011. La carta fue llevada personalmente pero el director Kraiselburd se negó a recibirla y fue enviada por correo electrónico.

[16] Véase Anejo #14 Carta de E. Kraiselburd a Gazir Sued, 17 de noviembre de 2011.

[17] Ídem.

contaminación pueda resultar en la muerte indebida de cientos de primates."[18]

8. El lunes **21 de noviembre**, el Demandante solicitó formalmente la atención e intervención a su favor a Rafael Rodríguez Mercado, rector del Recinto de Ciencias Médicas de la UPR.[19]

9. Para el **6 de diciembre**, el Demandante fue convocado a una reunión en la oficina del rector del RCM, para discutir la solicitud expuesta en la carta de referencia del 21 de noviembre.[20] La reunión fue una farsa y una encerrona que fue denunciada públicamente por el Demandante mediante comunicado de prensa.[21]

10. El miércoles **14 de diciembre de 2011**, el Demandante solicitó formalmente intervención a su favor a Miguel A. Muñoz, Presidente de la UPR.[22] Mediante la carta, el Demandante relató la relación de hechos hasta el día en curso, la evidenció y denunció la práctica de obstrucción de su labor investigativa.

11. El viernes **23 de diciembre de 2011**, el Demandante solicitó formalmente por segunda y última vez la atención e intervención a su favor al presidente de la UPR.[23] En la carta de referencia el demandante establece la base legal de su solicitud y demanda:

> "No quisiera pensar que la demora en recibir su respuesta es parte de la misma treta de encubrimiento y de abuso de autoridad en la que han incursionado los mencionados funcionarios de la institución que usted preside. Bien sabrá usted que todo ciudadano tiene derecho –bajo protección constitucional- a tener acceso

---

[18] Ídem.

[19] Véase Anejo # 9 Carta a R. Rodríguez Mercado, 21 de noviembre de 2011.

[20] Véase Anejo #10

[21] Véase Anejo #11 Comunicado de Prensa.

[22] Véase Anejo #12 Carta a M. A. Muñoz, Presidente UPR, 14 de diciembre de 2011.

[23] Véase Anejo #13 Carta a M. A .Muñoz, Presidente UPR, 23 de diciembre de 2011.

a información de las instancias amparadas y adscritas al Estado Libre Asociado de Puerto Rico, esto sin que sea necesario dar explicaciones para justificar dicho acceso. En estos momentos la Universidad de Puerto Rico, en su obstinada negativa a garantizarme ese derecho constitucional, se expone a que me vea obligado a tomar las medidas legales correspondientes. En sus manos está evitar que lleguemos a esa eventualidad."[24]

En la carta de referencia, el Demandante establece fecha límite para recibir respuesta a su favor:

"La proximidad del receso de labores institucionales abona la premura, aunque no sería admisible usarlo como excusa para continuar dilatando mi trabajo. Todos sabemos que, al menos las facilidades de Cayo Santiago y del Centro de Primates, por su particularidad, no están sujetas a las limitaciones del calendario institucional, por lo que insisto en apelar a su autoridad para obtener acceso a éstas antes de que finalice el año en curso."[25]

12. Agotados todos los remedios administrativos institucionales, al momento de la radicación del presente recurso (Demanda de Mandamus), el presidente de la UPR no ha contestado la solicitud y denuncia de la parte Demandante.

13. El Caribbean Primate Research Center y las diversas facilidades que operan bajo su nombre (Cayo Santiago, Sabana Seca Field Station, laboratorios de morfología y virología, etc.), son parte de la Universidad de Puerto Rico y, consiguientemente, constituyen dependencias del Estado Libre Asociado de Puerto Rico. Por lo tanto, el acceso a la información solicitada por el Demandante, que incluye el acceso para documentar las facilidades, sus usos y disposiciones, es un derecho amparado en la Constitución del ELA y cualquier ciudadano puede exigir su respeto y cumplimiento por recurso del Tribunal de Justicia de Puerto Rico.[26]

---

[24] Op.cit., Anejo #13

[25] Ídem.

[26] Soto v. Secretario de Justicia, 112 D.P.R. 477 (1982); López Vives v. Policía, 118 D.P.R. 219 (1987); Hiram Guadalupe v. Saldaña, 133 D.P.R. 42 (1993); Torres v. Policía, 143 D.P.R. 783 (1997); Ortiz v Bauermeister, 2000

14. El derecho a obtener acceso a las facilidades del Caribbean Primate Research Center de la Universidad de Puerto Rico, para realizar un reportaje investigativo y documental, guarda estrecha relación con el derecho a expresar libremente el pensamiento y, por ende, comprende los principios constitucionales que sostienen y garantizan la libertad de buscar, recibir y difundir información de toda índole, por escrito o en forma impresa o artística, o por cualquier otro medio, recurso de comunicación (público, académico, etc.) o expresión ciudadana.

15. El Demandante cumplió a cabalidad con los remedios administrativos establecidos por Ley y Reglamento de la Universidad de Puerto Rico para tener el acceso solicitado. Dicho procedimiento ha resultado inefectivo e inútil. La parte demandada ha paralizado por varios meses el trabajo investigativo del Demandante, en abierto menosprecio de su labor intelectual, periodística y profesional, y atropellando abusivamente sus derechos constitucionales.

16. La negativa de acceso a información solicitada por el Demandante produce un agravio de patente intensidad a sus derechos constitucionales, particularmente -aunque no exclusivamente- los de libertad de expresión.[27]

17. A tenor con la Constitución y las Leyes del Estado Libre Asociado de Puerto Rico, la Universidad de Puerto Rico y sus dependencias, como el Caribbean Primate Research Center y sus respectivos representantes autorizados, tienen el deber de garantizar el acceso solicitado por el Demandante como a cualquier ciudadano.

18. Evidenciado que el proceso administrativo se ha tornado en una gestión inútil e inefectiva, pues las repetidas solicitudes del Demandante han sido ignoradas, menospreciadas y despreciadas en todas las esferas administrativas del CPRC-UPR[28], el presente recurso de *mandamus* es un recurso pertinente para el Demandante tener acceso a la información pública raptada bajo el control de la parte demandada.

T.S.P.R. 145; Angueira v. Junta de Libertad Bajo Palabra, 2000 T.S.P.R. 2 y 2000 T.S.P.R. 103; Nieves Falcón v. Junta de Libertad Bajo Palabra, 2003 T.S.P.R. 129

[27] Guadalupe v. Saldaña, 133 D.P.R. 42 (1993)

[28] Ídem.

19. El acto de denegar el acceso a la información solicitada le ha provocado al Demandante un daño claro, palpable y real a su derecho constitucional a la libertad de información, expresión y prensa.[29]

20. El Demandante ha cumplido con los requisitos para la expedición del presente recurso de *mandamus*. A saber, la demanda jurada va dirigida contra principales autoridades y funcionarios públicos y se trata de un asunto que además de la relevancia académica, periodística y profesional evidenciada en la obra intelectual del Demandante (detenida caprichosa y abusivamente por la parte demandada), es de gran pertinencia e interés público y requiere pronta resolución y adjudicación.

21. En un Estado de Derecho y Democrático, resulta imperativo reconocer al ciudadano "el derecho legal de examinar e investigar cómo se conducen sus asuntos, sujetos sólo a aquellas limitaciones que impone la más urgente necesidad pública".[30]

22. Establecido el deber ministerial y la obligación en ley de la parte demandada, el Demandante solicita a este Tribunal que dicte una orden en la naturaleza de "auto de mandamus", ordenando a la parte demandada que sin mayor dilación facilite la información solicitada por parte del Demandante, y garantice el acceso inmediato a documentar las facilidades, usos y disposiciones, para efectos investigativos y documentales -según solicitado y explicado consistentemente en las cartas y comunicaciones referidas y adjuntas.-

Por todo lo cual, se solicita de este Tribunal que dicte sentencia a favor del Demandante y, en consecuencia, ordene a la parte demandada a realizar sus labores ministeriales y a proveer acceso a la información solicitada para la realización de la labor investigativa y documental del Demandante.

En San Juan, Puerto Rico, a 18 de enero de 2012

Gazir Sued

---

[29] Ortiz Rivera v. Bauermeister, 152 DPR 161 (2000)

[30] Soto v. Secretario de Justicia, 112 D.P.R. 477,485 (1982)

ESTADO LIBRE ASOCIADO DE PUERTO RICO
TRIBUNAL DE PRIMERA INSTANCIA
CENTRO JUDICIAL DE SAN JUAN
SALA SUPERIOR

GAZIR SUED,	CIVIL NÚM.: K PE2012-0199
Demandante,	SALÓN 907
v.	
EDMUNDO KRAISELBURD, JANIS GONZÁLEZ MARTÍNEZ, RAFAEL RODRÍGUEZ MERCADO, MIGUEL A. MUÑOZ,	SOBRE: *MANDAMUS*
Demandados.	

ORDEN

Examinado el *Mandamus* presentado el 18 de enero de 2012, así como los documentos que le fueron adjuntados, este Tribunal concede a la parte demandada del epígrafe un término de 10 días, contados a partir de la notificación personal de esta Orden, para comparecer por escrito y mostrar causa por la que este Tribunal no deba conceder la orden de *mandamus* solicitada por la parte demandante.

Se apercibe a la parte demandada que el incumplimiento de esta Orden conllevará que este Tribunal concluya que la demandada acepta las alegaciones de la Demanda y se allana a que se expida la Orden de *mandamus* solicitada.

La parte demandante notificará personalmente esta Orden a la parte demandada, junto con copia de la Demanda y sus anejos y del emplazamiento, conforme lo dispuesto en la Regla 4.4 de las de Procedimiento Civil de 2009.

NOTIFÍQUESE.

En San Juan, Puerto Rico, a 20 de enero de 2012.

GISELLE ROMERO GARCÍA
JUEZA SUPERIOR

ESTADO LIBRE ASOCIADO DE PUERTO RICO
TRIBUNAL DE PRIMERA INSTANCIA
SALA SUPERIOR DE SAN JUAN

Gazir Sued   CIVIL NUM: K PE2012-0199
                                              SALÓN 907
        vs.   SOBRE: MANDAMUS

Edmundo Kraiselburd
Janis González Martínez
Rafael Rodríguez Mercado
Miguel A. Muñoz

MOCIÓN AL EXPEDIENTE

AL HONORABLE TRIBUNAL:

COMPARECE el Demandante, Gazir Sued, por derecho propio, y muy respetuosamente Expone, Alega y Solicita:

1. En vista de las turbulentas incidencias acaecidas durante el diligenciamiento de la Orden del Tribunal (K PE2012-0199), a los efectos de notificar a la parte demandada, el Demandante estima pertinente exponer a este Tribunal las vicisitudes al respecto y la relación de éstas en detrimento de los derechos y dignidad del Demandante, mediante esta Moción al Expediente.

2. Durante los días 1 y 2 de febrero de 2012, la parte demandante realizó el diligenciamiento de las notificaciones de la Orden a la parte demandada, junto con copia de la Demanda y sus anejos, y del emplazamiento, conforme a lo dispuesto en la Regla 4.4 de las de Procedimiento Civil de 2009.[31]

---

[31] Los diligenciamientos de la notificación fueron realizados por Yadriane De Ángel Rivera, en adelante, la Diligenciante.

3. En la tarde del 1 de febrero de 2012, la parte demandante notificó la Orden a Miguel A. Muñoz[32], Presidente de la Universidad de Puerto Rico, y a Rafael Rodríguez Mercado[33], Rector del Recinto de Ciencias Médicas, de la UPR.

4. Durante horas de la mañana del 2 de febrero, el Demandante - mediante la Diligenciante- se presentó en el Caribbean Primate Research Center (CPRC), en Sabana Seca, para diligenciar las notificaciones de la Orden a la parte demandada restante, a saber, a Edmundo Kraiselburd, director del CPRC, y a Janis González Martínez, deputy director del CPRC.

5. La persona encargada de la oficina administrativa del CPRC indicó que no se encontraban ni Kraiselburd ni González, y que -a nombre del CPRC- no admitiría la entrega de la notificación de la Orden. Esta persona instruyó a la Diligenciante que debía entregar los documentos legales (la Orden) directamente en el recinto de Ciencias Médicas.

6. El Demandante, que esperaba a la Diligenciante afuera del local donde se ubica la referida oficina, fue intervenido por personal del CPRC y agentes de seguridad que se movilizaron para impedir que tomara fotografías a las instalaciones del CPRC, específicamente a las jaulas de primates rhesus.

7. El Demandante inquirió al personal interventor y a los agentes de seguridad sobre las razones para impedir que documentara las jaulas y nadie, con excepción del jefe de seguridad, respondió a las preguntas. El Demandante insistió en que le fueran respondidas sus interrogantes y en lugar de hacerlo, el personal del CPRC, con marcada actitud hostil amenazó con llamar a la policía.

8. El Demandante respondió que le correspondía en derecho el acceso a documentar las facilidades del CPRC, y que incluso le parecía buena idea llamar a la policía, a quien se querellaría por violación a sus derechos (expuestos en la demanda de *Mandamus*).

---

[32] La notificación fue entregada al representante autorizado del presidente de la UPR, Miguel A. Muñoz, en el departamento de Asuntos legales, en el edificio de la Administración Central; en el Jardín Botánico en Río Piedras.

[33] La notificación fue entregada al representante autorizado del rector del Recinto de Ciencias Médicas, Rafael Rodríguez Mercado, en la oficina de Rectoría.

9. El Demandante solicitó acceso a la oficina administrativa y le fue denegado tajantemente, con amenaza de fuerza implícita, pues el intermediario era el jefe de seguridad. La única opción que presentó el personal del CPRC era que abandonara de inmediato el lugar y que desistiera de tomar fotografías.

10. El Demandante preguntó el nombre de la persona a cargo del CPRC-UPR, y pidió reunirse con ésta, para que diera las razones por las que debía abandonar de inmediato los predios del CPRC-UPR y por qué la negativa hostil a documentar las facilidades, especialmente las jaulas.

11. Además de impedir acceso a la oficina administrativa, nadie de entre todo el personal de CPRC-UPR, quiso identificar el nombre de la autoridad a cargo. El Demandante insistió al respecto y nunca logró que dijeran el nombre solicitado.

12. El jefe de Seguridad del CPRC-UPR indicó al Demandante que no podía permanecer en los predios e inmediaciones del CPRC, que debía abandonarlas de inmediato, porque le habían dado órdenes de no permitirle la entrada a él, específicamente y por su nombre: "Gazir Sued" tiene prohibida la entrada al CPRC -indicó el jefe de Seguridad-. "Esas son las instrucciones y no puedo cuestionar a la autoridad"- añadió el jefe de Seguridad- Además, dijo al Demandante: "Aquí tenemos una fotografía suya".

13. Ante la evidente amenaza que representaba la situación de carpeteo y hostigamiento al Demandante, la hostilidad del personal y la indisposición a brindar la información solicitada, el Demandante procedió a abandonar los predios del CPRC-UPR.

14. Llegando al portón de salida, el mismo fue repentinamente cerrado. El guardia de seguridad del CPRC-UPR, indicó que le habían dado órdenes de no permitir la salida al Demandante.

Ante la situación, el demandante inquirió sobre las razones de su aprisionamiento involuntario y volvió a preguntar el nombre de la persona que había dado la orden de retenerlo contra su voluntad dentro del CPRC-UPR. No le fueron respondidas sus preguntas.

15. El demandante llamó al cuartel de la Policía en Toa Baja, que tiene la jurisdicción del CPRC-UPR en Sabana Seca, y solicitó radicar una querella por restricción ilegal a su libertad.[34] El oficial a cargo del cuartel envió una patrulla para atender la querella del Demandante.

16. La patrulla de la Policía Municipal de Toa Baja se presentó al CPRC/UPR. El Demandante relató los hechos y radicó la querella por restricción ilegal de libertad.[35]

17. A la par con la patrulla de la policía se presentó al lugar de los hechos el director de Seguridad del Recinto de Ciencias Médicas, William Figueroa Torres. Él también se negó a responder a las preguntas del Demandante sobre el nombre de la autoridad a cargo del CPRC-UPR, las razones para negar acceso a las mismas, la negativa a permitir documentar las facilidades y la razón por la que tienen fotografía de Gazir Sued, el Demandante, con instrucciones de impedirle acceso al CPRC-UPR. El Sr. Figueroa se limitó a pedir información personal al Demandante y la Diligenciante, y a inquirir sobre cómo obtuvo acceso al CPRC-UPR cuando los portones se abren con códigos electrónicos y nadie del personal estaba autorizado a permitir la entrada.

18. El Sr. Figueroa Torres, director de Seguridad del Recinto de Ciencias Médicas, indicó a la Diligenciante que la entrega de las notificaciones de la Orden del Tribunal debía hacerse en la oficina de Asuntos legales del Recinto de Ciencias Médicas, de la Universidad de Puerto Rico (RCM-UPR).

19. En horas tempranas de la tarde, la Diligenciante presentó la notificación de la Orden en la oficina del Asesor Legal del RCM-UPR.[36]

---

[34] Código Penal; Ley Núm. 149 de 18 de junio de 2004; Artículo 167. Restricción de libertad. Toda persona que restrinja ilegalmente a otra persona de manera que interfiera sustancialmente con su libertad incurrirá en delito menos grave. Artículo 168. Restricción de libertad agravada. Incurrirá en delito grave de cuarto grado si el delito de restricción de libertad se comete con la concurrencia de cualquiera de las siguientes circunstancias: (a) Mediante violencia, intimidación, fraude o engaño. (b) Simulando ser autoridad pública. (c) Por funcionario o empleado público con abuso de los poderes inherentes a su autoridad o funciones.

[35] La Oficial de la Policía Municipal de Toa Baja que tomó la querella fue Sandra Colon, Placa 909. El número de querella es: 12-7-171-0628. Número de Teléfono del Cuartel: (787) 795-3073.

[36] La Oficina se identifica como Oficina de Asesores Legales (A-712), ubicada en el 7mo piso del edificio principal del recinto de Ciencias Médicas.

498

En dicha oficina le fue informado que tenían instrucciones de parte del director de la oficina de asuntos legales del Recinto de Ciencias Médicas de no recibir los documentos de la Orden.

20. La secretaria recepcionista indicó que debían ser entregados personalmente en el Cayo Santiago, donde supuestamente estaría la parte demandad, Kraiselburd y González.

21. La secretaria del Director-Asesor Legal del Recinto de Ciencias Médicas interrumpió para indicar que por instrucciones del Director de la Oficina de Asesores Legales no recibiría las notificaciones de la Orden del Tribunal. Señaló que debía hacerse directamente al demandado, Edmundo Kraiselburd, en otro edificio del Centro Médico, donde el demandado tiene otra de tantas oficinas y opera como director de la Unidad de Medicina Comparada, UPR-RCM.

22. La Diligenciante llegó al edificio donde se ubica la Unidad de Medicina Comparada, y solicitó permiso de acceso para hacer entrega de la notificación de la Orden. Le fue denegado el acceso.

23. La Diligenciante se comunicó vía telefónica con la secretaria de la parte demandada, de Edmundo Kraiselburd, ubicada en el tercer piso. La secretaria, Gisela Ralat, indicó que el demandado no se encontraba y que no habría de recibir la notificación de la Orden. Indicó que dicho trámite debía gestionarse directamente con la Oficina de Asesores Legales.

24. Ante la evidente indisposición de las autoridades del Recinto de Ciencias Médicas a recibir formalmente la Orden del Tribunal, en representación de la parte demandada, la Diligenciante se dirigió a la división de Recursos Humanos del RCM/UPR. Allí le indicaron que no aceptarían la notificación del Tribunal, que la autoridad para hacerlo era la oficina de Asuntos legales, que ya había rechazado aceptarla.

25. La Diligenciante volvió a la Oficina de Asesores Legales y se reunió nuevamente con los representantes legales autorizados, quienes insistieron en mantener la posición de no aceptar la notificación de la Orden del Tribunal.

26. La Diligenciante informó al Demandante de la situación y éste le procuró asesoramiento legal con un abogado, para indicarle el debido procedimiento ante tal situación.

27. Debidamente asesorada, la Diligenciante volvió a la oficina de asuntos legales del RCM/UPR e hizo entrega de las notificaciones de la Orden a la parte demandada, a Edmundo Kraiselburd y Janis González, junto con copia de la Demanda y sus anejos, y del emplazamiento, por medio de sus representantes legales autorizados a recibirla, en la Oficina de Asesores Legales del Recinto de Ciencias Médicas, de la UPR.

28. Debidamente diligenciadas las notificaciones de la Orden a la parte demandada, junto con copia de la Demanda y sus anejos, y del emplazamiento, conforme a lo dispuesto en la Regla 4.4 de las de Procedimiento Civil de 2009, la Diligenciante formalizó el cumplimiento de su parte, entregó y juramentó en el Tribunal de San Juan, el 2 de febrero de 2012.

29. La Universidad de Puerto Rico es una corporación pública[37], y como tal está obligada por la Ley que la crea a servir al pueblo de Puerto Rico en expresa fidelidad a los ideales de una sociedad integralmente democrática.[38] Consustancial a esta misión, la Universidad de Puerto Rico tiene como objetivo esencial:

> "(1) Transmitir e incrementar el saber por medio de las ciencias y de las artes, poniéndolo al servicio de la comunidad a través de la acción de sus pro-fesores, investigadores, estudiantes y egresados."[39]

30. La parte Demandante es egresada de la Universidad de Puerto Rico, ha sido profesor durante más de una década y es investigador, además de periodista. Dentro del resguardo de la Ley de la Universidad, la parte Demandante ha estado procurando, previo y mediante el recurso de *Mandamus*, "contribuir al cultivo y disfrute de los valores éticos de la cultura", tal y como ha hecho durante su trayectoria como profesor universitario, investigador, escritor y periodista, evidenciado en su extensa producción intelectual, académica y profesional.[40]

---

[37] Ley de la Universidad de Puerto Rico; Ley Núm. 1 del 20 de enero de 1966, según enmendada; Art. 1. Declaración de Propósitos de la Ley.

38 Art. 2. Objetivos de la Universidad de Puerto Rico. (18 L.P.R.A. § 601); Ley Núm. 1 del 20 de enero de 1966; op.cit.

[39] Ídem.

[40] Ver Currículum Vitae de Dr. Gazir Sued; Anejo #1 en la Demanda.
500

31. El Demandante, interesado en cumplir lealmente la misión de la Universidad, procura insistente y consecuentemente, "cultivar el amor al conocimiento como vía de libertad a través de la búsqueda y discusión de la verdad..."[41], a través de sus proyectos de investigación. La parte demandada insiste, por el contario, en impedir que el Demandante ejerza con plenitud los citados derechos, imposibilitando la labor investigativa del Demandante en abierta violación a la Ley que rige la Universidad de Puerto Rico.

32. El Demandante no ha cesado de exigir a la parte demandada respeto a su proyecto investigativo y documental, que tiene por objeto conservar, enriquecer y difundir valores culturales del pueblo puertorriqueño, principalmente el valor del conocimiento y la responsabilidad de hacer valer el derecho a investigar y a saber, protegidos por la Ley de la Universidad y la Constitución.

33. El Demandante reclama a la parte demandada respeto incondicional al derecho a saber, a investigar, a obtener información y documentarla. Esto, a tenor con el carácter de Universidad y por su identificación con los ideales de vida de Puerto Rico, que la vincula esencialmente a los valores e intereses de toda comunidad democrática.[42]

34. La parte demandada no sólo viola las prescripciones objetivas de la Ley de la Universidad de Puerto Rico, sino, además, los estatutos y reglamentos que regulan y organizan su constitución. Según establece el Reglamento general de la UPR:

> "No se obstaculizará en momento alguno el libre acceso
> y salida de personas de las facilidades de la Universidad
> y de las aulas o edificios que forman parte de la
> misma..."[43]

35. La relación de hechos presentada por la parte demandante evidencia la práctica consistente de la parte demandada en obstaculizar el libre acceso a las facilidades, edificios y/o unidades de la Universidad (dependencias, terrenos y edificios bajo el control de la Universidad).[44]

---

[41] Art. 2. Objetivos de la Universidad de Puerto Rico; Op.cit.

[42] Ídem.

[43] Reglamento General de la Universidad de Puerto Rico; Sección 32.4.5 - Acceso y salida para las facilidades...

36. El Demandante también ampara su posición en la política institucional reglamentada, que establece que:

> "En la Universidad de Puerto Rico se le da gran valor, se fomenta, se apoya y se protege la libertad de expresión y un ambiente abierto para aprender y compartir información. La censura es incompatible con las metas de una institución de educación superior..."[45]

37. Asimismo, la Constitución de Puerto Rico ampara al Demandante en todos sus argumentos, sin excepciones ni oportunidad para tergiversar el espíritu de la Ley y su expresión y contenidos explícitos:

> "No se aprobará ley alguna que restrinja la libertad de palabra o prensa..."[46]

No obstante la parte demandada violenta abierta y consecuentemente el derecho constitucional del Demandante, al restringir su libertad de expresión y prensa.

38. El trato hostil, irrespetuoso y amenazante del personal del CPRC/UPR en Sabana Seca; la obstaculización e impedimento persistente por parte de las respectivas autoridades institucionales a la labor investigativa del Demandante; la negativa a brindar la información solicitada por la parte Demandante y la negación a presentar identificación de los funcionarios oficiales a cargo de las facilidades del CPRC/UPR, son prácticas que agravan las violaciones de los derechos constitucionales del Demandante por la parte demandada.

39. La práctica de instruir al personal y empleados del CPRC de no permitir la entrada de la parte demandante a las facilidades bajo jurisdicción legal de la Universidad de Puerto Rico abona a la evidencia que sostiene la demanda de Mandamus.

---

[44] Sección 120.22; op.cit.

[45] Reglamento 7471; Política Institucional sobre el Uso Aceptable de los Recursos de la Tecnología de la Información en la Universidad de Puerto Rico (Declaración Política)

[46] Carta de Derechos de la Constitución de Puerto Rico, Sección 4.

40. De igual modo que la restricción a los derechos de libertad de expresión y prensa, la utilización y distribución de una fotografía del Demandante para alertar al personal y empleados del CPRC de la UPR, así como ordenar acción discriminatoria contra la presencia del Demandante, es una práctica bochornosa de carpeteo y una afrenta a los derechos democráticos, constitucionales y políticos del Demandante, y contraria y ofensiva a los valores de la sociedad puertorriqueña y del Estado de Derecho.

41. Fortalecida la evidenciada de la obstinada persistencia de la parte demandada en violar los derechos y las leyes que protegen a la parte demandante, sirva esta Moción al Expediente para informar al Tribunal y reiterar la demanda de *mandamus* esgrimida contra la parte demandada, a los efectos de que ordene el Tribunal:

1. El cese y desista inmediato de toda práctica que viole, restrinja y/o impida al Demandante el fiel cumplimiento de la misión y objetivos explícitos de la Ley de la Universidad de Puerto Rico y la Constitución de Puerto Rico, que rigen sobre el Caribbean Primate Research Center y todas sus dependencias.

2. Garantice el acceso del Demandante a todas las facilidades del Caribbean Primate Research Center;

3. Garantice el acceso del Demandante a toda la información, a tenor con todo lo expuesto en la demanda de *mandamus*, detallado en sus anejos y en este documento.

Por Todo Lo Cual se solicita de este Tribunal que tome conocimiento de lo antes expuesto, garantice la protección de los derechos de la parte Demandante y ordene a la parte demandada que cese y desista de las practicas de hostigamiento, carpeteo, restricción e impedimento de la labor investigativa del Demandante; que le garantice acceso a las facilidades referidas y a toda información pertinente a tales efectos; así como cualquier otra providencia que en Derecho proceda.

En San Juan, Puerto Rico, a **06 de febrero de 2012**

Gazir Sued

(...)

ESTADO LIBRE ASOCIADO DE PUERTO RICO
TRIBUNAL DE PRIMERA INSTANCIA
SALA SUPERIOR DE SAN JUAN

Gazir Sued	CIVIL NUM: K PE2012-0199
907	SALÓN
vs.	SOBRE:
MANDAMUS	

Edmundo Kraiselburd
Janis González Martínez
Rafael Rodríguez Mercado
Miguel A. Muñoz

MOCIÓN EN RÉPLICA CUMPLIMIENTO DE ORDEN
Y SOLICITUD DE VISTA[47]

AL HONORABLE TRIBUNAL:

COMPARECE el Demandante, Gazir Sued, por derecho propio, y muy respetuosamente Expone, Alega y Solicita:

1. Timbrado en el correo con fecha del 13 de febrero, recibí un escrito a nombre de la parte demandada; y, con firma el 22 de febrero, recibí carta del Tribunal ordenándome asumir posición en un plazo de quince días. Atendiendo la orden citada he preparado este escrito.

Posición de Principio

2. Intelectual y Moralmente, no estimo meritoria de atención alguna las argumentaciones esgrimidas por la parte demandada y su representación legal, pues se anulan a sí mismas, por absurdas o inconsistencia racional; por contradicción tácita o bien por denotar una crasa ignorancia jurídica sobre asuntos críticos y sensibles del derecho constitucional en las sociedades democráticas, como la puertorriqueña.

---

[47] La parte técnica de este documento ha sido editado por su extensión.

3. Además, la retórica del escrito citado pareciera inducir consciente, voluntaria y alevosamente, a error y confusión al Tribunal, que, según alega la parte demandada, carece de conocimientos suficientes ("peritaje") para tratar el asunto presentado por el Demandante, y debe abstenerse de ejercer su función ministerial porque no está acreditado para ejercerla.

4. Según la parte demandada y su representación legal, de no desestimar la demanda de Mandamus el Tribunal representaría para la Universidad del Estado una "presión ajena". Además:

> "...los tribunales carecen del peritaje necesario para dirimir controversias surgidas en la academia."

Este argumento, reiterado a lo largo del escrito de la parte demandada, además de representar una afrenta jurisdiccional, no guarda relación alguna con los méritos en propiedad del Mandamus presentado por el Demandante. Las citas de referencia para reforzar el argumento de los demandados han sido sacadas de contexto y tergiversadas para fines de dudoso valor moral, y sin relación alguna con los hechos presentados por el Demandante, y los objetivos de su demanda.

5. Asimismo, el escrito de la parte demandada y su representación legal, además de constituir una afrenta jurisdiccional, y de esgrimir argumentos, más que frívolos, temerarios, articula una postura peligrosa y contraria a los principios democráticos que rigen el Estado de Derecho y la cultura jurídica puertorriqueña.

6. Aparenta saber la parte demandada y su representación legal que ciertamente no podemos reclamar "derecho" absoluto alguno por el solo hecho de que así lo establezca la Constitución o las leyes bajo su dominio moral y político. Por ejemplo, no podemos reclamar "derecho" a entrar a un laboratorio clandestino donde se fabrican armas bioquímicas, precisamente porque la naturaleza de la empresa está al margen de la ley y opera contrario a ella; tampoco podemos exigir "derecho" de acceso a las instalaciones donde se fabrican drogas ilegales, precisamente porque el negocio se rige por la autoridad de la fuerza y no por la fuerza de la razón que gobierna las leyes formales en el Estado de Derecho, Constitucional y Democrático. Al terrorista o al narcotraficante no podría exigírsele, pues, "derecho" de acceso a las facilidades bajo su control y administración, precisamente porque no se rigen bajo los principios de la Constitución y no operan con voluntad de respeto a sus preceptos.

7. Debiera saber la parte demandada y su representación legal que, por el contrario, sí se puede exigir acceso y derecho de entrada, sin obstáculos e impedimentos arbitrarios, a las facilidades de la Universidad de Puerto Rico, creada y regida por el derecho constitucional y los principios éticos y políticos que lo constituyen, regulan y animan.

8. Debiera saber la parte demandada y su representación legal que la Universidad de Puerto Rico es como una gran fábrica de conocimientos; que toda su producción intelectual se debe a la sociedad particular a la que le sirve y que; la ley que la crea incluso va más allá, pues reconoce su valor dentro del conjunto de la humanidad en general. Así, pues, las restricciones de acceso a sus dominios pertenecen al registro de una mentalidad antagónica al derecho democrático y los valores éticos y políticos que encarnan la cultura puertorriqueña y que rigen los destinos de sus instituciones, incluyendo a la UPR y sus facilidades, como el CPRC[48].

9. Absurdo y antagónico, desde la perspectiva de los principios del Derecho en una sociedad democrática, pretender atribuir rango de conocimiento fiable y conformarse con la información provista desde el ángulo exclusivo de la propaganda corporativa formal, irrespectivamente de la naturaleza de su poder o autoridad. Tal práctica correspondería análogamente a preguntar al narcotraficante sobre las virtudes del producto que fabrica y distribuye; o al terrorista sobre la relevancia y pertinencia para la humanidad de su quehacer y su locura.

10. Pero, con respecto a las prácticas al margen de la ley, resta apenas el lamento ante la impotencia del ciudadano y del Estado. Es dentro de los dominios del imperio de la Ley donde los principios y preceptos constitucionales del Derecho adquieren con mayor preeminencia su materialidad política.

11. En los estados autoritarios, donde rige una modalidad tiránica de la Ley, los funcionarios de las instituciones estatales practican el encubrimiento y la secretividad absoluta. La transparencia no es un requerimiento ético y político en los regímenes despóticos y autoritarios, y la Ley del Estado así lo conviene. Por el contario, sí lo es dentro de los regímenes de gobierno democráticos, y así lo establecen sus respectivas constituciones y las leyes que se promulgan en radical armonía con éstas.

---

[48] Sobre este asunto el Demandante elabora con mayor precisión en la Moción al Expediente, radicada ante el Tribunal y presentada a la parte demandada el 6 de febrero de 2012.

12. Cualquier oposición arbitraria, así como cualquier impedimento frívolo, al ejercicio del derecho y libertad de expresión y prensa, son prácticas contrarias a los valores de la cultura jurídica puertorriqueña y a los principios políticos constitucionales que rigen nuestra sociedad. El escrito de la parte demandada y su representación legal encarna semejante afrenta.

13. También debe serles de conocimiento a la parte demandada y su representación legal que es propio de agencias o corporaciones que practican el fraude y la corrupción la negativa de sus funcionarios a ceder ante demandas de acceso a sus jurisdicciones e información, aunque el interesado tenga por fundamento el Derecho, la Constitución y los principios éticos y políticos que rigen a los ciudadanos y sus haberes en las sociedades democráticas.

14. El escrito de la parte demandada y su representación legal se opone abiertamente al reclamo de transparencia del Demandante, y constituye una práctica inexcusable de la misma política de encubrimiento denunciada por éste.

15. El escrito de la parte demandada está saturado de equívocos, tergiversaciones, contradicciones, falsedades, etc.; y su contenido y retórica evidencia que la representación legal de la parte demandada y ésta, si presumimos que consiente ser representada por el escrito sometido en su nombre, carecen de conocimientos básicos sobre aspectos críticos y sensibles del Derecho en las sociedades democráticas, y vician el sentido recto de la argumentación y demanda presentada por el Demandante.

16. No obstante, en las próximas partes de este escrito, el Demandante atenderá los argumentos "legales" de la parte demandada y su representación legal; demostrará la frivolidad y temeridad de sus posturas y argumentaciones "legales"; y, en contraste a la afrenta jurisdiccional que promueve el escrito de la parte demandada, el Demandante evidenciará, nuevamente, la pertinencia jurídica de la demanda de Mandamus...

(...)

En San Juan, Puerto Rico, a **08 de marzo de 2012**

FIRMA _____
                 Gazir Sued

IX

Por haber determinado como cuestión de derecho que procede la desestimación del recurso por los fundamentos antes señalados, no es necesario discutir las demás defensas esgrimidas por los demandados o las argumentadas por el demandante en su oposición a la solicitud de desestimación.

SENTENCIA

Por los fundamentos antes expuestos, este Tribunal declara **con lugar** la Moción de Desestimación presentada por la parte demandada y, en su consecuencia, se desestima la Petición de *mandamus* presentada en este caso.

REGISTRESE Y NOTIFIQUESE.

En San Juan, Puerto Rico, a 28 de marzo de 2012.

GISELLE ROMERO GARCÍA
JUEZ SUPERIOR

Certifico:

Lic. Rebecca Rivera Torres
Secretaria Regional

Por: VANESSA NIEVES MORALES
Secretaria Auxiliar

martes, 05 de junio de 2012

Daniel J. Galán Kercadó
Secretario
Departamento
de Recursos Naturales y Ambientales

Estimado Daniel, saludos.

Durante los últimos años he estado realizando una investigación documental sobre la historia de los primates no-humanos en PR, y me urge conseguir algunos documentos e información con la que quizá me puedas ayudar. Quizá sepas, he tenido que recurrir a los tribunales porque la gerencia corporativa del CPRC me negó acceso a todo tipo de información y acceso a las instalaciones bajo su administración directa, e incluso la UPR la respalda en su política de encubrimiento. No obstante, me he procurado la información por otros medios y aún continúo bregando el asunto.

No obstante, la mayor parte de la documentación que involucra al DRNA y al proyecto que dirigía Ricardo López[50], con relación al control de primates, es la que aparece reseñada en la prensa. Fui a la biblioteca del DRNA, pero no tienen nada de nada sobre el tema. Además, tengo ponencias e informes del CPRC que ponen en entredicho al DRNA e incluso lo acusan entre líneas y hasta lo ridiculizan en muchos aspectos. Intereso varios documentos al respecto, para tener la posición y razonamiento del DRNA sin interpretaciones viciadas que lo tergiversen. Además, como ya sabrás, muchos periodistas trabajan el asunto como si fueran funcionarios del "scientific monkey business" del CPRC...

Aunque difiero de la política del DRNA sobre especies invasivas, en particular sobre los rhesus y patas silvestres, el trabajo investigativo que realizo, como historiador, debe integrar las referencias a las autoridades reguladoras de manera directa, sin intermediarios, y con mayor precisión que lo expresado en leyes y reglamentos, y en citas en los medios.

---

[49] Del secretario del DRNA tampoco hubo respuesta.

[50] Traté de contactar a Ricardo López Ortiz, Coordinador Proyecto para el Control de Primates Departamento de Recursos Naturales, pero no lo conseguí.

En lo inmediato, quería solicitar tu asistencia para conseguir el informe final del DRNA sobre el comité interagencial que se estableció de 1995 a 1998 a instancias de la UPR, mientras Norman Maldonado presidía. Lo que tengo sobre este periodo es la versión de González y Kraiselburd. También intereso la postura del DRNA ante el oportunismo de ciertos agricultores que interesaban que se les entregara el dinero de la OE-2007 para capturas a ellos y no al DRNA.

Necesito saber si existe algún registro oficial del número exacto de rhesus entregados al CPRC y, también, sobre los que fueron trasladados a otras instalaciones fuera de Puerto Rico, a qué zoológicos, cuántos, etc.

También intereso saber si tienes acceso a información sobre tres temas sensibles, que el CPRC guarda como secreto de estado: 1. sobre el registro de matanzas periódicas (cull); 2. los efectos de los huracanes Hugo y George sobre la población de cayo Santiago, y, 3. registro o informes sobre las fugas de Sabana Seca.

Además, quisiera confirmar la relación del DRNA o del DA para regular el negocio de entrada y salida de primates para experimentaciones en PR. Si el CPRC debe tener permiso especial, rendir informe al DRNA, pagar seguro, etc. Necesito copia de los mismos...

También me sería de utilidad obtener copia de registro de rhesus y patas en el centro del DRNA en el bosque Cambalache, dirigido por el oficial Atienza.

Aparte, necesito saber el status actual del proyecto de Ricardo, a partir del último informe sometido en la legislatura y publicado en la página oficial de la agencia. Además, intereso fotografías que pueda integrar en el libro sobre procesos de capturas...

Agradecido de antemano, espero tu respuesta.

Gazir Sued, PhD.

XI[51]

UNITED STATES DEPARTMENT OF AGRICULTURE ANIMAL AND PLANT HEALTH INSPECTION SERVICE	CASE NUMBER: PR130005-AC
	VIOLATOR: University of Puerto Rico
	ADDRESS (Street, City, State, ZIP Code): San Juan, PR 00936

The U.S. Department of Agriculture has evidence that on or about the date(s) listed below, you or your organization committed the following violation(s) of Federal Regulations:

Date of Violation: November 15, 2011

9 C.F.R. § 2.131(b)(1) Handling of animals.
(b)(1) Handling of all animals shall be done as expeditiously and carefully as possible in a manner that does not cause trauma, overheating, excessive cooling, behavioral stress, physical harm, or unnecessary discomfort.

> University of Puerto Rico, Medical Science Campus, Caribbean Primate Research Center (CPRC) failed to handle nonhuman primates (NHP) in as careful a manner as possible. On the above date, APHIS noted a report which stated 28 non-human primates escaped from corral 163 on September 2, 2011. 27 were immediately returned to their corral. 1 was found on September 4, 2011 living with another colony. The incident was caused by an employee leaving the gate unlocked.

Date of Violation: May 23, 2012

9 C.F.R. § 2.131(b)(1) Handling of animals.
(b)(1) Handling of all animals shall be done as expeditiously and carefully as possible in a manner that does not cause trauma, overheating, excessive cooling, behavioral stress, physical harm, or unnecessary discomfort.

> University of Puerto Rico, Medical Science Campus, Caribbean Primate Research Center (CPRC) failed to handle nonhuman primates (NHP) in as careful a manner as possible. On the above date, APHIS observed a padlock and chain used to secure the gate of a primary enclosure, inside the primary enclosure due to having been left unlocked and unattended by an employee.

Date of Violation: May 23, 2012

9 C.F.R. § 3.75(c)(1)(i) Housing facilities, general.
(c) Surfaces—(1) General requirements.
The surfaces of housing facilities—including perches, shelves, swings, boxes, houses, dens, and other furniture-type fixtures or objects within the facility— must be constructed

51 Relación de violaciones del CPRC-UPR a las regulaciones federales en 2012 y 2013.

511

in a manner and made of materials that allow them to be readily cleaned and sanitized, or removed or replaced when worn or soiled. Furniture-type fixtures or objects must be sturdily constructed and must be strong enough to provide for the safe activity and welfare of nonhuman primates. Floors may be made of dirt, absorbent bedding, sand, gravel, grass, or other similar material that can be readily cleaned, or can be removed or replaced whenever cleaning does not eliminate odors, diseases, pests, insects, or vermin. Any surfaces that come in contact with nonhuman primates must:
(i) Be free of excessive rust that prevents the required cleaning and sanitization, or that affects the structural strength of the surface;

CPRC failed to maintain surfaces inside primary enclosures free from excessive rust. On the above date, APHIS noted multiple sliding doors and bolts holding enclosure partitions together to be excessively rusted.

Date of Violation: May 23, 2012

9 C.F.R. § 3.75(f) Housing facilities, general.
(f) Drainage and waste disposal. Housing facility operators must provide for regular and frequent collection, removal, and disposal of animal and food wastes, bedding, dead animals, debris, garbage, water, and any other fluids and wastes, in a manner that minimizes contamination and disease risk. Housing facilities must be equipped with disposal facilities and drainage systems that are constructed and operated so that animal wastes and water are rapidly eliminated and the animals stay dry. Disposal and drainage systems must minimize vermin and pest infestation, insects, odors, and disease hazards. All drains must be properly constructed, installed, and maintained. If closed drainage systems are used, they must be equipped with traps and prevent the backflow of gases and the backup of sewage onto the floor. If the facility uses sump ponds, settlement ponds, or other similar systems for drainage and animal waste disposal, the system must be located far enough away from the animal area of the housing facility to prevent odors, diseases, insects, pests, and vermin infestation. If drip or constant flow watering devices are used to provide water to the animals, excess water must be rapidly drained out of the animal areas by gutters or pipes so that the animals stay dry. Standing puddles of water in animal areas must be mopped up or drained so that the animals remain dry. Trash containers in housing facilities and in food storage and food preparation areas must be leakproof and must have tightly fitted lids on them at all times. Dead animals, animal parts, and animal waste must not be kept in food storage or food preparation areas, food freezers, food refrigerators, and animal areas.

CPRC failed to maintain drainage and waste disposal systems. On the above date, APHIS observed the drainage and waste disposal canals outside several primary enclosures were clogged with food waste and fecal material.

Date of Violation: August 15, 2012

9 C.F.R. § 2.131(b)(1) Handling of animals.
(b)(1) Handling of all animals shall be done as expeditiously and carefully as possible in a

manner that does not cause trauma, overheating, excessive cooling, behavioral stress, physical harm, or unnecessary discomfort.

CPRC failed to handle nonhuman primates (NHP) in as careful a manner as possible. On the above date, APHIS observed several areas within the facility where padlocks and chains used to secure the secondary gates of the primary enclosures had been left unlocked and hanging on the gates.

Date of Violation: August 15, 2012

9 C.F.R. § 3.75(c)(1)(i) Housing facilities, general.
(c) Surfaces—(1) General requirements.
The surfaces of housing facilities—including perches, shelves, swings, boxes, houses, dens, and other furniture-type fixtures or objects within the facility— must be constructed in a manner and made of materials that allow them to be readily cleaned and sanitized, or removed or replaced when worn or soiled. Furniture-type fixtures or objects must be sturdily constructed and must be strong enough to provide for the safe activity and welfare of nonhuman primates. Floors may be made of dirt, absorbent bedding, sand, gravel, grass, or other similar material that can be readily cleaned, or can be removed or replaced whenever cleaning does not eliminate odors, diseases, pests, insects, or vermin. Any surfaces that come in contact with nonhuman primates must:
(i) Be free of excessive rust that prevents the required cleaning and sanitization, or that affects the structural strength of the surface;

CPRC failed to maintain surfaces inside primary enclosures free from excessive rust. On the above date, APHIS noted multiple sliding doors and bolts holding enclosure partitions together to be excessively rusted.

Date of Violation: August 15, 2012

9 C.F.R. § 3.75(c)(2) Housing facilities, general.
(c) Surfaces—(2) Maintenance and replacement of surfaces. All surfaces must be maintained on a regular basis. Surfaces of housing facilities—including houses, dens, and other furniture-type fixtures and objects within the facility—that cannot be readily cleaned and sanitized, must be replaced when worn or soiled.

CPRC failed to replace worn furniture-type fixtures within the facility. On the above date, APHIS observed multiple wood platforms inside the primary enclosures that were worn and in need of replacement.

Date of Violation: August 15, 2012

9 C.F.R. § 3.75(f) Housing facilities, general.
(f) Drainage and waste disposal. Housing facility operators must provide for regular and frequent collection, removal, and disposal of animal and food wastes, bedding, dead animals, debris, garbage, water, and any other fluids and wastes, in a manner that

minimizes contamination and disease risk. Housing facilities must be equipped with disposal facilities and drainage systems that are constructed and operated so that animal wastes and water are rapidly eliminated and the animals stay dry. Disposal and drainage systems must minimize vermin and pest infestation, insects, odors, and disease hazards. All drains must be properly constructed, installed, and maintained. If closed drainage systems are used, they must be equipped with traps and prevent the backflow of gases and the backup of sewage onto the floor. If the facility uses sump ponds, settlement ponds, or other similar systems for drainage and animal waste disposal, the system must be located far enough away from the animal area of the housing facility to prevent odors, diseases, insects, pests, and vermin infestation. If drip or constant flow watering devices are used to provide water to the animals, excess water must be rapidly drained out of the animal areas by gutters or pipes so that the animals stay dry. Standing puddles of water in animal areas must be mopped up or drained so that the animals remain dry. Trash containers in housing facilities and in food storage and food preparation areas must be leakproof and must have tightly fitted lids on them at all times. Dead animals, animal parts, and animal waste must not be kept in food storage or food preparation areas, food freezers, food refrigerators, and animal areas.

CPRC failed to maintain drainage and waste disposal systems. On the above date, APHIS observed the drainage and waste disposal canals outside several primary enclosures were clogged with food waste and fecal material.

Date of Violation: August 15, 2012

9 C.F.R. § 3.84(a) Cleaning, sanitization, housekeeping, and pest control.
(a) Cleaning of primary enclosures. Excreta and food waste must be removed from inside each indoor primary enclosure daily and from underneath them as often as necessary to prevent an excessive accumulation of feces and food waste, to prevent the nonhuman primates from becoming soiled, and to reduce disease hazards, insects, pests, and odors. Dirt floors, floors with absorbent bedding, and planted areas in primary enclosures must be spot cleaned with sufficient frequency to ensure all animals the freedom to avoid contact with excreta, or as often as necessary to reduce disease hazards, insects, pests, and odors. When steam or water is used to clean the primary enclosure, whether by hosing, flushing, or other methods, nonhuman primates must be removed, unless the enclosure is large enough to ensure the animals will not be harmed, wetted, or distressed in the process. Perches, bars, and shelves must be kept clean and replaced when worn. If the species of the nonhuman primates housed in the primary enclosure engages in scent marking, hard surfaces in the primary enclosure must be spot-cleaned daily.

CPRC failed to clean and sanitize inside primary enclosures as often as necessary to reduce disease hazards. On the above date, APHIS observed an accumulation of algae inside a primary enclosure.

Date of Violation: December 19, 2012

9 C.F.R. § 3.75(c)(1)(i) Housing facilities, general.

minimizes contamination and disease risk. Housing facilities must be equipped with disposal facilities and drainage systems that are constructed and operated so that animal wastes and water are rapidly eliminated and the animals stay dry. Disposal and drainage systems must minimize vermin and pest infestation, insects, odors, and disease hazards. All drains must be properly constructed, installed, and maintained. If closed drainage systems are used, they must be equipped with traps and prevent the backflow of gases and the backup of sewage onto the floor. If the facility uses sump ponds, settlement ponds, or other similar systems for drainage and animal waste disposal, the system must be located far enough away from the animal area of the housing facility to prevent odors, diseases, insects, pests, and vermin infestation. If drip or constant flow watering devices are used to provide water to the animals, excess water must be rapidly drained out of the animal areas by gutters or pipes so that the animals stay dry. Standing puddles of water in animal areas must be mopped up or drained so that the animals remain dry. Trash containers in housing facilities and in food storage and food preparation areas must be leakproof and must have tightly fitted lids on them at all times. Dead animals, animal parts, and animal waste must not be kept in food storage or food preparation areas, food freezers, food refrigerators, and animal areas.

> CPRC failed to maintain drainage and waste disposal systems. On the above date, APHIS observed the drainage and waste disposal canals outside several primary enclosures were clogged with food waste and fecal material.

Date of Violation: August 15, 2012

9 C.F.R. § 3.84(a) Cleaning, sanitization, housekeeping, and pest control.
(a) Cleaning of primary enclosures. Excreta and food waste must be removed from inside each indoor primary enclosure daily and from underneath them as often as necessary to prevent an excessive accumulation of feces and food waste, to prevent the nonhuman primates from becoming soiled, and to reduce disease hazards, insects, pests, and odors. Dirt floors, floors with absorbent bedding, and planted areas in primary enclosures must be spot cleaned with sufficient frequency to ensure all animals the freedom to avoid contact with excreta, or as often as necessary to reduce disease hazards, insects, pests, and odors. When steam or water is used to clean the primary enclosure, whether by hosing, flushing, or other methods, nonhuman primates must be removed, unless the enclosure is large enough to ensure the animals will not be harmed, wetted, or distressed in the process. Perches, bars, and shelves must be kept clean and replaced when worn. If the species of the nonhuman primates housed in the primary enclosure engages in scent marking, hard surfaces in the primary enclosure must be spot-cleaned daily.

> CPRC failed to clean and sanitize inside primary enclosures as often as necessary to reduce disease hazards. On the above date, APHIS observed an accumulation of algae inside a primary enclosure.

Date of Violation: December 19, 2012

9 C.F.R. § 3.75(c)(1)(i) Housing facilities, general.

(c) Surfaces—(1) General requirements.
The surfaces of housing facilities—including perches, shelves, swings, boxes, houses, dens, and other furniture-type fixtures or objects within the facility— must be constructed in a manner and made of materials that allow them to be readily cleaned and sanitized, or removed or replaced when worn or soiled. Furniture-type fixtures or objects must be sturdily constructed and must be strong enough to provide for the safe activity and welfare of nonhuman primates. Floors may be made of dirt, absorbent bedding, sand, gravel, grass, or other similar material that can be readily cleaned, or can be removed or replaced whenever cleaning does not eliminate odors, diseases, pests, insects, or vermin. Any surfaces that come in contact with nonhuman primates must:
(i) Be free of excessive rust that prevents the required cleaning and sanitization, or that affects the structural strength of the surface;

CPRC failed to maintain surfaces inside primary enclosures free from excessive rust. On the above date, APHIS noted multiple sliding doors and bolts holding enclosure partitions together to be excessively rusted.

Date of Violation: December 19, 2012

9 C.F.R. § 3.75(c)(2) Housing facilities, general.
(c) Surfaces—(2) Maintenance and replacement of surfaces. All surfaces must be maintained on a regular basis. Surfaces of housing facilities—including houses, dens, and other furniture-type fixtures and objects within the facility—that cannot be readily cleaned and sanitized, must be replaced when worn or soiled.

CPRC failed to replace worn furniture-type fixtures within the facility. On the above date, APHIS observed multiple wood platforms inside the primary enclosures that were worn and in need of replacement.

Date of Violation: April 17, 2013

9 C.F.R. § 3.75(c)(1)(i) Housing facilities, general.
(c) Surfaces—(1) General requirements.
The surfaces of housing facilities—including perches, shelves, swings, boxes, houses, dens, and other furniture-type fixtures or objects within the facility— must be constructed in a manner and made of materials that allow them to be readily cleaned and sanitized, or removed or replaced when worn or soiled. Furniture-type fixtures or objects must be sturdily constructed and must be strong enough to provide for the safe activity and welfare of nonhuman primates. Floors may be made of dirt, absorbent bedding, sand, gravel, grass, or other similar material that can be readily cleaned, or can be removed or replaced whenever cleaning does not eliminate odors, diseases, pests, insects, or vermin. Any surfaces that come in contact with nonhuman primates must:
(i) Be free of excessive rust that prevents the required cleaning and sanitization, or that affects the structural strength of the surface;

CPRC failed to maintain surfaces inside primary enclosures free from excessive rust. On the above date, APHIS noted multiple sliding doors and bolts holding enclosure partitions together to be excessively rusted.

Date of Violation: April 17, 2013

9 C.F.R. § 3.75(c)(2) Housing facilities, general.
(c) Surfaces—(2) Maintenance and replacement of surfaces. All surfaces must be maintained on a regular basis. Surfaces of housing facilities—including houses, dens, and other furniture-type fixtures and objects within the facility—that cannot be readily cleaned and sanitized, must be replaced when worn or soiled.

> CPRC failed to replace worn furniture-type fixtures within the facility. On the above date, APHIS observed multiple wood platforms inside the primary enclosures that were worn and in need of replacement.

The Animal and Plant Health Inspection Service (APHIS) created federal regulations to ensure the welfare of animals and help prevent the spread of animal and plant pests and diseases. Since violations of the regulations can have serious and costly impacts that are detrimental to the public interest, APHIS is providing you with an Official Warning for the violation(s) described above. Any further violation of these federal regulations may result in the assessment of a civil penalty, criminal prosecution, or other sanctions. If you have any questions concerning this Official Warning or violation(s), please contact the APHIS official listed in this notice.

APHIS OFFICIAL (Name): Bernadette Juarez	OFFICE ADDRESS: 4700 River Road, Unit 85 Riverdale, MD 20737	
APHIS OFFICIAL (Title): Director, Investigative and Enforcement Services	DATE ISSUED: 11/7/2013	TELEPHONE NUMBER: (301) 851-2948
APHIS FORM 7060	Previous editions may be used	Rev. 7-26-13

NO consientas
las MATANZAS

CONSPIRA contra la CRUELDAD
PROTEGE LA NUEVA FAUNA PUERTORRIQUEÑA

Referencias

Abee, Christian R.; Mansfield, Keith; Tardif, Suzette D.; Morris, Timothy (Edits.); *Nonhuman Primates in Biomedical Research: Biology and Management*; American College of Laboratory (Animal Medicine Series); Academic Press, 2012.

Agrait, Fernande E; "Opening Remarks of President Fernando E. Agrait on the Occasion of the 50th Anniversary on the Cayo Santiago Macaque Colony"; *Puerto Rico Health Sciences Journal*; Universidad de Puerto Rico, Recinto de Ciencias Médicas; Abril-1989; Vol.8, Núm. 1; pp.13-14.

Animal Welfare Act of 1966; 89th Congress, H. R. 13881 (Public Law 89-544); August 24, 1966.

Animal Welfare Act of 1970; 91st Congress, H. R. 19846; (Public Law 91-579); December 24, 1970.

Animal Welfare Act Amendments of 1976 (AWA 1976); (US Public Law 94-279); April 22, 1976.

Animal Welfare Act Amendments of 1985; Improved Standards for Laboratory Animals Act (ISLAA-1985); House Conference Report 99-447, Joint Explanatory State of the Committee of Conference.

Bachman, George W; "Report of the Director"; School of Tropical Medicine (Under the Auspices of Columbia University, New York); San Juan, Puerto Rico; 1935-1936.

_____; "Report of the Director"; School of Tropical Medicine (Under the Auspices of Columbia University, New York); San Juan, Puerto Rico; 1937-1938.

_____; "Report of the Director"; School of Tropical Medicine (Under the Auspices of Columbia University, New York); San Juan, Puerto Rico; 1938-1939.

_____; "Report of the Director"; School of Tropical Medicine (Under the Auspices of Columbia University, New York); San Juan, Puerto Rico; 1939-1940.

_____; "Report of the Director of the School of Tropical Medicine of the University of Puerto Rico, Under the Auspices of Columbia University"; Columbia University; San Juan, Puerto Rico; 1940-1941.

Bailey, Jarrod; "An Assessment of the Role of Chimpanzees in AIDS Vaccine Research"; New England Anti-Vivisection Society, Boston, MA, USA; ATLA 36, pp.381–428; 2008. http://www.releasechimps.org/pdfs/assessment-of-the-role-of-chimpanzees-in-AIDS-vaccine-research.pdf

_____; "A Brief Introduction to Human/Chimpanzee Biological Differences, Their Negative Impact on Research into Human Conditions, and Scientific Methods for Better and More Humane Research"; 2007; http://www.releasechimps.org.

Bailey, Jarrod; Balcombe, Jonathan; Capaldo, Theodora; "Chimpanzee Research: An Examination of Its Contribution to Biomedical Knowledge and Efficacy in Combating Human Diseases"; Commissioned by Project R&R: Release and Restitution for Chimpanzees in U.S. Laboratories (Campaign of the New England Anti-Vivisection Society), Boston, MA; 2007; http://www.releasechimps.org.

Bendon, Robert; "Pioneer experiments of Ron Myers"; Pediatric & Perinatal Pathology Associates, PSC; mayo, 2011.

Benítez, Jaime; "Cayo Santiago: The Formative Years"; *Puerto Rico Health Sciences Journal*; Universidad de Puerto Rico, Recinto de Ciencias Médicas; Abril-1989; Vol.8, Núm. 1; pp.19-20.

Bercovitch, F.B.; "Future research on Cayo Santiago-Derived Group M Rhesus Monkeys at Sabana Seca: The Socioendocrinology of Male Reproductive Development"; *Puerto Rico Health Sciences Journal*; Universidad de Puerto Rico, Recinto de Ciencias Médicas; Abril-1989; Vol.8, Núm. 1; pp.177-179.

Berman, Carol M.; "Trapping Activities and Mother-Infant Relationships on Cayo Santiago: A Cautionary Tale"; *Puerto Rico Health Sciences Journal*; Universidad de Puerto Rico, Recinto de Ciencias Médicas; Abril-1989; Vol.8, Núm. 1; pp.73-76.

_____; "Maternal Lineages as Tools for Understanding Infant Social Development and Social Structure"; en *The Cayo Santiago*

Macaques: History, Behavior & Biology: History, Behavior & Biology (1986); pp.73-89.

Brown, Charles (Director Regional de USDA-APHIS-WS); "Decision and Finding of no Significant Impact"; Environmental Assessment: Management of Feral and Free-Ranging Cat Populations to Reduce Threats to Human Health and Safety and Impacts to Native Wildlife Species in the Commonwealth of Puerto Rico; United States Department of Agriculture (USDA); Animal and Plant Health Inspection Service (APHIS); Wildlife Services (WS); December 19, 2003.

Carlo, José R.; "Ponencia del rector del recinto de Ciencias Médicas de la Universidad de Puerto Rico con relación al P. de la C. 3452"; 9 de mayo de 2003.

Carpenter, C.R.; "Behavior and Social Relations of Free-Ranging Primates"; *Scientific Monthly* 48 (1939); pp.319-325.

_____; "Rhesus Monkeys (Macaca Mulatta) for American Laboratories"; *Science*, Vol.92, No.2387; September 27, 1940.

_____; "History of the Monkey Colony of Cayo Santiago" (Transcripción de conferencia presentada en la Escuela de Medicina de la Universidad de Puerto Rico, agosto de 1959) en Rawlins, R. G. y Kessler, M.J.; "The History of the Cayo Santiago Colony"; en *The Cayo Santiago Macaques: History, Behavior & Biology*; 1986.

Código Penal de Puerto Rico (1902); http://derechoupr.com

Código Penal de Puerto Rico (1974) según enmendado hasta marzo de 1999; http:/www.lexjuris.com/penal/lexpenal.htm.

Código Penal de Puerto Rico (2004) (P. del S. 2302 - Ley Núm. 149, 18 de junio de 2004); http://www.lexjuris.com.

Collins v. Martínez; 709 F.Supp. 311 (1989); Civ. No. 89-1095 (JP); United States District Court, D. Puerto Rico; March 20, 1989.

Copeland, George H., "Wanted: More Monkeys"; *The New York Times Magazine*; 8 de diciembre de 1940

Cook, Noble David; *La conquista biológica: las enfermedades en el Nuevo Mundo*; editorial *Siglo XXI;* Madrid, 2005

Dávila Matos, José Guillermo (Director de la Oficina de Gerencia y Presupuesto del Estado Libre Asociado de Puerto Rico); "Comentarios relacionados a la R. C del S.834"; presentado ante la Comisión de Agricultura, Recursos Naturales y Asuntos Ambientales del Senado de Puerto Rico; 14 de agosto de 2007.

Declaración Universal de los Derechos del Animal; Londres, 23 de septiembre de 1977.

Departamento de Salud; "Los monos rhesus y el Virus B: una guía general para personal médico sobre el manejo de posibles exposiciones a Herpesvirus B"; Departamento de Salud; Estado Libre Asociado de Puerto Rico.

Di Giacomo, Ronald F.; "Gynecologic Pathology in the Rhesus Monkey" (II. Findings in Laboratory and Free-Ranging Monkeys); *Veterinary Patholy* 14; pp. 539-546 (1977)

Drickamer, L.C.; "Social Rank, Observability, and Sexual Behaviour of Rhesus Monkeys"; J. Reprod. Fert; (1974) 37, pp.117-120.

Dunbar, Donald C.; "Physical (biological) Anthropology at the Caribbean Primate Research Center: Past, Present, Future"; en Wang, Qian (Editor); *Bones, Genetics and Behavior of Rhesus Macaques:* Maccaca mulatta *of Cayo Santiago and Beyond;* Springer, NY; 2011; pp.1-37

Endangered Species Act; 16 U.S.C. Sections 1531-1544; Dec.28, 1973.

Engeman, Richard M.; Laborde, José E.; Constantin, Bernice U.; Shwiff, Stephanie A.; Hall, Parker; Duffiney, Anthony; Luciano, Freddie; "The economic impacts to commercial farms from invasive monkeys in Puerto Rico"; *Crop Protection*, Núm. 29, 2010; pp.401-405.

Environmental Assessment: Management of Feral and Free-Ranging Cat Populations to Reduce Threats to Human Health and Safety and Impacts to Native Wildlife Species in the Commonwealth of Puerto Rico; United States Department of Agriculture (USDA); Animal and Plant Health Inspection Service (APHIS); Wildlife Services (WS); December, 2003.

Environmental Assessment: Managing Damage and Threats Associated With Invasive Patas and Rhesus Monkeys In the Commonwealth of Puerto Rico; United States Department of Agriculture (USDA); Animal and Plant Health Inspection Service (APHIS); Wildlife Services (WS); April, 2008.

Evaluación Ambiental Final: Proyecto de Erradicación de Ratas en el Refugio Nacional de Vida Silvestre de Desecheo; Departamento del Interior de los Estados Unidos; Servicio de Pesca y Vida Silvestre de los Estados Unidos (preparado por: Sistema nacional de Refugios de Vida Silvestre de las islas del Caribe, Puerto Rico; Noviembre, 2011.

Evans, Michael A; "Ecology and removal of introduced rhesus monkeys: Desecheo Island National Wildlife Refuge, Puerto Rico"; *Puerto Rico Health Sciences Journal*; Universidad de Puerto Rico, Recinto de Ciencias Médicas; Abril 1989; Vol.8, Núm. 1; pp.139-156.

Executive Order 13112; Invasive Species; February 3, 1999.

Figueroa Herrera, Gabriel (secretario del Departamento de Agricultura); "Carta de endoso al P. del S. 2552"; 19 de junio de 2008.

Fooden, Jack; "Systematic Review of the Rhesus Macaque, *Macaca Mulatta*"; *Fieldiana*, Zoology, New Series, No.96; Field Museum of Natural History, Chicago, 2000. http://ia600406.us.archive.org,

Frontera, Guillermo J.; "Cayo Santiago and the Laboratory of Perinatal Physiology: Recollections"; *Puerto Rico Health Sciences Journal*; Universidad de Puerto Rico, Recinto de Ciencias Médicas; Abril 1989; Vol.8, Núm. 1; pp.21-27.

Fundación Rockefeller, *Informe Anual*, 1939. (http://www.rockefellerfoundation.org)

García, Jaime L. (Director Ejecutivo); Asociación de Alcaldes de Puerto Rico; "Posición sobre el P. del S. 2552"; presentado ante la Comisión de Agricultura, Recursos naturales y Asuntos Ambientales; y de los Jurídico y Seguridad Pública); 17 de junio de 2008.

Gary L. Miller, Gary L; Lugo, Ariel E.; *Guide to the Ecological Systems of Puerto Rico*; United States Department of Agriculture, Forest Service; June 2009; pp.51; 53; 306.

González Martínez, Janis; "Informe de Actividades del Comité Interagencial sobre Primates" (agosto 1995 - junio 1998); Caribbean Primate Research Center.

_____; "The introduced free-ranging rhesus and patas monkey populations of southwestern Puerto Rico"; *Puerto Rico Health Sciences Journal*; Universidad de Puerto Rico, Recinto de Ciencias Médicas; Marzo 2004; Vol.23 Núm.1; pp.39-46.

_____; "Comentarios de parte del Centro de Primates sobre el plan propuesto por el Departamento de Recursos Naturales y Ambientales y USDA-Wildlife Services"; 29 de octubre de 2004.

_____; "Plan para el manejo, control y eventual erradicación de las poblaciones de monos rhesus y patas que habitan en el suroeste de Puerto Rico" (Conferencia); auspiciado por Departamento de Sociología y Antropología y Decanato de Ciencias Sociales; Universidad de Puerto Rico, Recinto de Río Piedras; 25 de abril de 2007.

Goodwin W.J.; "Establishment of the Caribbean Primate Research Center"; *Puerto Rico Health Sciences Journal*; Universidad de Puerto Rico, Recinto de Ciencias Médicas; Abril-1989; Vol.8, Núm. 1; pp.31-32.

Harris, R.A; Rogers, J.; Milosavljevic, A.; "Human-Specific Changes of Genome Structure Detected by Genomic Triangulation"; *Science*, Vol. 316; 13 April 2007; pp.235-237.

Hernández, R.; Hubisz, M.; Wheeler, D.; Smith, D.; Ferguson, B.; Rogers, J.; Nazareth, L.; Indap, A.; Bourquin, T.; McPherson, J.; Muzny, D.; Gibss, R.; Nielsen, R.; Bustamante, C.; "Demographic Histories and patterns of Linkage Disequilibrium in Chinese and Indian Rhesus Macaques."; *Science*, Vol. 316; 13 April 2007; pp.210 213.

Hinde, R.A; Spencer-Booth, Yvette; "Effects of Brief Separation from Mother on Rhesus Monkeys"; *Science*, 9 July, 1971, Vol. 173, Num. 3992; pp.111-118.

Improved Standards for Laboratory Animals Act (ISLAA); Food Security Act (P.L. 99-198); December 23,1985.

Jensen, Kristen; Alvarado-Ramy, Francisco; González-Martínez, Janis; Kraiselburd, Edmundo; Rullán, Johnny; "B-Virus and Free-Ranging Macaques, Puerto Rico"; Center for Disease Control and Prevention; Volume 10, Number 3; March 2004; pp.494-496. http://wwwnc.cdc.gov/eid/article/10/3/03-0257.htm

Johnsen, Dennis O; "History of the Use of Nonhuman Primates in Biomedical Research"; en Abee, Christian R., Mansfield, Keith, Tardif, Suzette y Morris Timothy (Editores); *Nonhuman Primates in Biomedical Research: Biology and Management*; American College of Laboratory (Animal Medicine Series); Academic Press, 2012; pp.1-12.

Kessler, Matt J.; London, William T; Madden, David L; Dambrosia, James M; Hilliard, Julia K; Soike, Keneth F; Rawlins, Richard G; "Serological Survey for Viral Diseases in the Cayo Santiago Rhesus Macaque Popuation"; *Puerto Rico Health Sciences Journal*; Universidad de Puerto Rico, Recinto de Ciencias Médicas; Abril-1989; Vol.8, Núm. 1; pp.95-97.

Kessler, Matt J.; "Establishment of the Cayo Santiago Colony"; *Puerto Rico Health Sciences Journal*; Universidad de Puerto Rico, Recinto de Ciencias Médicas; Abril-1989; Vol.8, Núm. 1; pp.15-17.

_____; "The Caribbean Primate Research Center"; *Puerto Rico Health Sciences Journal*; Universidad de Puerto Rico, Recinto de Ciencias Médicas; Abril-1989; Vol.8, Núm. 1; pp.31-33.

_____; "Hurricane Hugo Crosses Cayo Santiago, PR"; Laboratory Primate Newsletter; Volume 29, Num. 1, January 1990.

Kessler, Matt. J.; Berard J. D.; "A Brief Description of the Cayo Santiago Rhesus Monkey Colony"; *Puerto Rico Health Sciences Journal*; Universidad de Puerto Rico, Recinto de Ciencias Médicas; Abril-1989; Vol.8, Núm. 1; pp.55-59.

Kraiselburd, Edmundo; González, Janis; "Memorial Explicativo R.C. del S 834; Universidad de Puerto Rico, Recinto de Ciencias Médicas, Unidad de Medicina Comparada, Caribbean Primate Research Center; 13 de junio de 2007.

Kroeber, A.L.; *American Anthropology*; #35; 1933; p.166.

Kyudong, H.; Konkel, M.; Xing, J.; Wang, H.; Lee, J.; Meyer, T.; Huang, Ch.; Sandifer, E.; Herbert, K.; Barnes, E.; Hubley, R.; Miller, W.; Smit, A.; Ullmer, B.; Batzer, M.; "Mobile DNA in Old Worl Monkeys: A Glimpse Through the Rhesus Macaque Genome"; *Science*, Vol. 316; 13 April 2007; pp.238-240.

Lambert, R. A. (Director de la EMT de PR); "Escuela de Medicina Tropical de la Universidad de Puerto Rico, Bajo los auspicios de la Universidad de Columbia"; Oficina Sanitaria Panamericana; pp.925-926; http://hist.library.paho.org.

Ley Núm. 10 (Capítulo 165. Crueldad contra Animales; *Código Penal de Puerto Rico* [secs. 2111 a 2125 del Título 33]; de mayo de 1904.

Ley de la Universidad de Puerto Rico; Ley Núm. 1 del 20 de enero de 1966.

Ley Núm. 23 (Ley Orgánica Departamento de Recursos Naturales); 20 de junio de 1972.

Ley Núm. 67 (Ley para la Protección de Animales) (P. del S. 187; 1ra Sesión Ordinaria; 7ma Asamblea); 31 de mayo de 1973.

Ley Núm. 100 (Enmienda a Ley Núm. 67); 27 de junio de 1974.

Ley Núm. 70 (Ley de Vida Silvestre del Estado Libre Asociado de Puerto Rico) (P. del S. 1210); 7ma Asamblea Legislativa; 4ta Sesión Ordinaria Estado Libre Asociado de Puerto Rico; 30 de mayo de 1976.

Ley Núm. 36; 30 de mayo de 1984 (Ley de Refugios de Animales Regionales)

Ley Núm. 25 (P. del S. 197) (Enmienda a la Ley para la Protección de Animales); 5 de junio de 1985.

Ley Núm. 158 (P. de la C. 595); 23 de julio de 1998 (Prohibición de la raza "pitbull").

Ley Núm. 241 (P. de la C. 1502) (Nueva Ley de Vida Silvestre de Puerto Rico); 15 de agosto de 1999.

Ley Núm. 176 (P. de la C. 3452); 1 de agosto de 2004.

Ley Núm. 427 (P. del S. 2306); (Oficina Estatal de Control Animal (OECA) adscrita al Departamento de Salud); 22 de septiembre de 2004.

Ley Núm. 439 (P. del S. 2702) de 22 de septiembre de 2004 (Ley para enmendar la Ley Núm. 67 de 1973: Para aumentar la penalidad en la Ley de Maltrato de Animales.)

Ley Núm. 235 (P. de la C. 1349) (Enmienda a la Ley Núm. 67; "Ley Para la Protección de Animales"); 3 de noviembre de 2006.

Ley Núm. 154 (Ley para el Bienestar y la Protección de los Animales) (P. del S. 2552); 4 de agosto de 2008.

Loy, James; "Studies of Free-Ranging and Corralled Patas Monkeys at La Parguera, Puerto Rico"; *Puerto Rico Health Sciences Journal*; Universidad de Puerto Rico, Recinto de Ciencias Médicas; Abril-1989; Vol.8, Núm. 1; pp.129-131.

Mahaney, William C.; Stambolic, Anna ; Knezevich, Mary; Hancock, R. G. V.; Aufreiter, Susan; Sanmugadas, Kandiah; Kessler, M. J.; Grynpas, M. D.; "Geophagy amongst rhesus macaques on Cayo Santiago, Puerto Rico"; *Primates*, Volume 36, Number 3 (1995), pp. 323-333.

Management Plan: Meeting the Invasive Species Challenge; National Invasive Species Council; January 18, 2001. http://www.invasivespeciesinfo.gov.

Marler, Peter.; "Conducting Behavioral and Biomedical Research on Cayo Santiago"; *Puerto Rico Health Sciences Journal*; Universidad de Puerto Rico, Recinto de Ciencias Médicas; Abril-1989; Vol.8, Núm. 1; pp.45-46.

_____; "Foreword: The Cayo Santiago Macaques"; en Rawlins, Richard G., and Kessler, Matt J (Eds.); *The Cayo Santiago Macaques: History, Behavior & Biology*, State University of New York Press, Albany, 1986.

Marriot, B.M.; Smith, J.C.; Jacobs, R.M.; Jones, A.O.; Rawlins, R.G.; Kessler, M.J.; "Hair Mineral Content as an Indicator of Mineral Intake in Rhesus Monkeys"; en *The Cayo Santiago Macaques: History, Behavior & Biology: History, Behavior & Biology* (1986); pp.219-229.

Mason, William A; Kenney, M.D; "Redirection of Filial Attachment in Rhesus Monkeys: Dogs as Mother Surrogates"; *Science*, March, 1974; Vol. 183; pp.1209-1211.

Montgomery, Georgina M.; "Place, Practice and Primatology: Clarence Ray Carpenter, Primate Communication and the Development of Field Methodology, 1931–1945"; Journal of the History of Biology, Volume 38, Number 3; pp. 495-533.

_____; "Carpenter, Clarence Ray"; *Complete Dictionary of Scientific Biography*. 2008. Encyclopedia.com: http://www.encyclopedia.coml

Morales Otero, P.; "Report of the Director"; School of Tropical Medicine (Under the Auspices of Columbia University, New York); San Juan, Puerto Rico; 1941-1942.

_____;; "Report of the Director"; School of Tropical Medicine (Under the Auspices of Columbia University, New York); San Juan, Puerto Rico; 1942-1943.

_____;; "Report of the Director"; School of Tropical Medicine (Under the Auspices of Columbia University, New York); San Juan, Puerto Rico; 1943-1944.

_____;; "Report of the Director"; School of Tropical Medicine (Under the Auspices of Columbia University, New York); San Juan, Puerto Rico; 1944-1945.

Morayta, Emilio (*Apuntes para la biografía de un edificio*. San Juan, Puerto Rico: Universidad de Puerto Rico, Recinto de Ciencias Médicas, Escuela de Medicina, 1969)

Myers, Ronald E.; "Maternal psychological stress and fetal asphyxia: a study in the monkey"; *Am J Obstet Gynecol*. 1975 May 1;122(1):47-59.

_____;; "Production of Fetal Asphyxia by Maternal Psychological Stress"; Pavlov J Biol Sci. 1977 Jan-Mar;12(1):51-62.

National Institute of Neurological Diseases and Blindness; "NINDB Laboratory of Perinatal Physiology"; U.S. Dept. of Health, Education, and Welfare, National Institutes of Health; San Juan, Puerto Rico.

OE-2007-20 (Orden Ejecutiva del Gobernador del Estado Libre Asociado de Puerto Rico para autorizar el desembolso de hasta un millón ochocientos mil dólares del Fondo de Emergencias para el manejo de la población de monos patas y rhesus, ferales y silvestres); Estado Libre Asociado de Puerto Rico; La Fortaleza; San Juan, Puerto Rico.

Olivo Montañés, Víctor (Asociación de Cazadores de P.R.); "Ponencia sobre el P. de la C. 1502" (presentado a Jorge H. Acevedo Méndez, presidente de la Comisión de Recursos Naturales y calidad Ambiental de la Cámara de Representantes); 1998.

Pagán Rosa, Daniel (secretario DRNA); "Correcciones y comentarios al P. de la C. 1502"; presentado a Jorge H. Acevedo Méndez, presidente de la Comisión de Recursos Naturales y calidad Ambiental de la Cámara de Representantes; 1998.

P. del S. 1210 (Ley Núm. 70); 7ma Asamblea Legislativa; 4ta Sesión Ordinaria; 30 de mayo de 1976.

P. del S. 197; 10ma Asamblea Legislativa; 1ra Sesión Ordinaria; 5 de junio de 1985.

P. de la C. 1502; Cámara de Representantes; 13ra Asamblea Legislativa; 3ra Sesión Ordinaria; 13 de febrero de 1988 (aprobado 3 de junio de 1999)

P. de la C. 3452 (Informe); Cámara de Representantes; 14ta Asamblea Legislativa; 6ta Sesión Ordinaria; 12 de noviembre de 2003 (Rep. Lydia Méndez Silva, Rep. Ramón Ruiz Nieves)

P. de la C. 3754; Cámara de Representantes; 15ta. Asamblea Legislativa; 6ta Sesión Ordinaria (Presentado por el representante Román González); Estado Libre Asociado de Puerto Rico; 14 de agosto de 2007.

P. del S. 2552; Senado de Puerto Rico; 15ta Asamblea Legislativa; 7ma Sesión Ordinaria; (presentada por el senador Jorge de Castro Font; referido a la Comisión de Agricultura, Recursos naturales y Asuntos Ambientales; y de los Jurídico y Seguridad Pública); 19 de mayo de 2008.

P. de la C. 1890; Cámara de Representantes; 16ta Asamblea Legislativa; 2da Sesión Ordinaria; 18 de agosto de 2009 (presentado por el representante Eric Correa Rivera)

P. del S. 1811; Senado de Puerto Rico; 16ta Asamblea legislativa; 4ta Sesión Ordinaria; 13 de octubre de 2010; (presentado por Romero Donnelly); Referido a las Comisiones de Recursos Naturales y Ambientales; de Jurídico Penal; y de Hacienda.

Pérez Perdomo, Rosa (Secretaria del Departamento de Salud); "Posición y recomendaciones sobre la R. C del S.834"; 3 de agosto de 2007.

_____;; "Carta de endoso al P. del S. 2552"; 25 de junio de 2008.

Pennisi, Elizabeth; "Boom Time for Monkey Research"; *Science*, Vol. 316; 13 April 2007; pp.216-221.

Phoebus, Eric C; Roman, A; Herbert, H.J; "The FDA Rhesus Breeding Colony at La Parguera, Puerto Rico"; *Puerto Rico Health Sciences Journal*; Universidad de Puerto Rico, Recinto de Ciencias Médicas; Abril-1989; Vol.8, Núm. 1; pp.157-158.

Plan de Manejo para el Área de Planificación Especial del Suroeste, Sector la Parguera; Junta de Planificación / Gobierno de Puerto Rico; Departamento de Recursos Naturales y Ambientales; Departamento de Comercio de E.U., Administración Nacional Oceánica; 5 de diciembre de 1995.

Plan de Manejo para el Área de Planificación Especial del Suroeste, Sector Boquerón; Estado Libre Asociado de Puerto Rico; Departamento de Recursos Naturales y Ambientales; Programa de Manejo de la Zona Costanera de Puerto Rico; Secretaría Auxiliar de Planificación Integral; División de Planificación de Recursos Terrestres; Noviembre de 2008; pp.42-43.

Prevention of Cruelty to Animals Act (1960); enacted by Parliament in the Eleventh year of the Republic of India; 26 December, 1960.

R.C. de la C. 462; Cámara de Representantes; 13ra Asamblea Legislativa; 1ra Sesión Ordinaria; 24 de abril de 1997 (presentado por representantes Acevedo Vilá, Colberg Toro, Cruz Rodríguez, de Castro Font, López Malavé, Lugo González, señora Méndez Silva, señores Ortiz Martínez, Pérez Rivera, Valero Ortiz, Varela Fernández, señora Vázquez de Nieves, señores Vizcarrondo

Irizarry, Vigoreaux Lorenzana y Zayas Seijo) (Referida a la Comisión de Recursos Naturales y Calidad Ambiental)

R.C. de la C. 1683; Cámara de Representantes; 15ta Asamblea Legislativa; 4ta. Sesión Ordinaria (Presentado por la representante Méndez Silva y los representantes Rivera Guerra y Rivera Aquino); Estado Libre Asociado de Puerto Rico; 2 de octubre de 2006.

R.C. del S. 834; Senado de Puerto Rico; 15taAsamblea Legislativa; 5ta Sesión Ordinaria; (Presentada por la señora Nolasco Santiago y el señor Pagán González); Estado Libre Asociado de Puerto Rico; 13 de abril de 2007.

R. de la C. 63; Cámara de Representantes; 16ta. Asamblea Legislativa; 1ra Sesión Ordinaria; (Presentado por la representante Méndez Silva); Estado Libre Asociado de Puerto Rico; 7 de enero de 2009.

R. del S. 513; Senado de Puerto Rico; 16ta Asamblea Legislativa; 1ra Sesión Ordinaria; 29 de junio de 2009.

R. del S. 513 (Informe Final); Senado de Puerto Rico; Diario de Sesiones; Procedimientos y Debates; 16ta Asamblea Legislativa; 3ra Sesión Ordinaria; San Juan, Puerto Rico; Vol. LVIII, Núm. 19; jueves, 25 de marzo de 2010. (http://senadopr.us)

R. del S. 759; Senado de Puerto Rico; 16ta Asamblea Legislativa; 2da Sesión Ordinaria; 28 de octubre de 2009 (Presentada por las senadoras Santiago González y Romero Donnelly)

R. del S. 759 (primer informe parcial); Senado de Puerto Rico; 16ta Asamblea Legislativa; 5ta Sesión Ordinaria; 15 de abril de 2011(Presentada por las senadoras Santiago González y Romero Donnelly)

R. del S. 2145; Senado de Puerto Rico; 16ta Asamblea Legislativa; 5ta Sesión Ordinaria; 27 de mayo de 2011; Referida a la Comisión de Asuntos Internos; (Presentada por Melinda K. Romero Donnelly)

R. de la C. 63 (Informe Final); Cámara de Representantes; 16ta Asamblea Legislativa; 6ta Sesión Ordinaria; Gobierno de Puerto Rico; 15 de agosto de 2011.

Rasmussen, K.L. y Suomi, S.J.; "Heart Rate and Endocrine Responses to Stress in Adolescent Male Rhesus Monkeys on Cayo Santiago";

Puerto Rico Health Sciences Journal; Universidad de Puerto Rico, Recinto de Ciencias Médicas; Abril-1989; Vol.8, Núm. 1; pp.65-71.

Rawlins, Richard G. y Kessler, Matt J.; "The History of the Cayo Santiago Colony"; en *The Cayo Santiago Macaques: History, Behavior & Biology*; 1986.

Rawlins, Richard; "Forty years of rhesus research"; *New Scientist*, 12 April, 1979.

_____;; "Perspectives on the History of Colony Management and the Study of Population Biology at Cayo Santiago"; *Puerto Rico Health Sciences Journal*; Universidad de Puerto Rico, Recinto de Ciencias Médicas; Abril-1989; Vol.8, Núm. 1; pp.33-41.

Rhesus Macaque Genome Sequencing and Analysis Consortium; "Evolutionary and Biomedical Insights from Rhesus Macaque Genome" (Research Article); *Science*, Vol. 316; 13 April 2007; pp.222-233.

Reglamento (Núm. 2373) para regir el manejo de la vida silvestre y la caza en Puerto Rico (Radicado 30 de mayo de 1978; Efectivo desde 29 de junio de 1978)

Reglamento (Núm. 3416) para regir la conservación y el manejo de la fauna silvestre, las especies exóticas y la caza en el Estado Libre Asociado de Puerto Rico; Departamento de Recursos Naturales; Estado Libre Asociado de Puerto Rico, San Juan, Puerto Rico; 19 de diciembre de 1986 (24 de febrero de 1987).

Reglamento (Núm. 6765) para regir la conservación y el manejo de la fauna silvestre, las especies exóticas y la caza en el Estado Libre Asociado de Puerto Rico; Departamento de Recursos Naturales; Estado Libre Asociado de Puerto Rico, San Juan, Puerto Rico; 11 de febrero de 2004.

Reglamento para designar como animales perjudiciales a ciertas especies detrimentales a los intereses de la agricultura y de la salud pública; Estado Libre Asociado de Puerto Rico; Departamento de Agricultura; San Juan, Puerto Rico; efectivo 5 de septiembre de 2007.

Research Protocol for working on Cayo Santiago, Puerto Rico http://www.wjh.harvard.edu.

Rimoli, Renato; *Una nueva especie de monos de la Hispaniola*; Cuadernos del CENDIA; Universidad Autónoma de Santo Domingo; Vol. CCXLII, No.1; 1977.

Rodríguez Rivera, Luis E. (secretario del DRNA); "Comentarios al P.C. de la C 3452" ante la Comisión de Recursos Naturales y Calidad Ambiental de la Cámara de Representantes de Puerto Rico; 10 de abril de 2003.

Saldaña, J. Manuel; "Future Plans for the Caribbean Primate Research Center"; *Puerto Rico Health Sciences Journal*; Universidad de Puerto Rico, Recinto de Ciencias Médicas; Abril-1989; Vol.8, Núm. 1; pp.53-54.

Sánchez Ramos, Roberto J. (secretario del Departamento de Justicia); "Estudio y análisis sobre el P. del S. 2552" (presentado ante la Comisión de Agricultura, Recursos Naturales y Asuntos Ambientales del Senado de Puerto Rico); 19 de junio de 2008.

Sariol, C.A; Arana, T.; Maldonado, E.; González Martínez, J.; Rodríguez, M.; Kraiselburd, E.; "Herpes B-virus seroreactivity in a colony of Macaca mulatta: data from the Sabana Seca Field Station, a New Specific Pathogen-Free Program"; *Journal of Medical Primatology*; Vol. 34; 2005; pp.13-19

Scanlon, Catherine E.; "Social Development in a Congenitally Blind Infant Rhesus Macaque"; en Rawlins R.G; Kessler, M.J.; *The Cayo Santiago Macaques: History, Behavior & Biology: History, Behavior & Biology;* 1986; pp.93-109.

Seidler, Eduard; "Progreso y límites de la medicina actual (1945-1992)"; *Crónica de la Medicina*; Plaza y Janes Editores, España, 1993; pp.475-599.

Southwick, C.H.; "The Role of Cayo Santiago in Primate Field Studies"; *Puerto Rico Health Sciences Journal*; Universidad de Puerto Rico, Recinto de Ciencias Médicas; Abril-1989; Vol.8, Núm. 1; pp.47-51.

S. R. 1514; Puerto Rico Senate; 16th Legislative Assembly; 4th Ordinary Session; August 27, 2010 (Autora: Sen. Melinda K. Romero Donnelly; Suscribiente(s): Sen. Migdalia Padilla Alvelo, Sen. Evelyn Vázquez Nieves, Sen. Kimmey Raschke Martínez, Sen. Luz M. Santiago González, Sen. Cirilo Tirado Rivera, Sen. Carlos Javier

Torres Torres, Sen. Thomas Rivera Schatz, Sen. Luis A. Berdiel Rivera, Sen. José L. Dalmau Santiago, Sen. Jorge I. Suárez Cáceres, Sen. José R. Díaz Hernández, Sen. Eder E. Ortiz Ortiz) El texto final sería aprobado el 11 de octubre de 2011.

Sued, Gazir; Caso Civil Núm. KPE12-0199; Gazir Sued vs. Edmundo Kraiselburd (Director de Caribbean Primate Research Center; Janis González (Deputy Director del CPRC); Rafael Rodríguez Mercado (Rector del Recinto de Ciencias Médicas, de la UPR); Miguel A. Muñoz (Presidente de la Universidad de Puerto Rico). Centro Judicial de San Juan; 18 de enero de 2012.

_____;: Ponencia: *"Tiranía Antropocéntrica: perspectivas para una ética ecológica alternativa ante la matanza de primates rhesus y patas en Puerto Rico"*, presentada en la Tercera Conferencia Anual de la North American Anarchist Studies Network; realizada en el Ateneo Puertorriqueño; sábado, 7 de enero de 2012.

Spencer, Steven M.; "Zoo Curator To Live On Island With 50 Monkeys For Medical Experiments"; *Milwaukee Journal,* July 27, 1938.

Suomi, S.J.; Scanlan, J.M.; Rasmussen, K.L.; Davidson, M.; Boinski, S.; Higley, J.D.; Marriott, B.; "Pituitary--adrenal Response to Capture in Cayo Santiago--derived Group M Rhesus Monkeys"; *Puerto Rico Health Sciences Journal*; Universidad de Puerto Rico, Recinto de Ciencias Médicas; Abril-1989; Vol.8, Núm. 1; pp.171-6.

Taub, D.M.; Mehlman, P.T.; "Development of the Morgan Island Rhesus Monkey Colony"; *Puerto Rico Health Sciences Journal*; Universidad de Puerto Rico, Recinto de Ciencias Médicas; Abril-1989; Vol.8, Núm. 1; pp.159-69

The Animal and Plant Health Inspection Service (APHIS); "Official Warning" a CPRC-UPR; 7 de noviembre de 2013.

Toledo Dávila, Pedro (Superintendente de la Policía de Puerto Rico); "Análisis y comentarios sobre el P. del S. 2552"; 11 de junio de 2008.

Turnquist, J.E.; Hong, N.; "Current Status of the Caribbean Primate Research Center Museum"; *Puerto Rico Health Sciences Journal*; Universidad de Puerto Rico, Recinto de Ciencias Médicas; Abril-1989; Vol.8, Núm. 1; pp.187-189.

Vale, Abel (presidente Ciudadanos del Karso); "Ponencia sobre el P. de la C. 1502" (presentado a Jorge H. Acevedo Méndez, presidente de la Comisión de Recursos Naturales y calidad Ambiental de la Cámara de Representantes); 23 de abril de 1998.

Vandenbergh, John G.; Nagel, C.; "Cayo Santiago as a Part of the Laboratory of Perinatal Physiology (NINDB)"; *Puerto Rico Health Sciences Journal*; Universidad de Puerto Rico, Recinto de Ciencias Médicas; Abril-1989; Vol.8, Núm. 1; pp.29-30.

Vandenbergh, John G; "The La Parguera, Puerto Rico Colony: Establishment and Early Studies"; *Puerto Rico Health Sciences Journal*; Universidad de Puerto Rico, Recinto de Ciencias Médicas; Abril-1989; Vol.8, Núm. 1; pp.117-119.

Vélez Arocho, Javier (Secretario del Departamento de Recursos Naturales y Ambientales); "Comentarios sobre la R. C del S. 834"; presentado ante la Comisión de Agricultura, Recursos Naturales y Asuntos Ambientales del Senado de Puerto Rico; 27 de junio de 2007.

Vessey, Stephen H., Meikle, Douglas B.; Drickamer, Lee C.; "Demographic and Descriptive Studies at La Parguera, Puerto Rico"; *Puerto Rico Health Sciences Journal*; Universidad de Puerto Rico, Recinto de Ciencias Médicas; Abril-1989; Vol.8, Núm. 1; pp.121-127.

Washburn, S.L.; Jay, Phyllis C.; Lancaster, Jane B.; "Field Studies of Old World Monkeys and Apes" *Science*, 17 December, 1965; Vol. 150, Num. 3703; pp.1541-1547.

Watlington Linares, Francisco; "La 'ecología de invasiones': un paradigma falaz. El caso de Puerto Rico (manuscrito final); Universidad de Puerto Rico;15 de diciembre de 2010.

Whitehair, L.A.; "NIH Support for the Caribbean Primate Research Center (1975 to Present)"; *Puerto Rico Health Sciences Journal*; Universidad de Puerto Rico, Recinto de Ciencias Médicas; Abril-1989; Vol.8, Núm. 1; pp.43-44.

Wiley, James y Vilella, Francisco J.; "Caribbean Islands"; *United States Geological Survey*; (23 de septiembre de 2006???)

Winau, Rolf; "Ascensión y crisis de la medicina moderna"; *Crónica de la Medicina*; Plaza y Janes Editores, España, 1993; pp.340-474.

Windle, William F.; "The Cayo Santiago Primate Colony"; *Science*, Vol. 209; September 26, 1980.

Yellen, J.E.; "National Science Foundation Support of the Cayo Santiago Primate Skeletal Collection"; *Puerto Rico Health Sciences Journal*; Universidad de Puerto Rico, Recinto de Ciencias Médicas; Abril-1989; Vol.8, Núm. 1; p.185.

Zahn, Laura; Jasny, Barbara; Culotta, Elizabeth; Pennsisi, Elizabeth; "A Barrel of Monkey Genes"; *Science*, Vol. 316; 13 April 2007; p.215.

Zuckerman, S.; *The Social Life of Monkeys and Apes*; Routledge, 1932. (Digitalizado en http://books.google.com)

Referencias en prensa y revistas en internet

"Humane Bill for Porto Rico: Legislation for the Suppression of Cruelty to Animals and Cock Fighting is Promised"; *The New York Times* (Foreign Correspondence); San Juan, P.R.; 26 de febrero de 1902.

"The Rhesus Macaque Genome"; *Science*, Vol. 316; 13 April 2007; pp.215-346.

Agencia EFE; "Sospechan de mono: añaden pavo a lista muertes sospechosas."; *El Vocero*; 3 de febrero de 1996.

Alfaro, Aura N.; "Los monos espantan a muchos agricultores"; *El Nuevo Día*, 23 de junio de 2008.

Alvarado León, Gerardo; "Defienden uso de monos en estudios de enfermedades"; *El Nuevo Día;* 4 de septiembre de 2009.

_____; Alvarado León, Gerardo; "Sacrificio masivo de monos"; *El Nuevo Día*; 8 de enero de 2010

_____; "DRNA seguirá sacrificando monos"; *El Nuevo Día*, 9 de enero de 2010.

Álvarez, Maritza; (sin título); *El Nuevo Día*, 21 de febrero de 2001.

Álvarez, Jennifer; "Cuesta arriba la vacuna contra el SIDA"; *Diálogo*, enero, 2009.

Álvarez, Yolanda; "Contra el maltrato de animales"; *El Nuevo* Día; 1998

Associated Press (AP); "Refuta monos maten animales"; *El Vocero*, 1 de febrero de 1996.

_____; "Denuncia la matanza d 80 perros en puerto rico arrojados de un puente"; (Univision.com) 17 de octubre de 2007.

_____; "Advierten peligro de monos rhesus"; 19 de diciembre de 2008 (en http://www.wapa.tv)

Bauzá, Nydia; "Cuidado con tocarlos"; *Primera Hora*, 2 de febrero de 2001.

_____; "Monos que no visten de seda"; *Primera* Hora; sábado, 3 de febrero de 2001.

_____; "Melinda Romero Donnelly busca prohibir peleas de gallo"; *Primera Hora;* 14 de octubre de 2010.

Blasor, Lorraine; "USDA dog catching methods denounced by animal lovers"; The San Juan Star; November 15, 1995.

Carrasquillo, Luis; "Debemos acabar con los monos" (Carta); *El Nuevo Día*, sábado, 10 de febrero de 2001.

Criollo Oquero, Agustín; "Resultan erráticas las estrategias del DRNA"; *El Nuevo Día;* 27 de octubre de 2010.

Cortés Chico, Ricardo; "Dañinas las especies invasoras"; Periodismo investigativo en Sagrado; 2002 (csgarcia.edublogs.org.)

_____; "Disputa por el manejo de los monos en Lajas"; *El Nuevo Día;* 26 de diciembre de 2008.

CyberNews; "Posible veto al proyecto de Melinda"; 15 de octubre de 2010 (http://www.wapa.tv)

_____; "Bioculture apela al Supremo por los monos"; 28 de noviembre de 2011.

Delgado Castro, Ileana; "Error grave matar a los rhesus"; *El Nuevo Día*, 11 de diciembre de 2008 (en http://www.cienciapr.org/)

Del Toro Cordero, Jackeline; "Dan primer paso para erradicar monos"; *El Vocero*, martes, 29 de junio de 2004.

Del Valle, Liz Yanira; "¡Hé visto un lindo monito!"; *El Nuevo Día*, (posted by Mónica Feliú-Mójer *on June 19th, 2006, en* http://www.cienciapr.org)

DRNA; Comunicado de Prensa; Abril 2009 (http://www.drna.gobierno.pr)

_____; "Exitoso el proyecto de control de primates del DRNA" (Comunicado de Prensa); abril de 2009 (http://www.drna.gobierno.pr)

_____; "Muy exitoso el proyecto de control de primates del DRNA" (Comunicado de Prensa); septiembre de 2009 (http://www.drna.gobierno.pr)

_____; "Exitoso el proyecto de control de primates del DRNA" (Comunicado de Prensa); enero 2010 (http://www.drna.gobierno.pr/)

_____; "Manejo de las poblaciones de monos en el suroeste de Puerto Rico"; febrero de 2012; http://www.drna.gobierno.pr

Echevarría, José Daniel; "Trampas para atrapar a uno de los simios"; *Primera Hora;* 3 de febrero de 2001.

EFE; "Gobierno y agricultores de Puerto Rico tratan de erradicar una plaga de monos"; *Terra*, 12 de junio de 2007.

"El Director de Medicina Tropical llamado por Columbia"; *El Mundo*, domingo, 17 de julio de 1938.

Fernández Colón, José; "Centro de Primates en Guayama con permiso de EPA para construcción."; *Primera Hora;*10 de julio de 2009.

Figueroa Rosa, Bárbara J.; "Décadas de monerías en Puerto Rico"; *Primera Hora*, jueves, 2 de agosto de 2012.

Figueroa, Mabel M.; "Evalúan impacto de los primates"; *Primera Hora*, 3 de febrero de 2001.

Fox, Ben (AP); "Se les termina el guiso a los monos"; *El Nuevo Día*, 23 de diciembre de 2008.

Fuentes Lugo, Ileana; "Rehén de los monos el goce veraniego en Lajas"; *El Nuevo Día*, 3 de julio de 2007 (en http://www.cienciapr.org)

Harris, Gardiner; "A Modest Monkey Proposal"; 23 de mayo de 2012. http://india.blogs.nytimes.com.

Garzón Fernández, Irene; "Son peligrosos"; *Primera Hora*, 1 de diciembre de 2001.

Gaud Carrau, Frank (AP); "Sin ambiente para entrega de monos a investigadores" *Primera Hora*, 18 de diciembre de 2008.

González Rodríguez, Miried; "Visto bueno para control de monos"; *Primera Hora;* 22 de abril de 2005

Hernández Cabiya, Yanira; "No podrá el DRNA cumplir con unión"; *El Nuevo Día*, 30 de mayo de 2007.

Jiménez Torres, Stephanie; "Exótica la amenaza para los nuestros"; *El Nuevo Día*, 12 de agosto de 2008. (http://www.elnuevodia.com)

Justica Doll, Sara M; "Inaceptable para PETA"; *Primera Hora*, 22 de mayo de 2007.

_____; "Mono de Altamira es viejo y sabio"; *Primera Hora*, 9 de febrero de 2012.

Lambert, Bruce; "John Buettner-Janusch, 67, Dies…"; *The New York Times*, 4 de julio de 1992) http://www.nytimes.com.

Linsley, Brennan (AP); "Cazan monos para evitar infecciones en Puerto Rico"; *La Prensa*, 22 de diciembre de 2008.

Maldonado Arrigoitía, Wilma; "Repleto el bosque de los monos"; *Primera Hora*, 23 de agosto de 2008.

Marrero Rivera, Mildred; "'Errado' el plan de manejo de primates"; *El Nuevo Día*, (June 18th, 2007 en http://www.cienciapr.org)

_____; "Traídos los monos por los federales"; *El Nuevo Día*; (June 18th, 2007 en http://www.cienciapr.org)

_____; "Firme rechazo a que se maten los monos"; *El Nuevo Día*; (June 18th, 2007 en http://www.cienciapr.org)

_____; "Atrapa el DRNA 60 monos"; *El Nuevo Día*, 5 de noviembre de 2007 (en http://www.cienciapr.org)

Montero, Mayra; "Monos"; *El Nuevo Día*; 20 de mayo de 2007.

Nieves Ramírez, Gladys; "Urge acción oficial ante la amenaza de los monos"; *El Nuevo Día;* miércoles, 27 de mayo de 1998.

_____; "Cercano el arribo de 20 trampas antisimios"; *El Nuevo* Día; 9 de marzo de 2007.

_____; "Poco onerosa la captura de monos"; *El Nuevo Día*; 13 de junio de 2007.

Mojica Franceschi, Karen; "Recomiendan la caza y el control biológico para los monos realengos"; *El Nuevo Día*, 2 de febrero de 2001.

Otero, Yamileth; "De palo en palo en Combate"; *El Nuevo Día*; 20 de julio de 2007 (en http://www.cienciapr.org)

Parés Arroyo, Marga; "Un verdadero ejemplo de persistencia"; *El Nuevo Día*, 29 de agosto de 2005.

Quintanilla, Ray; "Monkeys threaten San Juan"; *The Seattle Times*; 1 de agosto de 2005.

Quiñones, Teodoro; "Medidas contra los monos" (Carta); *El Nuevo Día*, 10 de febrero de 2001.

Rivera Quiñones, Ivelisse; "Confirmado el criadero de monos en Guayama"; *Primera Hora*; 8 de julio de 2009.

Rivera Santos, Maricelis; "Estrategias para capturar monos"; *El Vocero*, 4 de diciembre de 2003.

Rivera Vargas, Daniel; "A pagar por tener una mascota"; *El Nuevo Día*; 14 de octubre de 2010.

Rodríguez-Burns, Francisco; "Plagas "monas" que atentan contra la salud";
Primera Hora; 12 de junio de 2006.

_____; "Rhesus macaco: Gran valor científico"; *Primera Hora*, 20 de
abril de 2007.

Sued, Gazir; "Voluntad de saber"; *El Nuevo Día*, 26 de abril de 2012.

_____; De la crueldad contra animales"; Revista *80grados*, 24 de
febrero de 2012. (http://www.80grados.net/author/gazir-sued/)

_____; "Mitología biomédica, ética y ciencia"; en *El Nuevo Día*,
sábado, 21 de enero de 2012.

_____; "Matanzas"; Revista *80grados*; noviembre de 2011
http://www.80grados.net/
Revista *Latitudes* http://revistalatitudes.org
http://pr.indymedia.org/news
http://www.claridadpuertorico.com (7 de febrero, 2012)

_____; "Herpetofobia nacionalista"; *Diálogo Digital*, martes, 15 de
diciembre de 2009.http://www.dialogodigital.com y en *Claridad*,
domingo, 10 de enero de 2010.

_____ "Tiranía antropocéntrica" en *El Nuevo Día*, martes, 16 de
junio de 2009; http://pr.indymedia.org.

_____; "Pelea de gallos y ética cultural" en *El Nuevo Día*, lunes,
21 de mayo de 2007.

_____; "Carraízo: metáfora del porvenir" en *El Nuevo Día*,
miércoles, 21 de marzo de 2007.

Texidor Guadalupe, Darisabel; "Monos de palo en palo"; *Primera Hora*,
jueves, 2 de agosto de 2012.

Toro, Ana Teresa; "Complicado debate de los monos"; 9 de septiembre de
2009 (en http://www.junteambiental.com)

UPR (Anuncio); *Science*; 11 de julio de 1947.

Vargas Saavedra, Maelo; "Safari por plaga de monos"; *Primera Hora*; 28 de
mayo de 1998.

543

_____; "Los monos atacan las cosechas"; *Primera Hora;* 2 de febrero de 2001.

_____; "Turin pide Legislatura no se olvide de los monos"; *Primera Hora,* 30 de junio de 2005

_____; "Colocan trampas"; *Primera Hora,* 31 de mayo de 2007.

_____; "Agricultor le come los dulces al DRNA"; *Primera Hora,* 13 de junio de 2007.

_____; "Agricultores en lucha"; *Primera Hora,* 25 de junio de 2007.

Watlington, Francisco; "No lo asustan los monos"; *El Nuevo Día,* 17 de febrero de 2001.

Williamson, Carmen; "Al suelo la agricultura en el Valle de Lajas"; Agosto - Diciembre 2008

(¿?); "Martínez Nadal explica el caso de 'Medicina Tropical'"; *El Mundo,* sábado, 16 de julio de 1938.

(¿?); *The New York Times* (Special Cable); 22 de noviembre de 1938; p.25.

(¿?); "Protejamos a los monos"; *El Nuevo Día,* 21 de febrero de 2001.

(¿?); "Ayuda federal al Centro de Primates"; *Primera Hora,* 5 de febrero de 2002

(¿?); "Pierde su libertad mono 'urbano'"; *El Nuevo Día,* 9 de agosto de 2007 (en http://www.cienciapr.org)

(¿?); "Desestiman millonaria demanda contra la UPR"; *El Nuevo Día,* 14 de febrero de 2008.

(¿?); "Amenaza animal a la agricultura"; *El Nuevo Día* (Negocios); 22 de junio de 2008.

(¿?); "Para evitar infecciones inician la cacería de monos 'rhesus' y 'patas' en Puerto Rico"; 22 de diciembre de 2008; http://www.eltiempo.com

(¿?);"Fondos para los primates"; *El Nuevo Día,* 15 de mayo de 2010.

www.ingramcontent.com/pod-product-compliance
Lightning Source LLC
Chambersburg PA
CBHW020329270326
41926CB00007B/105